职业教育机电类
系列教材

机械基础

微课版｜配套实训任务书

邹俊俊／主编

冯岩 张佩／副主编

张秀红／主审

ELECTROMECHANICAL

人民邮电出版社

北 京

图书在版编目（CIP）数据

机械基础：微课版：配套实训任务书 / 邹俊俊主
编. -- 北京：人民邮电出版社，2024. --（职业教育
机电类系列教材）. -- ISBN 978-7-115-64763-4

Ⅰ. TH11

中国国家版本馆 CIP 数据核字第 2024NL5763 号

内 容 提 要

本书以培养学生处理工程实际问题的能力为目标，包含了 1 篇课程导入和 7 个教学模块，7 个教
学模块主要内容包括机械工程材料成型工艺、零部件受力分析计算、零部件承载能力分析、零部件
的装配与拆卸、典型机构认知及设计、典型传动装置认知及设计、机械创新设计。本书紧密结合企
业典型工作任务、技术革新项目和全国大学生机械创新设计大赛等要求，采取项目驱动方式，通过
实训任务书的形式将基础知识、技术技能、科学思维和创新意识融入课程中。

本书既可作为职业院校机械和近机械类专业的专业基础课程教材，又可作为相关从业人员的参
考书。

◆ 主　　编　邹俊俊

　　副主编　冯　岩　张　佩

　　责任编辑　刘晓东

　　责任印制　王　郁　焦志炜

◆ 人民邮电出版社出版发行　　北京市丰台区成寿寺路 11 号

　　邮编　100164　　电子邮件　315@ptpress.com.cn

　　网址　https://www.ptpress.com.cn

　　固安县铭成印刷有限公司印刷

◆ 开本：787×1092　1/16

　　印张：16.25　　　　　　　　　　2024 年 9 月第 1 版

　　字数：511 千字　　　　　　　　 2025 年 1 月河北第 2 次印刷

定价：69.80 元（附小册子）

读者服务热线：**(010)81055256**　印装质量热线：**(010)81055316**
反盗版热线：**(010)81055315**
广告经营许可证：京东市监广登字 20170147 号

前　言

一、编写背景

随着经济的快速发展，企业对人才的综合素质、创新能力提出了更高要求。本书作为职业院校机械和近机械类专业的专业基础课程教材，对接岗位需求，注重融入行业新技术、新工艺、新规范；在内容编排上遵循人才培养规律，同时融入科学的思维方法来培养学生的创新意识，为学生未来的专业学习与职业发展夯实基础。

二、内容与特色

本书旨在让学生了解机械零部件的性能和工艺、理解其失效形式、掌握典型机构的工作原理，训练学生理论联系实际的能力、运用各类规范进行分析计算的能力、综合应用创新设计的能力，培养学生精益求精的工匠精神、技能报国的担当意识和勇于进取的创新精神。本书在内容上对接企业工作岗位的典型工作任务和技术革新项目，以实训任务书的形式训练学生的工程思维；结合学生在全国大学生机械创新设计大赛作品，详尽说明设计的过程和方法，以启发学生的创新思维；同时依托自主开发的陕西省职业教育在线精品课程"机械基础"，为学生提供微课视频、动画等丰富的学习资源。

三、教学建议

本书对接企业中的加工制造、工装夹具设计、检修装配、试制试验四大类工作岗位，组织了 7 个教学模块，具体见下表。其中带※的内容可作为选修内容，根据学时和教学需求进行增减。

模块	项目	项目内容
模块 1　机械工程材料成型工艺	项目 1.1	金属材料的成型工艺
	项目 1.2	车床主轴箱齿轮零件的选材
模块 2　零部件受力分析计算	项目 2.1	零部件受力分析
	项目 2.2	刚体的平衡条件分析
模块 3　零部件承载能力分析	项目 3.1	构件拉压和剪切变形
	项目 3.2	构件扭转和弯曲变形
模块 4　零部件的装配与拆卸	项目 4.1	装配技术要求认知
	项目 4.2	常用联接和计量器具认知※
模块 5　典型机构认知及设计	项目 5.1	机构结构分析
	项目 5.2	典型低副机构认知
	项目 5.3	典型高副机构认知

模块	项目	项目内容
模块 6 典型传动装置认知及设计	项目 6.1	带传动与齿轮传动认知
	项目 6.2	轮系传动认知
	项目 6.3	车床主轴系统分析※
模块 7 机械创新设计		

本书由西安铁路职业技术学院的邹俊俊担任主编（编写课程导入、模块 1、模块 6、模块 7），冯岩（编写模块 4）、张佩（编写模块 5）担任副主编，卫海、樊亚玲（编写模块 2）、冯小庭、刘振华（编写模块 3）参与编写，西安铁路职业技术学院张秀红担任主审。在编写本书过程中，编者得到了西安铁路职业技术学院的史骏、于加力和许睿凯等师生及西安铁路局工务机械段有关同志们的大力协助，在此表示衷心感谢！

由于编者水平有限，书中难免存在不妥之处，敬请读者提出宝贵意见，以方便本书在修订时加以改进。

编　者

2024 年 3 月

目　录

课程导入

在人类发展早期，机械是指能帮助人类降低工作难度、省力的手工工具。随着人类的不断进步，复杂机械开始慢慢出现，如风车、水车等，机械逐渐成为专有的概念。现代的"机械"一词为英语中机构（Mechanism）和机器（Machine）的总称。我国作为文明古国，在机械领域长期处于领先地位，发明过许多巧夺天工的机械。进入现代，我国的"天眼""北斗"和高铁等技术的发展更让世界看到了中国力量和中国速度。

作为机械和近机械类专业的学生，"机械基础"是我们要学习的一门重要的基础课程。世界强国的兴衰史和中华民族的奋斗史一再证明，没有强大的机械工业，就没有国家和民族的强盛。机械工业的进步是我们显著增强综合国力、支撑世界大国地位、满足人民群众日益增长的对美好生活需求的重要保障。

一、本课程的目标与定位

本课程的研究对象是能安全可靠地工作的机械。其具体设计过程是根据工程实际，确定机械中所有零件的尺寸与形状，选择合适的材料与工艺来制造零件，并通过计算确保其在受到载荷作用时能完成预定功能而不失效。我们可以将此过程进一步划分为两个层面：整体设计和零部件设计。每个零部件的功能和尺寸都依赖机械中的其他部分，如要设计活塞式内燃发动机的连杆，那么它的尺寸、形状需要根据其他零件的情况来确定，而连杆所选用的材料不同，又会使其质量不同，从而影响运动时承受的载荷，载荷的变化反过来又影响零件的强度、尺寸等设计要求。因此，学生在学习本课程时要养成综合分析、全面考虑问题的习惯，坚持科学严谨的作风，塑造追求卓越的工匠精神。

鉴于未来机械工业发展的总趋势是全球化、信息化、精密化、集成化和极端化（以下简称"五化"），行业迅猛发展的同时，各种新材料、新技术、新工艺、新设备层出不穷，为了适应行业发展的需要，本课程的学习目标如下。

（1）知识目标。了解机械零部件的性能和工艺，理解其失效形式，掌握典型机构的工作原理。

（2）能力目标。具备理论联系实际的能力，运用各类规范进行分析计算的能力，综合应用创新设计的能力。

（3）素质目标。培养精益求精的工匠精神、技能报国的担当意识和勇于进取的创新精神。

二、机器的组成及功能

下面从了解机器的基本组成开始本课程的学习。现代机械的种类繁多，图 0-1 列出了零件、构件、机构、机器的实例，它们在功能和结构上既有区别又有联系。

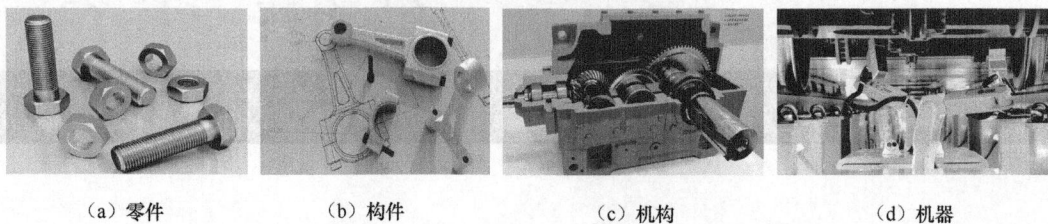

（a）零件　　　（b）构件　　　（c）机构　　　（d）机器

图 0-1　零件、构件、机构、机器实例

1. 零件和构件

从制造和装配的角度来看，机器由许多可独立加工和装配的单元体组成，这些单元体被称为零件。若干个零件组成机构，若干个机构组成机器。零件可分为两大类：一类是在各种机器中都能用到的，称为通用零件，如齿轮、螺栓、轴承、带、带轮等；另一类是在特定类型的机器中才能用到的，称为专用零件，如曲轴、吊钩、叶片、叶轮等。此外，常把由一组协同工作的零件组成的可独立制造和装配的组合件称为部件，如减速器、变速器、联轴器、离合器、制动器等。

从机械实现预期运动和功能的角度来看，机构中形成相对运动的各个运动单元称为构件。一个构件既可以是一个零件，又可以由几个零件组成，图 0-2 所示为单缸四冲程发动机示意图，其中连杆就是由连杆体、连杆头、轴瓦和轴套、螺栓、螺母、开口销等零件组成的一个刚性构件。组成机构的构件不全是刚性的，某些构件可以是挠性的或弹性的。

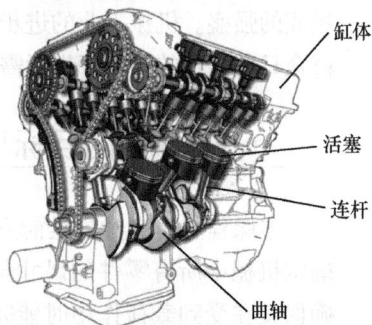

图 0-2　单缸四冲程发动机示意图

2. 机器和机构

机器是一种人为的实物构件的组合，各部分之间具有确定的相对运动，能代替人类劳动，完成有用的运动和能量转换。机器一般由动力部分、传动部分、执行部分、控制部分、辅助部分 5 个部分组成，如图 0-3 所示。

（1）动力部分是指原动机及其相应的配套装置，其作用是将非机械能转换为机械能并给机器提供动力。常用的原动机有电动机、液压马达、气动马达和内燃机。

（2）传动部分是指动力部分和执行部分之间的中间装置。它的任务是将原动机提供的机械能以动力和运动的形式传递给执行部分。

（3）执行部分是直接完成机器预定功能的部分，是机器直接进行生产的部分，是机器用途、性能综合体现的部分，是区分机器设备的依据。动力部分、传动部分及控制部分都应该根据执行部分的功能要求、运动参数和动力参数的合理范围进行设计和选择，它们是为实现执行部分的技术功能而服务的。

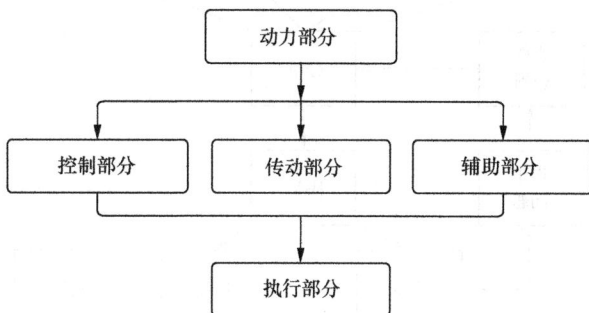

图 0-3　机器的组成

（4）控制部分是指为了提高产品产量、质量，减轻人们的劳动强度，节省人力、物力等而设置的控制器。对于结构比较复杂、控制精度和响应速度要求较高的机器，就需要使用控制装置代替人工操作。机器各部分的位置精度、运动精度及机器的承载能力等主要依靠框架支撑系统来得到保证。

（5）辅助部分包括基础件（如床身、底座、立柱等）和支撑构件（如支架、箱体等）。它用于安装和支承动力、传动和操作等系统。此外，还有一些辅助部分，能够实现润滑、冷却、显示、照明等功能。

现代机器的主要功能仍然是在智能控制系统的辅助下执行机械运动、完成有用功和能量的转换。以焊接机器人为例，它的执行部分是操作机，由动力部分（驱动系统）提供动力来完成焊接操作，控制部分由计算机硬件、软件和一个专用电路组成。

机构主要指的是具有确定机械运动的构件系统，主要作用是实现运动的转换，而非能量的转换，它与机器的主要区别在于是否包括动力部分，弄懂它们的区别可以帮助我们更好地掌握机器的工作原理。工程上常见的机构有连杆机构、齿轮机构、凸轮机构、间歇运动机构等，它们都只能进行运动和动力的传递。图 0-2 所示的单缸四冲程发动机，其中曲轴、连杆、活塞、缸体组成曲柄滑块机构，可将活塞的往复运动转换为曲轴的回转运动；阀杆、凸轮、缸体组成凸轮机构，将凸轮轴的连续转动转变为顶杆有规律的有向移动；齿轮、缸体组成齿轮机构，协调两轴的转速与转向。机器一般包括若干个机构，但是最简单的机器也可以由一个机构组成，如电动机。通常将机器和机构统称为机械。

三、机械设计的方法

对每位工程师来说，培养良好的习惯和精益求精的态度至关重要。解决复杂的问题需要一套周密的方法，设计中还需要有良好的记录和归档整理的习惯。机械设计的一般方法：首先是提出问题，明确研究方向；其次是查阅资料，尽可能多地收集资料，寻找多种解决方案；再次是分析阶段，对前述的资料进行归纳、总结，选择最合适的解决方案；又次是决策阶段，由团队决定上一阶段的方案是接受还是拒绝；最后是实施阶段，根据标准或规范实施方案，验证其可行性，具体如图 0-4 所示。本书的每个模块都有对应实训任务书供学生参考。

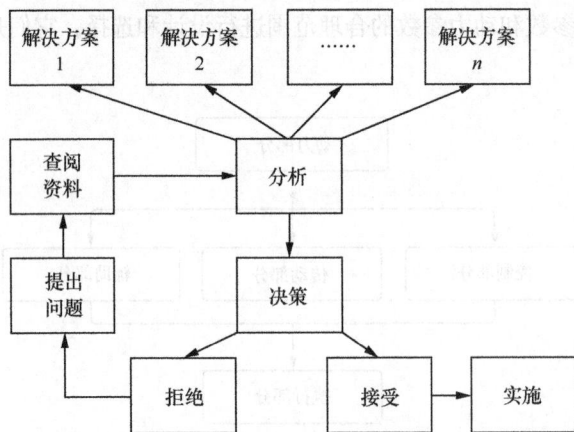

图 0-4　机械设计的一般方法

四、本课程的主要内容及融通关系

本课程是机械制造、机电一体化等机械类专业和铁道车辆、动车组检修等近机械类专业的基础课程，前置课程为机械制图与 CAD，后置课程则与机械设计、机械制造技术、车辆构造等课程相互衔接。

未来无论学生从事的是轨道交通行业的制造类、设计类、检修类岗位工作中的哪种，都需要用到本课程的知识。例如，从事制造类岗位工作的学生需要考取"1+X"数控车铣职业技能等级证书，需要了解车刀和工件的材料、合理选择切削用量、看懂技术要求等，这些考核点对应本课程中的材料、力学、装配方面的内容；从事检修类岗位工作的学生需要考取车辆钳工证书，需要了解车体的材料、转向架传动装置的工作原理等，这些考核点对应本课程中的材料、传动系统等相关内容。

下面以图 0-5 加工制造岗位的典型工作任务为例，说明本课程在岗位中的应用。在学习了机械制图等课程后，学生具备了读懂图纸等技术文件的能力，接下来就要进入作业现场进行工作。进入车间后，操作者需要了解待加工的物料，如物料如何存放、如何运输，在摆放和调运过程中不能出现倾覆、坠落等危险情况，这些都要用到本课程中受力平衡的相关知识，同时，加工检验的过程中，在保证安全的前提下，要控制质量，这需要用到本课程中机械工程材料的相关知识；再如注意设备中的危险部件，包括刀具、运动部件等，这些会用到本课程中典型机构和传动装置的相关知识，同时这些内容也与后续课程中的"机械制造技术""机械设计"等课程互相融通。现代企业中最重要的内容是安全生产，因此通过学习机械基础课程，学习者一定要树立认真严谨、遵规守纪的质量安全意识。

（a）物料堆垛　　　（b）物料吊运　　　（c）刀具应用　　　（d）加工检验

图 0-5　加工制造岗位的典型工作任务

4

模块1
机械工程材料成型工艺

模块导入

　　材料既是人类社会发展的重要物质基础，又是现代科学技术和生产发展的重要支柱之一。无论设计何种机械，都要选用适合加工制造的材料。材料的使用性能与其成分、组织和加工工艺密切相关。对材料特性、强化手段和制造工艺的充分认识是工程技术人员完成一项机械设计工作的必备技能。因此，机械设计和制造的首要任务之一就是合理选用材料和正确制定材料的加工工艺。

　　通常机械工程材料可分为金属材料、高分子材料、陶瓷材料和复合材料四大类。在现代工业中，一般把纯金属与合金统称为金属材料。在轨道交通行业中，目前应用最多的是金属材料，占全部用材的80%~90%，如列车的车身为铝合金、轮对和轨道是钢铁材料等。

　　金属材料主要包括黑色金属和有色金属两大类。其中，黑色金属主要是指铁及其合金，如钢、生铁、铁合金、铸铁等。黑色金属以外的金属称为有色金属，如金、银、铜、铝等。工业上使用的金属材料主要是合金，纯金属应用较少（因为其价格贵且强度较低）。合金是指由两种或两种以上的元素（其中至少有一种是金属元素）组成的具有金属性质的物质，如碳钢是由铁和碳组成的合金、黄铜是由铜和锌组成的合金等。

　　金属材料尤其钢铁材料，可通过不同的强化手段来改变金属的表面成分和内部组织结构，以获得不同的性能，满足不同的使用要求。金属材料的性能包括使用性能和工艺性能两大类。其中，使用性能包括力学性能、物理性能、化学性能等；工艺性能包括切削加工性、铸造性、锻造性、焊接性和热处理工艺性等。

知识目标

　　学习金属材料的基础知识，理解机械工程中常用的金属材料和非金属材料的分类、牌号、性能及应用，初步理解常用热处理方法的特点及其应用，了解新材料的特点及其应用。

能力目标

掌握金属材料力学性能的指标和测试方法，能够看懂铁碳合金相图并依据相图制定材料成型加工工艺，掌握钢铁材料常用热处理方法的特点和适用范围，能够看懂常用金属材料牌号的含义。

素质目标

了解材料的特点，懂得尺有所短、寸有所长的道理；增强自信，培养勇于担当的精神。

项目 1.1　金属材料的成型工艺

任务 1.1.1　金属材料力学性能测试

设计零件时首要考虑的是其力学性能。金属的力学性能是指在力的作用下，材料所表现出来的一系列力学性能指标，反映了金属材料在各种形式外力作用下抵抗变形或破坏的某些能力。为了满足零件对力学性能的要求，必须按照一定方法制备零件，制备的方法不同，性能也会存在较大差异。

任务描述

金属材料的性能包括使用性能和工艺性能两大类。由于零部件在加工制造和使用过程中会受到各类载荷的作用，因此其力学性能是材料使用性能中的重要指标，图 1-1-1-1 所示为某零部件检验卡，其中第 6 项和第 9 项为零部件的力学性能指标，工程技术人员应该能够对这些指标进行测定。

西安铁路职业技术学院			零部件检验卡				检验标准文件号		1.0 版
	系统		零部件名称	后半联轴器	零部件图号	G302.25—05	关键特性项数	17	是否交底　是
项目	序号	重要度	检验标准要求	引用输入文件	检验手段	检验频次	技术要求		
标识	1	A	供应商代码、零部件标识清晰	Q/LWZB114—2010	目测	全检	1. 不允许有裂纹、砂眼、缩松等铸造缺陷； 2. 去除尖角毛刺，R2、R3 允许用锉刀修圆； 3. 调质处理硬度 24～28HRC； 4. 发蓝处理		
外观	2	B	不允许有裂纹、砂眼、缩松等铸造缺陷	图纸技术要求	目测	按 GB/T 2828.1—2012 执行			
	3	B	去除毛刺，R2、R3 允许用锉刀修圆	图纸技术要求	目测				
	4	B	发蓝膜不得出现红色氧化斑点	GB/T 15519—2002	目测				
	5	B	发蓝膜属于优质膜		草酸实验				
材质	6	A	材质 ZG310-570，抗拉强度 $R_m \geqslant 570$MPa	JB/T 5939—2018	光谱分析仪、液压万能试验机	1 件/批			
	7	A	金相组织：回火索氏体	GB/T 13320—2007	金相显微镜				
	8	A	延伸率 $\delta \geqslant 15\%$	JB/T 5939—2018	液压万能试验机				
	9	A	调质处理硬度 24～28HRC	图纸技术要求	洛氏硬度计				
尺寸及技术要求	10	C	外径（170±0.5）mm	GB/T 1804—2000	0～300mm 游标卡尺	按 GB/T 2828.1—2012 执行			
	11	C	内径（107±0.3）mm	GB/T 1804—2000	0～150mm 游标卡尺				

图 1-1-1-1　某零部件检验卡

任务分析

金属材料抵抗不同性质载荷的能力称为金属材料的力学性能。其主要指标有强度、硬度、塑性、冲击韧性和疲劳强度等。这些指标既是选用材料的重要依据，又是控制、检验材料质量的重要参数。上述零部件检验卡中出现了强度和硬度指标。

质量控制不只是质检等部门的工作职责，现代企业一般推行全员质量责任制，每位员工都要为自己的产品质量负责，完成每道工序后都需要在相应工艺卡上进行记录，以确保有据可查。质检员的工作目标是负责企业所有物资、产品、设备的质量检查工作，其工作流程如图 1-1-1-2 所示，在对来料接收后，需对零件质量进行检验，工艺卡中对该零件的强度和硬度性能指标作出了明确规定，因此需要严格按照相关文件要求对这两项指标进行检验。抗拉强度指标应该按照 GB/T 228.1—2021《金属材料　拉伸试验　第 1 部分：室温试验方法》的要求进行测定，洛氏硬度应该按照洛氏硬度测量要求进行测定。

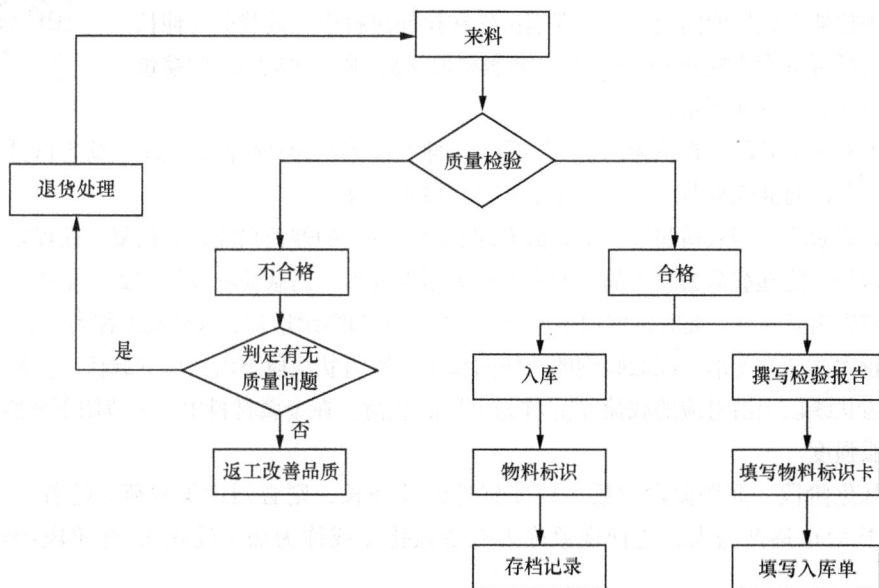

图 1-1-1-2　质检员的工作流程

知识链接

零件承受的载荷主要包括静载荷和动载荷。其中，静载荷是指大小和方向保持不变的载荷，如重力；动载荷是指大小或者方向发生变化的载荷。此外，动载荷又包括速度较大但作用时间较短的冲击载荷，以及大小、方向发生周期变化的交变载荷两类。

一、强度

强度是指金属材料在外力作用下抵抗变形和断裂的能力。强度越高，金属材料抵抗变形和断裂的能力越强。按所受外力状况不同，强度可分为抗拉强度、抗压强度、抗弯强度和抗剪强度等，一般情况下，以抗拉强度作为基本的强度指标。如图 1-1-1-3 所示，将一定尺寸和形状的金属试件（标准试件）装夹在试验机上，在其两端逐渐施加拉伸力，直到把试件拉断为止。根据试件在拉伸过程中承受的拉力和产生的变形量之间的关系，可测出有关的力学性能。

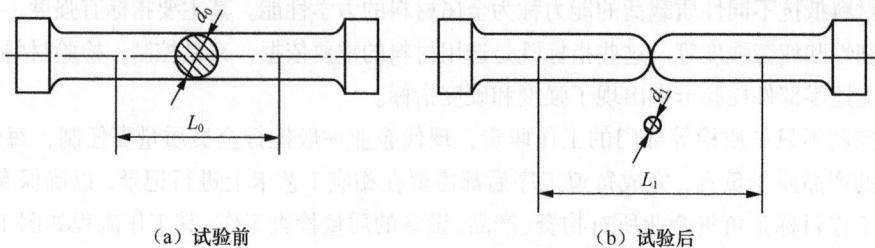

（a）试验前　　　　　　　　　　　（b）试验后

图 1-1-1-3　试件的拉伸

　　测定试验方法：按照 GB/T 228.1—2021 的要求，试件在受到缓慢、均匀施加的拉力作用时逐渐被拉长，直到试件断裂为止。试验机连续记录载荷与伸长量之间的关系，并得出以载荷 F 为纵坐标、伸长量 ΔL 为横坐标的曲线图形，称为拉伸图或拉伸曲线图。低碳钢试件在拉伸过程中，其载荷与伸长量之间的关系可分为弹性变形阶段 OE、屈服阶段 ES、强化阶段 SB 和缩颈阶段 BK，如图 1-1-1-4 所示。

　　（1）弹性变形阶段。在拉伸的初始阶段，拉伸曲线 OP 为直线段，表示载荷与试件伸长量成正比关系。若此时卸除载荷，试件能完全恢复到原来尺寸。

　　（2）屈服阶段。当载荷超过一定数值再卸载时，试件的伸长只能部分恢复，而保留一部分残余变形，这种不能随载荷去除而消失的变形称为塑性变形。当载荷继续增加到一定程度后，曲线出现平台或锯齿状线段，此时拉伸力不增加，试件变形却继续增加，这种现象称为屈服。屈服后，材料残留较大的塑性变形。在低碳钢的拉伸曲线中，锯齿状线段下沿对应的载荷 F_{eL} 称为下屈服载荷，锯齿状线段上沿对应的载荷 F_{eH} 称为上屈服载荷。在金属材料中，一般用下屈服载荷 F_{eL} 来计算屈服强度。

　　（3）强化阶段。屈服阶段以后，要使试件继续伸长，则必须增加载荷。随着变形继续增大，变形抗力也逐渐增大，这种现象称为形变强化（或称为加工硬化），此阶段的塑性变形是均匀的。

　　（4）缩颈阶段。当载荷达到最大值 F_m 后，继续拉伸，试件截面会发生局部收缩，称为缩颈。这时伸长主要集中于缩颈部位，直至试件断裂。

　　灰铸铁的拉伸曲线如图 1-1-1-5 所示，从图中可以看出，试件从开始拉伸至拉断，作用力、变形量都很小（一般不超过 5%），也没有屈服阶段和缩颈阶段。试验证明，灰铸铁的抗压能力远远大于其抗拉能力（为 3～4 倍）。因此以灰铸铁为代表的材料称为脆性材料，常用作受压构件。

　　试验结果分析：大部分材料的性能参数是多个测试样本的平均值（也有部分数据取最小值），因此其力学性能参数服从统计学分布规律。为消除试件尺寸和形状的影响，使结果具有普遍适用性，在工程实际中采用应力-应变（σ-ε）曲线来描述材料性能数据。其中应力 σ 定义为单位面积承受的载荷，拉伸试件应力的计算公式如下。

$$\sigma = \frac{F}{A}$$

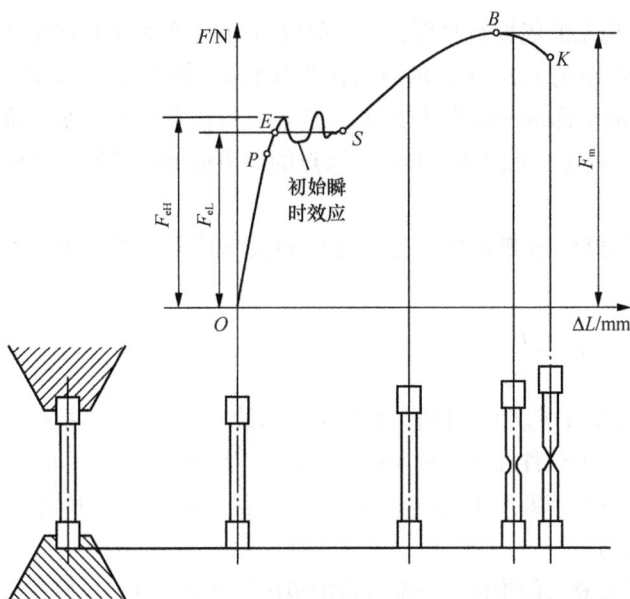

图 1-1-1-4　低碳钢的拉伸曲线

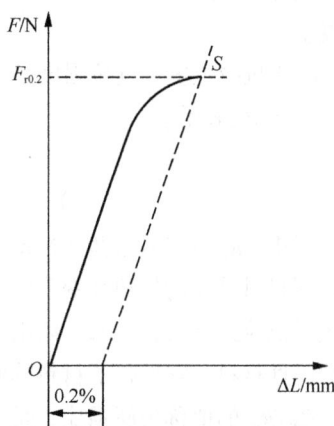

图 1-1-1-5　灰铸铁的拉伸曲线

式中，F 表示任一时刻施加在试件上的载荷；A 表示试件的初始横截面积。假定应力在试件的横截面上均匀分布，单位为 Pa，应变 ε 定义为每单位长度的形变量，其计算公式为

$$\varepsilon = \frac{l_1 - l_0}{l_0}$$

式中，l_0 表示试件的初始标距长度；l_1 表示任一载荷 F 对应的标距长度。l_0 和 l_1 的单位为 mm，应变无量纲。拉伸试验的应力-应变曲线可以表征材料性能参数，低碳钢的应力-应变曲线如图 1-1-1-6 所示。

（1）弹性模量。在弹性变形阶段即曲线的 OE 段，应力与应变严格遵从正比例关系。由于 E 点和 P 点非常接近，一般在工程中不做区分，故 P 点称为比例极限点，其斜率满足

$$\tan\alpha = E = \frac{\sigma}{\varepsilon}$$

式中，E 表示弹性模量，是衡量物体抵抗弹性变

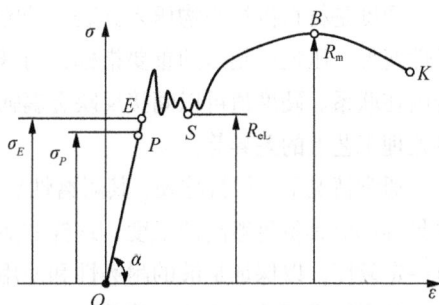

图 1-1-1-6　低碳钢的应力-应变曲线

形能力大小的尺度。E 点则是物体发生可逆弹性变形的极限点，称为弹性极限点。

（2）屈服强度。当试件的变形超过 E 点后，就会发生不可恢复的塑性变形。当金属材料呈现屈服现象时，在试验期间发生塑性变形但力不增加的应力点称为屈服强度。根据 GB/T 228.1—2021《金属材料 拉伸试验 第 1 部分：室温试验方法》的规定，屈服强度分为上屈服强度和下屈服强度。其中，上屈服强度 R_{eH} 是指屈服阶段应力首次下降前的最大应力值；下屈服强度 R_{eL} 是指不计初始瞬时效应，拉伸曲线在屈服阶段的最小应力值。由于下屈服强度数值更稳定，故对塑性材料而言，一般以下屈服强度作为材料的抗力指标，称为材料的屈服强度。

$$R_{eL} = \frac{F_{eL}}{S_0}$$

式中，R_{eL} 表示屈服强度（N/mm^2 或 MPa）；F_{eL} 表示发生屈服时的最小应力值；S_0 为试件

的原始横截面积（mm²）。对没有屈服现象的脆性材料而言，一般以应力-应变曲线的直线关系的极限偏差达到规定值（通常为原始标距的 0.2%）时的应力作为其名义屈服强度。例如，对于铸铁试件，确定其屈服强度，要沿横坐标量出应变等于 0.2% 的点，过该点作弹性变形阶段线段的平行线，与应力-应变曲线交于 S 点（见图 1-1-1-5），该点的应力值即材料的名义屈服强度。

（3）抗拉强度。抗拉强度是指金属材料在拉断前所承受的最大载荷，即拉伸曲线中 B 点的应力值，用 R_m 表示。

$$R_m = \frac{F_m}{S_0}$$

式中，R_m 为抗拉强度（N/mm² 或 MPa）；F_m 为试件断裂前所承受的最大载荷（N）。抗拉强度即表征材料最大均匀塑性变形的抗力，拉伸试件在承受最大拉应力之前，变形是均匀、一致的，但超过抗拉强度后，金属开始出现缩颈现象，即产生集中变形。对于没有（或很小）均匀塑性变形的脆性材料，它反映了材料的断裂抗力。

R_{eL}/R_m 的值称为屈强比，是一个很有意义的指标，一般其值的范围为 0.65 ~ 0.75。屈强比是指材料的屈服强度与抗拉强度的比值，屈强比可以看作衡量钢材强度储备的一个系数。屈强比越大，机械零件的经济性越好，但屈强比太大，结构容易发生脆性破坏，即破坏时结构没有明显的变形产生，难以预防。此外在航空航天和高速列车结构件中，抗拉强度和密度的比值（比强度）也具有特殊意义，比强度高的材料可以减轻自重，减少造价。

二、硬度

硬度是材料抵抗硬物压入其表面的能力，是材料抵抗局部变形，特别是塑性变形、压痕或划痕的重要指标，与其他力学性能强度和塑性指标之间有着内在联系。硬度值可以间接反映金属强度及金属在化学成分、金相组织和热处理工艺上的差异等。

金属材料的硬度

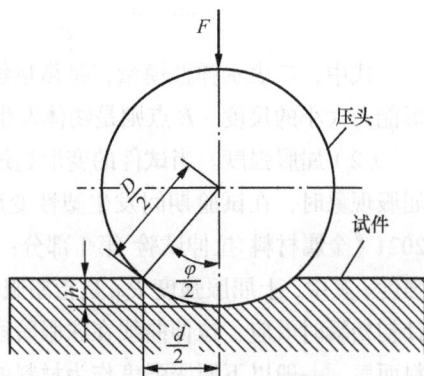

通常情况下，材料越硬，其耐磨性越好。机械制造业所用的刀具、量具、模具等都应具备足够高的硬度，这样才能保证其使用性能和寿命。有些机械零件如齿轮等也要求有一定硬度，以保证足够的耐磨性和使用寿命。

硬度测量试验方法比较简单、迅速，一般采用的是压入法，可直接在原材料或零件表面进行测试。金属材料常用的硬度测量方法有布氏硬度测量方法、洛氏硬度测量方法和维氏硬度测量方法。

（1）布氏硬度测量方法

测量原理：如图 1-1-1-7 所示（h 为压痕深度，φ 为压入角），使用一定直径的球体，以规定的试验载荷压入试件表面，经规定的保持时间后卸载，通过测量试件表面的压痕直径来计算布氏硬度。布氏硬度用符号 HBW 表示，计算公式为

图 1-1-1-7 布氏硬度的测量原理

$$HBW = 0.102 \times \frac{2F}{\pi D(D - \sqrt{D^2 - d^2})}$$

式中，F 为试验载荷（N）；D 为硬质合金球的直径（mm）；d 为压痕的平均直径（mm）。金属材料越软，压痕的直径越大，布氏硬度越低。

布氏硬度主要用于测量灰铸铁、有色金属、各种软钢等硬度不是很高的材料。因压痕较大，布氏硬度不适宜用于检验薄件或成品。

（2）洛氏硬度测量方法

测量原理：如图 1-1-1-8 所示，以压痕的深度来计算洛氏硬度，用金刚石压头进行测试，先加初载荷 F_0，压入深度为 h_1，以消除由于试件表面不平而引起的误差；然后加载荷 F_1，在总载荷 F（F_0+F_1）的作用下，压入深度为 h_2，经规定的保持时间后卸载，由于金属弹性变形的恢复，压头回升到 h_3，此时压痕深度 $h=h_3-h_1$。根据 h 的大小计算洛氏硬度值，定义每 0.002mm 相当于一个硬度单位。显然，h 值越大，洛氏硬度越低。为适应习惯上数值越大、硬度越高的概念，采用 K 减去 $h/0.002$ 来表示洛氏硬度值的大小。洛氏硬度用符号 HR 表示，计算公式为

$$HR = K - \frac{h}{0.002}$$

式中，K 为常数，金刚石取 $K=100$，钢球取 $K=130$；h 为压痕深度（mm）。洛氏硬度没有单位，其值可以从洛氏刻度盘上直接读出。

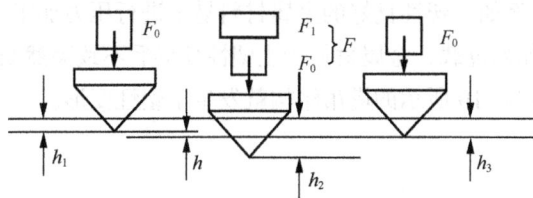

图 1-1-1-8　洛氏硬度的测量原理

适用范围：我国常用的洛氏硬度有 HRA、HRB、HRC 3 种标尺，其适用范围和测量要求见表 1-1-1-1。

表 1-1-1-1　　　　　　　　　　　洛氏硬度的适用范围和测量要求

标尺种类	硬度符号	压头类型	总负荷 F/N	适用范围
A	HRA	120°的金刚石圆锥	588.4	硬质合金，表面淬硬、渗碳、特硬材料等
B	HRB	ϕ1.588mm 的钢球	980.7	退火钢、正火钢、有色金属及较软材料等
C	HRC	120°的金刚石圆锥	1471.1	淬火钢、调质钢等

（3）维氏硬度测量方法

测量原理：如图 1-1-1-9 所示，采用 136° 正棱角锥形金刚石作为压头，载荷 F 的大小可根据试件厚度和其他条件选用，一般可取 10～1000N，经规定的保持时间后卸载，通过测量压痕对角线的长度来计算维氏硬度。维氏硬度用符号 HV 表示，计算公式为

$$HV = 0.189 \frac{F}{d^2}$$

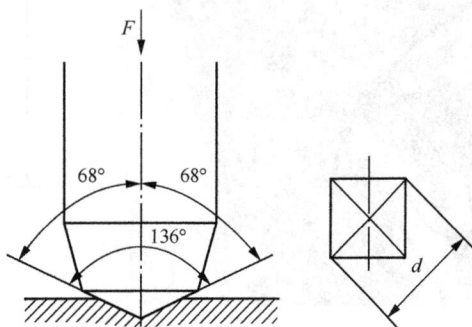

图 1-1-1-9　维氏硬度的测量原理

式中，F 为试验载荷（N）；d 为压痕两对角线的平均长度（mm）。

适用范围：维氏硬度测量中所加载荷小，压入深度浅，可测量较薄的材料和渗碳层、渗氮层的硬度。维氏硬度测量范围广，可以测量从较软到较硬各种金属材料的硬度，且准确性高。维氏硬度的缺点是压痕对角线的长度测量较复杂，压痕小，对试件的表面质量要求较高。

三、塑性

塑性是指在外载荷的作用下，金属材料断裂前产生永久性变形的能力。常用断后伸长率 A 和断面收缩率 Z 来表示，其计算公式分别为

$$A = \frac{L_u - L_0}{L_0} \times 100\%$$

$$Z = \frac{S_0 - S_u}{S_0} \times 100\%$$

式中，A、Z 分别为断后伸长率和断面收缩率（%）；L_0、L_u 分别为试件原始标距和试件断后标距（mm）；S_0、S_u 分别为试件原始横截面积和试件断后最小横截面积（mm^2）。

断后伸长率和断面收缩率数值越大，表明金属材料的塑性越好，良好的塑性对机械零件的加工和使用具有重要意义。例如，塑性良好的金属材料易于进行压力加工（如轧制、冲压、锻造等），如果过载，金属材料产生塑性变形后不致突然断裂，可以避免事故发生，图 1-1-1-10 所示的塔吊结构就发生了塑性变形。

金属材料的冲击韧性

四、冲击韧性

冲击韧性是指金属材料抵抗动载荷冲击的能力，常用摆锤冲击试验来测量。如图 1-1-1-11 所示，将带有缺口的试件安放在支座上，让摆锤 1 从一定高度（h_1）落下，将试件冲断，随后摆锤继续上升至 h_2，冲断试件所消耗的功 $A_k = mg(h_1 - h_2)$。冲击韧性值为试件单位截面积所消耗的冲击吸收功，用符号 a_k 表示，计算公式为

$$a_k = \frac{A_k}{S}$$

图 1-1-1-10　某塔吊结构发生塑性变形

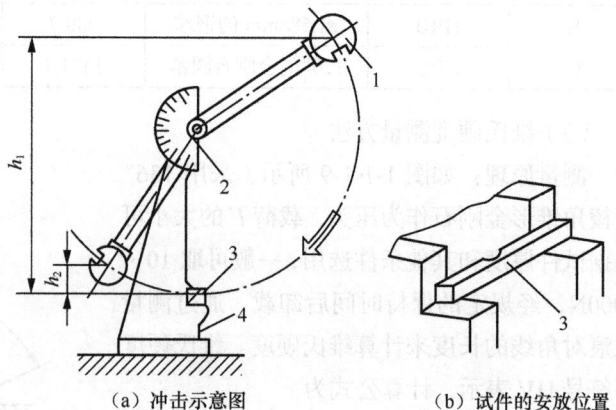

（a）冲击示意图　　　（b）试件的安放位置

1—摆锤；2—指针；3—试件；4—支座

图 1-1-1-11　摆锤冲击试验原理

式中，A_k 为冲击吸收功（J）；a_k 为冲击韧性值；S 为试件缺口处横截面积（cm^2）。a_k 越大，冲击韧性越好，金属材料受冲击载荷后越不容易断裂。

五、疲劳强度

疲劳强度又称为疲劳极限，是指金属材料在无限多次交变载荷的作用下而不被破坏的最大应力。实际上，金属材料不可能做无限多次交变载荷试验。一般试验时规定，钢可经受 1×10^7 次交变载荷试验，有色金属材料可经受 1×10^8 次交变载荷试验。许多机械零件，如轴、齿轮、轴承、叶片、弹簧等，在工作过程中各点的应力随时间做周期性变化，这种随时间做周期性变化的应力称为交变应力，又称为循环应力。在交变应力的作用下，虽然零件所承受的应力低于金属材料的屈服强度，但经过较长时间的工作后，金属材料会产生裂纹或突然完全断裂，这种现象称为金属材料的疲劳破坏。疲劳破坏是机械零件失效的主要原因之一。据统计，在机械零件失效原因中，有 80% 以上是疲劳破坏，且疲劳破坏前没有明显变形。因此，疲劳破坏经常造成重大事故。轴、齿轮、轴承、叶片、弹簧等承受交变载荷的零件要选择疲劳强度较好的金属材料来制造。

拓展阅读

小疲劳引发大事故

2002 年 5 月 25 日，某班机飞行一段时间后坠毁，造成机上 200 多名人员全部罹难，事故原因是飞机在高空中解体。经过专家和技术人员的详细调查发现，位于机尾的一块金属覆盖加强板由于疲劳，在爬升过程中，其内部微裂纹突然失稳，像蜘蛛网一样四处扩散，导致机尾脱离飞机主体结构，剩余的机身部分由于空气压力作用而迅速解体，造成了这次重大事故。经过进一步调查发现，出现问题的加强板是在 1980 年的一次飞机维修过程中安装上去的，当值维修人员未严格按照要求进行操作，却在填写维修卡时写得"天衣无缝"。就这样，本该被及时处理的隐患就此掩盖下来，在长达 22 年里一直未能得到及时处理，在每次飞机起降过程中，裂纹都会轻微涨缩，最终酿成了无法挽回的惨痛事故。

任务实施

完成本任务某工厂零部件力学性能指标（强度和硬度）的测定，具体实施过程见附带的《实训任务书》。

任务拓展

已知某悬索桥选用钢制拉杆承受轴向拉伸载荷作用，如图 1-1-1-12 所示，建设要求拉杆屈服强度 $R_{eL} \geq 270MPa$。现有 3 种不同钢材，分别进行拉伸试验，测得的拉伸应力-应变曲线如图 1-1-1-13 所示，根据试验结果，选择哪种钢材制造此拉杆更合适？

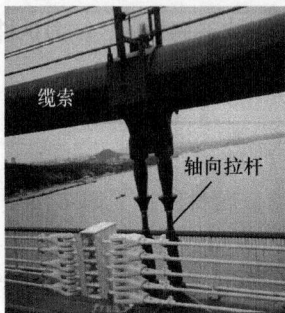

图 1-1-1-12 悬索桥的钢制拉杆

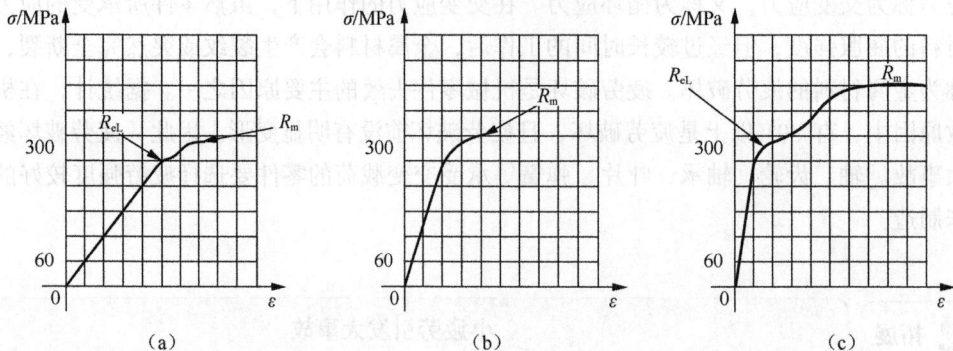

图 1-1-1-13 零件拉伸应力-应变曲线

任务 1.1.2 零件成型工艺分析

各类机械的加工制造就是将原材料制成零件的毛坯，再将毛坯加工成机械零件，最后将机械零件装配成机器的整个过程。零件毛坯主要成型工艺如图 1-1-2-1 所示。零件毛坯成型工艺作为整个工艺链条的第一个环节，对零件的质量和后续加工过程具有重要影响。

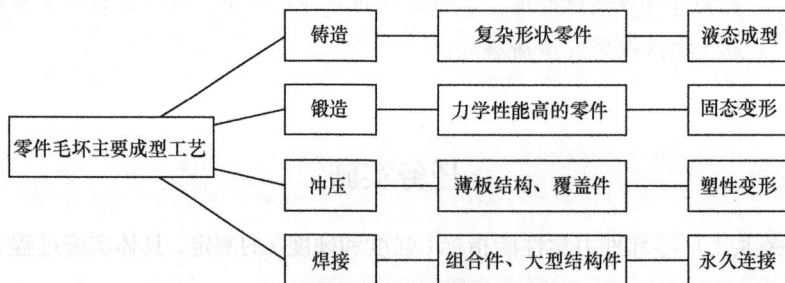

图 1-1-2-1 零件毛坯主要成型工艺

任务描述

大多数金属制件是经过熔化、冶炼和浇注的铸造工艺而获得的。现在某企业要铸造一批 Cu-Ni 合金铸件，在铸造过程中，在不添加其他合金元素的情况下，如何提高这一批铸件的强度、塑性和韧性指标？

任务分析

铸造是零件毛坯重要的加工手段，铸造工艺员是企业中负责铸造生产工艺的技术人员，其岗位职责如下。

（1）编制铸造工艺规范、设计生产布局。

（2）负责原材料审核、提高生产效率。

（3）控制废品率、提高铸件质量。

要完成此项任务，提高铸件质量，需要了解金属的晶体结构。

在铸造过程中，一般经过熔化、冶炼、浇注得到的零件是由许多晶粒组成的多晶体，因此铸造工艺的选择应该向着细化铸件的晶粒、减少内应力方向考虑。典型铸件如图 1-1-2-2 所示。

 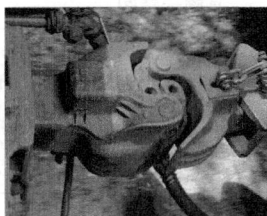 

（a）三通　　　　　　　　（b）列车车钩　　　　　　　　（c）转向架摇枕

图 1-1-2-2　典型铸件

知识链接

一、金属的晶体结构

铸造得到的金属零件一般是金属晶体，其性能与结构有着密切关系。例如，同样由碳元素构成的金刚石、石墨、足球烯（C_{60}），三者的性能差异较大。按原子排列的特点，固态物质可分为晶体与非晶体两大类。凡原子按一定规律排列的固态物质都称为晶体。

1. 晶格、晶胞

晶体内部的原子按一定的几何规律排列。如果把金属中的原子近似地看成刚性的小球，那么金属晶体就是刚性小球按一定的几何规律堆积而成的，其结构如图 1-1-2-3 所示。

 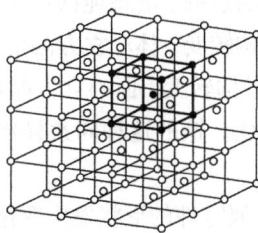

（a）晶格　　　　　　　　（b）晶胞

图 1-1-2-3　金属的理想晶体结构

为了形象地表示晶体中原子排列的规律，可以人为地将原子简化为质点，再用假想的线将其连接起来，这样就形成能反映原子排列规律的空间格架，如图 1-1-2-3（a）所示。这种抽象的、用于描述原子在晶体中排列方式的空间几何图形称为结晶格子，简称晶格。由图 1-1-2-3（a）可知，晶格由许多形状、大小相同的几何单元重复堆积而成。其中能够完整反映晶体特征的最小几何单元称为晶胞，如图 1-1-2-3（b）所示。

2. 常见金属晶格类型

不同的金属具有不同的晶格。研究表明，工业上使用的几十种金属元素中，除少数具有复杂的晶格结构外，绝大多数具有比较简单的晶格结构。其中常见的金属晶格类型有 3 种，即体心立方晶格、面心立方晶格、密排六方晶格，如表 1-1-2-1 所示。

表 1-1-2-1　　　　　　　　　　常见的金属晶格类型

名称	结构特点	晶胞示意图	典型金属
体心立方晶格	晶胞是一个立方体，原子位于立方体的 8 个顶点和中心		钨（W）、钼（Mo）、钒（V）、铌（Nb）、钽（Ta）及 α-铁（α-Fe）等
面心立方晶格	晶胞是一个立方体，原子位于立方体的 8 个顶点和 6 个面的中心		金（Au）、银（Ag）、铜（Cu）、铝（Al）、铅（Pb）、镍（Ni）及 γ-铁（γ-Fe）等
密排六方晶格	晶胞是一个正六棱柱，原子除排列于正六棱柱的每个顶点和上、下两个底面的中心外，正六棱柱的中心还有 3 个原子		镁（Mg）、铍（Be）、镉（Cd）及锌（Zn）等

3. 金属的同素异构转变

大多数金属的晶格固定不变，但有些金属（如铁、钴、钛、锡、锰）在固态下，其晶格会随温度的升高或降低而发生变化。金属在固态下随温度的改变，由一种晶格转变为另一种晶格的现象称为同素异构转变。由同素异构转变所得到的不同晶格类型的晶体称为同素异构体。其中，铁是典型的具有同素异构转变特性的金属。铁的同素异构转变如图 1-1-2-4 所示，它表示了纯铁的结晶和同素异构转变的过程。液态纯铁在 1538℃时结晶成为体心立方晶格的 δ-Fe，继续冷却到 1394℃时发生同素异构转变，体心立方晶格的 δ-Fe 转变为面心立方晶格的 γ-Fe，再继续冷却到 912℃时又发生同素异构转变，面心立方晶格的 γ-Fe 转变为体心立方晶格的 α-Fe，再继续冷却，晶格的类型不再变化。铁的这种同素异构转变现象正是钢铁材料可以进行各种性能强化的主要原因。

在切应力 τ 的作用下，金属零件的形状发生变化，如图 1-1-2-5 所示。因为不同金属的晶格中原子排布方式不同，所以它们的力学性能有较大差异。例如，钢的屈服强度一般为 200～400MPa，工业纯铝的屈服强度只有 80～100MPa。

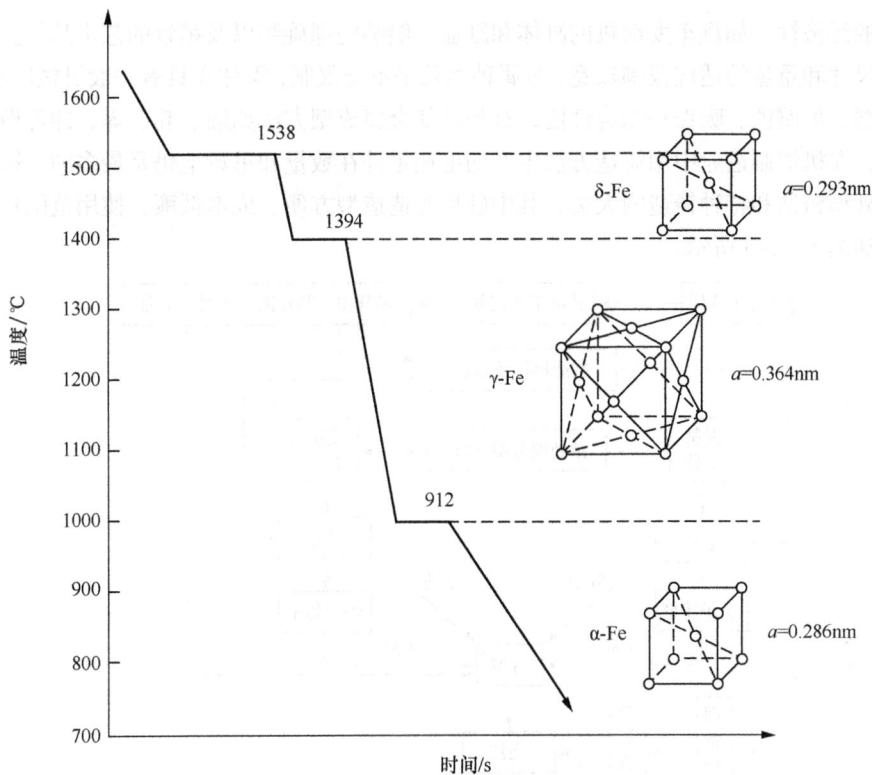

图 1-1-2-4 铁的同素异构转变

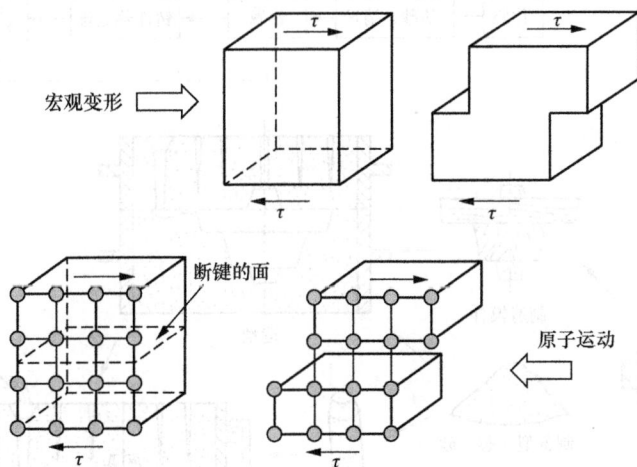

图 1-1-2-5 金属塑性变形的实质

二、纯金属的制备

1. 铸造工艺

铸造是将液体金属浇铸到与零件形状相适应的铸造空腔中，待其冷却凝固后，获得零件或毛坯的方法。中国商朝重 832.84kg 的后母戊鼎、战国时期的曾侯乙青铜尊盘、西汉的透光镜都是古代铸造的代表产品。在现代工业中，铸造是比较经济的毛坯成型方法，对于形状复杂的零件更能显示出它的经济性，如汽车发动机的缸体和缸盖、船舶的螺旋桨以及精致的艺术品等。另外，铸造的零件尺寸和重量的适应范围较宽，金属种类几乎不受限制；零件在具有一般机械性能的同时，还具有耐磨、耐腐蚀、吸振等综合性能，这是其他金属成型方法如锻、轧、焊、冲等做不到的。迄今为止，在机器制造业中用铸造方法生产的毛坯零件在数量和重量上仍是最多的。铸造的种类主要包括砂型铸造和特种铸造两大类，其中砂型铸造造型方便、成本低廉、使用范围较广。铸造工艺流程如图 1-1-2-6 所示。

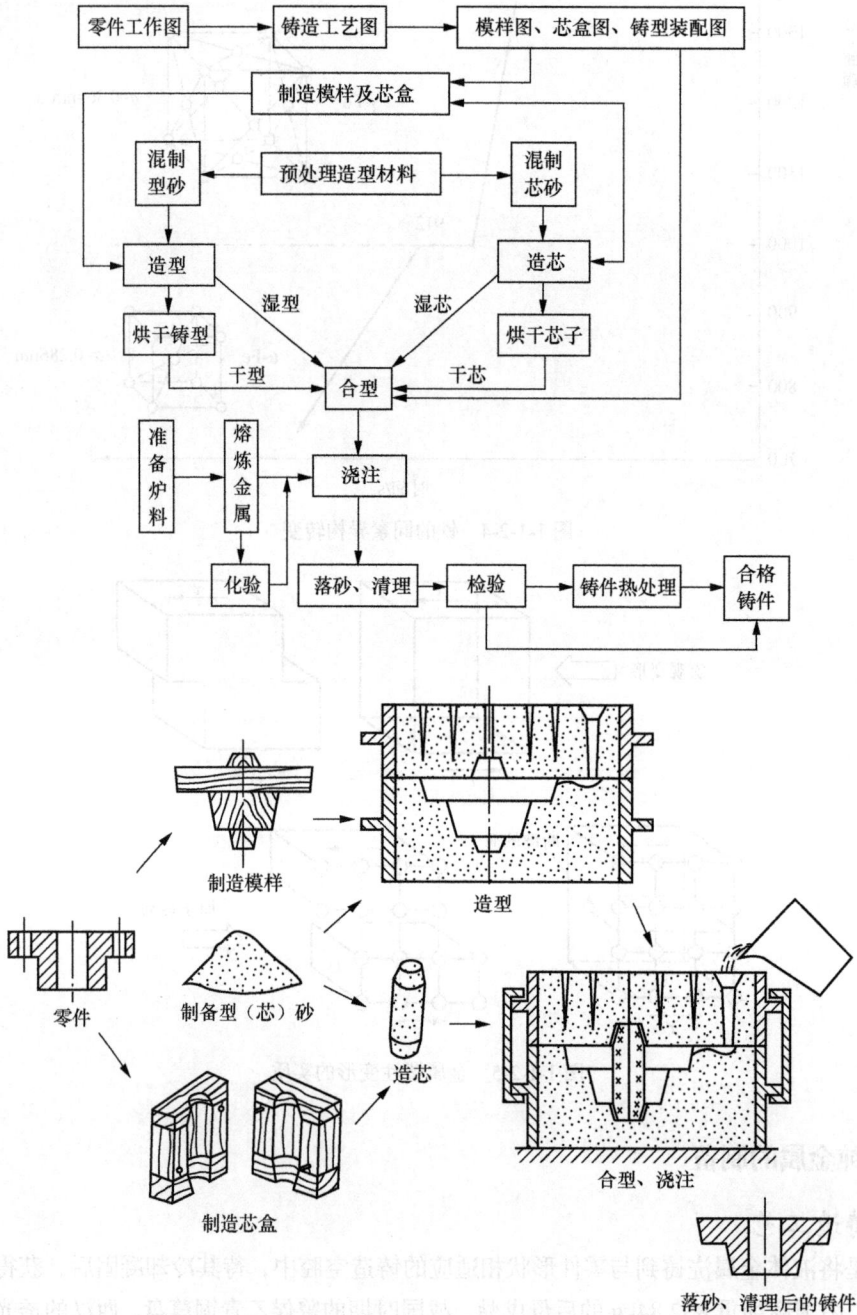

图 1-1-2-6 铸造工艺流程

在铸造过程中，纯金属制件都是经过熔化、冶炼、浇注而获得的，这种由液态转变为固态的过程称为凝固。通过凝固形成晶体的过程称为结晶，金属结晶形成的铸件组织将直接影响金属的性能。研究金属结晶的目的是掌握金属结晶的基本规律，以便指导实际生产，获得理想的金属组织和性能。

利用图 1-1-2-7 所示的装置将纯金属加热到熔化状态，然后待其缓慢冷却，在冷却过程中，每隔一定时间记录下金属液体的温度，直到结晶完毕为止。这样可得到一系列时间与温度相对应的数据，把这些数据标在时间-温度坐标系中，然后画出一条时间与温度的相关曲线，这条曲线称为纯金属冷却曲线，如图 1-1-2-7 所示。这种绘制纯金属冷却曲线的方法称为热分析法。

从图 1-1-2-8 中可以看出，随着冷却时间的延长，液态金属的温度不断下降。但当冷却到某一温度时，随着冷却时间的延长，其温度并未下降，在冷却曲线上出现一条水平线段，其所对应的温度就是纯金属结晶的温度。

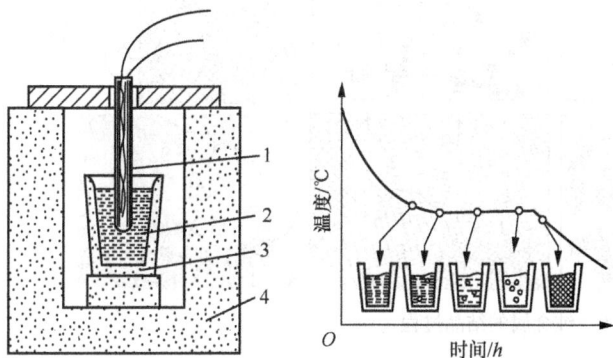

1—热电偶；2—液态金属；3—坩埚；4—电炉

图 1-1-2-7　热分析法装置和用热分析法绘制纯金属冷却曲线

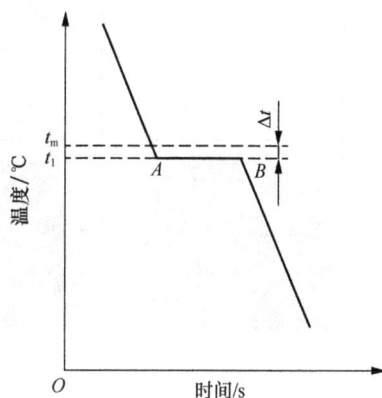

图 1-1-2-8　金属晶体结晶曲线

出现水平线段的原因是金属结晶时放出的结晶潜热补偿了其向外界散失的热量。如图 1-1-2-8 所示，金属在无限缓慢冷却条件下（平衡条件下）所测得的结晶温度 t_m 称为理论结晶温度。但在实际生产中，金属由液态结晶为固态时的冷却速度相当快，即在非平衡条件下进行的结晶，因此金属总在理论结晶温度 t_m 以下的某一温度 t_1 才开始进行结晶。温度 t_1 称为实际结晶温度。实际结晶温度 t_1 低于理论结晶温度 t_m 的现象称为过冷。而 t_m 与 t_1 之差 Δt 称为过冷度，即 $\Delta t = t_m - t_1$。过冷度并不是一个恒定值，液态金属的冷却速度越快，实际结晶温度 t_1 就越低，即过冷度 Δt 就越大。实际上，金属总是在过冷情况下进行结晶的，所以具有过冷度是金属结晶的一个必要条件。

2. 纯金属的结晶过程

在液态金属中，原子的活动能力较强，且做不规则运动。随着液态金属温度的不断下降，金属原子的活动能力减弱，原子间的吸引作用逐渐增强。当达到结晶温度时，首先在液体的某些区域形成一些极其细小的微晶体，称为晶核。随着时间的推移，已形成的晶核不断长大，同时又有新的晶核形成、长大，直到液态金属全部凝固，结晶过程结束，如图 1-1-2-9 所示。因此，结晶过程就是形核和晶核不断长大的过程。实际使用的金属由很多小晶体组成，这些小晶体内部的晶格位向是均匀、一致的，而它们之间的晶格位向不同，这些外形不规则的颗粒状小晶体称为晶粒。

每个晶粒相当于一个单晶体。晶粒与晶粒之间的界面称为晶界。金属的实际晶体结构是由许多晶粒组成的多晶体。

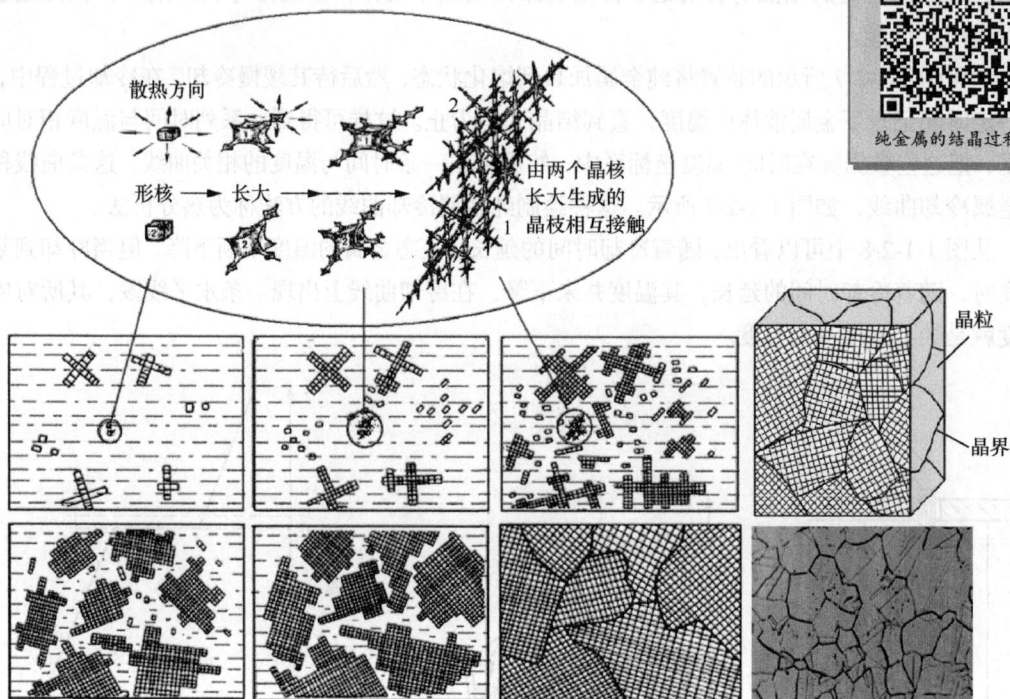

图 1-1-2-9　纯金属的结晶过程

三、合金的制备

由于纯金属的强度、硬度一般较低，而且冶炼困难、价格较高，因此在工业中一般使用合金。此外，人们还可以通过改变合金化学成分的比例、组织结构得到所需要的力学性能和特殊性能，如耐热性、耐蚀性、导磁性等。

1．合金的基本概念

合金：是指两种或两种以上金属元素或金属与非金属元素熔合在一起形成的、具有金属特性的物质，如黄铜是铜和锌组成的合金、钢和生铁是以铁和碳为主的合金。

组元：组成合金最基本的并且能独立存在的物质称为组元，简称元。组元可以是金属元素、非金属元素或稳定的化合物等。根据合金中组元的数量，合金可分为二元合金、三元合金和多元合金等。

合金系：由给定组元可以配制成一系列不同的合金，组成一个系统，称为合金系。含两个组元的合金系称为二元系；含三个组元的称为三元系；纯金属只有一个组元，称为单元系。

相：金属或合金中化学成分、晶体结构均相同的组成部分称为相。相与相之间具有明显界面。液态合金通常是单相液体。合金在固态下由一个固相组成时称为单相合金，由两个以上固相组成时称为多相合金。如钢在固态下的基本金相组织共有 5 种，分别是铁素体、奥氏体、针状渗碳体、珠光体和低温莱氏体，如图 1-1-2-10 所示。

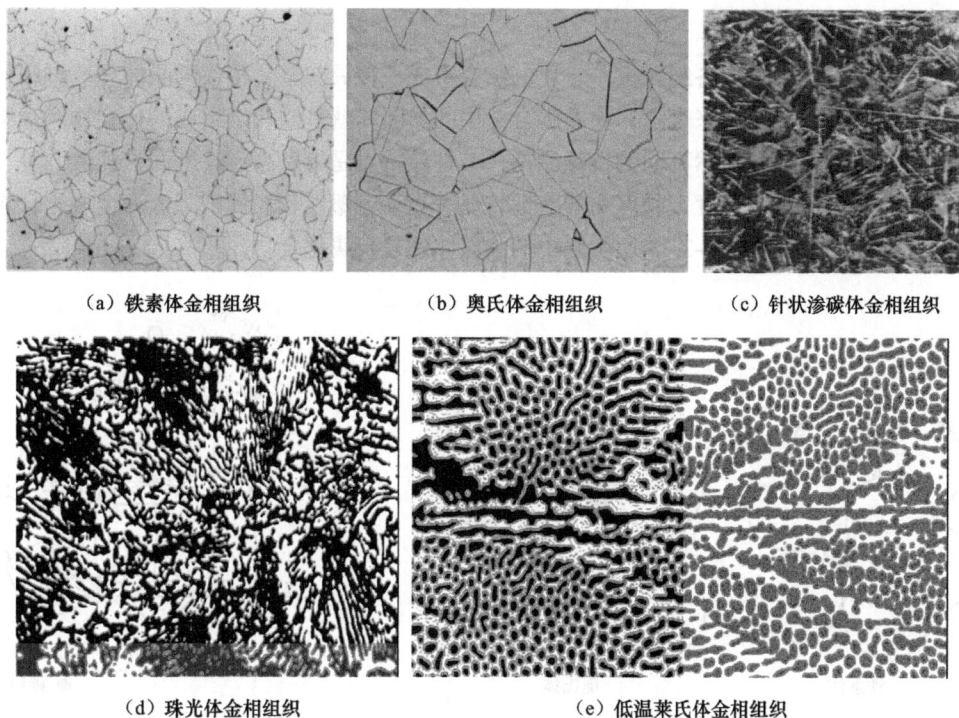

（a）铁素体金相组织　　　　　（b）奥氏体金相组织　　　　　（c）针状渗碳体金相组织

（d）珠光体金相组织　　　　　　　　（e）低温莱氏体金相组织

图 1-1-2-10　钢在固态下的 5 种基本金相组织

2. 合金的结构

合金由一种或多种相结合在一起组成。合金中相的综合体称为合金组织。在液态下，大多数合金的组元能相互溶解，形成均匀的液相。在结晶时，由于各组元之间相互作用的不同，固态合金中可能出现固溶体、金属化合物或机械混合物。

（1）固溶体

合金中一个组元溶解其他组元，或组元间互相溶解而形成的均匀固相称为固溶体。实质上，固溶体是在一种金属的晶格中溶入一些其他合金元素而形成的。晶格保留下来的称为溶剂，晶格消失的称为溶质，固溶体保持溶剂金属的晶格类型结构。根据溶质原子在溶剂晶格中所处的位置不同，固溶体可分为间隙固溶体和置换固溶体。溶质原子分布于溶剂晶格间隙之中而形成的固溶体称为间隙固溶体。溶质原子置换了溶剂晶格中某些结点位置上的溶剂原子而形成的固溶体称为置换固溶体。固溶体结构如图 1-1-2-11 所示。

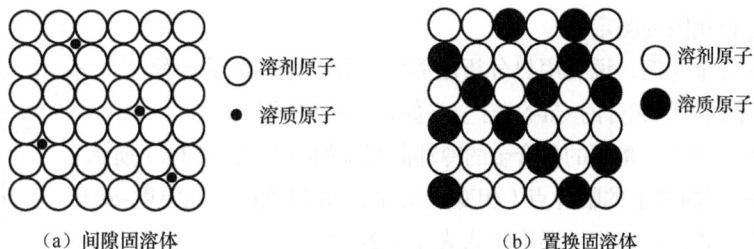

○ 溶剂原子　　● 溶质原子　　　　　　○ 溶剂原子　　● 溶质原子

（a）间隙固溶体　　　　　　　　　　（b）置换固溶体

图 1-1-2-11　固溶体结构

在固溶体中，溶质的含量即固溶体的浓度，用质量百分数或原子百分数来表示。钢中的铁素体和奥氏体就是典型的间隙固溶体，如图 1-1-2-12 所示。

（2）金属化合物

金属化合物是指合金中各组元按一定比例结合形成一种具有金属特性的晶体相。金属化合物的组成一般可用化学分子式来表示，如铁碳合金中的渗碳体就是铁和碳组成的化合物。金属化合物具有与其构成组元晶格截然不同的特殊晶格，其性能特点是熔点高、硬度高、脆性大等。如果合金中含金属化合物，其强度、硬度和耐磨性将显著提高，塑性和韧性则降低。金属化合物是许多合金的重要组成相，图 1-1-2-13 所示钢中的渗碳体就是金属化合物。

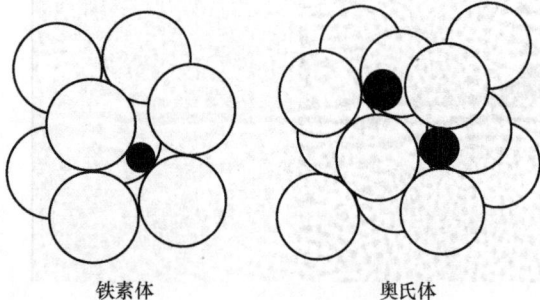

图 1-1-2-12　铁素体和奥氏体晶体结构

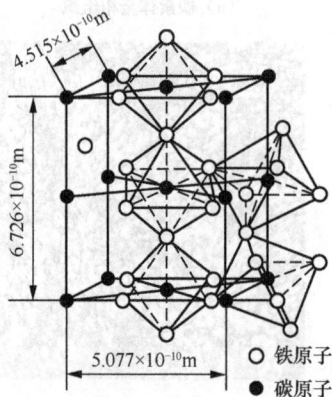

图 1-1-2-13　渗碳体的结构

（3）机械混合物

纯金属、固溶体、金属化合物都是组成合金的基本相，由两相或两相以上组成的多相组织称为机械混合物。在机械混合物中，各组成相仍保持着其原有晶格的类型和性能，而整个机械混合物的性能介于各组成相的性能之间，与各组成相的性能以及数量、形状、大小和分布状况等密切相关。在工业生产中使用的合金材料大多数是机械混合物的组织状态。

3. 合金的结晶过程

合金的内部组织构造远比纯金属复杂，同是一个合金系，合金的组织构造随成分的不同而发生变化，如溶质含量少时，可以是单相固溶体；溶质含量超过溶解度时，则变为多相混合物。另外，同一成分的合金，其组织构造随温度的不同而发生变化。若要全面了解合金的组织构造随成分、温度变化的规律，就必须取不同成分的合金进行试验，观察和分析其在加热、冷却过程中内部组织构造的变化，并绘制成图，该图称为合金相图。

合金相图是研究与选用合金的重要理论工具，对金属的加工及热处理具有重要的指导意义。

（1）二元合金相图的测定

现以 Cu-Ni 合金为例，说明用热分析法测定二元合金相图的过程。

① 配制一系列不同成分的 Cu-Ni 合金，如表 1-1-2-2 所示。

② 用热分析法画出所配制的各合金的冷却曲线，如图 1-1-2-14（a）所示。

③ 找出各冷却曲线上的临界点（相变点），把各临界点标注到温度-成分坐标系中的相应位置，并将相应温度填入表 1-1-2-2 中。

相图的种类与计算

④ 将各相同意义的临界点连接起来，如图 1-1-2-14（b）所示。

⑤ 填写各区域中的状态或组织，如 Cu-Ni 合金相图中，上面一条线为液相线，其以上区域为液相区，用 L 表示；下面一条线为固相线，其以下区域为 Cu 与 Ni 形成的单相固溶体区，用 α 表

示；液相线和固相线之间的区域为液、固两相混合区，用 L+α 表示，这样就得到完整的 Cu-Ni
合金相图。

表 1-1-2-2　　　　　　　　　　　试验用 Cu-Ni 合金的成分和转变温度

合金序号	质量分数/%		结晶起始温度/℃	结晶结束温度/℃
	Cu	Ni		
Ⅰ	100	0		
Ⅱ	80	20		
Ⅲ	60	40		
Ⅳ	40	60		
Ⅴ	20	80		
Ⅵ	0	100		

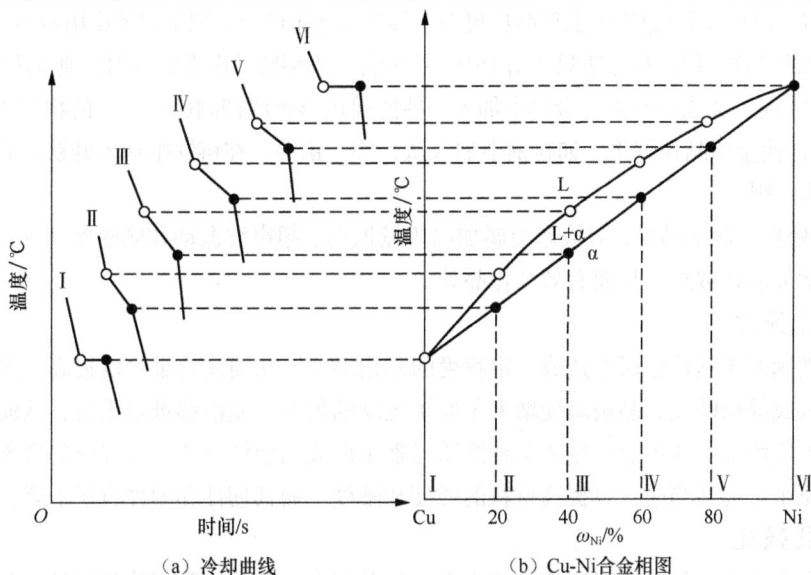

（a）冷却曲线　　　　　（b）Cu-Ni合金相图

图 1-1-2-14　二元合金相图

（2）合金的结晶

根据合金相图可以分析合金结晶过程的特点。合金结晶过程与纯金属结晶过程相似，也是
经过形核和晶核长大的一般过程，但纯金属结晶过程在某一温度下进行，而合金的结晶过程一般在某一温度范围内进行，并且结晶过程中各相的成分会发生变化，其在不同温度下的组织可以通过合金相图来判断。如可由图 1-1-2-15 中的横坐标与固相线或者液相线的交点来确定合金的结晶起始

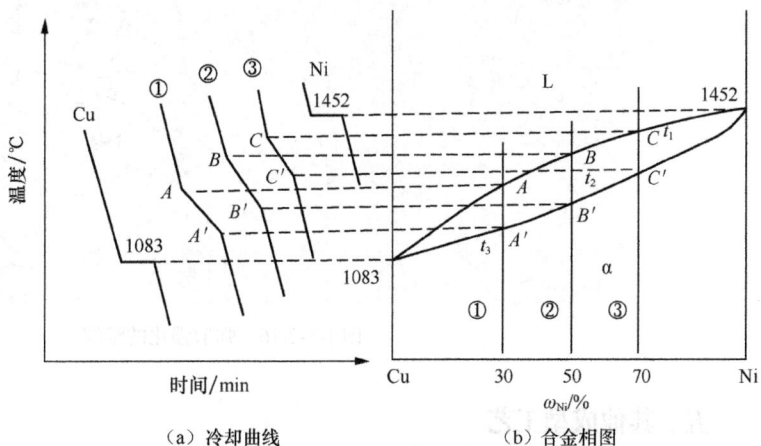

（a）冷却曲线　　　　　（b）合金相图

图 1-1-2-15　利用合金相图分析合金结晶过程

温度和结束温度。

四、铸件性能的强化手段

1. 细晶强化

结晶后的金属是由许多晶粒组成的多晶体，晶粒大小可以用单位体积内的晶粒数量来表示，数量越多，晶粒越小。实验表明，常温下的细晶粒金属比粗晶粒金属有更高的强度、硬度、塑性和韧性等。这是因为细晶粒受外力发生的塑性变形可分散在更多晶粒内进行，塑性变形较均匀，应力集中较小；此外，晶粒越细，晶界面积越大，晶界越曲折，越不利于裂纹的扩展。故工业上将通过细化晶粒提高材料强度的方法称为细晶强化。

常用的细化晶粒方法有增加过冷度、变质处理和振动处理等。

① 增加过冷度。增加过冷度能使晶粒更细。如在铸造生产中，用金属型比用砂型冷得快，从而得到晶粒细化的铸件。但这种方法只适用于中、小铸件，大型铸件则需要运用其他方法使晶粒细化。

② 变质处理。浇注前在液态金属中加入一些能促进形核或抑制晶核长大的物质（又称为变质剂或孕育剂），使金属晶粒细化。如在钢中加入钛、硼、铝等，在铸铁中加入硅铁、硅钙等都能起到细化晶粒的作用。

③ 振动处理。在结晶时，对液态金属加以机械振动、超声波振动和电磁振动等，使生长中的晶枝破碎，增加晶核数量，从而有效细化晶粒。

2. 固溶强化

合金元素固溶于基体金属中造成一定程度的晶格畸变，从而使合金强度提高。融入固溶体中的溶质原子造成晶格畸变，晶格畸变增大了原子运动的阻力，使滑移难以进行，从而使合金固溶体的强度与硬度增加。这种通过融入某种溶质元素来形成固溶体而使金属强化的现象称为固溶强化。在溶质原子浓度适当时，可提高材料的强度和硬度，而其韧性和塑性有所下降。

3. 弥散强化

一定量合金元素的加入可以形成复相合金，与单相合金相比，除基体相以外，复相合金还有第二相的存在。当第二相以细小、弥散的微粒均匀分布于基体相中时，会产生显著的强化作用，从而提高合金的变形抗力，这种强化作用称为弥散强化，如图 1-1-2-16 所示。

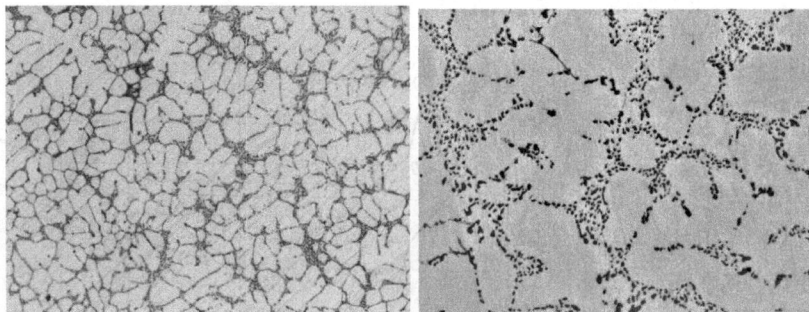

图 1-1-2-16　弥散强化的组织

五、其他成型工艺

锻造是一种利用锻压机械对金属坯料施加压力，使其产生塑性变形以获得具有一定机械性能、形状和尺寸锻件的加工方法，典型的锻造工艺和生产场景如图 1-1-2-17 和图 1-1-2-18 所示。通过锻造能消除金属在冶炼过程中产生的铸态疏松等缺陷，优化微观组织结构，保证金属纤维组织的连续性，使锻件的纤维组织与锻件外形保持一致，锻件的机械性能一般优于同样材料的铸件。相关机械中负载高、工作条件严峻的重要零件除形状较简单的可用轧制的板材、型材或焊接件外，多采用锻件。

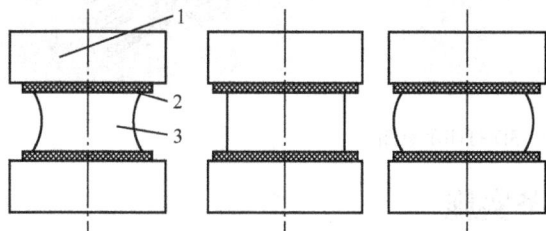

1—锤头；2—软垫；3—工件

图 1-1-2-17　典型锻造工艺示意图

图 1-1-2-18　典型锻造生产场景

冲压是靠压力机和模具对板材、带材、管材和型材等施加外力，使之产生塑性变形或分离，从而获得所需形状和尺寸的工件（冲压件）的成型加工方法，冲压机和典型冲压零件如图 1-1-2-19 所示。冲压和锻造同属于塑性加工（或称为压力加工），合称锻压。冲压的坯料主要是热轧和冷轧的钢板和钢带。如汽车的车身、底盘、油箱、散热器片，电机、电器的铁芯硅钢片，仪器仪表、家用电器、自行车、办公机械、生活器皿等产品中使用了大量冲压件。

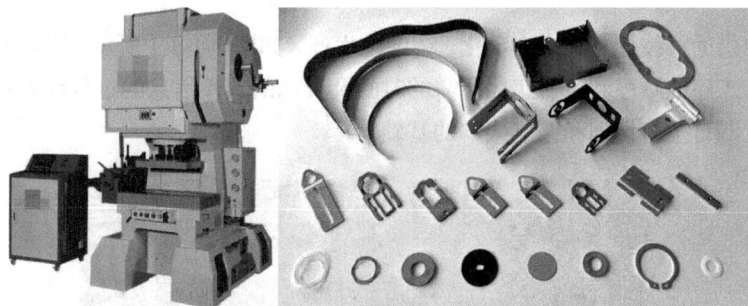

图 1-1-2-19　冲压机和典型冲压零件

增材制造是指通过离散堆积使材料逐点、逐层累积叠加，形成 3D 实体的技术，也就是俗称的 3D 打印技术，如图 1-1-2-20 所示。该技术融合了计算机辅助设计、材料加工与成型等技术，以数字模型文件为基础，通过软件与数控系统，将专用的材料按照挤压、烧结、熔融、光固化、喷射等方式逐层堆积，从而制造出实体物品。与传统的对原材料进行去除-切削、组装的加工模式不同，其是一种"自下而上"、从无到有通过材料累加的制造方法。这使得过去受传统制造方式的约束而无法实现的复杂结构件制造成为可能，在需要灵活和快速的产品开发周期的应用中具有较强的竞争力。

但目前该技术尚不成熟，只适用于小批量生产，且价格昂贵。由于零件尺寸、材料种类、成本受限，大规模采用 3D 打印技术进行量产还不具备优势，且零件的性能受限，尤其疲劳性能较低。但由于其不需要机械加工或任何模具就能直接成型的独特加工原理，增材制造将在未来的工业发展中占有一席之地。

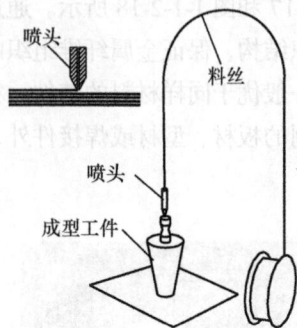

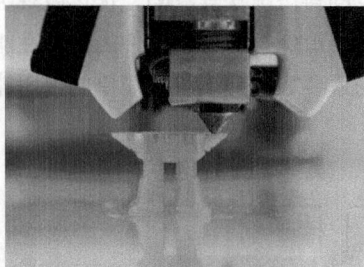

图 1-1-2-20　3D 打印示意图

任务实施

完成本任务提高铸件的强度、塑性和韧性指标，具体实施过程见附带的《实训任务书》。

任务拓展

在本任务中，若考虑采用在钢制铸件中加入合金元素的方法提高强度、塑性和韧性，可以加入哪些合金元素？

任务 1.1.3　零件工艺路线分析

现代企业中借助科技创新追求自动化、精细化生产，如图 1-1-3-1 所示。明确零件从原材料到成品所需的所有工序的顺序和每一工序所需的时间及资源的定额信息的过程称为零件的工艺路线制定。它是企业制订生产计划和控制成本的基础。

图 1-1-3-1　现代企业自动化、精细化生产

任务描述

现有某种型号的钢制链轮，其工艺路线如图 1-1-3-2 所示，即在进入精车前需要进行一次热处理，请合理制定其热处理工艺。

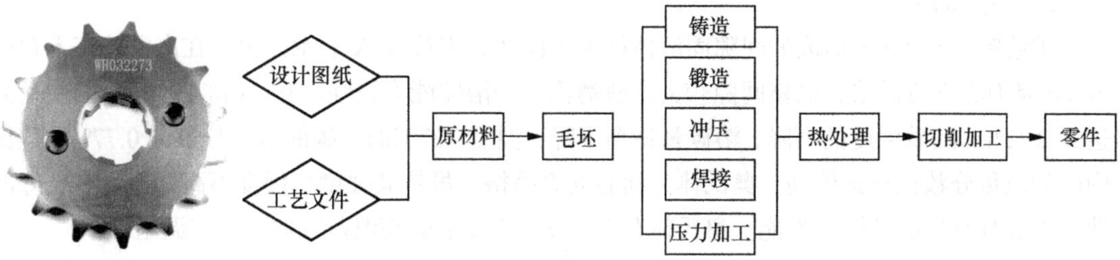

产品零部件工艺路线明细表																产品型号		PJS3D			
																产品名称		机械立体停车设备		共页	
序号	零部件图号	零部件名称	材料	单重/kg	数量	工艺流程及工时定额															
						铸造	锻造	冲压	下料	铆工	电焊	粗车	热处理	精车	刨床	划线	插床	铣床	钻床	表面处理	装配
1	PJS3D	机材立体停车设备			1																60
2	PJS3D—YM—00	地基预埋件	组件		1					0.4	0.2									喷漆	
3		预埋钢板	Q235	11.3	8				0.4							0.2			0.3		
4	PJS3D—02—00	提升系统	组装件	161.09	1																48
5	PJS3D—02—01	提升链轮	45	12.57	2	●			●				●	●				●		发黑	
6	PJS3D—02—02	轴套一	Q235	0.29	2				0.15					0.3						喷漆	
7	PJS3D—02—03	轴套二	Q235	0.26	1				0.15					0.3						喷漆	
8	PJS3D—02—04	从动链轮	45	26.55	1	●			●				●	●				●		发黑	
9	PJS3D—02—05	提升轴端挡板	Q235	0.24	2				0.15			0.3								喷漆	
10	PJS3D—02—06	电机轴端挡板	Q235	0.21	1				0.15			0.3								喷漆	
11	PJS3D—02—07	主动链轮	45	9.66	1	●			●				●	●				●		发黑	
12	PJS3D—02—08	提升轴	45	94.77	1				●			●	●	●		0.5		1	0.5	喷漆	
13	PJS3D—02—09	平衡链调节螺栓	Q235	0.86	4				0.1			0.85				0.2		0.25	0.2	发黑	

图 1-1-3-2　某型号链轮的工艺路线

任务分析

现代企业实行精细化、智能化生产，尤其在“智能制造时代”，企业通过物联网把生产原料与生产设备、生产过程等有机地结合起来，借助计算机技术优化生产过程。工艺定额员就是企业中负责规划零部件生产过程的技术人员，其主要工作职责如下。

（1）编制材料定额、工艺定额等。

（2）借助 CAPP 软件编制生产工艺流程。

（3）解决工艺技术问题，监督工艺实施情况。

根据图 1-1-3-2 所示可知链轮使用的材料为 45 钢，属于中碳钢的一种，其工艺路线为先铸造，后热处理，再进行精车等机加工。链轮属于重要的传动零件，要求其具有良好的综合力学性能，保证其既具有一定强度、硬度，又具有一定塑性和韧性。

知识链接

由于现代工业中使用较广泛的钢铁材料，其基本组元是铁和碳，故统称为铁碳合金。

一、铁碳合金的基本组织及其性能

由于铁具有同素异构现象和铁-碳的相互作用，铁碳合金可形成下列 5 种基本组织。

1. 铁素体

碳溶解于 α-Fe 中形成的间隙固溶体称为铁素体，用符号 F 表示。由于 α-Fe 是体心立方晶格，晶格间隙较小，所以碳在 α-Fe 中的溶解度较小。铁素体中碳的质量分数极小，碳的最大质量分数为 0.0218%（727℃）。随着温度的下降，溶碳量逐渐下降，温度达到 600℃时（如图 1-1-3-3 中的 *Q* 点）只有 0.008%，在室温（25℃左右）时，碳的质量分数为 0.0008%。所以铁素体是几乎不含碳的纯铁，其力学性能与纯铁相似，即塑性和冲击韧性较好，而强度、硬度较低。

2. 奥氏体

碳溶解于 γ-Fe 中形成的间隙固溶体称为奥氏体，用符号 A 表示。由于在高温状态下存在的 γ-Fe 是面心立方晶格，晶格间隙较大，故奥氏体的溶碳能力较强。在 1148℃时，碳的质量分数达到 2.11%。随着温度的下降，溶碳量逐渐下降，温度 727℃时，碳的质量分数为 0.77%。奥氏体中碳的质量分数比铁素体高，奥氏体为面心立方晶格，虽然其强度、硬度不高，但具有良好的塑性，尤其具有良好的锻压性能。奥氏体存在于 727℃以上的高温范围内，无室温组织。

3. 渗碳体

渗碳体是铁和碳的金属化合物，具有复杂斜方晶格，如图 1-1-3-3 所示，其分子式为 Fe_3C，碳的质量分数为 6.69%，熔点为 1227℃。渗碳体的性能特点是熔点高、硬度高（950～1050 HV），塑性和韧性几乎为零。渗碳体不能单独使用，主要作为铁碳合金中的强化相，在钢或铸铁中呈针状、球状或网状分布，其数量、形状、大小和分布对钢的性能影响较大。通常渗碳体越细小，在固溶体基体中分布得越均匀，合金的力学性能越好。渗碳体是碳在铁碳合金中的主要存在形式，是亚稳定的碳原子金属化合物，按照析出的顺序不同，分为一次渗碳体 Fe_3C_I、二次渗碳体 Fe_3C_{II} 等。在一定条件下（如长期处于高温或极缓慢冷却）能分解为铁和石墨，这一过程对铸铁的形成具有重要意义。

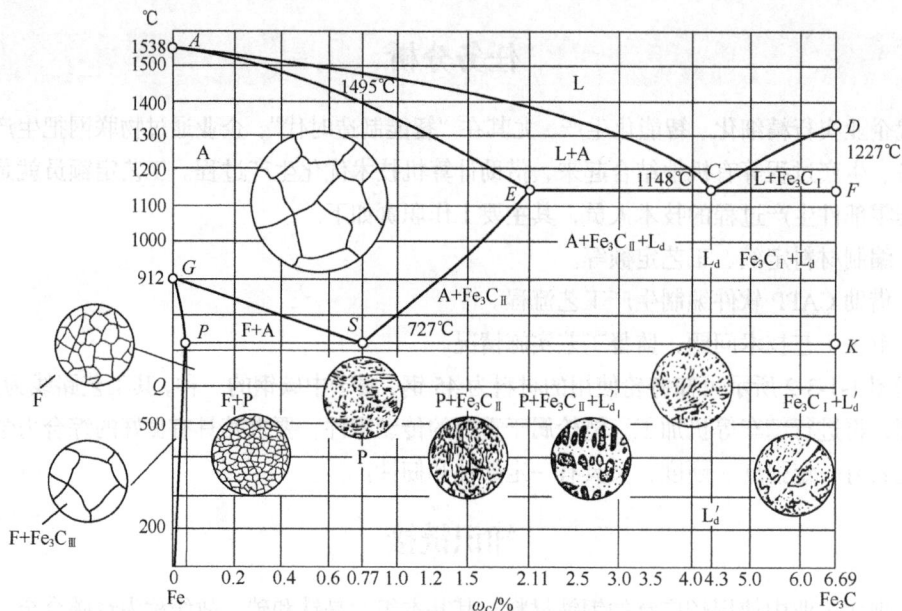

图 1-1-3-3　简化的铁碳合金相图

4. 珠光体

珠光体是奥氏体在高温缓慢冷却时发生共析转变所形成的由铁素体和渗碳体组成的混合物，用符号 P 表示。其中，铁素体和渗碳体呈片层相间、交替排列的形式。珠光体显微组织如图 1-1-3-3 所示，其中白色相为铁素体基体，黑色相为渗碳体。在缓慢冷却条件下，珠光体中碳的质量分数为 0.77%。由于珠光体是由软的铁素体和硬的渗碳体组成的混合物，因此其力学性能介于铁素体和渗碳体之间，综合力学性能良好，即强度较高，硬度适中，具有一定塑性。

5. 莱氏体

莱氏体是由奥氏体和渗碳体组成的混合物，用符号 L_d 表示。莱氏体是碳的质量分数为 4.3% 的液态铁碳合金在 1148℃时发生共晶转变的产物。当温度降到 727℃时，由于莱氏体中的奥氏体转变为珠光体，因此室温下的莱氏体由珠光体和渗碳体组成，称为低温莱氏体，用符号 L_d' 表示。低温莱氏体的显微组织如图 1-1-3-3 所示，其中黑色相为珠光体，白色相为渗碳体。莱氏体的性能与渗碳体相似，即硬度高、塑性差。

以上五种组织中，铁素体、奥氏体和渗碳体是单相组织，称为铁碳合金的基本相；珠光体和莱氏体是由基本相组成的多相组织。铁碳合金基本组织的性能特点如表 1-1-3-1 所示。

表 1-1-3-1　　　　　　　　　　　　　　铁碳合金基本组织的性能特点

组织名称	符号	ω_C/%	存在温度区间/℃	力学性能			性能特点
				R_m/MPa	A/%	HBW	
铁素体	F	0 ~ 0.0218	25 ~ 912	180 ~ 280	30 ~ 50	50 ~ 80	具有良好的塑性、韧性，以及较低的强度、硬度
奥氏体	A	0.77 ~ 2.11	727 以上	—	40 ~ 60	120 ~ 220	强度、硬度不高，具有良好的塑性，尤其具有良好的锻压性能
渗碳体	Fe_3C	6.69	25 ~ 1148	30	0	≈800	高熔点、高硬度，塑性和韧性几乎为零，脆性极大
珠光体	P	0.77	25 ~ 727	20	35	180	强度较高、硬度适中，具有一定塑性，力学性能适中
莱氏体	高温莱氏体 L_d	4.3	727 ~ 1148	—			硬度较大，塑性、韧性较差
	低温莱氏体 L_d'		25 ~ 727	—	0	>700	

二、铁碳合金相图

铁碳合金相图是研究钢铁材料组织结构与温度、成分之间关系的重要工具，也是学习热处理和热加工（铸造、锻压、焊接等）重要的理论基础。在铁碳合金中，铁与碳可以形成一系列化合物，如 Fe_3C、Fe_2C、FeC 等。而在工业生产中，碳的质量分数大于 5% 的铁碳合金因其脆性较大，难以加工，无实用价值，而 Fe_3C 的碳质量分数最大为 6.69%，因此只研究铁碳合金（$Fe-Fe_3C$）相图中含碳量 0 ~ 6.69% 的部分。简化的铁碳合金相图如图 1-1-3-3 所示。其特征点和特征线含义如表 1-1-3-2 所示。

表 1-1-3-2　　　　　　　　　　　　　铁碳合金相图的特征点和特征线含义

特性点及特性线	温度/℃	碳的质量分数/%	含义
A	1538	0	纯铁的熔点
C	1148	4.3	共晶点
D	1227	6.69	渗碳体的熔点
E	1148	2.11	碳在奥氏体中的最大溶解度
G	912	0	α–Fe、γ–Fe 的同素异构转变点
S	727	0.77	共析点
AC、CD 线	—		液相线，液态合金冷却到此线时开始结晶
AE 线	—		固相线，合金冷却到此线时全部结晶为固态
ECF 线	1148	—	共晶线，发生共晶反应，液态合金结晶出两种固相
ES 线			又称为 A_{cm} 线，碳在奥氏体中的溶解度变化曲线
GS 线			又称为 A_3 线，合金冷却时奥氏体向铁素体转变的开始线
PSK 线	727		共析线，又称为 A_1 线，发生共析反应，奥氏体同时析出两种固相

1. 铁碳合金的分类

在铁碳合金相图中，按碳的质量分数和室温组织的不同，铁碳合金一般分为工业纯铁、钢、白口铸铁（生铁）3类。铁碳合金的分类如表1-1-3-3所示。

表1-1-3-3 铁碳合金的分类

合金类型	工业纯铁	钢			白口铸铁		
		亚共析钢	共析钢	过共析钢	亚共晶白口铸铁	共晶白口铸铁	过共晶白口铸铁
ω_C/%	0.0218	$0.0218 < \omega_C \leqslant 2.11$			$2.11 < \omega_C \leqslant 6.69$		
		<0.77	0.77	>0.77	<4.3	4.3	>4.3
室温组织	F	F+P	P	P+Fe$_3$C$_{II}$	L'$_d$+P+ Fe$_3$C$_{II}$	L'$_d$	L'$_d$ + Fe$_3$C$_I$

2. 铁碳合金相图的应用

（1）铁碳合金相图在选材上的应用

铁碳合金相图总结了铁碳合金的组织、性能与成分之间的变化规律，钢中含碳量对力学性能的影响如图1-1-3-4所示。可以根据零件的工作条件来选择材料。例如，对于一般机械零件和建筑结构，如需要较高的塑性、韧性，应选用碳的质量分数小于0.25%的低碳钢；如需要强度、塑性及韧性较高的材料，应选用碳的质量分数为0.30%～0.50%的中碳钢；如需要足够硬度、韧性和耐磨性，则应选用碳的质量分数为0.7%～1.3%的高碳钢。白口铸铁具有较高的抗磨损能力，可用于制造需要耐磨而又不受冲击载荷的零件，如拉丝模、球磨机的磨球等。

（2）铁碳合金相图在制定热加工工艺方面的应用

铁碳合金相图总结了不同成分合金在缓慢加热和冷却时的组织转变规律，为制定热加工工艺提供了依据。图1-1-3-5所示为铁碳合金相图与热加工工艺的关系。在铸造生产方面，根据铁碳合金相图可以确定铸钢和铸铁的浇注温度，一般在液相线以上150℃左右。另外，从铁碳合金相图中还可看出接近共晶成分的铁碳合金的熔点低、结晶温度间隔小，因此它们的流动性好，分散缩孔少，可得到组织致密的铸件。所以在铸造生产中，接近共晶成分的铸铁得到广泛应用。在锻造生产方面，钢处于单相奥氏体时，强度低，塑性好，便于锻造成型。因此，在进行钢材轧、锻造时要将钢加热到单相奥氏体区。在焊接方面，可根据铁碳合金相图分析低碳钢焊接接头的组织变化情况。铁碳合金相图对制定热处理工艺有着特别重要的意义。

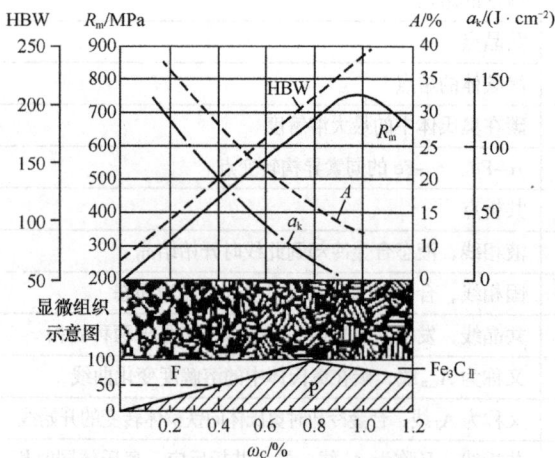

图 1-1-3-4 钢中含碳量对力学性能的影响

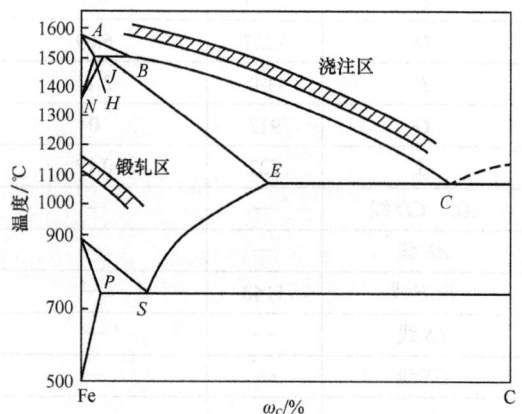

图 1-1-3-5 铁碳合金相图与热加工工艺的关系

三、钢的热处理

钢的热处理是指在固态下，对钢进行适当的加热、保温和冷却，从而得到所需组织和性能的工艺过程。通常用温度-时间坐标系表示，绘制的曲线称为热处理工艺曲线。热处理只改变金属材料的内部组织和性能，而不改变其形状和尺寸。它是强化金属材料、充分发挥材料潜力、节约材料、提高机械产品质量的一种重要手段。因此，机械制造业中的大多数机器零件要经过热处理，以提高产品的质量和使用寿命。虽然热处理的种类很多，但一般由加热、保温和冷却 3 个阶段组成。

1. 热处理的原理

加热是热处理的第一道工序，不同的材料，其加热工艺和加热时间、温度不同。根据铁碳合金相图，钢在加热时会发生组织变化，这是钢材可以进行热处理的根本原因。在缓慢加热或冷却的情况下，有 3 条理论上的组织转变发生线，即铁碳合金相图中的 GS 线、ES 线和 PSK 线，在热处理中将这 3 条线称为 A_3 线、A_{cm} 线、A_1 线。由于实际热处理在加热和冷却时速度较快，存在过热或者过冷的情况，实际发生相变温度升高和降低的幅度随加热和冷却速度的增大而增大，实际加热时转变的图线加上下标 c，冷却时加上下标 r，如图 1-1-3-6 所示。

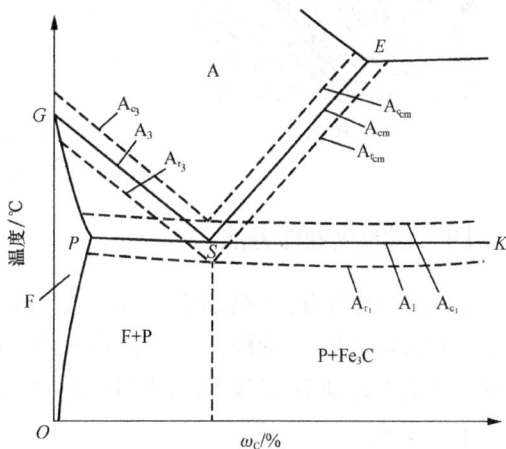

图 1-1-3-6　铁碳合金实际加热和冷却时的组织转变

2. 钢在加热时的组织转变

钢加热到 A_{c_1} 以上时会发生珠光体向奥氏体的转变，加热到 A_{c_1} 和 $A_{c_{cm}}$ 以上时，保温足够时间使碳原子得以充分扩散，便会全部转变为奥氏体。因此热处理加热的目的是获得均匀的奥氏体组织，这种加热转变的过程称为钢的奥氏体化。奥氏体晶粒的大小对后续的冷却转变以及转变产物的性能具有重要影响。

3. 钢在冷却时的组织转变

冷却是热处理的关键工序，冷却转变温度直接影响得到的组织。冷却的方式有两种，实际生产中采用的冷却方式主要有等温冷却和连续冷却，两种冷却方式的差异如图 1-1-3-7 所示。

（1）等温冷却。等温冷却是指将奥氏体化的钢件迅速冷却至临界转变温度 A_1 以下的某一温度并保温，使其在该温度下发生组织转变，然后冷却至室温，见图 1-1-3-7 中的曲线 1。

图 1-1-3-7　等温冷却和连续冷却的差异

（2）连续冷却。连续冷却则是指将奥氏体化的钢件连续冷却至室温，并在这一过程中发生组织转变，见图 1-1-3-7 中的曲线 2。

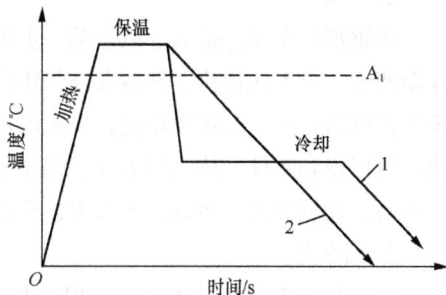

当温度在临界转变温度 A_1 以上时，奥氏体是稳定的。当温度降到临界转变温度 A_1 以下后，在热力学上，奥氏体处于不稳定状态，会发生转变，即奥氏体处于过冷状态，这种奥氏体称为过

冷奥氏体。钢在冷却时的组织转变实质是过冷奥氏体的组织转变，按转变温度可分为高温、中温、低温 3 种转变。高温转变发生在 550～727℃，转变产物为珠光体（用符号 P 表示），称为珠光体型转变。过冷度越大，珠光体的硬度越高。中温转变发生在 230～550℃，转变产物为含过量碳的铁素体和微小渗碳体的机械混合物，称为贝氏体（用符号 B 表示），贝氏体的硬度比珠光体的硬度高。在马氏体开始转变温度 A_1 以下，转变产物为马氏体（用符号 M 表示），一般马氏体的硬度较高（60～65HRC），但塑性、韧性较低。过冷奥氏体转变的产物如图 1-1-3-8 所示。

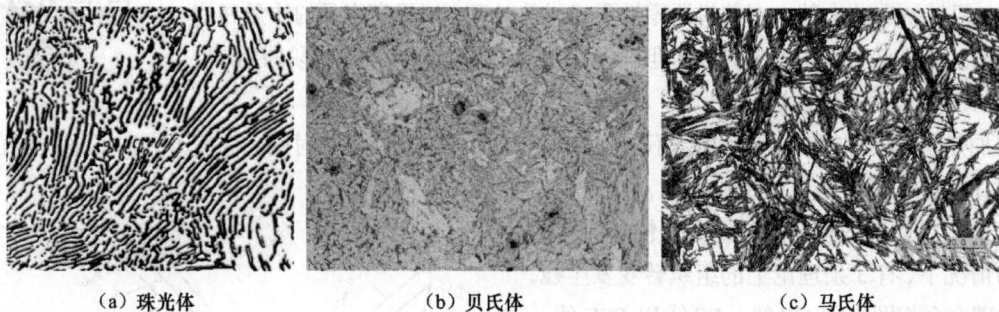

（a）珠光体   （b）贝氏体   （c）马氏体

图 1-1-3-8　过冷奥氏体转变的产物

四、钢的热处理方法

钢的热处理分为整体热处理、表面淬火处理和化学热处理三大类。其中，整体热处理主要有退火、正火、淬火和回火；表面淬火处理主要有火焰加热、感应加热、激光加热等；化学热处理主要有表面渗碳、表面渗氮和碳氮共渗等，如图 1-1-3-9 所示。

1. 退火

将钢加热到某一适当温度范围，保温一定时间，然后缓慢冷却（一般随炉冷却）的热处理过程称为退火。退火的目的是降低硬度（以 160～230HBW 为宜），以利于切削加工；细化晶粒，改善组织，以提高力学性能或为最终热处理做准备；消除内应力，防止零件变形或开裂，并稳定其尺寸。

2. 正火

将钢加热至 A_{c_3} 或 A_{cm} 以上某一温度范围，经保温使之完全奥氏体化，然后在空气中冷却的热处理工艺称为正火。与退火相比，正火的冷却速率较

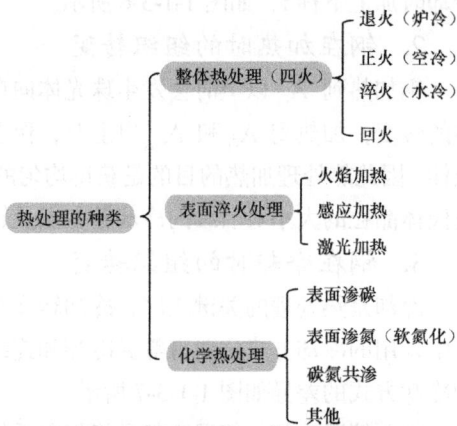

图 1-1-3-9　钢的热处理的种类

快，所以得到的珠光体组织更细，强度和硬度有所提高。此外，正火操作简便，生产周期短，生产率高，比较经济。所以，正火工艺应用广泛，尤其对低、中碳钢和低碳合金钢特别适用。

3. 淬火

淬火是将钢加热至 A_{c_3} 或 A_{c_1} 以上某一温度范围并保温，然后在水、盐水或油中急剧冷却的热处理工艺。淬火的目的一般是获得马氏体组织，以提高钢的力学性能。例如，各种工具、模具、滚动轴承的淬火是为了提高硬度和耐磨性；有些零件的淬火是为了使强度和韧性得到良好的配合，以适应不同工作条件的需要。钢在淬火时获得淬硬层深度的能力称为淬透性，淬硬层越深，淬透性越好。淬透性对钢的力学性能影响较大，所以在机械设计选材时，应考虑材料的淬透性。

4. 回火

回火是把淬火后的工件重新加热到 A_1 以下某一温度，保温后，再以适当的冷却速率冷却到室温的热处理工艺。回火的作用如下。

（1）改善淬火钢的性能，以达到要求的力学性能。例如，工具要求有高硬度、高耐磨性，轴类零件要求有良好的韧性，弹簧要求有较高的弹性极限和屈服强度及一定的塑性、韧性等。

（2）稳定工件尺寸。由于淬火钢硬度高、脆性大，存在淬火内应力，且淬火后的马氏体和残留奥氏体组织处于非平衡状态，因此是一种不稳定的组织。在一定条件下，经过一定时间后，其会向稳定组织转变，导致工件的尺寸和形状发生改变，性能发生变化。为弥补淬火组织的这些缺点而采取回火处理，使淬火组织充分转变为稳定组织，就可保证钢件在使用过程中不再发生尺寸和形状的变化。

（3）消除或减小淬火内应力，降低马氏体脆性，防止工件的变形和开裂。钢淬火后必须立即进行回火，以防止工件在放置过程中变形与开裂。一般淬火钢不经回火不能使用，所以淬火-回火处理是钢热处理工艺中最重要的复合热处理方法之一。

淬火钢回火后的组织与性能由回火温度决定，按回火温度不同，钢的回火可分为以下 3 种。

（1）低温回火

低温回火的回火温度为 $150 \sim 350℃$，回火后的组织为回火马氏体，虽然内应力和脆性有所降低，但保持了马氏体的高硬度和高耐磨性。低温回火主要应用于由高碳钢或高碳合金钢制造的工具、模具、滚动轴承及渗碳和表面淬火的零件等。回火后的组织硬度一般为 $58 \sim 64$ HRC。

（2）中温回火

中温回火的回火温度为 $350 \sim 500℃$，回火后的组织为回火托氏体，硬度为 $35 \sim 45$ HRC，具有一定的韧性和较高的弹性极限及屈服强度。中温回火主要应用于各类弹簧和模具等。

（3）高温回火

高温回火的回火温度为 $500 \sim 650℃$，回火后的组织为回火索氏体，硬度为 $25 \sim 35$ HRC，具有较高的强度和硬度、较好的塑性和韧性。高温回火广泛应用于汽车、拖拉机、机床等机械中的重要结构零件，如轴、连杆、螺栓、齿轮等。通常在生产上将淬火与高温回火相结合的热处理称为调质处理。

五、钢的表面热处理

在实际生产中，要求一些在弯曲、扭转、冲击载荷、摩擦条件下工作的齿轮等机器零件具有表面硬、耐磨，心部韧性好，抗冲击的特性，仅从选材方面和采用前述的普通热处理方法很难满足此要求。若用高碳钢，虽然硬度高，但心部韧性不足；若用低碳钢，虽然心部韧性好，但表面硬度低，不耐磨。因此，工业上广泛采用表面热处理来满足上述要求，使零件达到"表硬心韧"的效果。仅对钢件表层进行热处理，以改变其组织和性能的工艺称为表面热处理工艺。常用的表面热处理工艺可分为两类：一类是只改变表面组织而不改变表面化学成分的表面淬火；另一类是同时改变组织表面和表面化学成分的化学热处理。

1. 钢的表面淬火

仅对工件表层进行淬火的工艺称为表面淬火。它利用加热使钢件表面奥氏体化，而中心尚处于较低温度时即迅速予以冷却，表层被淬硬为马氏体，而中心仍保持原来退火、正火或调质状态的组织。根据表面加热方法的不同，常见的表面淬火处理有火焰加热表面淬火、感应加热表面淬火和激光加热表面淬火等。下面主要介绍目前生产中应用较广泛的火焰加热表面淬火和感应加热表面淬火。

（1）火焰加热表面淬火

火焰加热表面淬火是将乙炔-氧或煤气-氧的混合气体燃烧的火焰喷射至零件表面，当达到淬火温度时立即喷水冷却，从而获得预期的硬度和淬硬层深度的一种表面淬火方法。它适用于单件或小批量生产的大型零件和需要局部淬火的工具和零件，如大型轴类、大模数齿轮、锤子等。但火焰加热表面淬火容易过热，淬火质量往往不够稳定，工作条件差，因此限制了它在机械制造业中的广泛应用。

（2）感应加热表面淬火

感应加热表面淬火是在工件中引入一定频率的感应电流（涡流），使工件表面层加热到淬火温度后立即喷水冷却的方法。感应加热透入工件表层的深度主要取决于电流频率，电流频率越高，感应加热深度越浅，即淬硬层越浅。

2. 钢的化学热处理

化学热处理是将工件置于活性介质中加热和保温，使介质中的活性原子渗入工件表层，以改变其表面层的化学成分、组织结构和性能的热处理工艺。根据渗入元素的类别，化学热处理可分为渗碳、渗氮、碳氮共渗等。化学热处理不仅可以改变钢的组织，还可以改变它的成分，使钢表面获得特殊的力学性能和物理、化学性能，这对提高产品质量、满足特殊要求、发挥材料潜能、节约贵重金属等具有重要意义。

拓展阅读

争创科技奥运——鸟巢背后的故事

作为世界上最大的钢结构体育场馆和世界上跨度最大的单体钢结构工程之一，鸟巢的建设共使用各类钢材 11 万吨，其中不得不提到的就是被称为"鸟巢钢"的 Q460 钢材。由于结构设计和大跨度等因素的影响，如果使用强度低的钢材，厚度至少要达到 220mm，因此 110mm 厚、强度超过普通钢材一倍的低合金高强度钢 Q460 成为不可替代的最佳之选。最后由舞阳钢铁公司承担起 Q460 钢板的研发生产任务。这种钢具有极低的屈强比和高延伸率：屈强比≤0.83、延伸率≥20%，而无论是国内还是国外，460MPa 级别钢板的延伸率要求都是 17%。至今，宏伟的鸟巢（国家体育场）仍在承担许多重要国际赛事，从某种意义上说，它是技术人员科技创新、技术报国的标志。鸟巢的主体结构如图 1-1-3-10 所示。

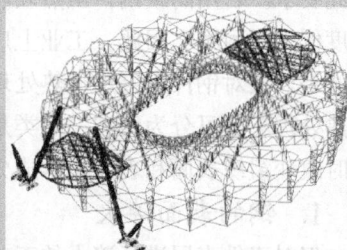

图 1-1-3-10　鸟巢的主体结构

任务实施

完成本任务制定链轮的零件工艺路线,具体实施过程见附带的《实训任务书》。

任务拓展

现有某阶梯轴零件需在机加工车间完成车削和铣削加工,零件材料为 45 钢,设计零件从毛坯制造到进入机加工车间这一阶段的工艺路线。设计要求如图 1-1-3-11 所示。

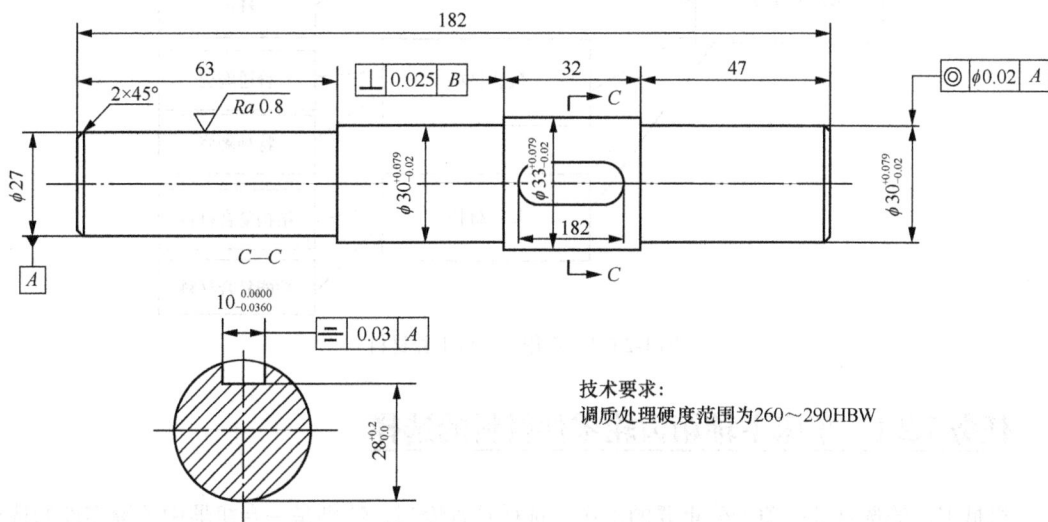

图 1-1-3-11 某阶梯轴的设计要求

技术要求:
调质处理硬度范围为260～290HBW

项目1.2 **车床主轴箱齿轮零件的选材**

材料的选择与应用是机械设计与制造工作中的基础环节,深刻影响着整个设计过程。选材的核心问题是在技术和经济合理的前提下,保证材料的使用性能与零件(产品)的设计功能相适应。

掌握各类工程材料的特性、正确选用材料及相宜的工艺路线等是对从事产品设计与制造技术人员的基本要求。常用的机械工程材料包括金属材料、高分子材料、陶瓷材料和复合材料四大类,如图 1-2-0-1 所示。其中金属材料主要包括黑色金属、有色金属两大类;高分子材料是分子量高达几万甚至上百万的化合物材料,原子之间以共价键相连接,常见的有橡胶、塑料、纤维;陶瓷材料属于无机材料,由金属元素和非金属元素通过化学键结合在一起,一般分为普通陶瓷和特种陶瓷,常见的有氧化物、氮化物、碳化物、硼化物等,而特种陶瓷除烧结体外,还包括单晶(晶须)、纤维、薄膜及超细粉体等,强度高、硬度大,但是一般较脆;复合材料是由两种或更多性质不同的材料复合而成的,性能优于单一材料的合成材料,如玻璃钢,该类材料可以分为结构复合材料和功能复合材料。

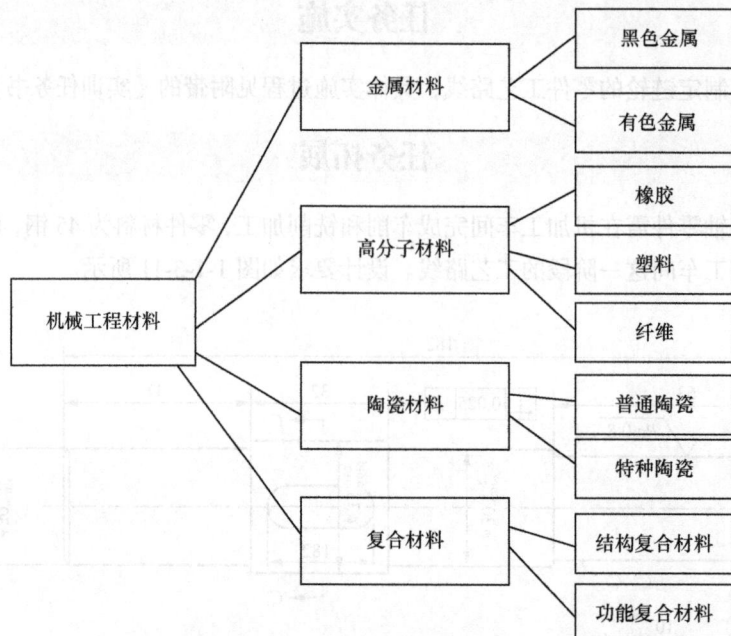

图 1-2-0-1　常用的机械工程材料

任务 1.2.1　车床主轴箱齿轮零件材料的选择

机械零件的选材是一项十分重要的工作，选材是否恰当，特别是一台机器中关键零件的选材是否恰当，将直接影响产品的使用性能、使用寿命及制造成本等。如果选材不当，严重的可能导致零件完全失效。目前装备制造业中使用的主要材料是金属材料，对于部分具有特殊要求的零部件，也会使用其他材料。

任务描述

现有某种型号的车床，其主轴箱齿轮传动结构如图 1-2-1-1 所示，其中齿轮的主要作用为改变运动速度或方向，工作要求为运行平稳、无强烈冲击、载荷不大、转速中等。要求该齿轮具备一定的表面硬度和心部韧性，请你从现有的 Q255、HT250、45、20CrMnTi 四种材料中进行合理选择。

主轴箱

图 1-2-1-1　车床主轴箱齿轮传动结构

任务分析

本任务中所需零件为普通车床的主轴箱齿轮，其工作条件为：传递扭矩，齿根部承受一定的交变弯曲应力；齿面啮合并发生相对滑动与滚动，承受一定的交变接触应力及强烈的摩擦；启动、换挡时，齿轮承受一定的冲击力。对耐腐蚀性、耐高温性、抗磁性等无特殊要求。

在力学性能上的要求：高的弯曲疲劳强度，以防止轮齿的疲劳断裂；足够高的齿面接触疲劳极限和高的硬度、耐磨性，以防齿面损伤；足够的齿轮心部韧性，以防因冲击过载而断裂。在工艺性上要求工艺简单，适合批量生产。在经济性上要求成本较低。

知识链接

一、金属材料及牌号

1. 碳钢

碳钢是指碳的质量分数小于 2.11%，并含少量硅、锰、磷、硫等杂质的铁碳合金。工业上应用的碳钢中碳的质量分数一般不超过 1.4%，否则钢会表现出较大的硬脆性，且加工困难，失去生产和使用价值。钢的品种多、规格全、性能好、价格低，在机械工业中应用非常广，且符合我国的资源状况和供应情况。按照合金元素含量，钢可分为碳钢、合金钢等；按照冶金质量（钢中的硫、磷杂质含量），钢可分为普通质量钢（ω_S、$\omega_P \geqslant 0.045\%$），优质钢（$\omega_S$、$\omega_P \leqslant 0.035\%$），高级优质钢（$\omega_S \leqslant 0.020\%$、$\omega_P \leqslant 0.030\%$），特级优质钢（$\omega_S \leqslant 0.015\%$、$\omega_P \leqslant 0.025\%$）4 类。

（1）非合金钢

非合金钢（碳钢）有结构钢和工具钢之分。其中结构钢是制造一般机械零件和工程结构所用的钢，按质量，其又分为普通碳素结构钢和优质碳素结构钢。此外，结构钢还包括铸钢。

① 普通碳素结构钢

普通碳素结构钢，简称普碳钢，该类钢对化学成分要求不甚严格，碳、锰含量可在较大范围内变动，有害杂质磷、硫的允许含量相对较高，但必须保证其力学性能。其冶炼容易，工艺性能好，价廉，应用广泛。普碳钢在加工成型后一般不进行热处理，大多在热轧退火或正火状态下直接使用。普碳钢的牌号是由屈服强度"屈"字汉语拼音的首位字母 Q，屈服强度数值，合金质量等级符号（A、B、C、D），以及脱氧方法（镇静钢 Z、特殊镇静钢 TZ、沸腾钢 F）等四部分按顺序组成的。例如，Q235AF 表示屈服强度数值为 235MPa 的 A 级沸腾钢。若为镇静钢和特殊镇静钢，其符号 Z 和 TZ 可予以省略。如表 1-2-1-1 所示，Q195 不分级，但化学成分和力学性能均需得到保证；Q195、Q215A、Q215B 主要用于薄合金焊接钢管、低碳钢钢丝和钢钉等；Q235 一般用作建筑材料和不重要的机械结构，使用时一般不进行热处理；Q275 主要用于制造强度要求较高的某些零件，如拉杆、轴等。

表 1-2-1-1　　　　　　　　常见普碳钢的牌号、化学成分和用途

牌号	质量等级	厚度（或直径）/mm	脱氧方法	化学成分/%			用途
				ω_C	ω_{Si}	ω_{Mn}	
Q195	—	—	F、Z	≤0.12	≤0.30	≤0.50	Q195 和 Q215 的塑性好，用于制作承载不大的桥梁建筑等中的金属构件，也在机械制造中用于制作铆钉、螺钉、垫圈、地脚螺栓、冲压件及焊接件等
Q215	A	—	F、Z	≤0.15	≤0.35	≤1.20	
	B						

续表

牌号	质量等级	厚度（或直径）/mm	脱氧方法	化学成分/% ω_C	ω_{Si}	ω_{Mn}	用途
Q235	A	—	F、Z	≤0.22	≤0.35	≤1.40	Q235 的强度较高，塑性也较好，用于制作承载较大的金属构件等，也可以用于制作转轴、心轴、拉杆、摇杆、吊钩、螺栓、螺母等。Q235C 和 Q235D 可用作重要的焊接件
	B			≤0.20			
	C		Z	≤0.17			
	D		TZ				
Q275	A	—	F、Z	≤0.24	≤0.35	≤1.50	Q275 的强度更高，可用于制作链、销、转轴、主轴、链轮等承受中等载荷的零件
	B	≤40	Z	≤0.21			
		>40		≤0.22			
	C	—		≤0.20			
	D		TZ				

② 优质碳素结构钢

优质碳素结构钢，简称优质钢，它既要保证力学性能，又要保证化学成分，且钢中的硫、磷等有害杂质较少，常用于制造较重要的机械零件，一般要进行热处理。其牌号用两位数字表示，这两位数字表示钢中平均碳质量分数的万分数，如 45 钢表示平均碳的质量分数为 0.45%。若是高级优质钢，则在牌号后面加 A 表示；在牌号后面加 E，则表示特级优质钢；若是沸腾钢，则加 F；含锰量较高时，则在牌号后面加锰元素符号 Mn，如 65Mn。根据碳的质量分数，优质钢又可分为低碳钢（碳的质量分数在 0.25% 以下）、中碳钢（碳的质量分数为 0.30% ~ 0.50%）和高碳钢（碳的质量分数为 0.7% ~ 1.3%）。其中，低碳钢强度低，韧性好，易于冲压加工，主要用于制造受力不大、不需要淬火的零件，如螺钉、螺母、冲压件和连接件等；中碳钢强度较高，塑性和韧性也较好，一般需经正火或调质后使用，应用广泛，多用于制造齿轮、丝杠、连杆和各种轴类零件等；高碳钢经热处理后具有高强度和良好的弹性，但切削性、淬透性和焊接性差，主要用于制造弹簧和易磨损的零件等。

③ 铸钢

铸钢是生产铸件专用的一种钢材，一般情况下，多用碳素铸钢，当有特殊用途或特殊要求时，可采用合金铸钢。铸钢主要用于铸造承受重载的大型零件，较少受尺寸、形状和重量的限制。GB/T 11352—2009 规定铸钢的牌号用 ZG 表示，后面的两组数字分别表示其屈服强度和抗拉强度值，如 ZG310-570。

④ 碳素工具钢

碳素工具钢通常是指碳的质量分数为 0.65% ~ 1.35% 的高碳钢，其既要保证化学成分，又要符合规定的退火加淬火状态下的硬度。如表 1-2-1-2 所示，碳素工具钢的牌号用 T 表示，后面的数字表示碳的质量分数的千分数。例如，T10 表示碳的质量分数为 1% 的碳素工具钢；若为高级优质钢，则在牌号后面加注 A，如 T10A。

表 1-2-1-2　　　　常用碳素工具钢的牌号、化学成分、热处理和用途

牌号	化学成分/% ω_C	ω_{Si}	ω_{Mn}	热处理 淬火温度/℃	硬度 HRC	用途
T7	0.65 ~ 0.74	≤0.35	≤0.40	800 ~ 820（水淬）	≤62	T7、T8、T8Mn 用于制作受冲击大，且对硬度和耐磨要求较高的工具，如木工用錾、冲头、钻头、模具等
T8	0.75 ~ 0.84					
T8Mn	0.80 ~ 0.90		0.40 ~ 0.60	780 ~ 800（水淬）		

牌号	化学成分/%			热处理		用途
	ω_C	ω_{Si}	ω_{Mn}	淬火温度/℃	硬度 HRC	
T9	0.85 ~ 0.94					T9、T10 用于制作受中等冲击的工具和耐磨机件，如刨刀、冲模、丝锥、板牙、手工锯条、卡尺等
T10	0.95 ~ 1.04					
T11	1.05 ~ 1.14	≤0.35	≤0.40	760 ~ 780（水淬）	≤62	T11 ~ T13 用于制作不受冲击，且对硬度要求极高的工具和耐磨机件，如钻头、铁锉刀、刮刀、量具等
T12	1.15 ~ 1.24					
T13	1.25 ~ 1.35					

（2）合金钢

在碳素钢中加入一定量的合金元素（如硅、锰、铬、镍、钼、钒、钛等），即构成合金钢。由于合金元素的强化效应，合金钢的性能较碳钢更好，它的两个主要特点是有好的淬透性和较高的综合性能。但应注意，使用合金钢时要进行热处理，以便充分发挥其潜在能力。合金钢常用于制造载荷较大的重要零件。按用途，合金钢可分为合金结构钢、合金工具钢和特殊性能钢三类。

① 合金结构钢

合金结构钢的牌号以"两位数字＋合金元素符号＋数字"表示。其中，两位数字表示碳的质量分数的万分数，合金元素符号后面的数字表示该元素的质量分数的百分数，质量分数低于 1.5% 的元素后面不加注数字。如 30SiMn2MoV，其成分中 ω_C 为 0.26% ~ 0.33%，ω_{Mn} 为 1.6% ~ 1.8%，ω_{Si}、ω_{Mo}、ω_V 均低于 1.5%。根据性能和用途的不同，合金结构钢又可分为低合金高强度结构钢、易切削钢、合金渗碳钢、合金调质钢、合金弹簧钢和滚动轴承钢等。其中滚动轴承钢是制造滚动轴承的专用钢，其牌号以"'滚'或 G＋元素符号＋数字"表示，不标出碳的质量分数，数字表示 Cr 的质量分数的千分数，如 GCr15 表示 Cr 的质量分数为 1.5%。GB/T 1591—2018 规定了低合金高强度结构钢的牌号表示方法与普碳钢相同。易切削钢的牌号冠以"易"或 Y。

② 合金工具钢

合金工具钢是在碳素工具钢的基础上加入少量合金元素（硅、锰、铬、钒等）制成的。合金元素的加入提高了材料的热硬性、耐磨性，改善了热处理性能。合金工具钢常用来制造各种量具、模具和刀具等，因而对应地也就有量具钢、模具钢和刀具钢之分，其性能、化学成分和组织状态不同。合金工具钢的牌号表示方法与合金结构钢相似，但碳的质量分数的表示方法为：平均碳的质量分数 ≥1% 时，牌号中不标出；平均碳的质量分数 <1% 时，则以千分之几（一位数字）表示。如 CrMn 的平均碳的质量分数为 1.3% ~ 1.5%，而 9Mn2V 的平均碳的质量分数为 0.85% ~ 0.95%。合金工具钢均属于高级优质钢，但牌号后不加注 A。刀具钢又有低合金刀具钢和高速钢之分。其中，低合金刀具钢主要是含铬的钢，而高速钢是一种含钨、铬、钒等合金元素较多的钢。高速钢具有较高的热硬性，当切削温度高达 550℃ 左右时，其硬度仍无明显下降。此外，它还具有足够的强度、韧性和刃磨性，是重要的制作切削刀具的材料。常用的高速钢有 W18Cr4V、W6Mo5Cr4V2 等。

③ 特殊性能钢

特殊性能钢是一种含较多合金元素，并具有某些特殊物理性能和化学性能的合金钢。其牌号表示方法与合金工具钢基本相同。常用的有不锈钢、耐热钢、耐磨钢及软磁钢等。其中，不锈钢中的主要合金元素是铬和镍，因为铬与氧化合金在钢表面形成一层致密的氧化膜，可以保护钢免受进一步氧化。一般铬的质量分数不低于 12% 的不锈钢才具有良好的耐蚀、不锈性能，适用于制作化工设备、医疗器械等。常用的不锈钢有 1Cr13、2Cr13、3Cr13、1Cr18Ni9、1Cr18Ni9Ti 等。耐热钢是在高温下不发生氧化并具有较高强度的钢。钢中常含较多铬和硅，以保证具有较高的抗氧化性和在高温下保持力学性能。耐热钢常用于制造在高温条件下工作的零件，如内燃机气阀、加热炉管道以及航空航天工业中的一些重要零件等。常用的耐热钢有 1Cr13Si13、4Cr10Si2Mo、1Cr17Al4Si 等。耐磨钢通常是指高锰钢，其成分中碳的质量分数为 1.0%～1.3%，锰的质量分数为 11%～14%。耐磨钢机械加工困难，大多通过铸造成型。它具有在强烈冲击作用下抵抗磨损的性能，主要用于制造坦克和拖拉机履带、破碎机颚板、球磨机筒体衬板等。软磁钢，又名硅钢片，它是在钢中加入硅并轧制而成的薄片状材料。其杂质含量极少，具有较好的磁性。软磁钢是制造变压器、电动机、电工仪表等不可缺少的材料。

图 1-2-1-2 所示为轨道交通行业用钢，轨道交通行业中有一些专用钢材。例如钢轨钢，它是用于制造机车、起重机等轨道的专业用钢，常见的牌号有 U70、U71Mn 等；又如车轴钢，是指用于制造机车车辆和车辆车轴等的专业用钢，其牌号一般有 LZ40、LZ45、LZ50 等。

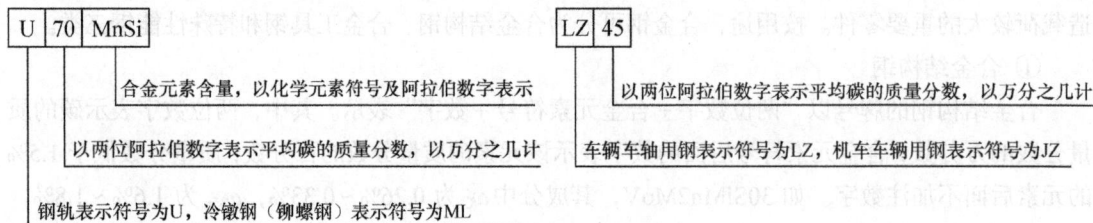

图 1-2-1-2　轨道交通行业用钢

（3）铸铁

碳的质量分数高于 2.11% 的铁碳合金称为铸铁，工业上常用的铸铁的碳质量分数一般为 2.59%～4.3%。由于它具有良好的铸造性能、切削性能及一定的力学性能，因此在各种机械中铸铁零件常占零件总量的一半以上。根据碳在铸铁中存在形态的不同，铸铁可分为白口铸铁、灰铸铁、可锻铸铁、球墨铸铁和合金铸铁等。

① 白口铸铁。碳在铁中以渗碳体的形态而存在，断口呈亮白色，故称为白口铸铁。其性能硬而脆，极难切削加工，除要求表面有高硬度和耐磨性的铸件（如冷铸车轮、轧辊等）表面是白口铸铁外，一般不用来制造零件，主要用作炼钢的原料。

② 灰铸铁。碳在铸铁组织中以片状石墨的形态而存在，断口呈灰色，故称为灰铸铁。它的性能软而脆，但有良好的铸造性能、耐磨性、减振性和切削加工性，常用于制作受力不大、冲击载荷需要减振或耐磨的各种零件，如机床床身、机座、箱壳、阀体等。灰铸铁是生产中使用最多的一类铸铁。如表 1-2-1-3 所示，灰铸铁的牌号用 HT 及最小抗拉强度的一组数字表示，如 HT200 表示最小抗拉强度为 200MPa 的灰铸铁。

表 1-2-1-3　　常用灰铸铁的牌号力学性能及适用范围

牌号	类别	铸件壁厚/mm		最小抗拉强度 R_m（强制性值）		铸件本体预期最小抗拉强度 R_m/MPa	适用范围
		最小值	最大值	单铸试棒/MPa	附铸试棒或试块/MPa		
HT100	铁素体灰铸铁	5	40	100	—	—	用于制造低载荷和不重要的零件，如盖、外罩、手轮、支架、重锤等

续表

牌号	类别	铸件壁厚/mm		最小抗拉强度 R_m（强制性值）		铸件本体预期最小抗拉强度 R_m/MPa	适用范围
		最小值	最大值	单铸试棒/MPa	附铸试棒或试块/MPa		
HT150	珠光体+铁素体灰铸铁	5	10	150	—	155	用于制造承受中等应力（抗弯应力小于100MPa）的零件，如支柱、底座、齿轮箱、工作台、刀架、端盖、阀体、管路附件及一般无工作要求的零件
		10	20		—	130	
		20	40		120	110	
		40	80		110	95	
		80	150		100	80	
		150	300		90	—	
HT200	珠光体灰铸铁	5	10	200	—	205	用于制造承受较大应力（抗弯应力小于300MPa）和较重要的零件，如气缸体、齿轮、机座、飞轮、床身、缸套、活塞、制动轮、联轴器、齿轮箱、轴承座、液压缸等
		10	20		—	180	
		20	40		170	155	
		40	80		150	130	
		80	150		140	115	
		150	300		130	—	
HT225		5	10	225	—	230	
		10	20		—	200	
		20	40		190	170	
		40	80		175	150	
		80	150		155	135	
		150	300		145	—	
HT250		5	10	250	—	250	
		10	20		—	225	
		20	40		210	195	
		40	80		190	170	
		80	150		170	155	
		150	300		160	—	
HT275		10	20	275	—	250	
		20	40		230	220	
		40	80		205	190	
		80	150		190	175	
		150	300		175	—	
HT300	孕育铸铁	10	20	300	—	270	用于制造承受抗弯应力（小于500MPa）及抗拉应力的重要零件，如齿轮、凸轮、车床卡盘、剪床和压力机的机身、床身、高压液压缸、滑阀壳体等
		20	40		250	240	
		40	80		220	210	
		80	150		210	195	
		150	300		190	—	
HT350		10	20	350	—	315	
		20	40		290	280	
		40	80		260	250	
		80	150		230	225	
		150	300		210	—	

③ 可锻铸铁。碳在铸铁组织中以团絮状石墨形态而存在，它是由白口铸铁经长期高温退火而得到的铸铁。团絮状石墨对金属基体的割裂作用较片状石墨小得多，所以可锻铸铁有较高的力学性能，尤其它的塑性、韧性较灰铸铁有明显提高。但可锻铸铁不能进行锻造，常用来制造汽车、拖拉机的薄零件、低压阀门和各种管接头等。可锻铸铁的牌号：KT 表示可锻铸铁，KTH 表示黑心可锻铸铁，KTZ 表示珠光体可锻铸铁，字母后面的两组数字分别表示最小抗拉强度和最低伸长率。例如 KTH350-10，其最小抗拉强度为 350 MPa，最低伸长率为 10%。

④ 球墨铸铁。碳在铸铁组织中以球状石墨形态而存在。球化处理是在浇注前向一定成分的铁液中加入一定数量的球化剂（镁或稀土镁合金）和墨化剂（硅铁或硅钙合金），使石墨呈球状，对基体的切割作用及应力集中都大为减小，因而球墨铸铁有较高的力学性能，抗拉强度甚至高于碳钢，广泛地应用于机械制造、交通、冶金等工业部门。目前，其常用来制造气缸套、曲轴、活塞等机械零件。球墨铸铁的牌号用 QT 及两组数字组成，两组数字分别表示最小抗拉强度和最低伸长率。例如 QT400-18，其最小抗拉强度为 400MPa，最低伸长率为 18%。

⑤ 合金铸铁。在铸铁中加入合金元素而构成合金铸铁。例如，在铸铁中加入磷、铬、钼、铜等元素，可得到具有较高耐磨性的耐磨铸铁；在铸铁中加入硅、铝、铬等元素，可得到各种耐热铸铁；在铸铁中加入铬、钼、铜、镍、硅等元素，可得到各种耐蚀铸铁等。合金铸铁主要用于制造内燃机活塞环、水泵叶轮等耐热、耐蚀的零件。

二、有色金属材料

与钢铁相比，有色金属的强度较低。应用它的主要目的是利用其某些特殊的物理性能，如铝、镁、钛及其合金密度小，铜、铝及其合金导电性好，镍、铝及其合金耐高温等。因此，工业上除大量使用钢铁材料外，有色金属材料也得到广泛应用。在铝中加入适量的铜、镁、硅、锰等元素即构成铝合金，它有足够的强度、较好的塑性和良好的耐蚀性，且多数可以通过热处理得以强化。所以，质量轻、强度高的零件多用铝合金制造。铝合金分为变形铝合金和铸造铝合金两大类。其中变形铝合金具有较高的强度和良好的塑性，可通过压力加工制造各种半成品，且可以焊接，主要用于制造各类型材和结构件，如发动机机架、飞机蒙皮等，如图 1-2-1-3 所示。变形铝合金又分为防锈铝合金（代号为 5A05、3A21 等）、硬铝合金（代号为 2A11、2A12 等）、超硬铝合金（代号为 7A04、7A09 等），以及锻铝合金（代号为 2A50、2A70 等）。

铜及其合金的外观常呈紫红色。工业上大多使用铜合金，铜合金可分为黄铜、青铜、白铜三大类。以铜和锌为主组成的合金统称为黄铜，一般多用于制造耐腐蚀和耐磨的零件，如弹簧、阀门、管件等，常见的牌号有 HSn90-1，表示合金中铜含量为 90%，锡含量为 1%，其余的为锌。白铜指的是由铜和镍组成的合金，它具有良好的强度和优良的

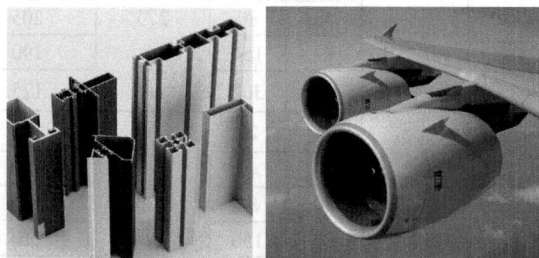

图 1-2-1-3　有色金属材料的应用

塑性，主要用于制作船舶、仪器、化工、医疗等设备的零件。其常见的牌号有 B19，表示镍的质量分数为 19%，铜的质量分数为 81%。其他常用的有色金属还有轴承合金和钛合金，轴承合金硬度低、减摩性好，主要用于制造各类轴承等；钛合金则由于强度高，耐热性和耐腐蚀性好，主要用于制造航空航天的结构零件等。

三、常用非金属材料和复合材料

随着生产的不断发展，非金属材料和复合材料的种类繁多，并且应用日益广泛。本书只介绍工程结构和机械零件常用的工程塑料、橡胶、工业陶瓷和复合材料等。

（1）工程塑料

塑料是以高分子聚合物（通常称为树脂）为基础，加入一定添加剂，在一定温度、压力下塑制成型的材料。按塑料的应用范围，可分为通用塑料、工程塑料和特种塑料等。工程塑料是指常在工程技术中用作结构材料的塑料，其机械强度高、质轻、绝缘、减摩、耐磨，或具备耐热、耐蚀等特种性能，而且成型工艺简单，生产率高，是一种良好的工程材料，因而可代替金属制作某些机械零件或用于其他特殊用途。常用工程塑料的种类较多，如聚酰胺（PA，商业上称为尼龙或锦纶）、聚甲醛（POM）、ABS 塑料、聚碳酸酯（PC）、聚砜（PSF）等。其中聚酰胺的机械强度较高，耐油、耐蚀、耐磨、自润滑性好、消声、减振。工程塑料在机械工业中应用比较广泛，大量用于制造小型零件（齿轮、轴承等），以代替有色金属及其合金，如图 1-2-1-4 所示。

（2）橡胶

橡胶是以高分子化合物为基础的具有显著弹性的材料。它的最大特点是在较宽的温度范围（−40 ~ 80℃）内具有高弹性。其在较小外力作用下能产生较大变形，外力去除后，其又很快恢复原状，故有优良的储能能力。此外，橡胶还具有耐磨、隔音、绝热等性能，广泛用于制造密封件、减振件、传动件、轮胎、电线电缆等。按原料来源，橡胶可分为天然橡胶和合成橡胶两大类。

图 1-2-1-4　工程塑料的应用

（3）工业陶瓷

工业陶瓷是用天然或人工合成的粉状化合物（由金属元素和非金属元素构成的无机化合物）经过成型和高温烧结制成的多相固体材料。利用天然硅酸盐矿物（如黏土、长石、石英等）为原料制成的陶瓷称为普通陶瓷或传统陶瓷；利用纯度高的人工合成原料（如氧化物、氮化物、碳化物、硅化物、硼化物、氟化物等）制成的陶瓷称为特种陶瓷或现代陶瓷。现代陶瓷具有独特的物理性能、化学性能、力学性能，如耐高温、抗氧化、耐腐蚀和高温强度高，但几乎不能产生塑性变形，脆性大，可用于制作切削工具、高温轴承、泵的密封圈等。常用的工业陶瓷有传统陶瓷、氧化铝陶瓷、氮化硅陶瓷、碳化硅陶瓷、氮化硼陶瓷、部分稳定氧化锆陶瓷、氧化铍陶瓷和赛龙陶瓷等。

（4）复合材料

复合材料是由两种或两种以上不同性质的原材料用某种工艺方法组成的多相材料。复合材料常以树脂、橡胶、陶瓷和金属为基体相，以纤维、粒子和片状物为增强相而构成。

目前我国大力发展的轨道交通行业，为了继续提高运营效率和服务质量，在很多领域使用了复合材料，如图 1-2-1-5 所示。例如，在受电弓上端使用了碳纤维复合材料的滑板与接触网受电，在车厢内饰里使用了玻璃钢和阻燃塑料，在车辆制动盘上使用了碳陶复合材料，在车头和导流罩上使用了橡胶和塑料的复合材料。可以说，正是我国工程技术人员在材料研究和应用上的不断创新，推动了中国高铁技术的不断进步。

图 1-2-1-5　复合材料在轨道交通行业的应用

（5）新型材料

新型材料是指新近发展或正在发展的具有优异性能的材料。新型材料既是高新技术的一部分，又为高新技术服务。

① 智能材料

智能材料，也称为灵巧材料或机敏材料，是能感知外部刺激（传感功能）、能判断并进行适当处理（处理功能）且本身可执行（执行功能）的材料。以形状记忆合金为例，它在高温时被处理成一定形状，然后通过急速冷却，经塑性变形为另一种形状，若继续加热到高温相时，可通过逆相变恢复到变形前的形状，这就是合金的形状记忆效应。这种可响应温度、外力变化而产生的弹性特性在许多智能材料和智能机械设计中具有重要价值，如图 1-2-1-6 所示。

② 非晶态金属

非晶态金属，又常称为金属玻璃，它是一种新型的磁性材料。其通过将液态金属以 $1 \times 10^{6} ℃/s$ 的冷却速率快速冷却，使金属原子来不及结晶，处于杂乱无章的状态时就冷凝而制得。显然，它与传统材料的不同之处是不具有晶体结构。非晶态金属具有优异的软磁性能，力学性能（R_m 可达 4000MPa），耐蚀性（比晶态不锈钢强 100 倍），耐辐照（中子、γ射线等），以及催化等特性，因而可用来制造低能耗的变压器、磁性传感器、记录磁头、人造卫星上的太阳能电池等。

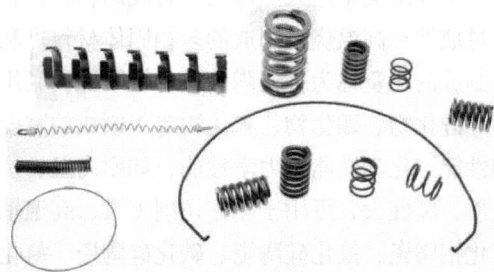

图 1-2-1-6　形状记忆合金

③ 超导材料

超导材料是指在一定温度下，材料电阻为零，同时内部失去磁通转变为完全抗磁性的一种物质。目前，已发现在常压下具有超导性的元素有二十几种，但其临界温度较低而难以使用。超导材料的应用领域广泛，如用于以节能为目标的发电机、输电缆、储能等电力系统，核聚变、磁流体发电等新能源，核磁共振等医疗领域，高速列车和离子加速器等。

四、选用材料的一般原则

材料的选用受到多方面因素的制约，主要应考虑使用性、工艺性和经济性等原则。

① 使用性原则：是指材料所能提供的使用性能指标对零件功能和寿命的满足程度。按使用

性原则选材的主要依据是材料的力学性能（使用性能）指标和零件的工作情况。首先应分析零件载荷的大小和性质，应力的大小、性质及分布情况，它们是选材的基本依据。在满足强度或刚度的前提下，尽量考虑其他因素，如工作的繁重程度，摩擦、磨损的程度，工作温度和环境，零件的重要程度，安装部位对零件尺寸和质量的限制等。

② 工艺性原则：是指材料加工的难易程度。材料具有良好的工艺性，则可保证在一定的生产条件下，按一定的工艺路线，方便又经济地制造出满足使用要求的零件。工艺性原则主要考虑零件形状复杂程度、材料加工的可能性和方便性、零件生产的批量等。

③ 经济性原则：材料及其加工的经济性是选材的重要条件。它要求在保证零件使用性能的前提下，尽可能优化设计方案，选用廉价材料并降低其加工和使用过程中的费用。此外，还应考虑材料的供应和管理问题，选材时应尽量减少品种规格，以便于采购和管理。另外从国家发展角度还应该考虑到我国资源保有情况和供应关系，以及环保的要求。

上述选材的三条原则是彼此相关的有机整体，在选材时应综合考虑数个方案，经分析、对比确定最佳方案。

拓展阅读

给数百亿支圆珠笔安上"中国笔头"

笔头分为笔尖上的球珠和球座体。长期以来，直径仅有 2.3mm 的球座体，无论是生产设备还是原材料，都掌握在瑞士、日本等国家手中。为了给数百亿支圆珠笔安上"中国笔头"，太钢集团开启了对这一重点项目的攻关。笔头产品的生产工艺是国外企业的核心机密，没有任何参考，只能不断地积累数据、调整参数、设计工艺方法。大规模炼钢十多次后，第一批合格的钢材成功出炉。小小"笔尖"考验给中国制造带来巨大启示，一支司空见惯的中国笔书写出的是创新驱动的中国力量。

任务实施

完成本任务车床主轴箱齿轮零件材料选择，具体实施过程见附带的《实训任务书》。

任务拓展

图 1-2-1-1 所示的车床主轴箱齿轮传动结构中，安装齿轮的轴应该从 Q275、T10、45、QT400-18 这 4 种材料中选择哪种材料进行加工制造？

模块小结

本模块介绍了机械工程材料的基本类型，主要包括金属材料、有色金属材料、非金属材料、复合材料等，其中使用较为广泛的是金属材料中的钢铁材料。材料的性能包括使用性能和工艺性能，其中，使用性能决定了机械的功能，工艺性能决定了加工的方法和成本。十分重要的使用性能是材料的力学性能，主要包括强度、硬度、塑性、韧性、疲劳强度等指标，各性能指标均对应不同的工况，需要根据零件的实际情况进行选择。

以中国铁路为例，从最初的普通列车时速 48km 到现在的"高铁时代"时速达 250km 以上，行业发展趋势对材料的力学性能要求越来越高。因此，必须从材料的结构和制备原理上探索强化零件性能的方法。

各类零件的制造具有一定的形状和尺寸要求，因此材料不能直接从毛坯投入使用，而是需要经过一定的工艺路线加工完成。钢铁材料常用的加工方法有铸造、锻造、焊接、热处理、机加工等，其中铸造是制备车钩、转向架等零部件的主要方法，铸造的本质是金属的结晶。为了提高材料性能，需要了解纯金属的结晶过程（一般是先形核，再长大），而合金及合金系的结晶过程较复杂，需要用合金相图来描述。

材料成型工艺的制定依据主要是铁碳合金相图，总体来说，含碳量的提高会增大材料的强度和硬度，同时降低材料的塑性和韧性。

钢铁材料和有色金属材料按照国家标准以不同的牌号命名，在采购过程中需要了解其牌号中各参数的具体含义。选择材料时应综合考虑使用性、工艺性和经济性三者的统一。

本模块知识技能点梳理

任务	基本知识		拓展知识	主要公式或说明
金属材料力学性能测试 ⇩	金属材料的力学性能		应力和应变	$R_{eL} = \dfrac{F_{eL}}{S_0}$
	强度、硬度、塑性、冲击韧性、疲劳强度		屈强比、比强度	
	强度、硬度、冲击试验测试流程		脆性材料和塑性材料	$HBW = 0.102 \times \dfrac{2F}{\pi D(D - \sqrt{D^2 - d^2})}$
	拉伸试验、布氏硬度试验、摆锤冲击试验			
	塑性和疲劳强度			$a_k = \dfrac{A_k}{S}$
零件成型工艺分析 ⇩	零件毛坯的成型方法		金属变形的实质	过冷度=理论结晶温度-实际结晶温度
	晶体、晶胞、晶格、过冷度		纯金属的结晶过程	
	纯金属与合金		二元合金相图	
	组元、相、组织			
	合金相图			
	固相线、液相线			
零件工艺路线分析 ⇩	铁碳合金相图		钢的基本组织性能特点	随着含碳量的增加，钢的硬度会增大，塑性、韧性会降低
	钢的5种基本组织、铁碳合金的分类		铁碳合金相图的实际指导意义	
	热处理的原理		表面热处理	
	钢加热时的组织变化、钢冷却时的组织变化			
	常规热处理的方法			
	热处理"四火"、调质处理			
车床主轴箱齿轮零件的选材	常用材料的种类	金属材料、有色金属材料、非金属材料、复合材料	陶瓷材料、复合材料、其他新材料	
	金属材料的牌号	碳钢牌号的含义、铸铁牌号的含义		
	合金钢和有色金属牌号	合金钢牌号的含义、有色金属牌号的含义		

思考与练习

一、填空题

1. 金属材料的常用力学性能指标主要包括_____、_____、_____、_____、_____。

2. 金属晶格的基本类型有_____、_____和_____3种。

3. 铁碳合金组织中有_____、_____、_____、_____和_____5种基本组织。

4. 所谓热处理，是将_____在_____下，经过_____、_____和_____，以改变材料整体或表面的组织，以获得所需_____的一种加工工艺。

5. 合金钢按用途可分为_____、_____和_____3种，按合金元素总的质量分数可分为_____、_____和_____3类。

二、选择题

1. 拉伸试验时，试件拉断前能承受的最大应力称为材料的（　　　）。

A. 屈服强度　　　　　　B. 抗拉强度　　　　　　C. 弹性极限

2. 金属的强度越低，塑性越好，其（　　　）越好。

A. 铸造性　　　　　　　B. 压力加工性　　　　　C. 焊接性

3. 金属在固态下随温度的改变由一种晶格转变为另一种晶格的现象称为（　　　）。

A. 再结晶　　　　　　　B. 同素异构转变　　　　C. 共晶转变

4. 能够完整地反映晶体特征的最小几何单元称为（　　　）。

A. 晶胞　　　　　　　　B. 晶格常数　　　　　　C. 晶格

5. 随着碳的质量分数增加，铁碳合金的强度、硬度（　　　），塑性、韧性降低，原因是其组织中渗碳体的质量分数增高。

A. 增高　　　　　　　　B. 降低　　　　　　　　C. 变化不大

三、简答题

1. 画出低碳钢的拉伸曲线，并简述拉伸变形的几个阶段。

2. 何谓金属的同素异构转变？试画出纯铁的结晶冷却曲线和晶体结构变化图。

3. 钢在热处理时加热的目的是什么？钢在加热时的奥氏体变化过程分为哪几步？

4. 不锈钢有哪几种分类方法？碳的质量分数对不锈钢的耐蚀性有何影响？

5. 塑料的种类有哪些？它们各具有什么样的特点？

模块 2

零部件受力分析计算

模块导入

在我国的产业发展战略中,"核心基础零部件(元器件)、先进基础工艺、关键基础材料和产业技术基础等工业基础能力薄弱,是制约我国制造业创新发展和质量提升的症结所在"。例如,高端集成电路、芯片、航空发动机等都是产品的"心脏",但目前还需依赖进口。为了实现从制造业大国向制造业强国转变的最终目标,学生不仅需要掌握零部件的基本设计原则,如受力情况合理、加工简单、多采用标准件和通用件等,更需要不断学习、掌握新的工艺技术,从而设计出符合当代设计工艺水平的零件。

知识目标

理解静力学基本概念和公理;熟悉分析和求解物体静力平衡的基本原理和基本方法;能够分析简单的工程实例,化繁为简建立力学模型。

能力目标

能够运用静力学的基本概念和原理对物体进行受力分析;具备进行静力平衡计算的基本能力。

素质目标

了解构件受力情况对安全的重要影响,增强标准意识、安全意识、责任意识、绿色环保意识。

项目 2.1 零部件受力分析

机械零部件设计是机械设计的重要组成部分，机械的功能必须通过合理的零部件设计才能得到保障。机械零部件设计的主要内容包括：根据总体设计方案，明确零部件的受力情况、性能、参数等，有针对性地选择零部件的结构构形、材料、精度等，画出零部件图和装配图。其中，明确零部件的受力情况是核心内容。

任务 2.1.1 三铰拱桥受力分析图绘制

机械零件是机械装备中的最小单元，就如同元素周期表中的化学元素一样，再进行拆分就无法实现其预期的功能。并且有些零件如螺栓等标准件可以相同或者相近的形式在其他机械中重复使用，因此工程技术人员必须掌握确定零件尺寸和结构的基本知识，而确定零件尺寸和结构的重要依据之一是零件在整个装置中的受力情况。因此掌握受力情况分析方法，尤其处于平衡状态物体的受力情况分析方法是技术人员的一项基本能力。处于平衡状态的构件如图 2-1-1-1 所示。

（a）鸟巢钢结构　　　　　　　　（b）火车轮轴

图 2-1-1-1 处于平衡状态的构件

任务描述

图 2-1-1-2 所示的三铰拱桥由左、右两拱铰接而成。设各拱自重不计，在拱 AC 上作用载荷 P，试分析拱 AC 和拱 CB 受到的力，并分别画出其受力分析图。

机器和工程结构由许多构件组成，这些构件之间相互连接，并且分别按照一定的规律运动或者处于静止状态。为了保证这些构件能够正常工作，在零部件设计时必须分析考虑各个构件的受力情况。当构件处于平衡状态时，还需要考虑其平衡的条件，进而确定作用在构件上的其他未知力。

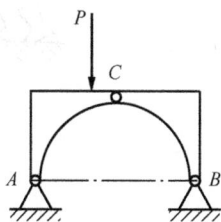

图 2-1-1-2 三铰拱桥

任务分析

本任务要绘制三铰拱桥受力图，首先必须确定其受力状况，才能进行后续的选材和施工。企业中该项工作一般由结构工程师负责，结构工程师是指取得我国相关执业资格证书和注册证书，从事各类机械、结构等工程设计及相关业务的专业技术人员，负责制定零部件的结构设计。

本例中由于桥梁（三铰拱桥）的变形量较小，在简化分析时可以看作刚体，三铰拱桥同时承受多个力的作用，且这些力的作用线位于同一平面上，故拱桥在平面力系的作用下处于平衡状态，可以使用静力学的相关公理求解平衡问题。

知识链接

一、静力学的基本概念

1. 刚体

静力学方法是研究作用于静止物体上的力的合成及平衡条件的方法。力的作用可以使物体的运动状态发生变化或使物体产生变形，前者称为力的运动（外）效应，后者称为力的变形（内）效应，两者同时存在。但为了简化分析，在不影响结果的情况下，可以将两个效应分开，这就是刚体的概念。所谓刚体，是指在力的作用下，物体的大小和形状都不变。这是一个抽象化的力学模型，与刚体相对的为变形体，事实上，物体在力的作用下都会产生不同程度的变形。但在一般情况下，我们认为工程上的结构构件和机械零件的变形都是微小的，而这种微小的变形可以忽略不计，所以可以把结构构件和机械零件抽象为刚体。如一般可以将钢筋混凝土结构中的梁视为刚体来进行研究。

在静力学中，我们可以将受力物体假设为刚体，研究刚体的平衡问题，这样可以减少工作量，使问题简单明了。但是，如果我们考虑问题时认为微小的变形不能忽略，那么必须把物体视为变形体进行分析，当然，变形体的平衡分析问题也是以静力学为基础的。

2. 力

力是物体间的相互机械作用，力的概念是人们在长期生产劳动和生活实践中逐渐建立起来的。如推车、拧螺母、起重机起吊重物、机车牵引列车由静止到运动等都是力的作用，如图 2-1-1-3 所示。

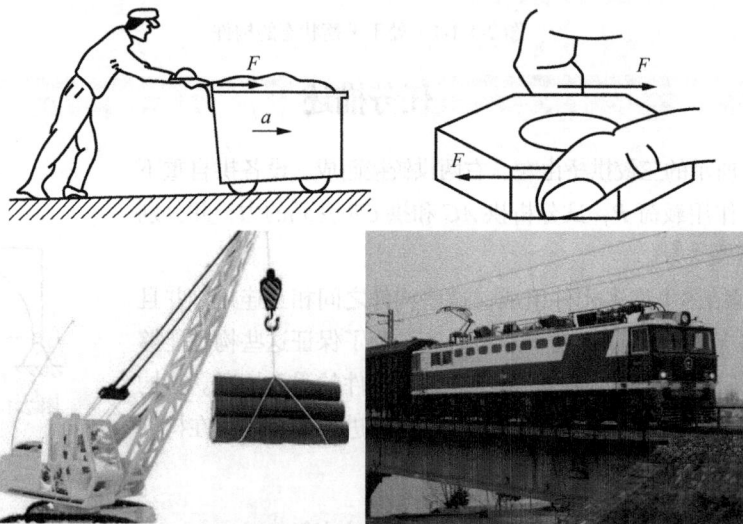

图 2-1-1-3　受力的各种物体

3. 力的三要素

力对物体的作用效果取决于以下 3 个要素。

（1）力的大小：表示物体之间机械作用的强度。

（2）力的方向：表示物体之间机械作用的方向。

（3）力的作用点：是物体间机械作用位置的抽象，实际上力并不是作用在一个点上，而是作用于物体的一定面积上。

4. 力的单位

为了度量力的大小，必须确定其度量单位。本书严格采用我国统一实行的法定计量单位，即以国际单位制（SI）为基础，力的单位采用牛顿，符号为 N。工程中常用千牛作为单位，符号为 kN，1kN=1000N。

5. 力的表示方法

力是具有大小和方向的量，所以力是矢量。力的三要素可用带箭头的有向线段（矢线）标识于物体作用点上，线段的长度（按一定比例画出）表示力的大小，箭头的指向表示力的方向，线段的起始点或终止点表示力的作用点。通过力的作用点，沿力的方向画出的直线称为力的作用线，如图 2-1-1-4 所示。

6. 力系

力系是指作用于物体上的一群力。当物体只有一个力作用时，我们可以将它看作一个力系，这种力系是所有力系中最简单的一种情况。当有多个力作用于同一物体的时候（复杂力系），也就是我们在工程实际中经常遇到的情况。我们可以

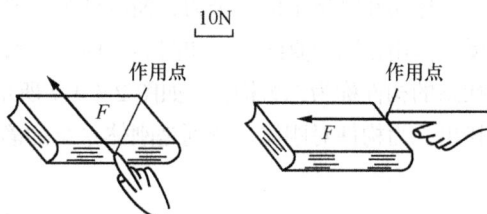

图 2-1-1-4　力的表示方法

用简单力系代替复杂力系，从而使问题简化，这个过程称为力系的等效或简化。如果一个力与一个力系等效，则称此力为该力系的合力，该力系中的各力称为该合力的分力或分量。求合力的过程称为力系的合成。按照作用线是否处于同一平面，力系可以分为两种，即平面力系和空间力系，本书主要介绍平面力系。所有力的作用线在同一平面内的力系为平面力系，平面力系又可分为以下 3 种。

（1）平面汇交力系：即所有力的作用线汇交于一点的平面力系，如图 2-1-1-5（a）所示。

（2）平面平行力系：即所有力的作用线相互平行的平面力系，如图 2-1-1-5（b）所示。

（3）平面任意力系：即所有力的作用线既不汇交于同一点，又不相互平行的平面力系，如图 2-1-1-5（c）所示。

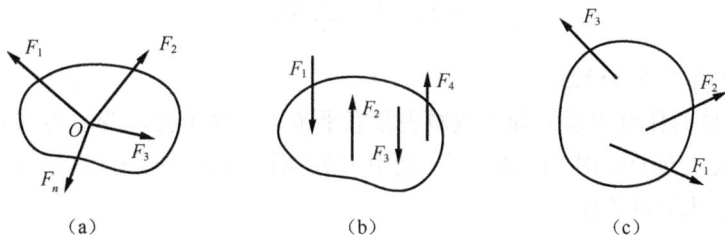

（a）　　　　　　　　　（b）　　　　　　　　　（c）

图 2-1-1-5　平面力系的种类

二、平衡与平衡力系

平衡是指物体相对于惯性参考系处于静止或做匀速直线运动状态。在实际工程中，我们一般选惯性参考系为固连于地球的参考系。这样一来，工程中的一般平衡问题就转化为物体相对地球

处于静止或做匀速直线运动状态的问题。静力学研究的对象如下。

（1）力系的等效替换或简化。用简单力系等效替换原力系对刚体的作用，二者互为等效力系。

（2）建立各种力系的平衡条件。使刚体处于平衡状态的力系称为平衡力系。平衡力系应该满足的条件称为平衡条件。

三、静力学公理

刚体的静力平衡问题以静力学公理为前提，静力学公理是人们经过长期实践总结的客观规律。静力学公理是对力的基本性质的概括和总结，是静力学全部理论的基础，是解决力系的简化、平衡条件的确定以及物体受力分析等问题的关键。

1. 二力平衡公理

作用在刚体上的两个力，使刚体处于平衡状态的必要和充分条件是两个力大小相等、方向相反，作用在同一直线上，如图 2-1-1-6 所示，即 $F_1 = -F_2$。工程上将只受到两个力作用就处于平衡状态的构件称为二力构件。如图 2-1-1-7 所示，直杆 AB 和曲杆 AC 就是二力构件。需要强调的是，找出二力构件对刚体，特别是刚体系统的静力学分析非常重要。

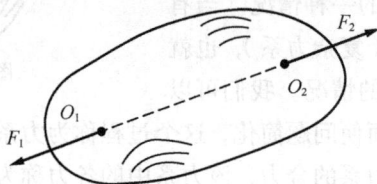

图 2-1-1-6　二力平衡

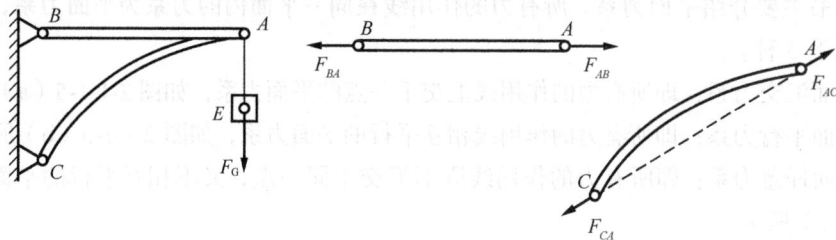

图 2-1-1-7　二力构件

2. 加减平衡力系公理

在作用于刚体的任意力系上加上或减去任意平衡力系并不会改变原力系对刚体的作用效果。加减平衡力系公理只适用于刚体，而不适用于变形体。该定理具有以下两个推论。

（1）推论 1：力的可传性

作用于刚体上某点的力可以沿着它的作用线移到刚体内任意一点，并不改变该力对刚体的作用。

证明：设在刚体上 O_1 点有作用力 F，如图 2-1-1-8（a）所示。根据加减平衡力系公理，可在力的作用线上任取一点 O_2，并加上两个相互平衡的力 F_1 和 F_2，使

$$F_2 = -F_1 = F \tag{2-1}$$

如图 2-1-1-8（b）所示，由于力 F 和 F_1 是平衡力系，故可消去。这样只剩下一个力 F_2，如

图 2-1-1-8（c）所示。原来的力 F 与力系（F,F_1,F_2）以及力 F_2 互相等效，力 F_2 就是原来的力 F，只是作用点移到了点 O_2。

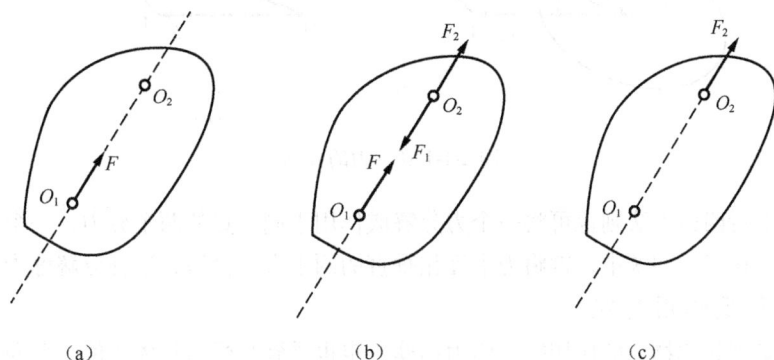

图 2-1-1-8　力的可传性

由此可见，对刚体来说，力的作用点不是决定力的作用效果的要素，它被作用线所代替。因此，作用于刚体上的力的三要素是力的大小、方向和作用线。

（2）推论 2：三力平衡汇交定理

刚体在 3 个力的作用下平衡，若其中 2 个力的作用线相交，则第三个力的作用线必过该交点，且三力共面。

证明：如图 2-1-1-9 所示，刚体上 A、B、C 这 3 点上的作用力分别为 F_1、F_2 和 F_3，其中 F_1 与 F_2 的作用线相交于 O 点，刚体在此三力作用下处于平衡状态。根据力的可传性，将力 F_1 和 F_2 合成得合力 F_{12}，则力 F_3 应与 F_{12} 平衡，因而 F_3 必与 F_{12} 共线，即 F_3 作用线也通过 O 点。另外，因为 F_1、F_2 与 F_{12} 共面，所以 F_1、F_2 与 F_3 也共面。该定理得证。

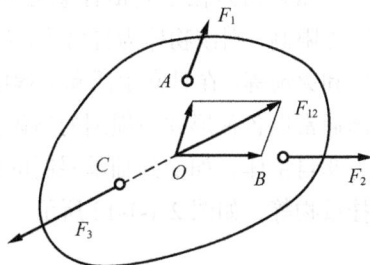

图 2-1-1-9　三力平衡汇交

利用三力平衡汇交定理可以确定刚体在三力作用下平衡时未知力的方向。

3. 力的平行四边形法则

作用于物体上同一点的两个力可以合成为一个合力，合力仍作用于该点上，合力的大小和方向由以这两个力为邻边所构成的平行四边形的对角线来确定。如图 2-1-1-10（a）所示，F_1、F_2 为作用于 O 点的两个力，以这两个力为邻边作出平行四边形 $OACB$，则对角线 OC 即 F_1 与 F_2 的合力 F_R，或者说合力矢 F_R 等于原力矢 F_1 与 F_2 的矢量和，即

$$F_R=F_1+F_2 \tag{2-2}$$

合力的大小可由余弦定理求出，即

$$F_R = \sqrt{F_1^2 + F_2^2 + 2F_1F_2\cos\alpha} \tag{2-3}$$

式中，α 为 F_1 与 F_2 的夹角（°）。

实际上，根据平行四边形的性质，确定作用于一点的两个力的合力时，没有必要作出平行四边形。只要不改变这两个力的大小和方向，将它们首尾相接，则合力始于它们的起点，而止于它们的终点，如图 2-1-1-10（b）所示，这种求合力的方法称为力的三角形法则。

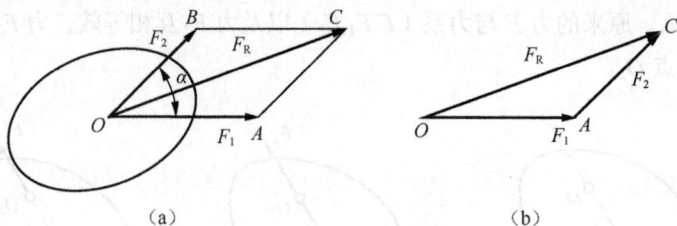

图 2-1-1-10　力的合成

利用力的平行四边形法则也可将一个力分解成作用于同一点的两个分力，一个力可以沿任意两个方向分解。在工程问题中，常将力沿互相垂直的两个方向分解，这种分解称为正交分解。

4．作用与反作用公理

一个物体受到其他物体的作用时，施力物体一定也受到与受力物体等值、反向的力的作用，这两个力就是一对作用力和反作用力。两个物体间的作用力与反作用力总是同时存在，且两者大小相等、方向相反、沿同一直线，分别作用在相互作用的两个物体上。因此不能将它们看作平衡力系而互相抵消，如图 2-1-1-11 所示。

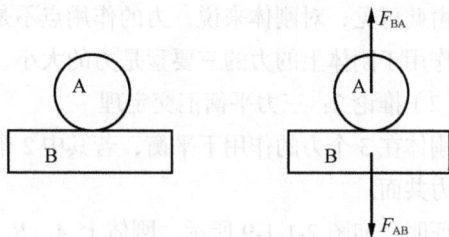

图 2-1-1-11　作用力与反作用力

四、约束与约束力

如果物体在空间沿任意方向的运动都不受限制，则该物体为自由体，如飞行的飞机和火箭等。在日常生活和工程中，有些物体通常以各种形式与周围的物体互相联系并受到周围物体的限制而不能做任意运动，这类物体为非自由体。如受到轴承限制的转轴、卧式车床中受床身导轨限制的刀架及受到吊绳限制的悬挂重物等，如图 2-1-1-12 所示。

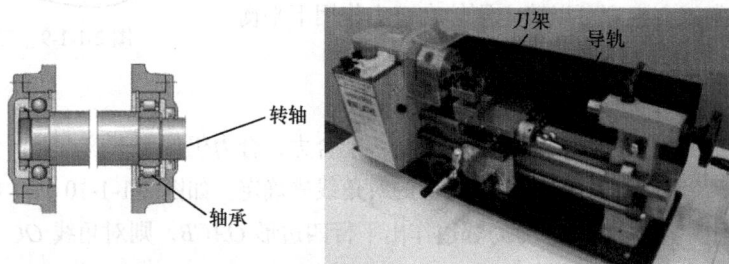

图 2-1-1-12　轴承和车床刀架

约束是指运动物体的几何位置所受到的限制。物体受到外力作用会产生运动或具有运动趋势，一旦这种运动或运动趋势被限制，该物体就会对限制其运动的物体产生作用力。根据作用与反作用公理，限制物也必然会对该物体产生等值、反向的作用力，这类作用力称为约束力。约束力来自约束，它的作用取决于主动力的作用情况和约束形式，又因为它对物体的运动起限制作用，因而约束力的方向必定与该约束阻碍的运动方向相反。应用这个准则，在受力分析中可以确定约束力的方向或作用线的位置。约束力是由主动力的作用引起的，它随主动力的改变而改变，约束力的大小总是未知的，在静力学中，如果约束力和物体受的其他已知力构成平衡力系，可通过平衡条件来求解未知力的大小。下面介绍工程中常见的几种约束类型及确定约束力的方法。

（1）柔性约束

绳索、链条和皮带等可以构成这种约束。图 2-1-1-13 所示的链条和绳索只能限制物体沿其中心线离开的运动，而不能限制其他方向的运动。因此，链条和绳索的约束力方向应沿着它的中心线而背离物体；约束力作用在物体与链条、绳索的连接点处。

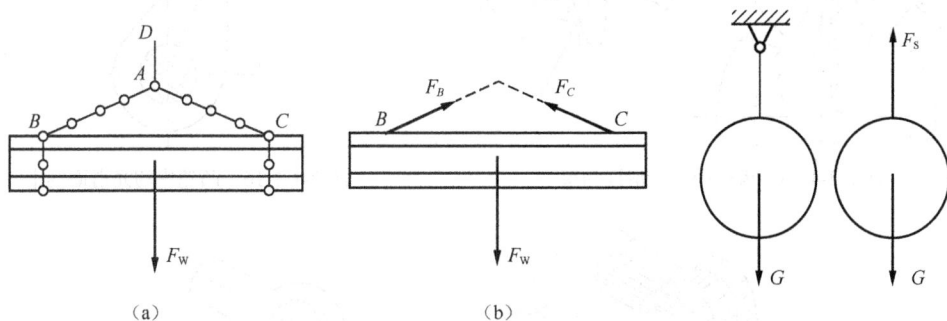

图 2-1-1-13　柔性约束

（2）光滑面约束

与其他力相比，若物体接触面上的摩擦力较小，则可以忽略不计，这样的接触面就被认为是光滑的。光滑面不能限制物体沿接触面切线方向的运动，而只能限制物体沿接触面公法线指向约束的运动。因此，光滑面约束力的方向为过接触点的公法线且指向物体，图 2-1-1-14（a）所示为曲面光滑约束，图 2-1-1-14（b）所示为平面光滑面约束，这种约束力也称为法向反力。

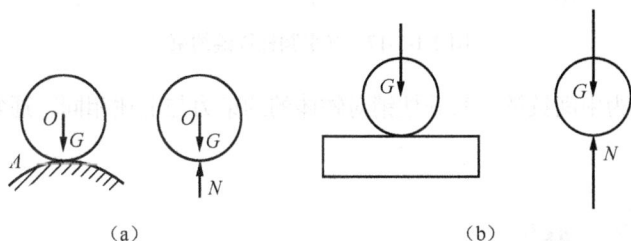

图 2-1-1-14　光滑面约束

机械中常见的啮合齿轮的齿面约束（见图 2-1-1-15）、凸轮曲面对顶杆的约束（见图 2-1-1-16）等均可视为光滑面约束。

（3）光滑圆柱铰链约束

将两个构件在连接处钻上圆孔，用圆柱销连接起来便构成约束。若不计摩擦，则此约束可视为光滑圆柱铰链约束。当物体受到这种约束时，彼此只能绕圆柱销的轴线转动。若其中一个物体固定于地面或机架上，则称为固定铰链支座，如图 2-1-1-17（a）所示。因不计摩擦，铰链中的圆柱销与物体圆孔间的接触是两个光滑圆柱面的接触，如图 2-1-1-17（b）所示。按照光滑面约束力的性质，可知圆柱销给物体的约束力 F 应沿圆柱面上接触点 K 的公法线，并通过铰链中心 O，如图 2-1-1-17（c）所示。因接触点 K 的位置可以是孔的圆周上任意一点，所以约束力 F 的方向不能预先确定。通常用通过铰链中心的两个正交分力 F_x 和 F_y 来表示，如图 2-1-1-17（d）所示。固定铰链支座的简图可按 2-1-1-17（e）的形式表示。

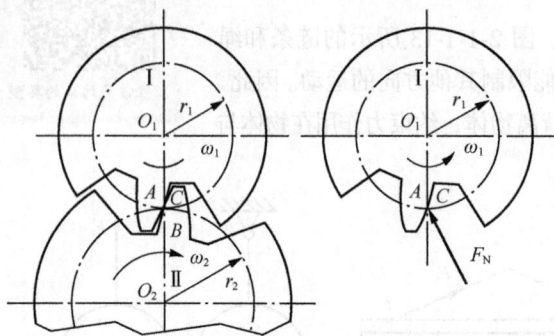
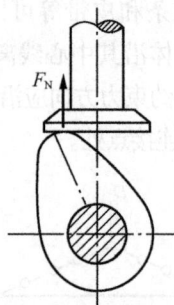

图 2-1-1-15　齿轮中的光滑面约束　　　图 2-1-1-16　凸轮中的光滑面约束

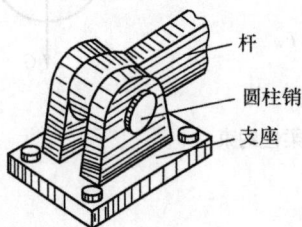
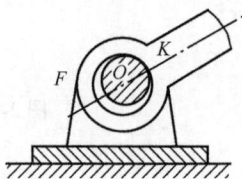

（a）　　　　　　　　　　（b）

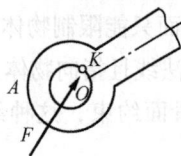
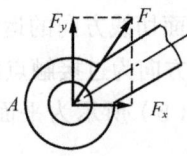
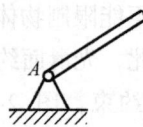

（c）　　　　　（d）　　　　　（e）

图 2-1-1-17　光滑圆柱铰链约束

　　图 2-1-1-18 所示为中间铰链，其圆柱销对物体的约束力与上述相同，通常也表示为两个正交分力。

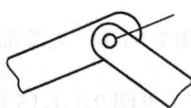
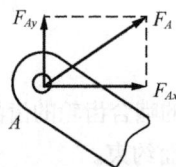

图 2-1-1-18　中间铰链

　　将物体的铰链支座用几个辊轴支承在光滑平面上，就构成活动铰链支座约束，如图 2-1-1-19（a）所示。这种支座常用于桥梁、屋架等结构中，可以避免由温度变化而引起的结构内部变形应力，如图 2-1-1-20 所示。在不计摩擦的情况下，活动铰链支座约束只能限制物体垂直支承面方向的运动，不能限制物体沿支承面的运动和绕圆柱销的转动。因此辊轴支座的约束力通过铰链中心，垂直支承面，但指向不定。

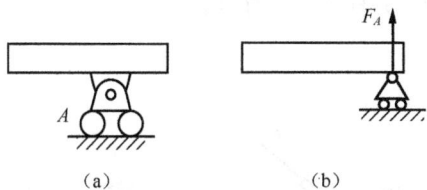

图 2-1-1-19 活动铰链支座约束

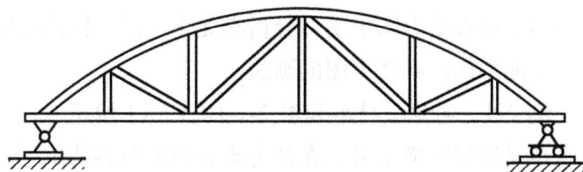

图 2-1-1-20 桥梁桁架结构

两端用光滑铰链与其他构件连接且不考虑自重的刚性杆称为链杆,这样的约束称为链杆约束。链杆是二力杆,如图 2-1-1-21 所示,二力杆约束力的作用线一定是沿着链杆两端铰链的连线。若力的方向不能确定,通常可先假设,求解后,通过力的正负再具体确定力的实际方向。

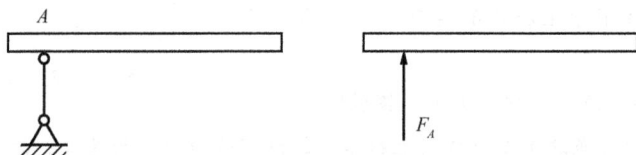

图 2-1-1-21 链杆约束

（4）固定端约束

如图 2-1-1-22 所示,构件 AB 的 A 端被固定,此时该构件既不能移动,又不能转动,因此它将受到沿其移动趋势反方向的约束力以及与其转动趋势反方向的约束力矩。如果仅仅考虑平面范围内的约束力,由于约束力方向不确定,可将其分解为相互垂直的两个约束分力。跳水的跳板受到的约束就是固定端约束。

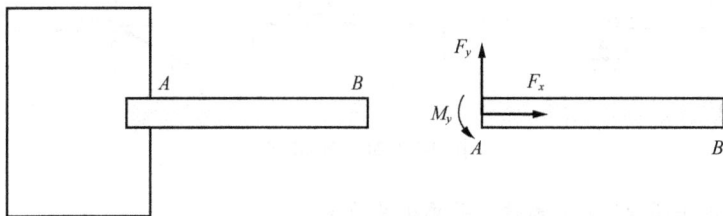

图 2-1-1-22 固定端约束

五、物体的受力分析工作案例

在解决工程实际问题时,通常要利用平衡条件,根据已知力求解未知力。因此,首先要确定物体受到哪些力的作用,并且分析出每个力的作用位置和方向,这个分析过程称为物体的受力分析。对研究对象进行分析,就是把研究对象从与它联系的周围物体中分离出来,这种解除了约束的自由体称为分离体。在研究对象的简图上画出作用在其上的全部主动力和约束力,这种表示物体受力状态的图形称为受力图。它是解决平衡问题的第一步工作,并直接关系后续计算结果的正确与否。具体分析可通过以下几个步骤进行。

物体的受力分析

（1）选取研究对象,取出分离体,并画出其简图。

（2）画出作用在研究对象上的所有主动力,并标注力的符号。

（3）根据与受力物体相连接或接触的物体画出约束力，并标注力的符号。

（4）检查受力图中受力分析有无多、漏、错的现象。

下面举例说明受力图的画法。

例 2-1 高炉上料车如图 2-1-1-23（a）所示，由绞车通过钢丝绳牵引，在倾角为 α 的斜桥钢轨上运动。已知上料车连同物料共重 F_P，试画出上料车的受力图。

解：（1）以上料车为研究对象。把上料车从钢丝绳和斜桥钢轨的约束中分离出来，画出上料车的轮廓图。

（2）分析得到作用于上料车的主动力为重力 F_P，方向铅垂向下。

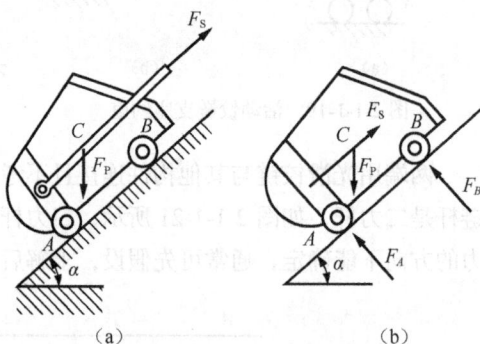

图 2-1-1-23　高炉上料车

（3）根据约束的性质，画出约束力。钢丝绳的约束力为 F_s，方向为沿绳的中心线背离上料车。斜桥钢轨为光滑面约束，故其约束力 F_A、F_B 过车轮的接触点沿轨面的法线方向，指向上料车。

（4）检查。上料车的受力如图 2-1-1-23（b）所示。

例 2-2 水平梁 AB 左端为固定铰链支座，右端为活动铰链支座，如图 2-1-1-24（a）所示，假设不计构件的重量，C 处有一主动力 F，试画出其受力图。

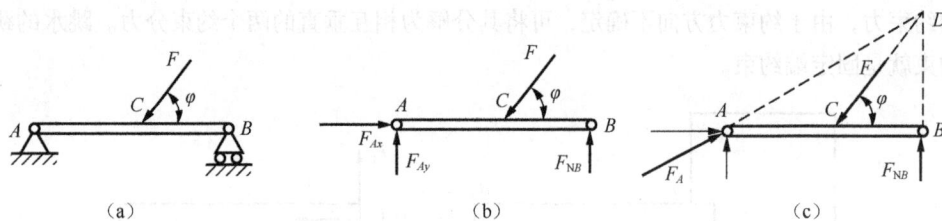

图 2-1-1-24　例 2-2 图

解：（1）取水平梁 AB 为分离体，并画出其简图。

（2）画主动力。已知主动力为 F，作用点为 C。

（3）画约束力。A 端为固定铰链支座，由于约束力方向未定，可用水平方向约束力 F_{Ax} 和垂直方向约束力 F_{Ay} 代替，B 端为活动铰链支座，有一个垂直方向的约束力 F_{NB}，如图 2-1-1-24（b）所示。根据三力平衡汇交定理，A 处两个约束力的合力为 F_A，其作用线与主动力 F 和约束力 F_{NB} 的作用线相交于同一点 D，如图 2-1-1-24（c）所示。

例 2-3 画出图 2-1-1-25（a）所示的多跨梁的受力图。

解：（1）以整体为研究对象。先画集中力 F 与分布载荷 q，再画约束力。A 处约束力分解为两正交分量，D、C 处的约束力分别与其支承面垂直，B 处约束力为内力，不能画出，整体约束的受力图如图 2-1-1-25（b）所示。

（2）取 ADB 段的分离体。先画集中力 F 及分布载荷 q，再画 A、D、B 处的约束力 F_{Ax}、F_{Ay}、F_D、F_{Bx}、F_{By}，ADB 梁受力如图 2-1-1-25（c）所示。

（3）取 BC 段的分离体。先画分布载荷 q，再画出 B、C 处的约束力，注意 B 处的约束力与

AB 段 B 处的约束力是作用力与反作用力的关系，C 处的约束力 F_C 与斜面垂直，BC 梁受力如图 2-1-1-25（d）所示。

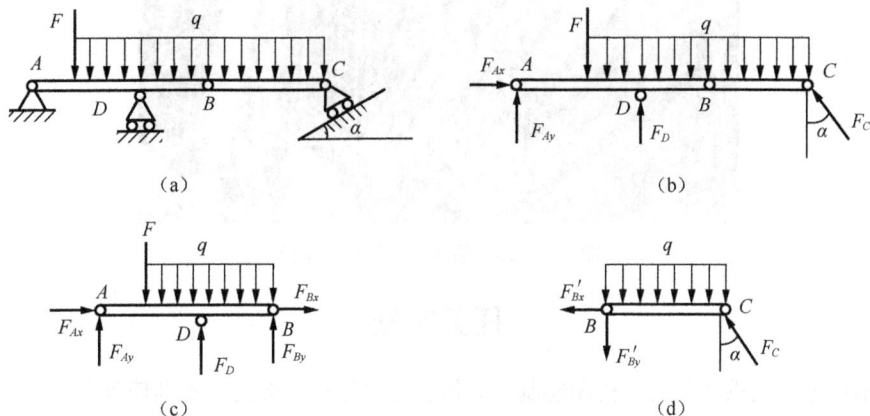

图 2-1-1-25 例 2-3 图

画受力图时需注意以下几点。

（1）选好研究对象。根据解题需要，既可以以单个物体或整个系统为研究对象，也可以以由几个物体组成的子系统为研究对象。

（2）确定研究对象所受力的数目。既不能少画，也不能多画。力是物体间相互的约束机械作用，因此要明确受力图上每个力是哪个施力物体作用的，不能凭空想象。

（3）一定要按照约束的性质画约束力。当一个物体同时受到几个约束的作用时，应分别根据每个约束单独作用的情况，由该约束本身的性质来确定约束力的方向，绝不能按照自己的想象来画约束力。

（4）受力图上要标明各力的名称及其作用点的位置，不要任意移动力的作用位置。

（5）一般情况下，不要将力分解或合成。如果需要分解或合成，分力与合力不要同时画在同一受力图上，以免重复。必要时用虚线表示分力与合力中的一种。

（6）画受力图时，要注意应用二力平衡公理、三力平衡汇交定理及作用与反作用公理。

拓展阅读

遵守规则，筑牢安全防线

机械设备事故的发生大多由于操作者不熟悉零件的受力情况或者疏忽大意。如图 2-1-1-26 所示，某起在建厂房脚手架坍塌事故共造成 2 死 4 伤的严重后果，事后，专家组经过实地调研，在事故报告中指出引起事故发生的原因，主要如下。

（1）结构件搭设随意，支撑和搭接结构大多未按标准设置。

（2）零件质量、安装工艺较差，扣件普遍拧固不紧，拧紧力矩多数只有 20N·m，未达到 40~65N·m 的要求。扣件为"短斤少两"产品，螺母只有 11~13mm（标准为 14mm），ϕ 48mm×3.5mm 钢管实际壁厚以 3.0mm 居多，导致其承载力不足。

血的教训告诉我们，必须严格管理，遵从安全生产规范，才能避免安全事故的发生，只有准确分析出零部件的受力情况，才能够有针对性地进行预防。

图 2-1-1-26　某在建厂房坍塌事故

任务实施

完成本任务三铰拱桥受力分析图绘制，具体实施过程见附带的《实训任务书》。

任务拓展

托盘秤的工作原理如图 2-1-1-27 所示，其中 *BCD* 为秤盘架，试画出其受力图。

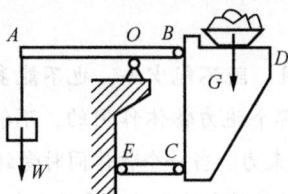

图 2-1-1-27　托盘秤的工作原理

任务 2.1.2　钻床夹具受力分析

任务描述

如图 2-1-2-1 所示，某企业运用多轴钻床同时加工工件上的 4 个孔，钻孔时，每个钻头产生的主切削力组成一对力偶 m，其力偶矩为 15N·m，试求出加工时 2 个固定螺钉 A 和 B 受到的力。

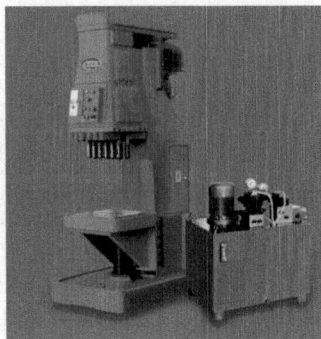

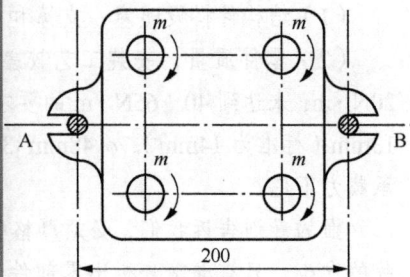

图 2-1-2-1　多轴钻床加工示意图

任务分析

钻床进行钻孔加工时，钻头高速旋转，对工件产生切削作用。若不能将工件可靠固定，在力的作用下，工件就会飞出，从而造成严重后果。因此必须利用两端的固定螺钉 A 和 B 将工件固定在工作台上，使其在整个切削过程中处于静止平衡状态。为此必须弄清楚体系的受力情况，以免发生危险。

知识链接

一、力矩的概念及计算

力对物体的作用效应有以下两种情况。

（1）如果力的作用线通过物体的质心，物体将在力的方向上平动。

（2）如果力的作用线不通过物体的质心，物体将在力的作用下边平动边转动。

本任务研究力对物体的转动作用。

1. 力对点之矩的概念

实践表明，作用在物体上的力除有平动效应外，有时还有转动效应。如图 2-1-2-2 所示，用扳手拧螺母，使螺母产生绕 O 点转动的效果，不仅与力 F 的大小有关，与 O 点至该力作用线的垂直距离也有关。点 O 称为矩心，点 O 到力的作用线的垂直距离 d 称为力臂。

力对点之矩是代数量，它的绝对值等于力的大小与力臂的乘积。力使物体绕矩心逆时针转动时为正，反之为负。用公式表示为

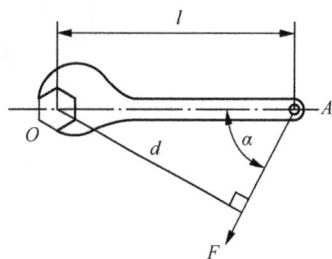

图 2-1-2-2 用扳手拧螺母

$$M_o(F)=\pm Fd \qquad (2\text{-}4)$$

由力矩的定义可以得出以下结论。

（1）力的大小为零，则力矩为零。

（2）力的作用线通过矩心，即力臂为零时，力矩为零。

（3）力沿其作用线移动时，因为力的大小、方向和力臂均没有改变，所以力矩不变。

例 2-4 如图 2-1-2-3 所示，刚架上的作用力 $F=100\,\text{N}$，其角度 $\theta=60°$，$a=6\text{m}$，$b=4\text{m}$，试分别计算力 F 对点 A 和 B 的力矩。

解： 力 F 可分解为水平方向的力 F_x 和竖直方向的力 F_y，其中

$$F_x=F\cos 60°=50\text{N}$$

$$F_y=F\sin 60°\approx 86.6\text{N}$$

根据式（2-4）得

$$M_A(F)=-F_x b=-200\text{N}\cdot\text{m}$$

$$M_B(F)=F_y a-F_x b=319.6\text{N}\cdot\text{m}$$

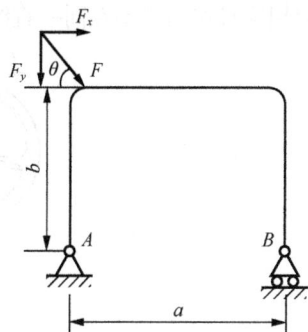

图 2-1-2-3 例 2-4 图

2. 合力矩定理

在计算力矩时，有时直接计算比较困难。如果将力适当分解，计算各分力的力矩则较为方便。

利用合力矩定理，可以建立合力对某点的矩与其分力对同一点的矩之间的关系。

平面汇交力系的合力对平面内任一点的矩等于力系中各分力对该点力矩的代数和，即

$$M_o(R)=M_o(F_1)+M_o(F_2)+\cdots+M_o(F_n)$$

或 $$M_o(R)=\sum M_o(F) \qquad (2\text{-}5)$$

例如，齿轮的啮合力产生的力矩既可以通过定义直接计算，又可以利用合力矩定理，先分解成法向力 F_r 和切向力 F_t，再计算代数和，具体如下，用这两种方法求出的结果完全相同，如图 2-1-2-4 所示。

$$M_o(F_n)=-F_n d=-F_n\frac{D}{2}\cos\alpha$$

$$M_o(F_n)=-F_t\frac{D}{2}+0=-F_n\frac{D}{2}\cos\alpha$$

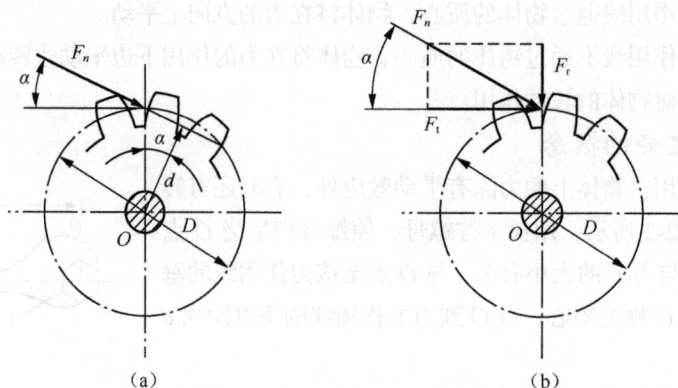

(a)   (b)

图 2-1-2-4　齿轮啮合示意图

二、力偶的概念和性质

1. 力偶与力偶矩

在工程问题中，常常遇到受力偶作用的物体。力偶由大小相等、方向相反且不共线的两个平行力 F 与 F' 所组成，通常用符号 (F,F') 表示。两力作用线所决定的平面称为力偶的作用面，力作用线间的垂直距离称为力偶臂。如图 2-1-2-5 所示，汽车转向盘和电机转子等都受到大小相等、方向相反且作用线不在同一直线上的两个平行力的作用。

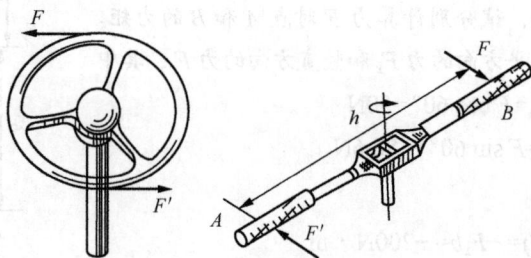

图 2-1-2-5　汽车转向盘和电机转子

等值、反向平行力的合力等于零，但由于它们不共线而不能相平衡，因此它们能使物体改变

转动状态。由于力偶不能合成为一个力或用一个力来等效替换，因此力偶也不能用一个力来平衡。力和力偶是静力学的两个基本要素。

力偶由两个力组成，它的作用是改变物体的转动状态。因此，力偶对物体的转动效果可用力偶的两个力对其作用面内某点的矩的代数和来度量。设有力偶(F, F')，其力偶臂为 d，如图 2-1-2-6 所示。力偶对点 O 的矩为 $M_o(F)$ 和 $M_o(F')$，则

$$M(F, F')=M_o(F)+M_o(F')=F \cdot A'O-F' \cdot B'O=F(A'O-B'O)=Fd$$

矩心 O 是任意选取的，由此可知，力偶的作用效果决定于力的大小和力偶臂的长短，与矩心的位置无关。力与力偶臂的乘积称为力偶矩，记作 $M(F, F')$，

图 2-1-2-6　力偶

简记为 M。由于力偶在平面的转向不同，其作用效果也不相同。因此，力偶对物体的作用效果由以下两个因素决定。

（1）力偶矩的大小。

（2）力偶在作用平面内的转向。

若把力偶矩视为代数量，就可以包括这两个因素，即

$$M=\pm Fd \tag{2-6}$$

于是可得出结论：力偶矩是代数量，其绝对值等于力的大小与力偶臂的乘积，正负号表示力偶的转向，逆时针转向为正，反之则为负。力偶矩的单位与力矩相同，也是牛·米，符号为 N·m。力偶矩的大小、转向和作用平面为力偶的三要素。

2. 力偶的等效条件

由于力偶只改变物体的转动状态，而力偶对物体的转动效应是用力偶矩来度量的，因此可得出平面力偶的等效定理：如果同一平面内的两个力偶的力偶矩相等，那么两力偶等效。

由此可知，同一平面内力偶等效的条件：力偶矩的大小相等，力偶的转向相同。由此可以推断，保持力偶矩大小与方向不变，如图 2-1-2-7（a）所示，在力偶作用面内随意改变构成力偶的两力的方向，如图 2-1-2-7（b）所示，或在保持力偶矩不变的情况下改变力与力偶臂的大小，如图 2-1-2-7（c）所示，或将力偶作用面平行移动，如图 2-1-2-7（d）所示，都不影响力偶对刚体的作用效果。此性质称为力偶的等效性。

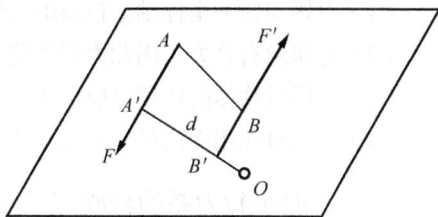

|（a）|（b）|（c）|（d）|

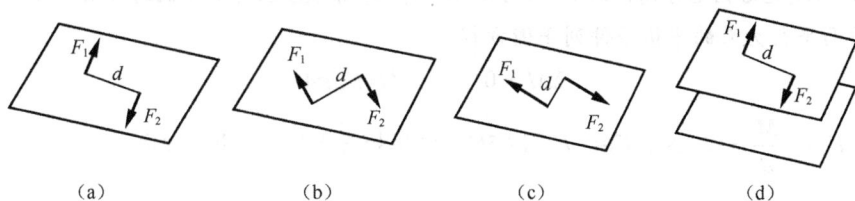

图 2-1-2-7　力偶的等效性

由此可得出以下两个重要推论。

（1）只要不改变力偶矩的大小和力偶的转向，力偶就可以在它的作用平面内任意移动或转动，而不改变它对物体的作用效果。

（2）只要保持力偶矩不变，就可以同时改变力偶的力的大小和力偶臂的长短，而不会改变力

偶对物体的作用效果。

3．力偶的性质

力偶是两个具有特殊关系的力的组合，具有与单个力不同的性质。

（1）力偶在任一坐标轴上投影的代数和为零。

（2）力偶没有合力，因此力偶不能与力平衡，必须用力偶来平衡。

（3）力偶对物体的作用效应取决于力偶的三要素，而与矩心位置无关。

（4）力偶对作用面内任一点之矩为一常量并等于其力偶矩。

三、平面平行力系的合成与平衡条件

1．平面平行力系的合成

在物体上同时作用两个或两个以上的力偶时，这些力偶组成力偶系。在同一个平面内的力偶系称为平面平行力系。由于平面内的力偶对物体的作用效果只取决于力偶的大小和转向，因此平面平行力系合成的结果必然是一个合力偶，并且其合力偶矩应等于各分力偶矩的代数和。设 $M_1, M_2, \cdots, M_n$ 为平面平行力系中各力偶矩，M 为合力偶矩，则

$$M=\sum_{i=0}^{n} M_i \qquad (i=1, 2, \cdots, n) \qquad (2\text{-}7)$$

2．平面平行力系的平衡条件

由于平面平行力系合成的结果只能是一个合力偶，当其合力偶矩等于零时，表明使物体沿顺时针方向转动的力偶矩与使物体沿逆时针方向转动的力偶矩相等，作用效果相互抵消，物体处于平衡状态。因此，平面平行力系平衡的必要和充分条件是所有力偶矩的代数和等于零，即

$$\sum_{i=0}^{n} M_i = 0 \qquad (i=1, 2, \cdots, n) \qquad (2\text{-}8)$$

式（2-8）为平面平行力系的平衡方程。应用平面平行力系的平衡方程可以求解一个未知量。

例 2-5　如图 2-1-2-8（a）所示，一简支梁上作用一力矩为 $M=50\text{N·m}$ 的力偶，简支梁长 $d=4\text{m}$，不计梁重，求支座 A 和 B 的约束力。

解：以梁为研究对象。梁上除作用有力偶 M 外，还有固定铰链 A 处的约束力 F_A 及活动铰链 B 处垂直向上的约束力 F_B。根据力偶只能与力偶相平衡的性质，可知 F_A 和 F_B 必然组成一个力偶，因此 F_A 的作用线也沿铅垂方向，如图 2-1-2-8（b）所示。梁 AB 在两个力偶的作用下处于平衡状态。

根据平面平行力系的平衡条件列平衡方程：

$$\Sigma M = 0 \qquad M+F_A d=0$$

解得：$F_A=-\dfrac{M}{d}=12.5\text{N}$，$F_B=-F_A=12.5\text{N}$，方向如图 2-1-2-8（b）所示。

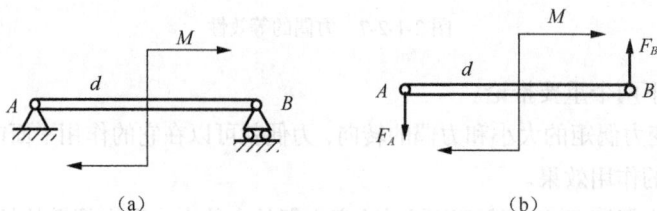

图 2-1-2-8　例 2-5 图

拓展阅读

小螺钉引发的大事故

1990 年 6 月 10 日，英国航空 5390 号班机飞至 17300 英尺（1 英尺=30.48 厘米）的高度时，位于驾驶室左方机长位置的挡风玻璃突然飞脱，在机长被吹出窗外的情况下，副驾驶经过惊心动魄的 50 多分钟飞行，安全地降落在南安普敦机场，除机长外无人遇难。事后，事故调查员发现，该飞机于出事前 27h 曾被更换挡风玻璃。但 90 颗挡风玻璃固定螺钉中有 84 颗的直径比设计规格细 0.026 英寸（1 英寸=2.54 厘米），而其余 6 颗的长度则比设计规格短 0.1 英寸。飞机升到高空后，机舱内外的气压差较大，螺钉承受不了这么大的压力，导致挡风玻璃脱落，最终，小小的螺钉引发了严重事故。

任务实施

完成本任务钻床夹具受力分析，具体实施过程见附带的《实训任务书》。

任务拓展

图 2-1-2-9 所示的铰链四杆机构处于平衡状态，已知 L_{OA}=20cm，L_{O_1B}=40cm，作用在曲柄 OA 上的力偶矩为 M_1=2N·m，不计杆重，求作用在杆 O_1B 上的力偶矩 M_2 的大小，以及连杆 AB 受到的力。

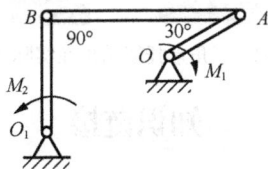

图 2-1-2-9　铰链四杆机构

项目 2.2　刚体的平衡条件分析

平面受力刚体的受力情况有 3 种，即所有力的作用线交于同一点的平面汇交力系、所有力的作用线互相平行的平面平行力系、所有力的作用线既不平行也不相交的平面任意力系。这 3 种力系具有 3 种不同的平衡条件，解决问题的思路都是依据平衡条件建立平衡方程，然后解方程。

任务 2.2.1　钢管托架平衡条件分析

任务描述

图 2-2-1-1 所示某厂房中的钢管托架上存放着两根钢管，管重 $F_{G1}=F_{G2}$，A、B、C 这 3 处均为铰链连接，托架自重不计，试求出 A 处承受的约束力及支撑杆 BC 受到的力。

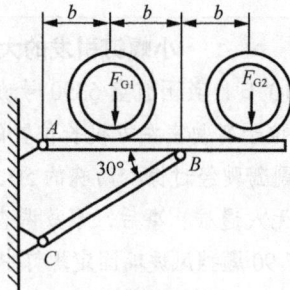

图 2-2-1-1　钢管托架的受力分析

任务分析

三角形托架结构简单、可靠，被广泛应用于日常生活和工程实际中，如图 2-2-1-2 所示。其受力情况复杂，所有力的作用线既不相交又不平行，不能使用前面所学的规律求解其平衡问题。因此为了使其安全、可靠地工作，必须弄清楚平面任意力系的平衡条件以及平衡时其中的各个分力如何计算。

图 2-2-1-2　三角形托架结构在实际中的应用

知识链接

一、平面汇交力系

平面汇交力系的特点是所有力的作用线在同一平面上汇交于一点，其合成方法一般有几何法和解析法两种。

1. 平面汇交力系的合成与平衡

（1）平面汇交力系合成的几何法

① 两个汇交力的合成

如图 2-2-1-3（a）所示，作用在物体上的任意两个不平行的力 F_1 和 F_2，根据力的可传性，可将这两个力分别沿其作用线移到汇交点，即成为作用在物体上同一点的两个汇交力。如图 2-2-1-3（b）所示，根据力的平行四边形法则可确定合力 R 的作用线通过汇交点，用矢量式表示为

图 2-2-1-3　两个汇交力的合成

$$R=F_1+F_2$$

利用力的三角形法则也可确定合力矢 R 的大小和方向，如图 2-2-1-3（c）所示。但必须注意力的三角形法则的矢序规则，分力矢 F_1 和 F_2 沿环绕三角形边界的某一方向首尾相接，而合力矢

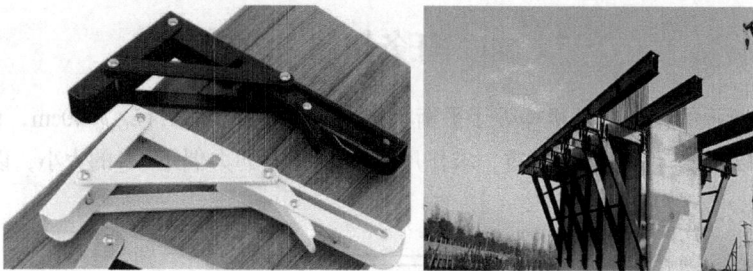

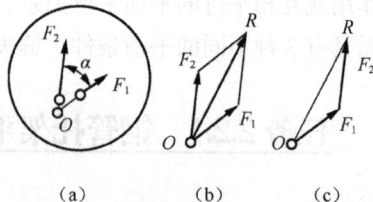

R 则从始端指向最后一个分力矢的末端。若作图时变换分力矢 F_1 和 F_2 的顺序，则会得到不同的力三角形，但合力矢的大小和方向不变。

② 多个汇交力的合成

如图 2-2-1-4（a）所示，设物体受到平面汇交力系 F_1、F_2、F_3、F_4 的作用。求此力系的合力时，可连续使用力的三角形法则。如先求 F_1 和 F_2 的合力 R_1，再求 R_1 和 F_3 的合力 R_2，最后将 R_2 与 F_4 合成，即得力系的合力 R，如图 2-2-1-4（b）所示。

由作图结果可以看出，在求合力 R 时，表示 R_1 和 R_2 的线段完全可以不画。可将各力 F_1、F_2、F_3、F_4 依次首尾相接，形成一条折线，连接其封闭边，即从 F_1 的始端指向 F_4 的末端所形成的矢量表示合力的大小和方向，如图 2-2-1-4（c）所示，此方法称为力的多边形法则。

上述矢量加法推广到求有 n 个力的汇交力系的合力，可得出结论：平面汇交力系的合力等于力系各力的矢量和，合力的作用线通过汇交点。合力 R 可用矢量式表示为

$$R=F_1+F_2+\cdots+F_n=\sum F \qquad (2\text{-}9)$$

画力的多边形时，若改变各分力相加的顺序，将得到形状不同的力的多边形，但最后求得的合力不变。图 2-2-1-4（d）所示为另一种分力相加的方式。

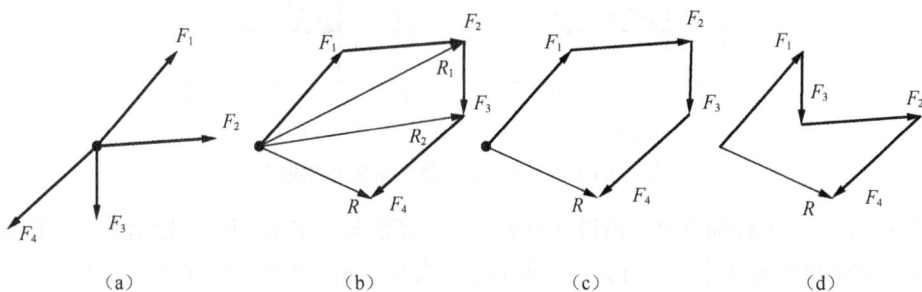

图 2-2-1-4　多个汇交力的合成

例2-6　如图 2-2-1-5（a）所示，用一根长为 20cm 的绳子将半径为 20cm 的球体贴墙悬挂，假设球重 200 N，求绳子的拉力和墙面对小球的约束力。

解：（1）选择研究对象。以小球为研究对象。

（2）进行受力分析和画受力图。小球共受到三个力的作用，即重力、绳子拉力和墙面的约束力，小球处于平衡状态。这三个力构成平面汇交力系，交点为球心 O，如图 2-2-1-5（b）所示。

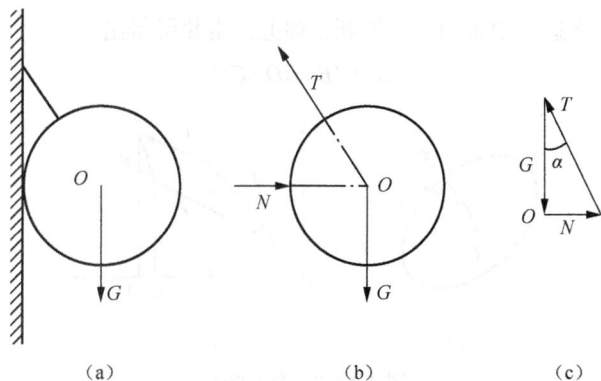

图 2-2-1-5　例2-6图

（3）根据平衡条件，求出未知力。因为球体平衡，三力组成一封闭力三角形，如图 2-2-1-5（c）所示。由平衡条件求得

$$T = \frac{G}{\cos \alpha} \approx 230.94\text{N}$$

$$N = G \cdot \tan \alpha \approx 115.47\text{N}$$

（2）平面汇交力系合成的解析法

① 力在平面直角坐标系中的投影分解

如图 2-2-1-6（a）所示，设在平面直角坐标系 xOy 内有一已知力 F，从力 F 的两端 A 和 B 分别向 x、y 轴作垂线，其中 A_xB_x 为力 F 在 x 轴上的投影，A_yB_y 为力 F 在 y 轴上的投影。规定当力的始端到末端投影的方向与坐标轴的正向相同时，投影为正，反之为负。图 2-2-1-6（a）中力的投影均为正值，图 2-2-1-6（b）中力的投影均为负值，力在坐标轴上的投影是代数量。

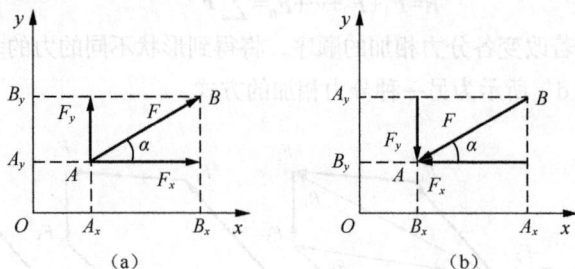

图 2-2-1-6 力在平面直角坐标系中的投影

将力 F 沿 x、y 坐标轴分解，所得分力 F_x、F_y，其值与力 F 在相应坐标轴上的投影值相等，大小可用三角函数公式计算。设力 F 与 x 轴的正向夹角为 α，则图 2-2-1-6（a）中的分力为

$$F_x = F \cos \alpha \tag{2-10}$$

$$F_y = F \sin \alpha \tag{2-11}$$

图 2-2-1-6（b）中的分力为

$$F_x = -F \cos \alpha \tag{2-12}$$

$$F_y = -F \sin \alpha \tag{2-13}$$

合力投影定理建立了合力投影与分力投影之间的关系。图 2-2-1-7（a）所示为 3 个力 F_1、F_2、F_3 组成的平面汇交力系，图 2-2-1-7（b）所示为平面汇交力系的各力矢 F_1、F_2、F_3 组成的力多边形，R 为合力矢。将力多边形中各力矢投影到 x 轴上，由此可得出

$$AC = AB + BD - CD$$

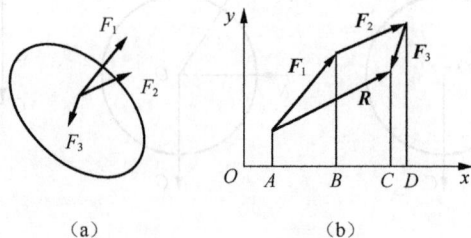

图 2-2-1-7 合力投影

根据合力投影定理，上式左端为合力的投影，右端为 3 个分力投影的代数和，即 $R_x = AC =$

$F_{x1}+F_{x2}+F_{x3}$。显然，可推广到任意多个力的情况，即

$$R_x=F_{x1}+F_{x2}+\cdots+F_{xn}=\sum_{i=1}^{n}F_{xi}$$

同理

$$R_y=F_{y1}+F_{y2}+\cdots+F_{yn}=\sum_{i=1}^{n}F_{yi}$$

由此得出合力投影定理：力系合力在同一坐标轴上的投影，等于所有分力在同一坐标轴上投影的代数和。

② 平面汇交力系的平衡解析条件

平面汇交力系的平衡条件是力系的合力等于零。合力的大小为

$$R=\sqrt{\left(\sum F_x\right)^2+\left(\sum F_y\right)^2} \tag{2-14}$$

当合力为零时，有

$$\sqrt{\left(\sum F_x\right)^2+\left(\sum F_y\right)^2}=0 \tag{2-15}$$

即

$$\sum F_x=0, \quad \sum F_y=0 \tag{2-16}$$

由此可知，平面汇交力系平衡的必要和充分条件是力系中所有力在任选两个坐标轴上投影的代数和均为零。式（2-16）是平面汇交力系的平衡解析条件，也称为平面汇交力系的平衡方程。由于平面汇交力系有两个独立的平衡方程，因此只能求解两个未知量，既可以是力的大小，又可以是力的方向。

2. 平面汇交力系的平衡方程

解析法是通过力矢在坐标轴上的投影来分析力系的合成及其平衡条件的一种方法。

用解析法求平面汇交力系合力是用力在直角坐标轴上的投影，计算合力的大小，确定合力的方向。设在刚体上的点 O 作用了由 n 个力 $F_1, F_2, \cdots, F_n$ 组成的平面汇交力系，如图 2-2-1-8（a）所示，求合力的大小和方向。

设 X_1 和 Y_1，X_2 和 Y_2，$\cdots$，X_n 和 Y_n 分别表示力 $F_1, F_2, \cdots, F_n$ 在正交轴 Ox 和 Oy 上的投影。如图 2-2-1-8（b）所示，根据合力投影定理，可求得合力 R 在这两个坐标轴上的投影，即

$$R_x=X_1+X_2+\cdots+X_n=F_{x1}+F_{x2}+\cdots+F_{xn}=\sum_{i=1}^{n}F_{xi}$$

$$R_y=Y_1+Y_2+\cdots+Y_n=F_{y1}+F_{y2}+\cdots+F_{yn}=\sum_{i=1}^{n}F_{yi}$$

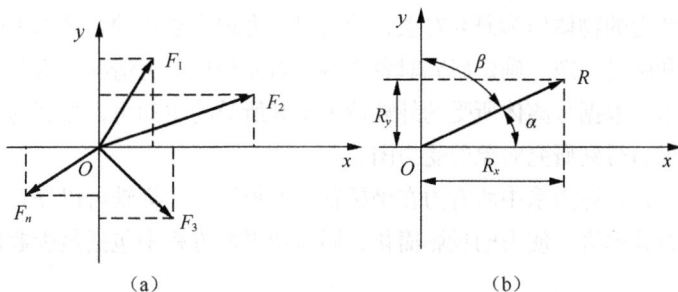

图 2-2-1-8 平面汇交力系合成

应用余弦定理，可求出合力的大小和方向，即

$$R = \sqrt{R_x{}^2 + R_y{}^2} = \sqrt{(\sum_{i=1}^{n}F_{xi})^2 + (\sum_{i=1}^{n}F_{yi})^2} \qquad （2\text{-}17）$$

$$\tan\alpha = \left|\frac{R_y}{R_x}\right| \qquad （2\text{-}18）$$

式中，α为合力 R 与 x 轴间的夹角（°）。应用平衡方程来解决工程上的平衡问题是静力学的主要内容之一。下面举例说明平面汇交力系平衡方程的应用。

例2-7 支架 ABC 由横杆 AB 与支撑杆 BC 组成，如图 2-2-1-9（a）所示。A、B、C 处均为铰链连接，B 端悬挂重物，其重力 $G=10N$，杆重不计，试求两杆所受的力。

解：（1）选择研究对象，以 B 为研究对象。

（2）进行受力分析和画受力图。由于 AB、BC 杆自重不计，杆端为铰链，故均为二力杆，两端所受力的作用线必过直杆的轴线。根据作用力与反作用力的关系，约束力 F_1、F_2 作用于 B 点，此外，绳子的拉力 F（大小等于物体的重力）也作用于 B 点，F_1、F_2、F 组成的平面汇交力系及其受力如图 2-2-1-9（b）所示。

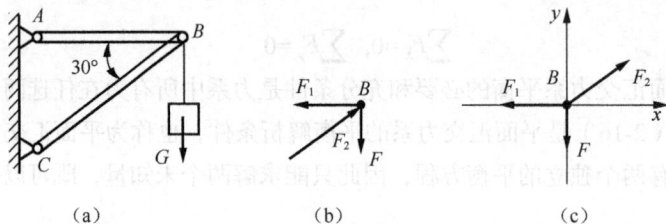

图 2-2-1-9 例 2-7 图

（3）列平衡方程，求出未知力。以点 B 为坐标原点，建立直角坐标系，如图 2-2-1-9（c）所示。根据合力投影定理，可列平衡方程如下

$$\sum F_x = 0, \quad F_2\cos 30° - F_1 = 0$$

$$\sum F_y = 0, \quad F_2\sin 30° - F = 0$$

解得： $F_1 \approx 17.32N$，$F_2 = 20N$

通过例 2-7 可以看出静力学分析方法在求解静力学平衡问题中的重要性，归纳出应用平面汇交力系平衡方程的主要步骤和注意事项如下。

（1）选择研究对象。选择研究对象时应注意以下几点：所选择的研究对象应作用有已知力（或已经求出的力）和未知力，这样才能应用平衡条件由已知力求得未知力；先以受力简单并且能由已知力求得未知力的物体作为研究对象，然后以受力较为复杂的物体作为研究对象。

（2）取分离体和画受力图。确定研究对象之后，需要分析受力情况，为此需将研究对象从其周围物体中分离出来。根据分离体所受的外载荷画出其所受的主动力，根据约束性质画出分离体上所受的约束力，最后得到研究对象的受力图。

（3）选取坐标系，计算力系中所有力在坐标轴上的投影。坐标轴可以任意选择，但应尽量使坐标轴与未知力平行或垂直，使力的投影简化，同时使平衡方程中包括最少数目的未知量，避免解联立方程。

（4）列平衡方程，求解未知量。若求出的力为正值，则表示受力图上所假设力的方向与实际

方向相同；若求出的力为负值，则表示受力图上力的实际方向与所假设方向相反，在受力图上不必改正，但在答案中需要说明。

二、平面任意力系

在工程实际中经常遇到平面任意力系的问题，作用在物体上的力的作用线分布在同一平面内，或可以简化到同一平面内，但它们的作用线任意分布，称为平面任意力系。图 2-2-1-10（a）所示为平面任意力系。

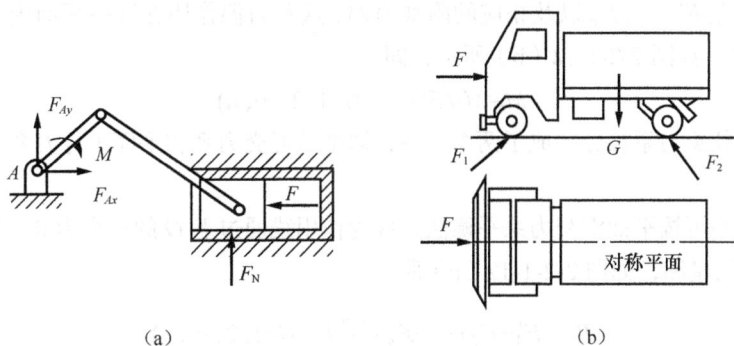

图 2-2-1-10　平面任意力系

当物体所受的力对称某一平面时，也可以简化为平面任意力系的问题来进行研究。图 2-2-1-10（b）所示为车体简化受力图，这些力都对称通过重心的纵向垂直平面，因此可以将原力系简化到该平面内，作为平面任意力系来进行处理。

1. 力的线平移定理

力的线平移就是把作用在刚体上的一力矢从其原位置平移到该刚体上的另一位置。如图 2-2-1-11（a）所示，设有一力 F 作用于刚体的 A 点，为将该力平移到任意一点 O，在 O 点加一对平衡力 F' 和 F''，作用线与 F 平行，且使 $F'=F''=F$，其中 F 和 F'' 两力组成一个力偶，其力偶臂为 d，其力偶矩恰好等于原力 F 对点 O 之矩，如图 2-2-1-11（b）所示。这 3 个力可看作一个作用在 O 点的力 F' 和一个力偶矩 M，如图 2-2-1-11（c）所示。显然，根据加减平衡力系公理，这 3 个力组成的新力系与原来的力 F 等效。

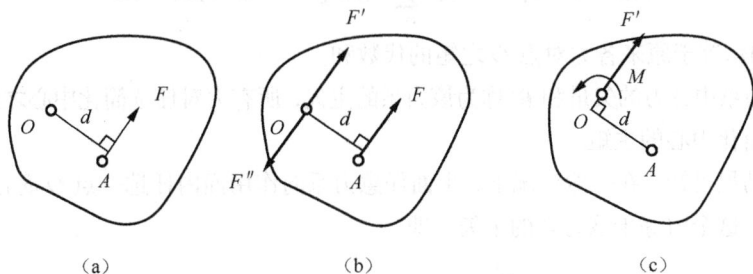

图 2-2-1-11　力的线平移

由此可得出力的线平移定理：如果把一个力平行移动到一个新作用点，必须附加一个力偶，附加力偶矩的大小等于原力对新作用点之矩。

力的线平移定理既是力系向一点简化的理论依据，又是分析和解决工程实际中力学问题的重要方法。

2. 平面任意力系的简化计算

设刚体受一个平面任意力系作用，利用力的线平移定理，可将平面任意力系向一点简化为一个平面汇交力系和一个平面平行力系。然后通过平面汇交力系和平面平行力系的合成和平衡方法来解决平面任意力系的问题。

设想有 n 个力 F_1，F_2，$\cdots$，F_n 作用在刚体上，组成平面任意力系，如图 2-2-1-12（a）所示。在平面内任取一点 O，称为简化中心。应用力的线平移定理，把各力平移到这一点。这样得到作用于点 O 的力 F'_1，F'_2，$\cdots$，F'_n 以及相应的附加力偶，这些力偶作用在同一平面内，其力偶矩分别为 M_1，M_2，$\cdots$，M_n，如图 2-2-1-12（b）所示，即

$$M_i = M_O(F'_i) \qquad (i = 1, 2, \cdots, n)$$

这样，平面任意力系被分解成了两个力系，即平面汇交力系和平面平行力系。然后分别合成这两个力系。

平面汇交力系可按平面汇交力系平衡法合成为作用线通过点 O 的一个力 R'，并等于所有分力 F'_1，F'_2，$\cdots$，F'_n 的矢量和，如图 2-2-1-12（c）所示。

$$R' = F'_1 + F'_2 + \cdots + F'_n = \sum_{i=1}^{n} F_i \quad (i = 1, 2, \cdots, n)$$

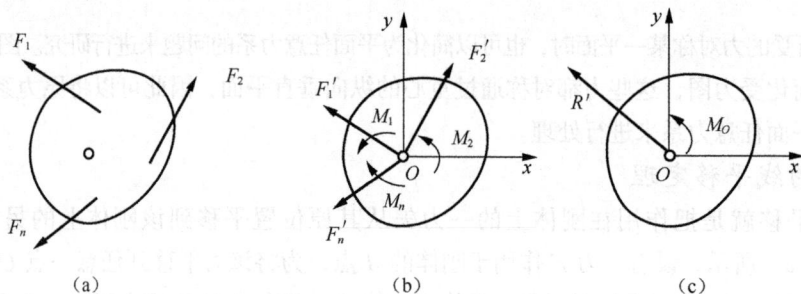

图 2-2-1-12　平面任意力系的简化

平面平行力系可合成为一个力偶，该力偶的矩 M_O 等于各力偶矩的代数和，即

$$M_O = M_1 + M_2 + \cdots + M_n = \sum_{i=1}^{n} M_O(F_i) \qquad (i = 1, 2, \cdots, n)$$

即力偶矩 M_O 等于原来各力对点 O 之矩的代数和。

平面任意力系中各力的矢量和 R' 称为该力系的主矢，所有力对任选简化中心之矩的代数和 M_O 称为该力系对简化中心的主矩。

根据上述结果可知，在一般情况下，平面任意力系向作用面内任选一点 O 简化，可得到一个力和一个力偶，这个力等于该力系的主矢，即

$$R' = \sum_{i=1}^{n} F_i \qquad (i = 1, 2, \cdots, n) \tag{2-19}$$

该力偶作用在简化中心 O，其矩等于该力系对点 O 的主矩，即

$$M_O = \sum_{i=1}^{n} M_O(F_i) \qquad (i = 1, 2, \cdots, n) \tag{2-20}$$

由于主矢等于各力的矢量和，因此它与简化中心的选择无关。而主矩等于各力对简化中心的矩的代数和，以不同的点为简化中心，各力的力臂将有所改变，则各力对简化中心的矩也有改变，所以在一般情况下主矩与简化中心的选择有关。因此说到主矩时必须指出是力系对哪点的主矩。

为了求出力系的主矢 R' 的大小和方向，可应用解析法。通过点 O 取坐标系 xOy，则有

$$R'_x = X_1 + X_2 + \cdots + X_n = \sum_{i=0}^{n} F_{xi} \quad (i=1, 2, \cdots, n)$$

$$R'_y = Y_1 + Y_2 + \cdots + Y_n = \sum_{i=0}^{n} F_{yi} \quad (i=1, 2, \cdots, n)$$

式中，R'_x 和 R'_y 以及 $X_1, X_2, \cdots, X_n$ 和 $Y_1, Y_2, \cdots, Y_n$ 分别为主矢 R' 以及原力系中各力矢 $F_1, F_2, \cdots, F_n$ 在 x 轴和 y 轴上的投影。

于是主矢 R' 的大小和方向分别由式（2-21）和式（2-22）确定。

$$R = \sqrt{R_x'^2 + R_y'^2} = \sqrt{(\sum_{i=1}^{n} F_{xi})^2 + (\sum_{i=1}^{n} F_{yi})^2} \qquad （2-21）$$

$$\tan \alpha = \left| \frac{R_y}{R_x} \right| \qquad （2-22）$$

式中，α 为主矢 R' 与 x 轴间的夹角（°）。

3. 平面任意力系的简化结果——合力矩定理

平面任意力系向作用面内一点简化的结果通常为一个力和一个力偶，但可能有以下 4 种情况。

（1）若 $R'=0$，$M_O \neq 0$，则原力系简化为一个力偶。其矩等于原力系对简化中心的主矩，简化结果与简化中心的选择无关。

（2）若 $R' \neq 0$，$M_O = 0$，则原力系简化为一个力。此时附加力偶系平衡，主矢 R' 即原力系的合力矢 R，作用线通过简化中心 O。

（3）若 $R' \neq 0$，$M_O \neq 0$，则原力系简化为一个力和一个力偶。在这种情况下，根据力的线平移定理，这个力和力偶还可以继续合成为一个合力 R。

如图 2-2-1-13（a）所示，力系向点 O 简化的结果是主矢和主矩都不等于零，现将力偶矩 M_O 用两个力 R 和 R'' 表示，并令 $R'=R=-R''$，如图 2-2-1-13（b）所示。于是可将作用于点 O 的力 R' 和力偶 (R, R'') 合成为一个作用在点 O' 上的力 R，如图 2-2-1-13（c）所示。

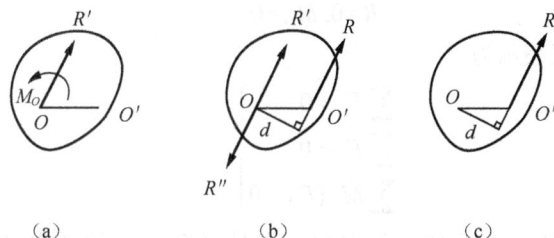

（a）　　　　　　　（b）　　　　　　　（c）

图 2-2-1-13　合力矩

这个力 R 就是原力系的合力，合力的大小等于主矢 R' 的大小。合力的作用线在点 O 的哪侧需根据主矢和主矩的方向确定。合力作用线距点 O 的距离可按下式算得。

$$d=\frac{M_O}{R'}=\frac{M_O}{R}$$

显然

$$M_O(R)=Rd=M_O$$

所以

$$M_OR=M_O=\sum_{i=1}^{n}M_O(F_{xi})\quad(i=1,2,\cdots,n)$$

由于 O 点为任意选取的，故由上述结论可推广到任一矩心，即在平面任意力系中合力对作用面内任一点的矩等于其中各力对同一点的矩的代数和，这就是平面任意力系的合力矩定理。

（4）若 $R'=0$，$M_O=0$，则原力系是平衡力系。

例 2-8 如图 2-2-1-14 所示，已知 F_1=4N，F_2=6N，F_3=10N，分别作用在 C、O、B 点上，$OABC$ 为一正方形，边长 a 为 4m，求力系的最终简化结果。

解：建立图 2-2-1-14 所示的坐标系 xOy，各力向 O 点简化，可列以下算式。

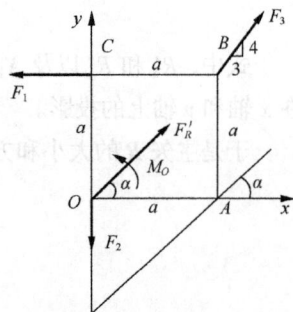

图 2-2-1-14　例 2-8 图

$$F'_{Rx}=\sum F_x=F_3\times\frac{3}{5}-F_1=2\text{N}$$

$$F'_{Ry}=\sum F_y=F_3\times\frac{4}{5}-F_2=2\text{N}$$

$$M_O=\sum M_O(F_i)=F_1a-F_{3x}a+F_{3y}a=24\text{N}\cdot\text{m}$$

$$F'_R=\sqrt{\left(F'_{Rx}\right)^2+\left(F'_{Ry}\right)^2}=2\sqrt{2}\text{ N}$$

$\tan\alpha=1$，所以 $\alpha=45°$。$d=\dfrac{|M_O|}{F'_R}=\dfrac{24}{2\sqrt{2}}=6\sqrt{2}\text{ (m)}$。

因为 $F'_R\neq0$，$M_O\neq0$，所以该力系最终可进一步简化成一合力。该合力 F_R 等于主矢 F'_R，作用线在 O 的右下方，从简化中心到合力作用线的距离为 $6\sqrt{2}$ m。

三、平面任意力系的平衡方程

由平面任意力系的简化可知：主矢等于零，表明作用于简化中心的汇交力系为平衡力系；主矩等于零，表明附加力偶系也是平衡力系。因此平面任意力系平衡的必要和充分条件为力系的主矢与主矩同时等于零，即

$$R'=0,\ M_O=0 \tag{2-23}$$

平衡条件可用解析式表示为

$$\left.\begin{array}{l}\sum F_x=0\\\sum F_y=0\\\sum M_O(F)=0\end{array}\right\} \tag{2-24}$$

式（2-24）为平面任意力系的平衡方程，它是平衡方程的基本形式，表示力系中各力在两个任选的坐标轴上投影的代数和等于零，以及各力对平面内任意点之矩的代数和也等于零。

此外，平面力系的平衡方程除了其基本形式外，还有如下等价形式。

二力矩式平衡方程为

$$\left.\begin{array}{l} \sum F_x = 0 \\ \sum M_A(F) = 0 \\ \sum M_B(F) = 0 \end{array}\right\} \qquad (2\text{-}25)$$

其中，A、B 两点的连线与 x 轴不垂直。

三力矩式平衡方程为

$$\left.\begin{array}{l} \sum M_A(F) = 0 \\ \sum M_B(F) = 0 \\ \sum M_C(F) = 0 \end{array}\right\} \qquad (2\text{-}26)$$

其中，A、B、C 点不共线。

平衡方程的多种形式给列写平衡方程提供了较大余地。一般可把三元一次方程组转化成 3 个比较简单的一元一次方程，从而简化解题过程。

平面汇交力系和平面平行力系都是平面任意力系的特例。平面汇交力系的平衡方程为

$$\left.\begin{array}{l} \sum F_x = 0 \\ \sum F_y = 0 \end{array}\right\} \qquad (2\text{-}27)$$

平面平行力系只有一个平衡方程，即

$$\sum_{i=1}^{n} M_i = 0 \qquad (2\text{-}28)$$

四、平面任意力系平衡问题典型工作案例

例 2-9 钢筋混凝土刚架的受力及支座情况如图 2-2-1-15（a）所示。已知 F=50N，q=90N·m，A、B 距离为 a=1m，刚架高 h=2m，刚架自重不计，求支座约束力。

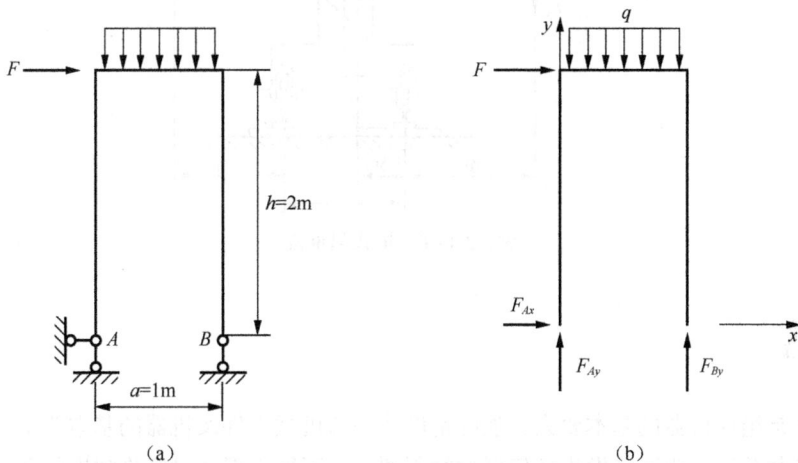

图 2-2-1-15 例 2-9 图

解：（1）以刚架为研究对象。

（2）进行受力分析和画受力图。刚架在活动铰链 B 处受到垂直向上的约束力 F_{By}，在固定铰链 A 处受的力可分解为水平方向的力 F_{Ax} 和垂直方向的力 F_{Ay}，以及受到外力 F 和均布力 q 的作用，

如图 2-2-1-15（b）所示。

（3）建立坐标轴如图 2-2-1-15（b）所示，列平衡方程如下。

$$\sum F_x = 0, \; F + F_{Ax} = 0$$

$$\sum F_y = 0, \; F_{Ay} + F_{By} - aq = 0$$

$$\sum M_A(F) = 0, \; -hF + aF_{By} - \frac{a}{2} \cdot q = 0$$

解得 $F_{Ax} = -50\text{N}$，$F_{Ay} = 50\text{N}$，$F_{By} = 145\text{N}$。

任务实施

完成本任务钢管托架平衡条件分析，具体实施过程见附带的《实训任务书》。

任务拓展

某塔式起重机自重 $F_1 = 20\text{kN}$，重心在 C 点。起重机上安装有平衡配重 B，其重力 $F_2 = 20\text{kN}$。起重机整体尺寸如图 2-2-1-16 所示，试求起重载荷 F_3 及两轮之间的距离 x 应为多少，才能保证起重机安全工作。

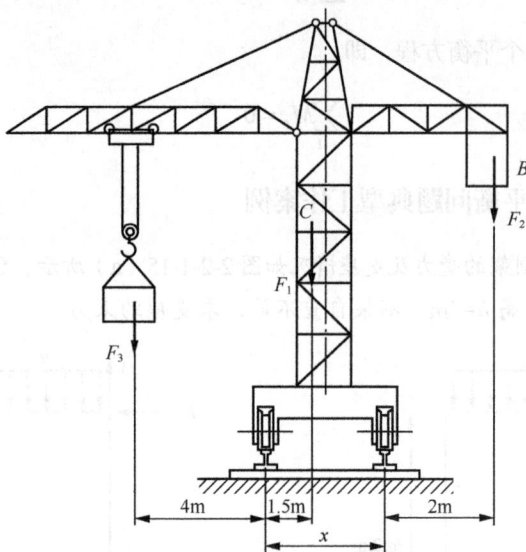

图 2-2-1-16　塔式起重机

模块小结

机械零件是组成机器的基本要素，强度是设计一切机械零件及机器的基本要求。当机器工作时，零件承受载荷后，既不能发生任何形式的断裂，又不能出现超过容许限度的残余变形。

机械零件设计计算的原则是防止受载荷后发生失效，因此受力状况是设计零件时需要考虑的重要因素。力对物体产生的效果是使物体发生运动状态的改变和产生形变，前者称为力的外效应，后者称为力的内效应。但为了简化分析，在不影响结果的情况下，把不发生变形的物体抽象为刚体，反之则为变形体。静力学用于研究刚体及其平衡的问题。

力和力偶是静力学中的两个基本概念，前者可以改变物体运动状态，后者可以改变物体转动状态。平面力系有三种基本类型，分别是平面汇交力系、平面平行力系、平面任意力系。

平面汇交力系的简化结果是一个力，即力系的合力，其平衡条件是合力等于零，据此平衡条件可以列出平衡方程：$\sum F_x = 0$，$\sum F_y = 0$；平面平行力系的简化结果是一个力偶，即力系的合力偶，其平衡条件是合力偶的力偶矩为零，据此可以列出平衡方程：$\sum_{i=1}^{n} M_i = 0$；平面任意力系的简化结果是一个力和一个力偶，即主矢和主矩，其平衡条件是主矢和主矩都为零，据此可以列出平衡方程：$\sum F_x = 0$，$\sum F_y = 0$，$\sum M_O(F) = 0$。实际上，平面汇交力系和平面平行力系可以看作平面任意力系的特殊情况。

本模块知识技能点梳理

任务	基本知识	拓展知识	主要公式
三铰拱桥受力分析图绘制 ⇩	静力学基本概念、公理 力、力系、平衡与平衡力系、静力学公理 约束与约束力 柔性约束、光滑面约束、光滑圆柱铰链约束、固定端约束 物体的受力分析和受力图绘制	二力构件受力特点 约束力的类型及绘制 受力分析工作案例	$F_R = F_1 + F_2$ $F_R = \sqrt{F_1^2 + F_2^2 + 2F_1F_2\cos\alpha}$
钻床夹具受力分析 ⇩	力矩的概念及计算 力矩、合力矩定理 力偶的概念和性质 力偶、力偶矩的等效条件 平面平行力系的合成与平衡 合力偶矩、平衡条件	力矩求解 用平面平行力系平衡方程解决实际工程问题	$M_O(F) = \pm Fd$ $M_O(R) = \sum M_O(F)$ $M = \pm Fd$ $M = \sum_{i=0}^{n} M_i (i = 1, 2, \cdots, n)$ $\sum_{i=0}^{n} M_i = 0 (i = 1, 2, \cdots, n)$
钢管托架平衡条件分析	平面汇交力系 平面汇交力系合成的几何法、平面汇交力系的平衡条件、合力投影定理、平面汇交力系的平衡方程 平面任意力系 力的线平移定理、平面任意力系的简化计算、平面任意力系的简化结果——合力矩定理、平面任意力系的平衡方程	求平面汇交力系合力 平面任意力系的简化计算 应用平面力系平衡方程解决工程实际问题	$R = \sqrt{R_x^2 + R_y^2} = \sqrt{\left(\sum_{i=1}^{n} F_{xi}\right)^2 + \left(\sum_{i=1}^{n} F_{yi}\right)^2}$ $\tan\alpha = \left\|\dfrac{R_y}{R_x}\right\|$ $\sum F_x = 0, \sum F_y = 0$ $M_O = \sum_{i=1}^{n} M_O(F_i)$ $R' = \sum_{i=1}^{n} F_i$ $R = \sqrt{R_x'^2 + R_y'^2} = \sqrt{\left(\sum_{i=1}^{n} F_{xi}\right)^2 + \left(\sum_{i=1}^{n} F_{yi}\right)^2}$ $\tan\alpha = \left\|\dfrac{R_y}{R_x}\right\|$ $\sum F_x = 0$ $\sum F_y = 0$ $\sum M_O(F) = 0$

思考与练习

一、填空题

1. 平衡是指构件处于_____或_____状态。

2. 力的三要素是指力的_____、_____和_____。

3. 力偶矩的_____、_____和_____称为力偶的三要素。

4. 两个构件相互作用时，它们之间的作用与反作用力必然_____、_____、_____，但分别作用于两个构件上。

5. 参照平面力系分类定义，可将各力作用线汇交于一点的空间力系称为_____力系，将各力作用线相互平行的空间力系称为_____力系，将作用线在空间任意分布的一群力称为_____力系。

二、选择题

1. 如果力 R 是 F_1、F_2 二力的合力，用矢量方程表示为 $R=F_1+F_2$，则三力大小之间的关系为（　　　）。

A. 必有 $R=F_1+F_2$　　　　　　　　B. 不可能有 $R=F_1+F_2$

C. 必有 $R>F_1$，$R>F_2$　　　　　　D. 可能有 $R<F_1$，$R<F_2$

2. 刚体受三力作用而处于平衡状态，则此三力的作用线（　　　）。

A. 必汇交于一点　　　　　　　　　B. 必互相平行

C. 必都为零　　　　　　　　　　　D. 必位于同一平面内

3. 关于平面力系的主矢和主矩，以下表述中正确的是（　　　）。

A. 主矢的大小、方向与简化中心无关

B. 主矩的大小、转向一定与简化中心的选择有关

C. 当平面力系对某点的主矩为零时，该力系向任意一点简化结果都为一合力

D. 当平面力系对某点的主矩不为零时，该力系向任意一点简化的结果均不可能为一合力

4. 下列表述中正确的是（　　　）。

A. 任何平面力系都具有 3 个独立的平衡方程

B. 任何平面力系只能列出 3 个平衡方程

C. 在平面力系的平衡方程的基本形式中，两个投影轴必须相互垂直

D. 如果平面力系平衡，该力系在任意选取的投影轴上投影的代数和必为零

5. 下列表述中不正确的是（　　　）。

A. 力矩与力偶矩的量纲相同

B. 力不能平衡力偶

C. 一个力不能平衡一个力偶

D. 力偶对任一点之矩等于其力偶矩，力偶中两个力对任一轴的投影代数和等于零

三、分析与计算题

1. 合力是否一定比分力大？为什么？

2. 用几何法与解析法求解平衡力系有何区别？什么情况下更适合用几何法？

3. 力偶对物体的作用效果取决于什么？与力偶的作用位置是否有关？

4. 设一平面任意力系向某一点简化得到一合力。如另选适当的点为简化中心，力系能否简化为一力偶？为什么？

5. 试画出图 2-2-1-17 中物体 *A* 或构件 *AB* 的受力图（未画重力的物体重量不计，所有接触均为光滑接触）。

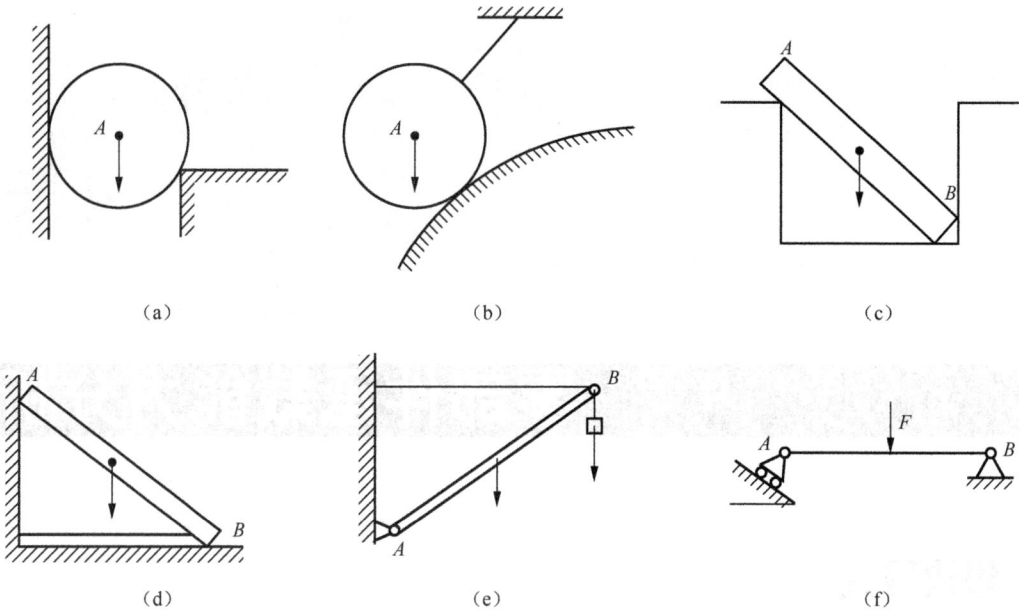

（a）　　　　　　　　　　（b）　　　　　　　　　　（c）

（d）　　　　　　　　　　（e）　　　　　　　　　　（f）

图 2-2-1-17　分析与计算题 5 图

6. 已知图 2-2-1-18 所示的平面汇交力系，求该力系的合力。

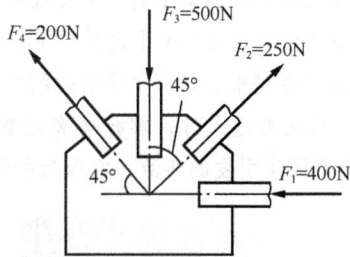

$F_4=200N$　$F_3=500N$　$F_2=250N$　45°　45°　$F_1=400N$

图 2-2-1-18　分析与计算题 6 图

模块3
零部件承载能力分析

模块导入

零部件的设计水平以及加工精度是一个国家机械加工和制造水平的重要评价标准之一。为了保证机器或机构的正常工作，构件必须具备足够的承载能力，因此其必须满足下列基本要求：①强度要求。如起重机的起吊钢绳在起吊不超过额定重量时不应断裂。②刚度要求。某些情况下，构件受载后虽未破裂，但是由于过量变形，尺寸和形状的偏差超过了设计要求，导致机器无法使用。③稳定性要求。如千斤顶中的细长螺杆，当工作压力较小时，螺杆能够保持直线的平衡状态；当压力过大时，螺杆会突然变弯，破坏构件的平衡状态。图 3-0-0-1 中依次列出由上述 3 种因素引发的事故，在今后的设计工作中要吸取教训。

(a) 某大桥强度不足引发事故　　(b) 美国塔科马海峡大桥刚度不足引发事故　(c) 某高速公路路基失稳引发事故

图 3-0-0-1　因承载能力不足引发的事故

当零部件在载荷作用下丧失最初规定的功能时，即称其失效。零部件设计的核心要求是既满足机械设备的功能需求，又保证安全工作、避免失效。为了达到这些要求，设计者需要在保证构件既安全、可靠又经济的前提下，为构件选择合适的材料，确定合理的截面形状和尺寸，提供必要的理论基础和实用的计算方法。在外力作用下，一切固体都将发生变形（尺寸和形状），称为变形固体，简称变形体。常见构件一般是变形体。构件在某一方向的尺寸远大于其他两个方向的尺寸时称为杆件。由于工程材料中有金属与合金、工业陶瓷、聚合物等，性质是多方面的，而且很复杂，因此在材料力学中通常省略一些次要因素，对其做出下列假设。

（1）各向同性。各向同性是指物体在各个方向的力学性能相同。

（2）均匀连续。均匀连续是指物体内被同一种物质充满，没有空隙。

（3）小变形。小变形是指与物体的原始尺寸相比，物体受到外力作用后产生的变形较小，有时甚至可以忽略不计。

知识目标

理解材料力学的基本概念；了解杆件变形的基本假设和基本形式；理解分析和求解杆件内力的基本原理及计算方法；熟悉杆件强度、刚度的计算方法。

能力目标

能够运用静力学的基本概念、原理对物体进行受力分析；具备进行静力平衡计算的基本能力；能够进行杆件内力分析和计算；具有进行杆件强度、刚度分析计算的能力；具备进行简单零部件设计和校核的能力。

素质目标

了解构件变形的规律，增强标准意识、安全意识、责任意识、绿色环保意识；培养认真严谨、诚信守法的品格。

项目 3.1　构件拉压和剪切变形

杆件受力情况不同，相应的变形就不同。在工程结构中，杆件的基本变形有 4 种：拉伸或压缩变形、剪切变形、扭转变形和弯曲变形，如图 3-1-0-1 所示。若杆件同时发生几种基本变形，则称为组合变形。其中杆件在经过其横截面中心轴线的外力作用下发生的伸长变形称为拉伸变形。

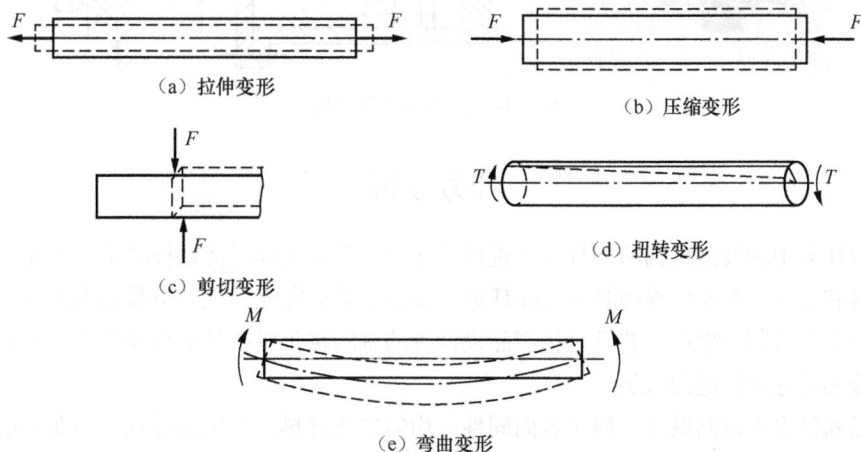

（a）拉伸变形

（b）压缩变形

（c）剪切变形

（d）扭转变形

（e）弯曲变形

图 3-1-0-1　杆件的基本变形情况

任务 3.1.1　活塞杆承载能力分析

在实际工程中，有很多发生轴向拉伸和压缩变形的杆件，如图 3-1-1-1（a）所示，连接钢板的螺栓在外力作用下，沿其轴向伸长，称为轴向拉伸；如图 3-1-1-1（b）所示，托架的撑杆 CD 在外力作用下，沿其轴向缩短，称为轴向压缩。产生轴向拉伸（或压缩）变形的杆简称拉（压）杆。

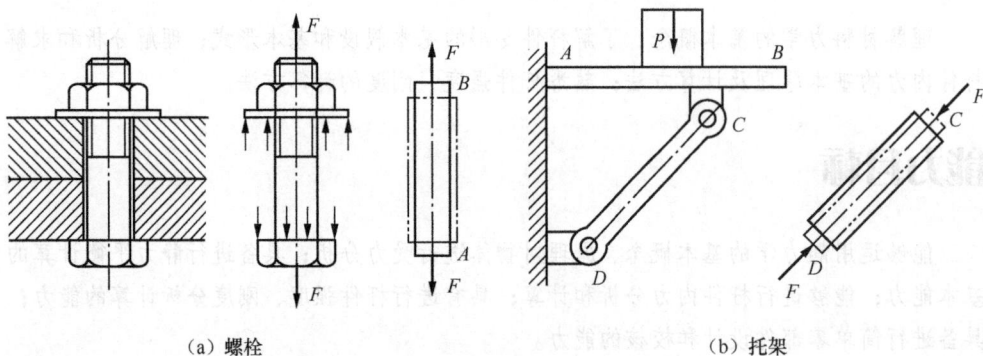

（a）螺栓　　　　　　　　　　　　（b）托架

图 3-1-1-1　处于拉压变形状态的杆件

任务描述

数控加工中需要使用气动夹具将工件夹紧，气缸机构是将压缩气体的压力能转换为卡爪机械能的气动执行元件，其结构如图 3-1-1-2 所示。已知气缸内径 $D=140$mm，缸内气压 $p=0.6$MPa，活塞杆材料为 20 钢，许用应力 $[\sigma]=80$MPa，试设计活塞杆直径 d。

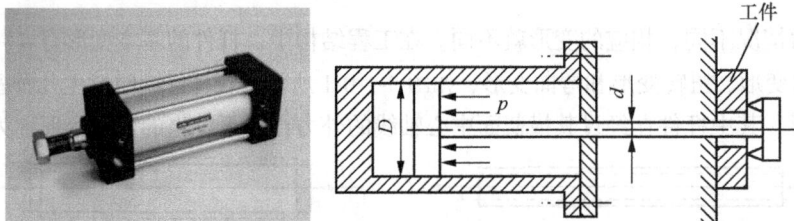

图 3-1-1-2　气缸机构结构

任务分析

在对本任务中的气缸机构活塞杆直径进行设计时，首先需确定活塞杆的受力状况，才能进行后续的选材和加工。企业中本项具体工作任务一般由工艺员完成。工艺员是技术人员的一种，一般负责生产工艺编制。生产工艺就是把产品设计者的意图转化成产品的行业规范，而工艺员就是编制和监督实施这种规范的人员。

由于活塞杆多为钢制锻件，属于各向同性、均匀连续材料，在工作过程中的变形量较小，在分析时可以看作拉（压）杆的变形问题，故可以使用杆件变形的基本知识进行分析。

知识链接

一、基本概念

1. 外力和内力

所选取的研究对象内部相互作用的力称为内力，其他一切物体或构件作用于所选研究对象上的力称为外力。如图 3-1-1-3 所示，在研究链球飞行的抛物线轨迹时，人手对链球整体施加的全部力均为外力，以链球体为研究对象进行分析的时候，手拉链球体的力是内力。金属材料在外力作用下发生变形的本质是其内部的质点之间发生了位移，相互作用力也随之发生改变，如图 3-1-1-4 所示。

因此拉（压）杆变形时的内力就是指杆件受到外力作用时，其内部产生的保持其形状和大小不变的反作用力。该反作用力随外力的作用而产生，随外力的消失而消失。在一定限度内，内力随着外力的增大而增大，若内力超过一定限度，构件就会失去承载能力，造成安全事故。因此为了使构件安全、可靠地工作，必须研究构件的内力。

图 3-1-1-3　外力和内力　　　　图 3-1-1-4　金属材料变形的实质

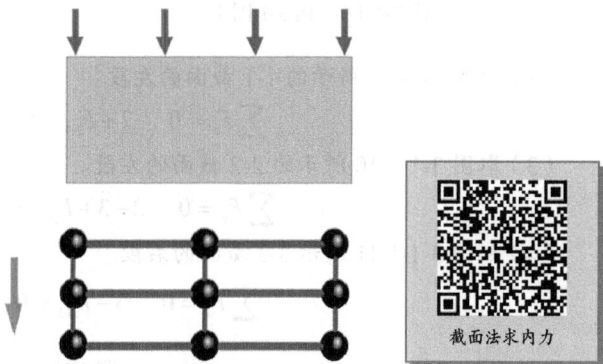

截面法求内力

2. 内力的计算方法

截面法是求杆件内力的基本方法。用截面法求内力可以概括为"切、留、平"3 个步骤，例如为了求得杆上任一截面 m-m 的内力，具体方法如下。

（1）一切，作一假想截面把杆件切成两部分，如图 3-1-1-5 所示。

（2）二留，留下其中一部分，并在切开处加上假设的内力，例如可以舍弃右段，留下左段。由于整体杆件处于平衡状态，因此其左段也处于平衡状态，所以在截面 m-m 上必定存在一个内力 F_N。

图 3-1-1-5　用截面法求内力步骤

（3）三平，以该部分为研究对象，列静力平衡方程，得

$$F_N = F$$

显然该内力大小等于 F，方向水平向右。同理，若留右段进行分析，可得到相同的结果，只是内力的方向水平向左。

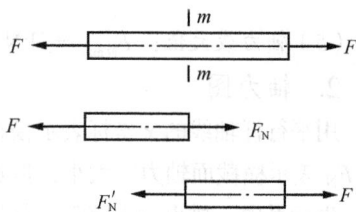

二、拉压变形的受力特点

1. 轴力

轴向拉伸或者压缩时，横截面上的内力是沿着杆件轴线方向的力，称为轴力。用截面法可以求得任一横截面 m-m 上的轴力 $F_N=F'_N$，它们是一对作用力与反作用力。因此，无论研究截面左段求出的轴力 F_N 还是研究截面右段求出的轴力 F'_N，都是 m-m 同一横截面的内力。为了使取左段或取右段求得的同一横截面上的轴力相一致，规定 F_N 的方向离开截面为正（受拉），指向截面为负（受压），如图 3-1-1-6 所示。

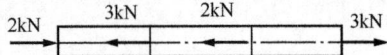

图 3-1-1-6 内力符号的规定

例 3-1 试求图 3-1-1-7 所示杆的轴力，并指出轴力的最大值。

解：（1）用截面法求内力，取图 3-1-1-8 所示的 1-1、2-2、3-3 截面。

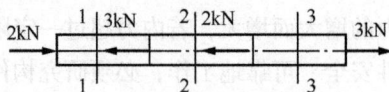

图 3-1-1-7 例 3-1 图 1

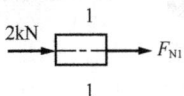

图 3-1-1-8 例 3-1 图 2

（2）取图 3-1-1-9 所示的 1-1 截面的左段。

$$\sum F_x = 0 \quad 2 + F_{N1} = 0 \quad F_{N1} = -2\text{kN}$$

（3）取图 3-1-1-10 所示的 2-2 截面的左段。

$$\sum F_x = 0 \quad 2 - 3 + F_{N2} = 0 \quad F_{N2} = 1\text{kN}$$

（4）取图 3-1-1-11 所示 3-3 截面的右段。

$$\sum F_x = 0 \quad 3 - F_{N3} = 0 \quad F_{N3} = 3\text{kN}$$

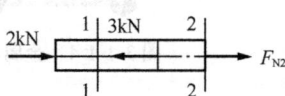

图 3-1-1-9 例 3-1 图 3

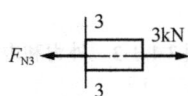

图 3-1-1-10 例 3-1 图 4

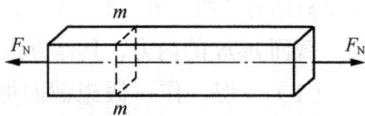

图 3-1-1-11 例 3-1 图 5

（5）轴力最大值：$F_{N\max} = 3\text{kN}$。

2. 轴力图

用平行杆轴线的 x 坐标表示横截面位置，用垂直 x 的坐标 F_N 表示横截面轴力的大小，按选定的比例把轴力表示在 x-F_N 坐标系中。描出轴力随截面位置变化的曲线，此曲线称为轴力图，如图 3-1-1-12 所示。

例 3-2 如图 3-1-1-13 所示，已知 $F_1=20\text{kN}$，$F_2=8\text{kN}$，$F_3=10\text{kN}$，试用截面法求杆件指定截面 1-1、2-2、3-3 的轴力，并画出轴力图。

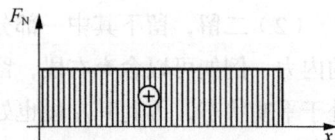

图 3-1-1-12 轴力图

解：外力 F_1、F_2、F_3 将杆件分为 AB、BC、CD 段，以每段左边为研究对象，求得各段轴力为

$$F_{N1}=F_2=8\text{kN}$$

$$F_{N2}=F_2-F_1=-12\text{kN}$$

$$F_{N3}=F_2+F_3-F_1=-2kN$$

各段轴受力分析及轴力图如图 3-1-1-14 所示。

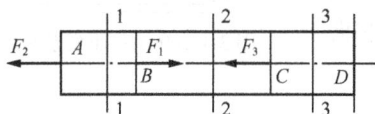

图 3-1-1-13　例 3-2 图

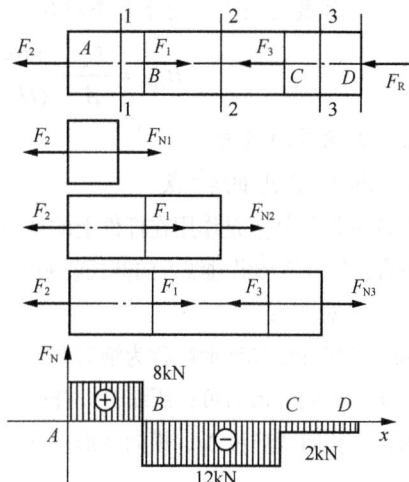

图 3-1-1-14　各段轴受力分析及轴力图

三、轴向横截面上的应力

1. 应力

在确定了拉（压）杆的内力后，还无法判断其强度是否足够。例如，两根材料相同但是粗细不同的钢筋，两端在承受相同拉力时，两者的内力一样。但是随着拉力的不断增大，显然细的钢筋会先断裂。这说明强度不仅与内力大小有关，也与截面积有关。因此引入应力的概念。所谓应力，是指内力在横截面上的集度，即内力分布的强弱。垂直杆横截面的应力称为正应力，平行杆横截面的应力称为切应力。应力是判断杆件是否容易被破坏的依据，其单位为帕斯卡，简称帕，记作 Pa。$1m^2$ 的面积上作用 1N 的力，其应力大小为 1Pa。

根据材料均匀连续假设可推断轴力在横截面上的分布是均匀的，且方向垂直于横截面，即横截面上各点的应力大小相等，方向沿杆轴线，垂直于横截面，故为正应力。横截面的应力 σ 为正应力，计算公式为

$$\sigma = \frac{F_N}{A} \tag{3-1}$$

式中，A 为横截面面积（m^2）；F_N 为轴力。

正应力的正负号规定与轴力相同，即拉应力为正，压应力为负。

例 3-3　图 3-1-1-15 所示的插销拉杆，插销孔处横截面尺寸 $b=50mm$，$h=20mm$，$H=60mm$，$F=80kN$，试求拉杆的最大应力。

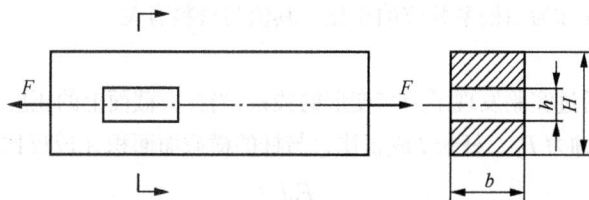

图 3-1-1-15　例 3-3 图

解：（1）计算轴力。由截面法可求得杆内各横截面的轴力为

$$F_N = F = 80kN$$

（2）计算最大应力。由于整个杆件轴力相同，面积小的横截面应力最大，即

$$\sigma_{max} = \frac{F_N}{A} = \frac{80 \times 10^3}{(H-h)b} = \frac{80 \times 10^3}{(60-20) \times 50} = 40MPa$$

最大应力为拉应力。

2. 拉压变形的特点

拉压变形的特点是作用在杆件上的外力合力的作用线与杆件轴线重合，杆件变形沿轴线方向伸长或缩短，如图3-1-1-16所示。

（1）绝对变形

轴向变形和横向变形统称为绝对变形。拉伸时，杆件的轴向变形为正，横向变形为负；压缩时，杆件的轴向变形为负，横向变形为正。轴向变形量 Δl、横向变形量 Δd 的计算公式分别为

拉伸

压缩

图 3-1-1-16　拉压变形的特点

$$\left. \begin{array}{l} \Delta l = l_1 - l_0 \\ \Delta d = d_0 - d_1 \end{array} \right\} \tag{3-2}$$

式中，l_0 为等直杆的原长（mm）；d_0 为初始直径（mm）；l_1 为拉（压）后杆件的纵向长度（mm）；d_1 为拉（压）后杆件的横向尺寸（mm）。

（2）相对变形

为了消除杆件原尺寸对变形大小的影响，用单位长度内杆的变形量，即线应变来衡量杆件的变形程度。单位长度的变形量公式为

$$\varepsilon = \frac{\Delta l}{l_0} \tag{3-3}$$

$$\varepsilon' = \frac{\Delta d}{d_0} \tag{3-4}$$

式中，ε 为纵向线应变；ε' 为横向线应变。

线应变表示的是杆件的相对变形，是无量纲量。拉伸时，$\varepsilon > 0$，$\varepsilon' < 0$；压缩时则相反，$\varepsilon < 0$，$\varepsilon' > 0$。总之，ε 与 ε' 符号相反。

（3）泊松比

实验表明，当应力未超过某一限度时，横向线应变 ε' 与纵向线应变 ε 之间存在正比关系，且符号相反，计算公式为

$$\varepsilon' = -\mu\varepsilon \tag{3-5}$$

式中，比例常数 μ 称为泊松系数或泊松比，其值与材料有关。

（4）胡克定律

英国科学家胡克通过实验发现了力与变形的关系：当杆横截面上的正应力不超过某一限度时，杆的轴向变形量 Δl 与轴力 F_N、杆长 l 成正比，与杆的横截面面积 A 成反比，即

$$\Delta l = \frac{F_N l}{EA} \tag{3-6}$$

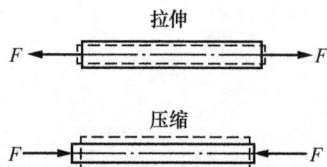

式中，E 为弹性模量（GPa）。

弹性模量 E 的值随材料的不同而不同。当 F_N、l 和 A 的值一定时，E 值越大，则 Δl 越小，说明 E 的大小表示材料抵抗拉（压）弹性变形的能力，是材料的刚度指标；F_N、l 一定时，EA 值越大，Δl 越小，说明 EA 表示杆件抗拉（压）变形能力的大小，称为杆的抗拉（压）刚度。

通过公式推导，可以得到计算公式

$$\sigma = E\varepsilon \tag{3-7}$$

式（3-7）是胡克定律的又一表达形式。它表明当应力未超过某一限度时，应力与应变成正比，否则应分段计算。E 与 μ 都是表示材料弹性的常量，可由实验测得。几种常用材料的 E 和 μ 值如表 3-1-1-1 所示。

表 3-1-1-1　　　　　　　　　　　几种常用材料的 E 和 μ 值

材料名称	E/GPa	μ
碳钢	196～206	0.24～0.28
合金钢	186～206	0.25～0.30
灰铸铁	113～157	0.23～0.27
铜及铜合金	72.6～128	0.31～0.42
铝合金	70	0.33

例 3-4　求图 3-1-1-17（a）所示杆的总变形量。已知杆各段横截面面积为 A_{CD}=200mm²，A_{BC}=A_{AB}=500 mm²，弹性模量 E=200 GPa。

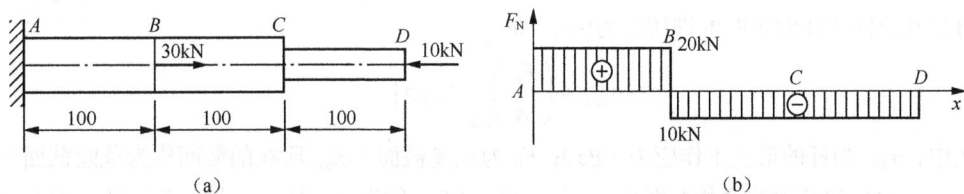

图 3-1-1-17　例 3-4 图

解：（1）作轴力图。用截面法求得 AB 段轴力 F_{NAB}=20kN，BC 段和 CD 段轴力 F_{NCD}=F_{NBC}=-10kN。画轴力图，如图 3-1-1-17（b）所示。

（2）计算杆的总变形量 Δl。由胡克定律可知，应先分别计算 AB 段、BC 段、CD 段的变形量，再求杆的总变形量。

$$\Delta l_{AB} = \frac{F_{NAB}l_{AB}}{EA_{AB}} = \frac{20\times 10^3 \times 0.1}{200\times 10^9 \times 500\times 10^{-6}} = 2\times 10^{-5}\,\text{m}$$

$$\Delta l_{BC} = \frac{F_{NBC}l_{BC}}{EA_{BC}} = \frac{-10\times 10^3 \times 0.1}{200\times 10^9 \times 500\times 10^{-6}} = -1\times 10^{-5}\,\text{m}$$

$$\Delta l_{CD} = \frac{F_{NCD}l_{CD}}{EA_{CD}} = \frac{-10\times 10^3 \times 0.1}{200\times 10^9 \times 200\times 10^{-6}} = -2.5\times 10^{-5}\,\text{m}$$

杆的总变形量为

$$\Delta l = \Delta l_{AB} + \Delta l_{BC} + \Delta l_{CD}$$
$$= 2 \times 10^{-5} + (-1) \times 10^{-5} + (-2.5) \times 10^{-5}$$
$$= -15 \times 10^{-6} \text{m} = -0.015 \text{mm}$$

负号表示杆的总变形为压缩变形，杆件缩短 0.015mm。

四、拉压变形的强度校核

1. 极限应力与许用应力

极限应力是指材料丧失正常工作能力时的应力，用 σ_0 表示。塑性变形是塑性材料破坏的标志，因而把下屈服极限 R_{eL} 作为塑性材料的极限应力。对于脆性材料，断裂是其破坏的唯一标志，因此把抗拉强度 R_m 作为脆性材料的极限应力。

许用应力是指构件安全工作时材料允许承受的最大应力。构件的工作应力必须小于材料的极限应力。一般把极限应力除以大于 1 的系数 n 作为工作应力的最大允许值，称为许用应力，用[σ]表示，计算公式为

$$[\sigma] = \frac{\sigma_0}{n} \qquad (3-8)$$

式中，n 为安全系数。

不同工作条件下构件的安全系数 n 的选取可从有关工程手册和设计规范中查找。对于塑性材料，一般取 $n=1.2 \sim 1.3$；对于脆性材料，一般取 $n=2 \sim 3.5$。

轴向拉压杆的应力与强度计算

2. 轴向拉压时的强度计算

为了保证拉（压）杆具有足够的强度，必须使杆的最大工作应力小于或等于材料在拉伸（压缩）时的许用应力[σ]，即

$$\sigma_{max} = \left(\frac{F_N}{A}\right)_{max} \leqslant [\sigma] \qquad (3-9)$$

式中，σ_{max} 为杆的最大工作应力（Pa）；F_N 为危险截面（σ_{max} 所在的截面称为危险截面）的轴力（N）；A 为危险截面的横截面面积（m^2）。式（3-9）称为拉（压）杆的强度条件。应用该条件可以解决以下 3 类问题：校核强度、设计截面、确定许可载荷。

例 3-5 某铣床工作台进给油缸如图 3-1-1-18 所示，缸内工作油压 $p=2$MPa，油缸内径 $D=75$mm，活塞杆直径 $d=18$mm。已知活塞杆材料的许用应力[σ]=50MPa，试校核活塞杆的强度。

解：（1）求活塞杆的轴力。设缸内受力面积为 A_1，则

图 3-1-1-18　例 3-5 图

$$F_N = pA_1 = p\pi(D^2 - d^2)/4 = 2 \times 10^6 \times \pi \times (75^2 - 18^2) \times 10^{-4}/4 \approx 832 \text{ kN}$$

（2）校核强度。活塞杆的工作应力为

$$\sigma = \frac{F_N}{A} = \frac{2 \times 10^6 \times \frac{\pi}{4}(75^2 - 18^2) \times 10^{-4}}{\frac{\pi}{4} \times 18^2 \times 10^{-4}} \approx 32.7 \text{MPa}$$

$\sigma < [\sigma]$，故活塞杆的强度足够。

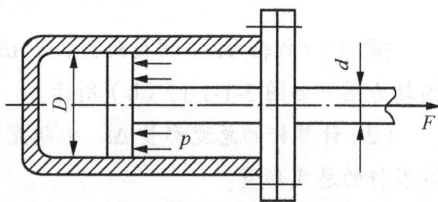

任务实施

完成本任务气动夹具活塞杆的设计，具体实施过程见附带的《实训任务书》。

任务拓展

图 3-1-1-19 所示为某三角屋架结构设计，已知钢筋混凝土组合屋架受到竖直向下的均布荷载 $q=10kN/m$，水平钢拉杆的许用应力 $[\sigma]=160MPa$。拉杆选用实心圆截面时，试设计拉杆直径。

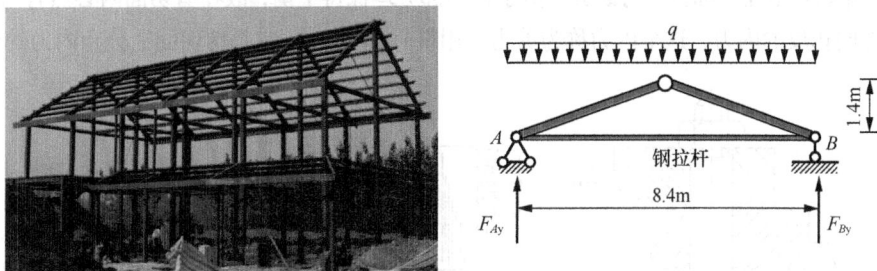

图 3-1-1-19　某三角屋架结构设计

任务 3.1.2　销钉承载能力分析

任务描述

图 3-1-2-1 所示为某种拖车挂钩使用的销钉连接，已知挂钩部分钢板壁厚 $t=8mm$，销钉的材料为 20 钢，许用挤压应力 $[\sigma_{jy}]=100MPa$，许用切应力 $[\tau]=60MPa$，拖车的拉力为 15kN，试设计销钉直径 d。

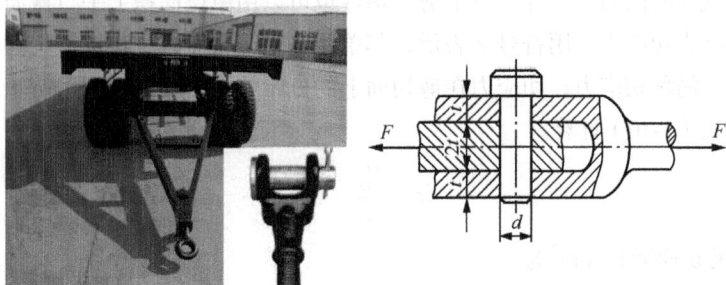

图 3-1-2-1　拖车挂钩销钉示意图

任务分析

工程上的一些连接件如常用的销钉、铆钉、螺栓、平键等是主要发生剪切变形的构件，其受力变形的特点是销钉的上、下两部分沿着某一截面产生相对错动的趋势。若构件的承载能力不够，整个构件会沿着该截面被剪断。工艺员需要分析构件发生剪切变形时的内力，并进行强度校核以确保安全。

知识链接

一、剪切变形的受力特点

为了分析构件受剪时的承载能力，必须分析出剪切面上的内力。两块钢板通过螺栓连接，如图 3-1-2-2（a）所示，当两块钢板受拉时，螺栓的受力如图 3-1-2-2（b）所示。若力 F 过大，螺栓可能沿剪切面 m-m 被剪断。为了求得剪切面上的内力，运用截面法将螺栓沿剪切面假想截开，如图 3-1-2-2（c）所示，并取其中任一部分进行研究。由于任一部分均保持平衡，故在剪切面内必然有与外力 F 大小相等、方向相反的内力，这个内力称为剪力，用符号 F_Q 表示。它是剪切面上分布内力的合力。

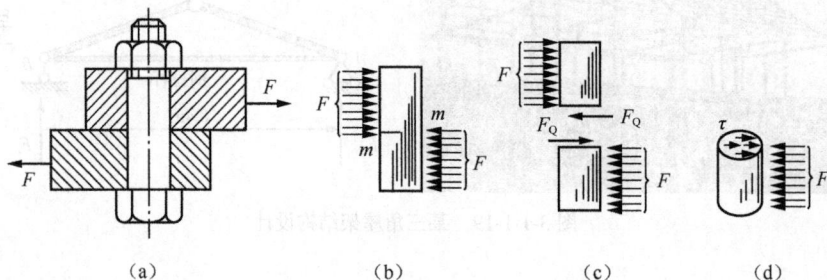

图 3-1-2-2　钢板受拉时螺栓的受力

由平衡方程 $\sum F = 0$ 得

$$F_Q = F$$

二、剪切变形的强度校核

剪力在剪切面上的分布情况比较复杂，工程上通常采用以试验、经验为基础的实用法。在实用计算中，假定剪力在剪切面上均匀分布。在任务 3.1.1 中，曾用正应力表示单位面积上垂直截面的内力。同样，对于剪切构件也可以用单位面积上平行截面的内力来衡量内力的聚集程度，称为切应力，用符号 τ 表示，其单位与正应力一样。将按假定算出的平均切应力称为名义切应力，简称切应力，切应力在剪切面上的分布如图 3-1-2-2（d）所示。所以，剪切变形的切应力可按式（3-10）计算。

$$\tau = \frac{F_Q}{S} \tag{3-10}$$

式中，S 为剪切面面积（m^2）。

工程中为了保证螺栓或者销钉安全、可靠地工作，要求其工作时的切应力不得超过某一许用值。因此，螺栓或销钉的剪切强度条件为

$$\tau = \frac{F_Q}{S} \leqslant [\tau] \tag{3-11}$$

式中，$[\tau]$ 为材料许用切应力（Pa）。虽然式（3-11）是以螺栓为例得出的，但也适用于其他剪切构件。实验表明，一般情况下，材料的许用切应力 $[\tau]$ 和许用拉应力 $[\sigma]$ 有如下关系。

（1）对于塑性材料，$[\tau]=(0.6 \sim 0.8)[\sigma]$。

（2）对于脆性材料，$[\tau]=(0.8 \sim 1.0)[\sigma]$。

三、挤压变形的受力特点

一般构件在受到剪切作用的同时，往往伴随着挤压作用。例如，图 3-1-2-3 中的铆钉连接钢板，剪切的作用使螺栓圆柱面与钢板壁之间相互压紧，在接触面上产生较大的压力，致使接触处的局部区域产生塑性变形，由圆孔变为椭圆孔的这种现象称为挤压。此外，连接件的接触表面也有类似现象。构件上产生挤压变形的接触面称为挤压面；作用于挤压面上的压力称为挤压力，用符号 F_{jy} 表示；习惯上将挤压面上的压强称为挤压应力，用符号 σ_{jy} 表示。

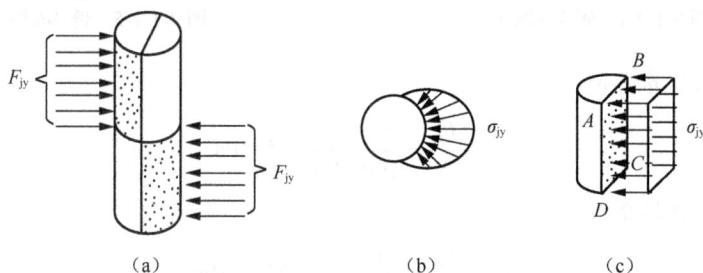

图 3-1-2-3 挤压面

四、挤压变形的强度校核

挤压应力只存在于挤压面附近的区域，故其分布比较复杂。工程上为简化计算，同样假设挤压应力在挤压面上均匀分布，于是有

$$\sigma_{jy} = \frac{F_{jy}}{S_{jy}} \tag{3-12}$$

式中，F_{jy} 为挤压力（N）；S_{jy} 为挤压面积（m^2）。

对于螺栓、铆钉等连接件，挤压时接触面为半圆柱面。但在计算挤压应力时，挤压面积采用实际接触面垂直挤压力方向的平面上的投影面积，即图 3-1-2-3（c）中矩形 ABCD 的面积。这是因为从理论分析得知，在半圆柱挤压面上挤压应力分布如图 3-1-2-3（b）所示，最大挤压应力在半圆弧的中点处，其值与按正投影面积计算结果相近。

为了保证构件安全、正常地工作，构件的挤压应力 σ_{jy} 不得超过许用挤压应力$[\sigma_{jy}]$，因此挤压强度为

$$\sigma_{jy} = \frac{F_{jy}}{S_{jy}} \leqslant [\sigma_{jy}] \tag{3-13}$$

许用挤压应力可从有关规范中查得。根据实验材料，许用挤压应力$[\sigma_{jy}]$与许用拉应力之间的关系如下。

（1）对于塑性材料，$\sigma_{jy} = (1.5 \sim 2.0)[\sigma]$。

（2）对于脆性材料，$\sigma_{jy} = (0.9 \sim 1.5)[\sigma]$。

若两个接触构件的材料不同，应该按照抗挤压能力较弱的构件来进行计算。

例 3-6 图 3-1-2-4 所示的木榫接头，$F=50$kN，试求接头的剪切应力与挤压应力。

解：根据前述定义，剪切面和挤压面的位置如图 3-1-2-5 所示。

因此分别按照剪切和挤压的实用计算公式进行承载能力计算。

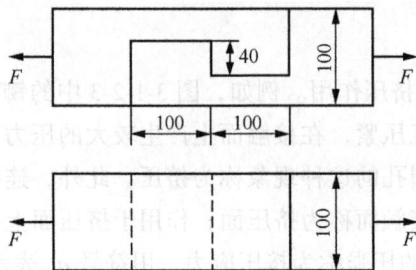

图 3-1-2-4　例 3-6 图 1

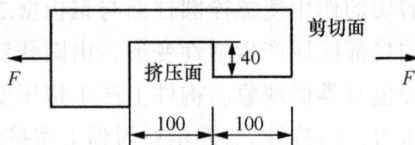

图 3-1-2-5　例 3-6 图 2

（1）剪切实用计算公式：

$$\tau = \frac{F_Q}{S} = \frac{50 \times 10^3}{100 \times 100} = 5\text{MPa}$$

（2）挤压实用计算公式：

$$\sigma_{jy} = \frac{F_{jy}}{S_{jy}} = \frac{50 \times 10^3}{40 \times 100} = 12.5\text{MPa}$$

任务实施

完成本任务销钉承载能力分析，具体实施过程见附带的《实训任务书》。

任务拓展

如图 3-1-2-6 所示，皮带轮通过键与轴连接，已知皮带轮传递的力偶矩 $M = 600\text{N}\cdot\text{m}$；轴的直径 $d = 40\text{mm}$；键的尺寸 $b = 12\text{mm}$、$h = 8\text{mm}$、$l = 55\text{mm}$；键材料的许用切应力 $[\tau] = 60\text{MPa}$、许用挤压应力 $[\sigma_{jy}] = 180\text{MPa}$，试校核键的强度。

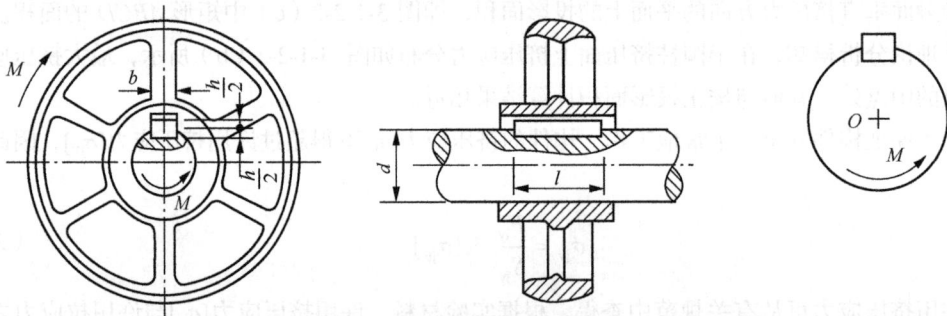

图 3-1-2-6　键连接的强度校核

项目 3.2　构件扭转和弯曲变形

实际工作中有许多构件承受扭转变形，如汽车方向盘的转向轴、丝锥等，如图 3-2-0-1 所示，这些构件受力的共同特点是在直杆的两端共同作用了一对大小相等、方向相反的力偶，且力偶的作用面垂直于杆件的轴线。在外力偶的作用下，构件有发生扭转变形的趋势。

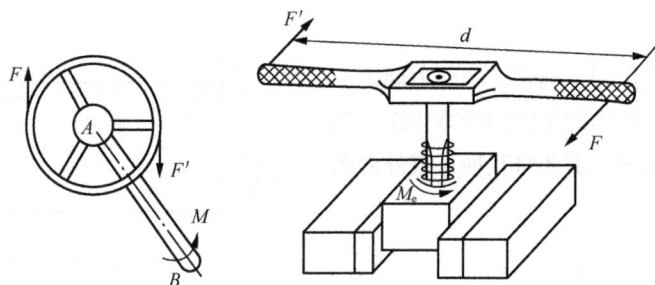

（a）汽车方向盘的转向轴　　　　　（b）丝锥

图 3-2-0-1　扭转变形实例图

任务 3.2.1　轴的承载能力分析

任务描述

某阶梯圆轴如图 3-2-1-1 所示，轴上受到外力 M_1=6kN·m，M_2=4kN·m，M_3=2kN·m，轴材料的许用切应力[τ]=60MPa，试校核此轴的强度。

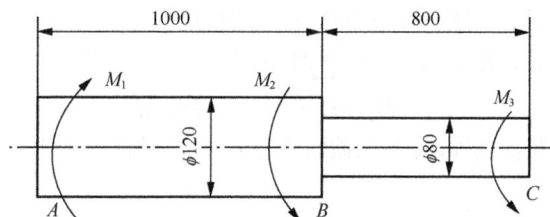

图 3-2-1-1　某阶梯圆轴

任务分析

轴是安装在轴承中间或车轮中间或齿轮中间的圆柱形物件，但也有少部分是方形的。轴是支承旋转零件并与之一起回转，以传递运动、扭矩或弯矩的机械零件，一般为金属圆杆状，各段可以有不同直径。机器中做回转运动的零件就安装在轴上，轴上通常要安装一些带轮毂的零件，因此大多数轴应做成阶梯轴。轴类零件为重要的传动零部件，只有满足强度、刚度要求，才能保证其安全、可靠地工作。

知识链接

一、扭转变形的受力特点

扭转变形的受力特点是杆件的轴线保持不变，各横截面绕着轴线做相对转动。可以用横截面绕着轴线相对转过的角度即扭转角 φ 来表示变形量的大小，如图 3-2-1-2 所示。符合上述特点的变形称为扭转变形。

圆轴扭转时的内力

1. 扭转内力

在工程中，一般作用于圆轴上的外力偶矩不是直接给出的，通常给出的是圆轴所需传递的功率和转速。在此情况下，需要将其换算成外力偶矩，换算公式为

$$M_e = 9549 \frac{P}{n} \qquad （3-14）$$

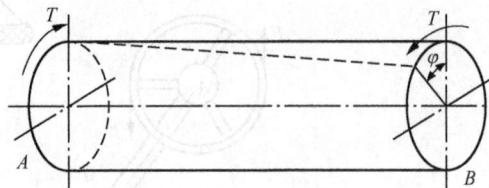

图 3-2-1-2 扭转和扭转角

式中，M_e 为作用于轴上的外力偶矩（N·m）；P 为轴所传递的功率（kW）；n 为轴的转速（r/min）。

扭转时的内力偶矩称为扭矩。截面上的扭矩与作用在轴上的外力偶矩组成平衡力系，求解扭矩仍然使用截面法。如图 3-2-1-3 所示，由力偶平衡条件可知：m-m 截面上必须有一个内力偶矩与外力偶矩 M_1 平衡，此内力偶矩用符号 T 表示，如图 3-2-1-3（b）所示，T 的单位为 N·m。由 $\sum M = 0$ 得

$$M_1 - T = 0, \quad T = M_1$$

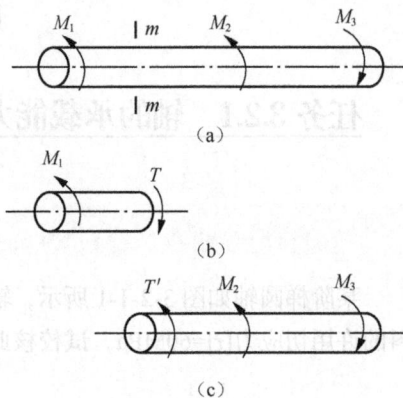

图 3-2-1-3 使用截面法求解扭矩

若以 m-m 横截面的右端部分为研究对象，画出受力图，如图 3-2-1-3（c）所示，可求得 m-m 横截面上的扭矩 T'。显然，T' 与 T 大小相等、方向相反。由 $\sum M = 0$ 得

$$T' + M_2 - M_3 = 0 \qquad T'' = M_3 - M_2$$

扭矩符号根据右手螺旋法则确定，指向截面外为正，指向截面内为负，右手螺旋法则如图 3-2-1-4 所示。

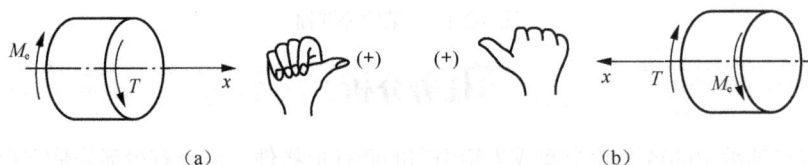

图 3-2-1-4 右手螺旋法则

2. 扭矩图

一般而言，轴各横截面上的扭矩不同。为了直观地表示轴上扭矩的作用情况，把轴线作为 x 轴（横坐标轴），以扭矩 T 表示纵坐标轴，这种用来表示轴横截面上扭矩沿轴线方向变化情况的图形称为扭矩图。

例 3-7 已知一传动轴如图 3-2-1-5（a）所示，主动轮 A 上输入功率为 15kW，B、C 轮为输出轮，输出轮 B 上输出功率为 10kW，轴的转速 n=1000r/min，试求各段轴横截面上的扭矩，并绘制出扭矩图。

解：（1）计算外力偶矩 M。

$$M_A = 9549 \frac{P}{n} = 9549 \times \frac{15}{1000} \approx 143.24 \text{N} \cdot \text{m}$$

$$M_B = 9549 \frac{P}{n} = 9549 \times \frac{10}{1000} = 95.49 \text{N} \cdot \text{m}$$

其中，M_A 的方向与轴的转向相同，M_B 的方向与轴的转向相反。

（2）计算扭矩 T。由图 3-2-1-5（b）所示可得

$$T_1 + M_A = 0, \quad T_1 = -M_A = -143.24 \text{N} \cdot \text{m}$$

由图 3-2-1-5（c）所示可得

$$T_2 + M_A - M_B = 0, \quad T_2 = M_B - M_A = -47.75 \text{N} \cdot \text{m}$$

（3）绘制扭矩图，如图 3-2-1-5（d）所示。由此可知，AB 段所承受的扭矩最大，其值为 $-143.24 \text{N} \cdot \text{m}$。

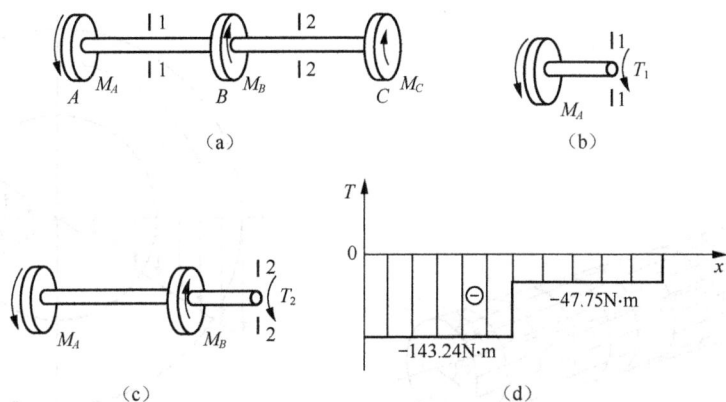

图 3-2-1-5　例 3-7 图

例 3-8　绘制图 3-2-1-6（a）所示的悬臂梁的扭矩图。

解：（1）计算梁上各段横截面上的扭矩。因为是悬臂梁，可取截面的自由端部分 BC 段，如图 3-2-1-6（b）所示。由平衡方程 $T_1 - 500 = 0$ 得

$$T_1 = 500 \text{N} \cdot \text{m}$$

AB 段如图 3-2-1-6（c）所示。由平衡方程 $T_2 + 2000 - 500 = 0$ 得

$$T_2 = -1500 \text{N} \cdot \text{m}$$

（2）绘制扭矩图，如图 3-2-1-6（d）所示。

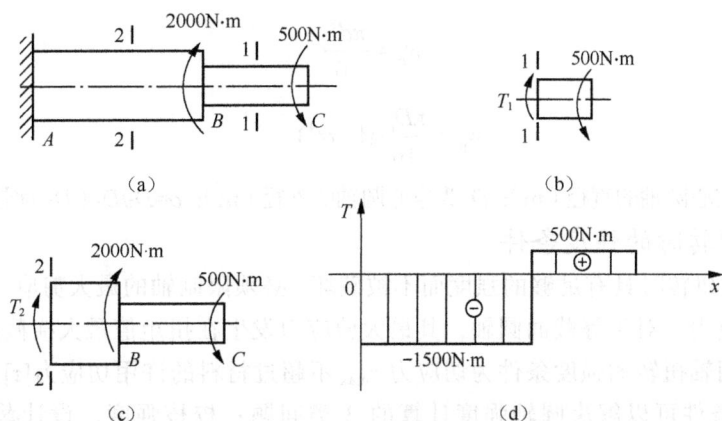

图 3-2-1-6　例 3-8 图

二、圆轴扭转时的强度校核

1. 圆轴扭转时横截面上的应力

在小变形的情况下，圆轴扭转时的变形特点如下：①各圆周线的形状、大小及圆周线之间的距离均无变化；②各圆周线绕轴线转动了不同角度；③所有纵向线仍近似地为直线，只是同时倾斜了同一角度γ。圆轴扭转变形的特点如图 3-2-1-7 所示。

由扭转变形的特点可以得出结论：各点切应力 τ_p 的大小与该点到圆心的距离成正比，其分布规律如图 3-2-1-8 所示。

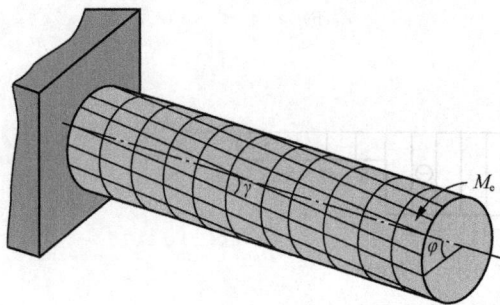

图 3-2-1-7　圆轴扭转变形的特点

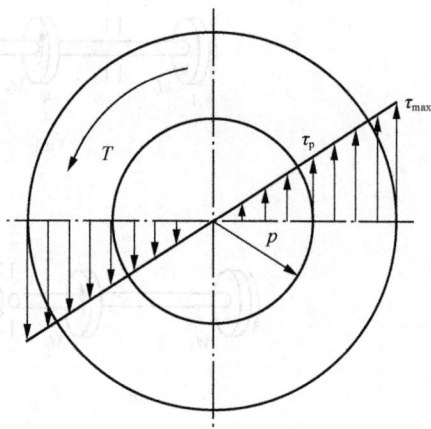

图 3-2-1-8　圆轴扭转时横截面上的切应力

根据横截面上切应力的分布规律，可由静力平衡条件推导出任意截面上的最大切应力，其计算公式为

$$\tau_{max} = \frac{T}{w_p} \tag{3-15}$$

式中，w_p 为抗扭截面系数（m^3）。

工程上经常采用的轴有实心圆轴和空心圆轴两种，它们的抗扭截面系数 w_p 的计算公式分别为

$$w_p = \frac{\pi d^3}{16} \tag{3-16}$$

$$w_p = \frac{\pi D_1^3}{16}(1-\alpha^4) \tag{3-17}$$

式中，d 为实心圆轴的直径（m）；D_1 为空心圆轴的外径（m）；$\alpha=D_2/D_1$（D_2 为空心圆轴的内径）。

2. 圆轴扭转时的强度条件

为保证圆轴扭转时具有足够的强度而不被破坏，必须限制轴的最大剪应力不得超过材料的许用扭转剪应力。对于等截面圆轴，其最大剪应力发生在扭矩值最大横截面（危险截面）的外缘处，故圆轴扭转的强度条件为切应力 τ_{max} 不超过材料的许用切应力[τ]，即 $\tau_{max} \leqslant [\tau]$。应用扭转强度条件可以解决圆轴强度计算的 3 类问题：校核强度、设计截面和确定许可载荷。

对于阶梯轴，因为抗扭截面系数 w_p 不是常量，最大工作应力不一定发生在最大扭矩所在的截面上。因此要综合考虑扭矩和抗扭截面系数 w_p，按这两个因素确定最大切应力。对于等截面圆轴，圆轴扭转的强度条件计算公式为

$$\tau_{max} = \frac{T_{max}}{w_p} \leqslant [\tau] \qquad (3\text{-}18)$$

式中，T_{max} 为最大扭矩（N·m）。

例 3-9 某机器传动轴由 45 钢制成，已知材料的 $[\tau]$=60MPa，轴传递的功率 P=16kW，转速 n=100 r/min，试确定其直径。

解：（1）计算外力偶矩和扭矩。

$$T = M_e = 9549 \times \frac{P}{n} = 9549 \times \frac{16}{100} \approx 1528 \text{ N·m}$$

（2）计算轴的直径。

$$\tau_{max} = \frac{T}{\dfrac{\pi d^3}{16}} \leqslant [\tau]$$

解得 $d \geqslant \sqrt[3]{\dfrac{16T}{\pi[\tau]}} = \sqrt[3]{\dfrac{16 \times 1528 \times 10^3}{\pi[\tau]}} \approx 50.63$mm，故其直径可取 d=51mm。

三、圆轴扭转变形与刚度计算

圆轴扭转时，任意两横截面产生相对角位移，称为扭转角。扭转角是扭转变形的变形度量。对于长度为 L、扭矩为 T，且截面大小不变的等截面圆轴，其相对扭转角 φ 的计算公式为

$$\varphi = \frac{TL}{GI_p} \qquad (3\text{-}19)$$

式中，L 为轴长（m）；I_p 为轴横截面的极惯性矩（m^4），实心圆轴 $I_p = \pi d^4/32$，空心圆轴 $I_p = \pi D_1^4/32(1-\alpha^4)$，$\alpha = D_1/D_2$（$d$ 为实心轴直径，D_1 为空心轴内径，D_2 为空心轴外径）；G 为材料的切变模量（Pa）。

在载荷的作用下，轴将产生弯曲和扭转变形。若变形量超过允许的限度，就会影响轴上零件的正常工作。因此在设计重要的轴时，必须检验轴的变形量，即进行轴的刚度校核。圆轴扭转变形的刚度条件为最大单位长度扭转角 θ_{max} 不超过单位长度许用扭转角 $[\theta]$，即

$$\theta_{max} = \frac{\varphi}{L} = \frac{T_{max}}{GI_p} \cdot \frac{180}{\pi} \leqslant [\theta]$$

式中，$[\theta]$ 为单位长度许用扭转角（°/m）。精密机器的轴 $[\theta]$=0.25°~0.5°/m；一般传动轴 $[\theta]$=0.5°~1°/m；要求不高的轴 $[\theta]$=1°~2.5°/m。对于阶梯轴，因为极惯性矩不是常量，所以最大单位长度扭转角不一定发生在最大扭矩所在的轴段上。要综合考虑扭矩和极惯性矩来确定最大单位长度扭转角。根据扭转刚度条件，可以解决刚度计算的 3 类问题，即校核刚度、设计截面和确定许可载荷。

例 3-10 汽车传动轴输入的力偶矩 M=1.5kN·m，直径 d=75mm，轴的单位长度许用扭转角 $[\theta]$=0.50°/m，材料的切变模量 G=80GPa，试校核此传动轴的刚度。

解：（1）计算扭矩 T。此传动轴横截面上的扭矩为 $T=M=1.5$kN·m。

（2）计算极惯性矩 I_p。

$$I_p = \frac{\pi d^4}{32} = \frac{3.14 \times 0.075^4}{32} \approx 3.1 \times 10^{-6} \, \text{m}^4$$

（3）校核轴的刚度。

$$\theta_{max} = \frac{\varphi}{L} = \frac{T_{max}}{GI_p} \cdot \frac{180}{\pi} \approx \frac{1.5 \times 10^3}{80 \times 10^9 \times 3.1 \times 10^{-6}} \times \frac{180}{3.14} \approx 0.35°/\text{m} < [\theta]$$

所以，此传动轴刚度足够。

任务实施

完成本任务圆轴的强度校核，具体实施过程见附带的《实训任务书》。

任务拓展

某机器传动轴由空心钢管制成，钢管外径 $D=90$mm，内径 $d=85$mm，材料许用切应力 $[\tau]=60$MPa，轴传递的功率 $P=16$kW，转速 $n=100$r/min，试校核该轴的扭转强度。

任务 3.2.2　直梁的承载能力分析

任务描述

如图 3-2-2-1 所示，某车间的吊车大梁由 45 号工字钢制成，其跨度 $L=10.5$m，电动葫芦处于梁的中间位置，许用应力 $[\sigma]=140$MPa，现需要起吊重物 $G=90$kN，在暂不考虑梁自重的情况下，试校核梁的强度。若强度不足而无法起吊，请设计起吊方案，完成起吊任务。

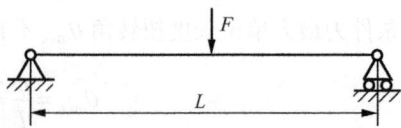

图 3-2-2-1　吊车大梁

任务分析

工程中的构件在工作过程中会受到垂直杆件方向的外力，如车间吊车大梁、火车轮轴等。在外力作用下，其轴线会由直线变为曲线，即发生弯曲变形。为了保证大梁等发生弯曲变形的构件能安全、可靠地工作，必须计算其发生弯曲变形时的最大应力，使其满足强度要求。

知识链接

一、直梁弯曲的受力特点

作用于杆件上的外力垂直杆件的轴线，使杆件的轴线由直线变为曲线，这种变形称为弯曲变形，如图 3-2-2-2 所示。以弯曲变形为主的直杆称为直梁，简称梁。在计算简图中，通常以梁的轴线表示梁。由梁的轴线和横截面对称轴构成的平面称为纵向对称平面，如图 3-2-2-3 所示。当梁的外载荷都作用在纵向对称平面内时，则梁的轴线在纵向对称平面内弯曲成一条平面曲线，这种变形称为平面弯曲。它是十分常见、基本的弯曲变形。

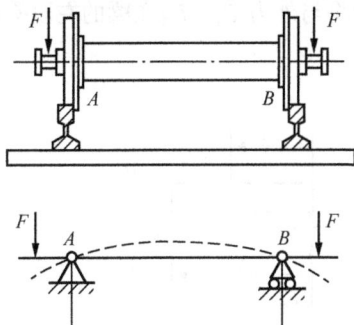

直梁的弯曲弯矩图

图 3-2-2-2　火车轮轴

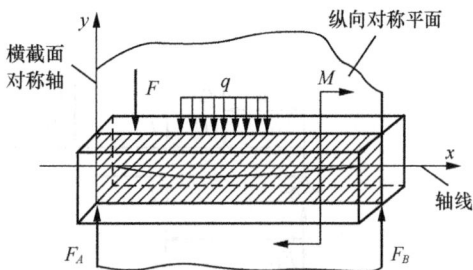

图 3-2-2-3　直梁的纵向对称平面

1. 梁的类型

工程中，梁的结构形式较多，按支座情况，可以分为以下 3 类。

（1）简支梁。一端为活动铰链支座，另一端为固定铰链支座的梁，如图 3-2-2-4（a）所示。

（2）外伸梁。一端或两端伸出支座之外的简支梁，如图 3-2-2-4（b）所示。

（3）悬臂梁。一端为固定端，另一端为自由端的梁，如图 3-2-2-4（c）所示。

（a）简支梁　　（b）外伸梁　　（c）悬臂梁

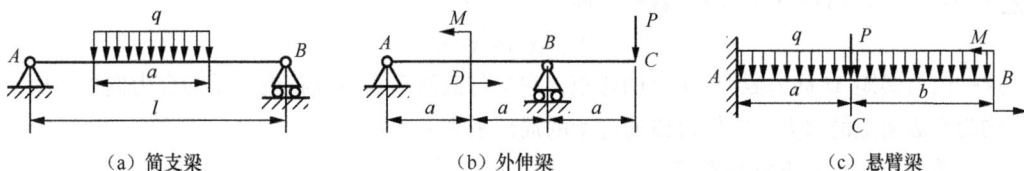

图 3-2-2-4　梁的类型

2. 梁的载荷简化

一般作用在梁上的载荷可以简化为以下 3 类。

（1）集中力。集中力是指通过一微小段梁作用在梁上的横向力，如图 3-2-2-5 中的 F。

（2）集中力偶。集中力偶是指通过一微小段梁作用在梁轴线面内的外力偶，如图 3-2-2-5 中的 M。

（3）分布载荷。分布载荷是指在梁的部分长度或全部长度上连续分布的横向力。若均匀分布，则称为均布载荷，用载荷集度 q 表示，单位为 N/m，如图 3-2-2-5 中的 q。梁的自重等就属于此类载荷。

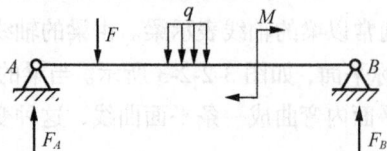

图 3-2-2-5　梁上载荷的类型

3. 梁的内力

（1）剪力与弯矩的概念

剪力是指作用线位于所切截面的内力；弯矩是指矢量位于所切截面的内力偶矩。如图 3-2-2-6（a）所示，简支梁两端的支座反力 F_A、F_B 可由梁的静力平衡方程求得。用假想截面将梁分为两部分，并以左段为研究对象，如图 3-2-2-6（b）所示。由于梁整体处于平衡状态，因而其各个部分也应处于平衡状态。据此，截面 I-I 将产生内力，这些内力将与外力 P_1、F_A 在梁的左段构成平衡力系。

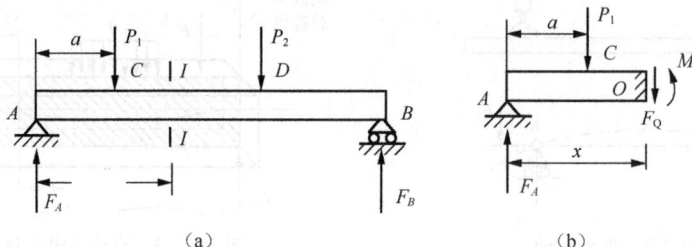

（a）　　　　　　　　　（b）

图 3-2-2-6　简支梁

由平面任意力系平衡方程 $\sum Y = 0$ 得 $F_A - P_1 - F_Q = 0$，即

$$F_Q = F_A - P_1$$

这个与截面相切的内力 F_Q 称为截面 I-I 上的剪力，它是与截面相切的分布内力系的合力。

根据平衡条件，若把左段上的所有外力和内力对截面 I-I 形心 O 取矩，其力矩总和应为零，即 $\sum M_O(F) = 0$，则 $M + P_1(x-a) - F_A x = 0$，即

$$M = F_A x - P_1(x-a)$$

这一内力偶矩 M 称为截面 I-I 上的弯矩，它是与截面垂直的分布内力系的合力偶矩。剪力和弯矩均为梁截面上的内力，它们可以通过梁的局部平衡来确定。

（2）剪力与弯矩的正负号规定

梁某截面剪力与弯矩的正负号由该截面附近的变形情况确定。

① 剪力的正负号规定。如图 3-2-2-7 所示，当截面发生变形时，使梁绕研究对象顺时针转动的为正剪力；反之为负剪力。

② 弯矩的正负号规定。如图 3-2-2-8 所示，当截面发生变形时，使梁变成凹形的为正弯矩，

使梁变成凸形的为负弯矩。

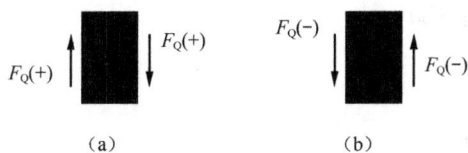

图 3-2-2-7　剪力的正负号规定

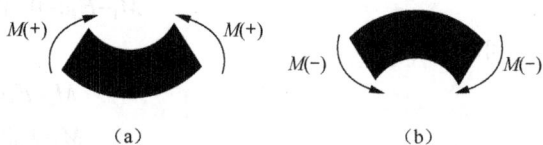

图 3-2-2-8　弯矩的正负号规定

（3）梁的内力计算方法

根据截面法以及剪力与弯矩的符号规定，可建立复杂载荷作用下梁在任意截面上的剪力和弯矩计算公式，举例说明如下。

例 3-11　如图 3-2-2-9（a）所示，外伸梁受集中力偶 M 和均布载荷 q 的作用，求梁 1-1、2-2、3-3、4-4 截面上的剪力和弯矩。

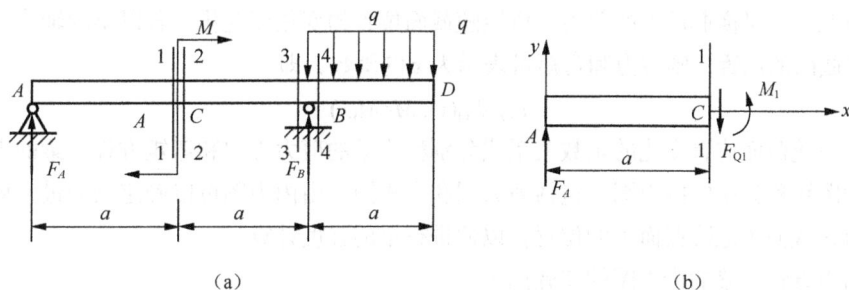

图 3-2-2-9　例 3-11 图

解：求任意截面 A 上的内力时，以 A 点左侧部分为研究对象，剪力与弯矩的计算如下。

（1）要求出内力，先计算外力。故分别计算 A、B、C、D 各支座反力。

由 $\sum M_B(F)=0$ 得

$$-F_A2a-M-1/2qa^2=0$$

由 $\sum Y=0$ 得

$$F_A+F_B-qa=0$$

$$F_B=M/(2a)+5qa/4$$

由 $\sum M_A(F)=0$ 校核（熟悉后可省略）得

$$-M-5qa^2/2+F_B2a=0$$

可据此判断支座反力计算是否正确。

（2）计算剪力。如图 3-2-2-9（b）所示，设 1-1 截面上的剪力为 F_{Q1}（按规定，其方向为正向），由 $\sum Y=0$ 得

$$F_A-F_{Q1}=0,\ 即\ F_{Q1}=F_A$$

同理可得

$$F_{Q2}=F_A$$

$$F_{Q3}=F_A$$

$$F_{Q4}=F_A+F_B$$

（3）计算弯矩。设图 3-2-2-9（b）中 1-1 截面上的弯矩为 M_1（按规定，其方向为正向），由

$$\sum M_C(F)=0 \text{ 得}$$

$$M_1 - F_A a = 0, \text{ 即 } M_1 = F_A a$$

同理可得

$$M_2 = F_A a + M$$
$$M_3 = F_A 2a + M$$
$$M_4 = F_A 2a + M$$

由此可以得出以下结论。

（1）计算内力时，按支座反力的实际方向确定其正负号，与坐标系相一致。

（2）计算弯曲内力时，选用截面左侧还是右侧计算应以计算简便为原则。

（3）集中力作用处，左、右两侧面上的剪力不同，弯矩相同。

（4）集中力偶作用处，左、右两侧面上的剪力相同，但弯矩不同。

4. 梁的内力图

一般情况下，梁横截面上的剪力、弯矩随截面位置的变化而变化。若以梁的轴线为 x 轴，坐标 x 表示横截面的位置，则剪力和弯矩可表示为 x 的函数，即

$$F_Q = F_Q(x), M = M(x)$$

这种内力随截面位置变化的函数关系式分别称为梁的剪力方程和弯矩方程。梁的内力随截面位置变化的图线称为梁的内力图，包括剪力图和弯矩图。由内力图可以确定梁的最大剪力和最大弯矩及其所在截面（危险截面）的位置，以便进行梁的强度计算。

根据内力方程画梁的内力图的步骤如下。

（1）求支座约束反力（悬臂梁可以不求）。

（2）分段（以集中力、集中力偶作用点及分布载荷的起、止点为分界点）列出内力方程，由内力方程判断各段剪力图、弯矩图的形状。

（3）求控制截面（分界点、极值点所在的截面）的剪力值、弯矩值，逐段画出剪力图、弯矩图。

例 3-12 试建立图 3-2-2-10 所示各梁的剪力与弯矩方程，并画出剪力图与弯矩图。

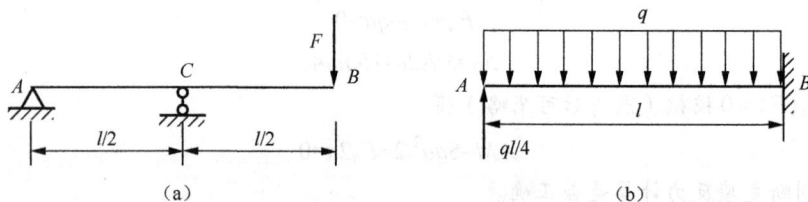

图 3-2-2-10 例 3-12 图

解： 建立图 3-2-2-10（a）所示梁的剪力和弯矩方程，并画出剪力图和弯矩图。

（1）求约束反力，如图 3-2-2-11 所示。

$$R_A = F \qquad R_C = 2F$$

（2）列剪力方程与弯矩方程。

$$F_{S1} = -F, M_1 = -F x_1 \quad (0 \leqslant x_1 \leqslant l/2)$$
$$F_{S2} = F, M_2 = -F(l - x_2) \quad (l/2 < x_2 < l)$$

（3）画剪力图与弯矩图，如图 3-2-2-12 所示。

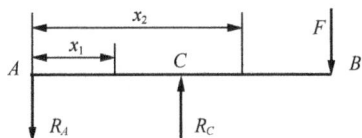

图 3-2-2-11　图 3-2-2-10（a）受力分析　　　图 3-2-2-12　图 3-2-2-10（a）剪力图和弯矩图

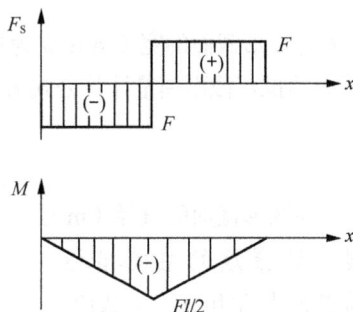

建立图 3-2-2-10（b）所示梁的剪力和弯矩方程，进行受力分析，如图 3-2-2-13 所示。

（1）列剪力方程与弯矩方程

$$F_s = \frac{ql}{4} - qx = q\left(\frac{l}{4} - x\right) \ (0 < x < l)$$

$$M = \frac{ql}{4}x - \frac{q}{2}x^2 \ (0 \leqslant x < l)$$

（2）画出剪力图与弯矩图，如图 3-2-2-14 所示。

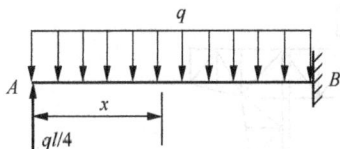

图 3-2-2-13　图 3-2-2-10（b）受力分析　　　图 3-2-2-14　图 3-2-2-10（b）剪力图和弯矩图

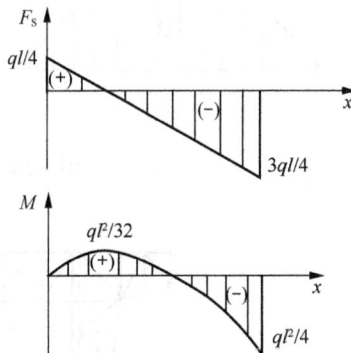

二、梁弯曲时的强度计算

1. 弯曲时的强度条件

求出梁横截面上的剪力和弯矩后，为了解决梁的强度问题，必须进一步研究横截面上各点的应力分布情况。若梁横截面上只有弯矩而无剪力，则所产生的弯曲称为纯弯曲。梁弯曲时的强度条件为梁内危险截面上的最大弯曲正应力不超过材料的许用弯曲应力，即

$$\sigma_{max} = \frac{M_{max}}{W_z} \leqslant [\sigma] \tag{3-20}$$

式中，σ_{max} 为横截面上的最大弯曲正应力（Pa）；M_{max} 为梁的最大弯矩（N·m）；W_z 为梁的抗弯截面模量（m³）；$[\sigma]$ 为材料的许用应力（Pa）。

矩形截面的抗弯截面模量计算公式为

$$W_z = \frac{1}{6}bh^2 \qquad\qquad (3\text{-}21)$$

式中，b 为矩形截面的宽（m）；h 为矩形截面的高（m）。

圆形截面的抗弯截面模量计算公式为

$$W_z = \frac{\pi d^3}{32} \qquad\qquad (3\text{-}22)$$

式中，d 为圆形截面的直径（m）。

2. 提高梁强度的主要措施

（1）降低最大弯矩 M_{max} 的数值

① 合理安排梁的支承。如图 3-2-2-15 所示，所受的载荷相同，图 3-2-2-15（b）中的弯矩是图 3-2-2-15（a）中弯矩最大值的 1/5。因此集中力靠近简支梁的中点可以提高梁的承载能力。实际工程中，龙门吊车的大梁如图 3-2-2-16 所示。

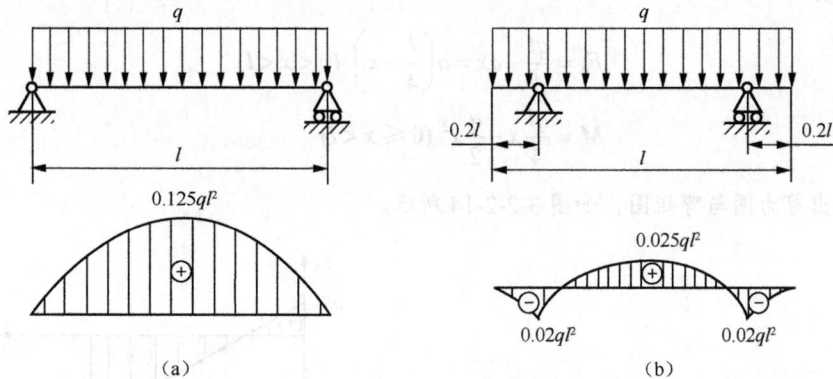

图 3-2-2-15　合理安排梁的支承

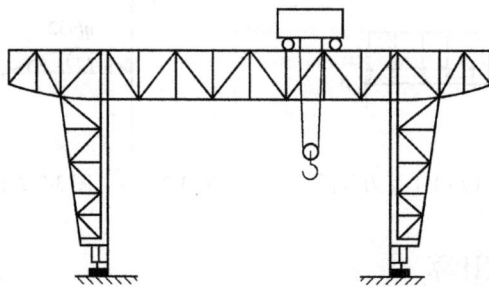

图 3-2-2-16　龙门吊车的大梁

② 合理安排载荷。如图 3-2-2-17 所示，当简支梁 AB 在中点受集中力 F 作用时，其弯矩图如图 3-2-2-17（a）所示。弯矩的最大值出现在中点，且 $M_{max}=Fl/4$。当变成受两个集中力 $F/2$ 后，如图 3-2-2-17（b）所示，所受的载荷相同，但产生的弯矩最大值减小了一半。因此合理安排载荷也可以提高梁的承载能力。

（2）合理选择梁的截面

合理的截面应该是用较小的截面面积（用材料少）得到较大的抗弯截面模量 W_z。如工字形截面比矩形截面合理，而矩形截面又比圆形截面合理。形状和面积相同的截面采用不同的放置方式，W_z 值可能不同。如矩形截面梁 $W_z=bh^2/6$，竖放时如图 3-2-2-18（a）所示，其抗弯截面模量大，承载能力强，不易弯曲；横放时如图 3-2-2-18（b）所示，其抗弯截面模量小，承载能力差，易弯曲。

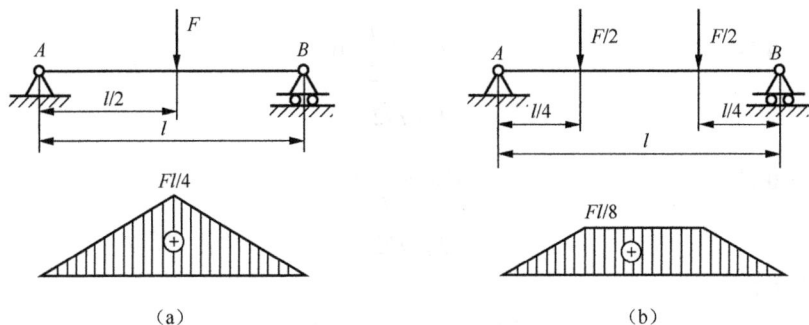

图 3-2-2-17　合理安排载荷

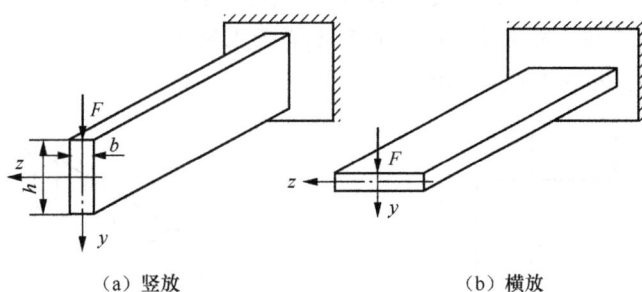

（a）竖放　　　　　　　　（b）横放

图 3-2-2-18　梁的放置方式

（3）采用变截面梁

为了节省材料，减轻结构的重量，可在弯矩较小处采用较小的截面，这种截面尺寸沿梁轴线变化的梁称为变截面梁。若变截面梁每个截面上的最大正应力都等于材料的许用应力，则这种梁称为等强度梁。图 3-2-2-19 所示的阶梯轴和钻床的横梁就是变截面梁。

（a）阶梯轴　　　　　　　　（b）钻床

图 3-2-2-19　变截面梁

例 3-13　图 3-2-2-20 所示的简支梁，载荷 F 可按 4 种方式作用于梁上，试分别画出弯矩图，并从强度方面考虑，指出哪种加载方式最合理。

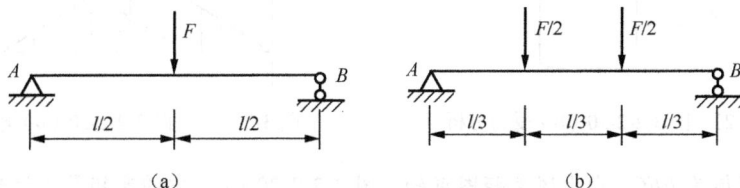

图 3-2-2-20　例 3-13 图

解：求图 3-2-2-20（a）所示的弯矩，并画出弯矩图。

（1）求支座反力，受力分析如图 3-2-2-21 所示。

由 $\sum M_B = 0$ 得 $\qquad\qquad -F_A l + F\dfrac{l}{2} = 0$

$$F_A = F/2$$

由 $\sum M_A = 0$ 得 $\qquad\qquad F_B l - F\dfrac{l}{2} = 0$

$$F_B = F/2$$

（2）列弯矩方程

$$-F_A X_1 + M_1 = 0 \qquad (0 \leqslant X_1 < l/2)$$
$$F_B(l - X_2) - M_2 = 0 \qquad (l/2 \leqslant X_2 \leqslant l)$$

式中的 M_1 和 M_2 分别为梁的 A 点距离 X_1 和 X_2 截面上的弯矩。

（3）绘制弯矩图，如图 3-2-2-22 所示。

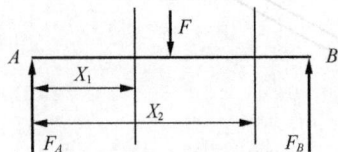

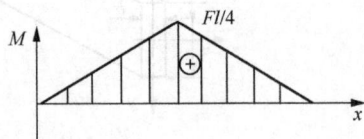

图 3-2-2-21　图 3-2-2-20（a）受力分析　　　　图 3-2-2-22　图 3-2-2-20（a）弯矩图

其最大弯矩值为 $Fl/4$。

求图 3-2-2-20（b）所示的弯矩，并绘制弯矩图。

（1）求支座反力、受力分析如图 3-2-2-23 所示。

由 $\sum M_B = 0$ 得 $F_A = F/2$。

由 $\sum M_A = 0$ 得 $F_B = F/2$。

（2）列弯矩方程

$$-F_A X_1 + M_1 = 0 \qquad\qquad (0 \leqslant X_1 < l/3)$$
$$-F_A X_2 + F/2(X_2 - l/3) + M_2 = 0 \qquad (l/3 \leqslant X_2 < 2l/3)$$
$$-M_3 + F_B(l - X_3) = 0 \qquad\qquad (2l/3 \leqslant X_3 \leqslant l)$$

式中 M_1、M_2、M_3 分别指的是梁的 A 点距离 X_1、X_2、X_3 截面上的弯矩。

（3）绘制弯矩图，如图 3-2-2-24 所示。

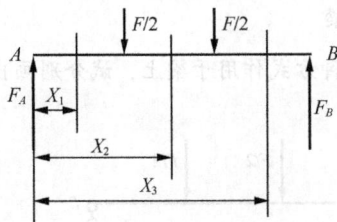

图 3-2-2-23　图 3-2-2-20（b）受力分析　　　　图 3-2-2-24　图 3-2-2-20（b）弯矩图

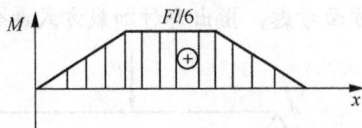

其最大弯矩值为 $Fl/6$，由上述弯矩图可知，图 3-2-2-20（b）中的弯矩最大值最小，该种加载方式最合理。

三、梁弯曲时的刚度条件

梁在载荷作用下由于弯曲而变形，它的轴线变形后弯成平面曲线。变形后梁的轴线称为弹性曲线或挠曲线。梁的轴线变形后，中性层长度不变。梁的变形可以用挠曲线的形状来说明，其各处的变形状况可以用挠度和转角来表示。在实际工程中，许多承受弯曲变形的构件除了要具有足够的强度外，其变形量还不能超过正常工作许可的数值，以保证构件具有足够的刚度。例如，化工厂的管道弯曲变形超过正常工作许可的数值，就会造成物料的淤积，影响输送。因此，对梁的变形必须加以控制。根据实际工程的需求，梁的最大挠度和最大转角不超过某一规定值。由此梁的刚度条件为

$$|y|_{max} \leqslant [y] \qquad (3-23)$$
$$|\theta|_{max} \leqslant [\theta] \qquad (3-24)$$

式中，$[y]$ 为许可挠度；$[\theta]$ 为许可转角。许可挠度和许可转角的数值可以从有关工程设计手册中查到。图 3-2-2-25 所示的挠曲线 AB_1，其挠度有 y_C、y_B，与 y 坐标轴的正方向一致时为正，反之为负，单位为 mm。转角即横截面相对于原来位置转过的角度 θ，单位为弧度，逆时针方向的转角为正，反之为负。

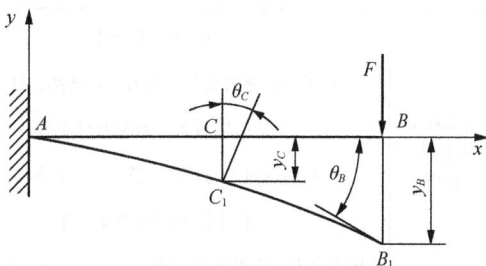

图 3-2-2-25　挠曲线

任务实施

完成本任务吊车大梁的布置方案设计，具体实施过程见附带的《实训任务书》。

任务拓展

已知凸阳台的结构如图 3-2-2-26 所示，其悬挑梁长 L=1.7m，梁自重 q=2.7kN/m，端部承受载荷 F=60kN，悬挑梁矩形截面尺寸为 200mm×400mm，许用应力 $[\sigma]$=140MPa，试校核其强度。

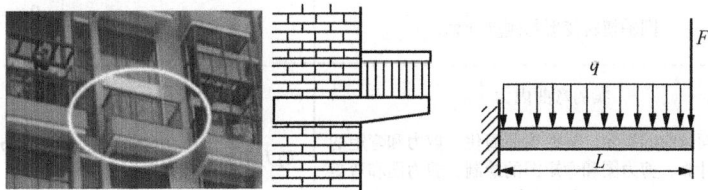

图 3-2-2-26　凸阳台的结构

模块小结

机器由各种各样的零部件组成，要使所设计的机器满足基本要求，就必须使组成机器的零件满足以下要求：①强度要求。当机器工作时，零件承受载荷后，既不能发生任何形式的断裂，也不能出现超过容许限度的残余变形。②刚度要求。零件在工作时的弹性变形不能超过允许范围。③稳定性要求。零件工作时能够保持自身的平衡状态。随着"智能制造时代"的来临，零部件的使用和设计面临着更高要求。

由于各类外力的作用，机械零件在工作时，其内部会产生抵抗其作用的内力，通常可以采用截面法来求出。内力在截面积上的集度就是应力，应力主要有两种，即剪应力、正应力。零件的强度是否足够安全就是判断其应力大小。在构件基本变形中，应力的计算公式类型较少，实际上只需要学生学会在何种情况下应用何种公式来进行判断即可。

由于应力随着截面的不同而连续变化，要对零件上的所有位置进行计算显然不可能。因此在实用计算中我们一般考虑在实际工况下，对"最糟糕"的位置进行计算。

本模块知识技能点梳理

任务	基本知识	拓展知识	主要公式
活塞杆承载能力分析	轴力与轴力图 拉伸与压缩的概念、内力与截面法、轴力图 轴向横截面上的应力与变形 应力的概念与计算、拉（压）杆的变形 拉（压）杆的强度计算 极限应力与许用应力、轴向拉（压）杆的强度条件	轴向拉（压）杆的变形特点 轴向拉（压）杆的轴力图绘制 典型轴向拉（压）杆强度校核案例	$\sigma = \dfrac{F_N}{A}$ $\sigma_{max} = \left(\dfrac{F_N}{A}\right)_{max} \leqslant [\sigma]$
销钉承载能力分析	剪切 剪切的概念，剪切应力、剪切强度校核 挤压 挤压的概念，挤压应力、挤压强度校核	剪切实用计算 挤压实用计算	$\tau = \dfrac{F_Q}{S} \leqslant [\tau]$ $\sigma_{jy} = \dfrac{F_{jy}}{S_{jy}} \leqslant [\sigma_{jy}]$
轴的承载能力分析	扭矩和扭矩图 扭转的概念、外力偶矩、扭矩、扭矩图 圆轴扭转时的应力和强度条件 圆轴扭转时横截面上的应力、圆轴扭转时的强度条件 圆轴扭转变形与刚度计算	典型圆轴扭转强度校核案例 圆轴扭转变形刚度条件	$M_e = 9549\dfrac{p}{n}$ $\tau_{max} = \dfrac{T_{max}}{w_p} \leqslant [\tau]$ $\theta_{max} = \dfrac{\varphi}{L} = \dfrac{T_{max}}{GI_p} \cdot \dfrac{180}{\pi} \leqslant [\theta]$
直梁的承载能力分析	梁的弯曲内力 直梁平面弯曲的概念、梁的载荷简化、剪力和弯矩的概念及计算、剪力图和弯矩图的绘制、剪力图和弯矩图的规律 梁弯曲时的强度计算 梁弯曲时的强度条件、提高梁强度的主要措施 梁弯曲时的刚度条件	剪力图、弯矩图绘制规律 工程中典型梁弯曲强度校核案例	$\sigma_{max} = \dfrac{M_{max}}{W_z} \leqslant [\sigma]$ $\|y\|_{max} \leqslant [y]$ $\|\theta\|_{max} \leqslant [\theta]$

思考与练习

一、填空题

1. 在对构件进行变形分析时，对变形固体做了 3 种假设，其内容是_____、_____、

_____。

2. 拉（压）杆的轴向拉伸与压缩变形，其轴力的正号规定是_____。

3. 塑性材料在拉伸试验的过程中，其 $\sigma\text{-}\varepsilon$ 曲线可分为 4 个阶段，即_____、_____、_____、_____。

4. 扭转是轴的主要变形形式，轴上的扭矩可以用截面法来求得，扭矩的符号规定为_____。

5. 根据约束情况的不同，梁可分为_____、_____、_____ 3 种常见形式。

二、选择题

1. 轴向拉伸杆，正应力最大的截面和剪应力最大的截面（   ）。

A. 分别是横截面、45°斜截面　　　　　B. 都是横截面

C. 分别是 45°斜截面、横截面　　　　　D. 都是 45°斜截面

2. 设轴向拉伸杆横截面上的正应力为 σ，则 45°斜截面上的正应力和剪应力（   ）。

A. 分别为 $\sigma/2$ 和 σ　　　　　B. 均为 σ

C. 分别为 σ 和 $\sigma/2$　　　　　D. 均为 2

3. 在连接件上，剪切面和挤压面分别（   ）外力方向。

A. 垂直、平行　　　　　B. 平行、垂直

C. 平行　　　　　D. 垂直

4. 一圆轴用碳钢制作，校核其扭转角时，发现单位长度扭转角超过了许用值。为保证此轴的扭转刚度，采用（   ）措施最有效。

A. 改用合金钢材料　　　　　B. 增加表面光洁度

C. 增加轴的直径　　　　　D. 减小轴的长度

5. 等强度梁的截面尺寸（   ）。

A. 与载荷和许用应力均无关　　　　　B. 与载荷无关，而与许用应力有关

C. 与载荷和许用应力均有关　　　　　D. 与载荷有关，而与许用应力无关

三、分析与计算题

1. 什么是内力？什么是截面法？如何用截面法求内力？

2. 两根不同材料的等直杆，它们的截面积与长度相等，承受相等的轴向拉力，试回答下列问题。

（1）两杆绝对变形和相对变形是否相等？

（2）两杆截面上的应力是否相等？

（3）两杆的强度是否相等？

3. 写出轴向拉压时胡克定律的表达式，并解释其含义，说明其适用范围。

4. 试写出扭转强度条件，并说明该条件可解决哪些问题。

5. 扁担常常在中间折断，而游泳池的跳水板则容易在固定端处折断，为什么？

6. 梁弯曲时的强度条件是什么？要提高梁的弯曲强度，可采取哪些主要措施？

7. 图 3-2-2-27 所示的钢制拉杆承受载荷 F=32kN，若材料的许用应力[σ]=120 MPa，杆件横截面积为圆形，求横截面的最小半径。

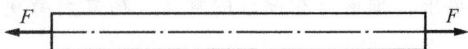

图 3-2-2-27　分析与计算题第 7 题

模块4

零部件的装配与拆卸

模块导入

　　机械产品的设计不仅包含运动关系和结构强度的设计，也包含尺寸和精度的设计。只有通过装配才能使零部件组合为完整的产品，每个零件在设计、选用和装配时都应考虑到后续工序的需求，满足生产效率和经济性要求。即便是原型机的设计或者在各类技能大赛中制作的功能原型机，为了便于后续加工和保证其经济性，也应该使其尽量满足标准化和互换性的基本要求。

知识目标

　　了解机器是怎样由零件组装为产品的；理解零件标准化的基本概念；了解我国机械行业现行的标准体系；理解零件的表面质量及表示方法；了解公差和配合的基本概念。

能力目标

　　掌握公差与配合的基本知识；学会使用简单的计量器具及其测量方法；掌握几何公差和公差带的概念；掌握常用的联接类型。

素质目标

　　了解零部件的装配要求，理解互相配合的意义，树立大局观和整体意识。

项目 4.1　装配技术要求认知

机械零件的形状千差万别，但从基本几何要素来看，都是由一些点、线、面构成的。在实际零件制造过程中，多种因素造成这些要素所形成的尺寸、位置、形状和表面质量等存在一定误差。通过对国家标准的学习和应用，将公差配合控制概念贯穿机械产品设计、生产、检测、装配的整个过程，以解决机械产品使用与制造工艺之间的矛盾，达到实现机械产品互换性的目的。

任务 4.1.1　装配体尺寸公差分析

任务描述

转向架是轨道交通车辆走行部位的重要零部件，其作用是支承车体，传递运动和力，提供良好的动力性能和稳定性。齿轮箱是转向架上的重要零件，如图 4-1-1-1 所示。某齿轮箱中轴的尺寸为ϕ180m7，齿轮孔的尺寸为ϕ180K6，其装配工艺要求如下：①将齿轮加热至 170℃ ± 5℃，保温 4h。②使用起吊装置将齿轮固定在专用夹具上，使轴向下插入齿轮内孔，直至轴肩定位端面与安装夹具基准面充分贴合，试分析该装配工艺是否合理。

图 4-1-1-1　某齿轮箱轴孔装配

任务分析

随着高速动车组技术的不断革新，动车组列车运行的速度不断提高。转向架驱动装置是指转向架上提供牵引动力输出的组成部分，一般由牵引电动机、联轴节、齿轮箱、温度传感器及其他传感器组成。齿轮箱的作用是将牵引电动机的扭转力矩有效地传递到车轴而使动车组加速，或者将车轴的转矩传递到牵引电动机而使动车组减速。齿轮箱作为机车动力传输的重要一环，其结构较复杂，如图 4-1-1-2 所示，组装质量尤为重要。

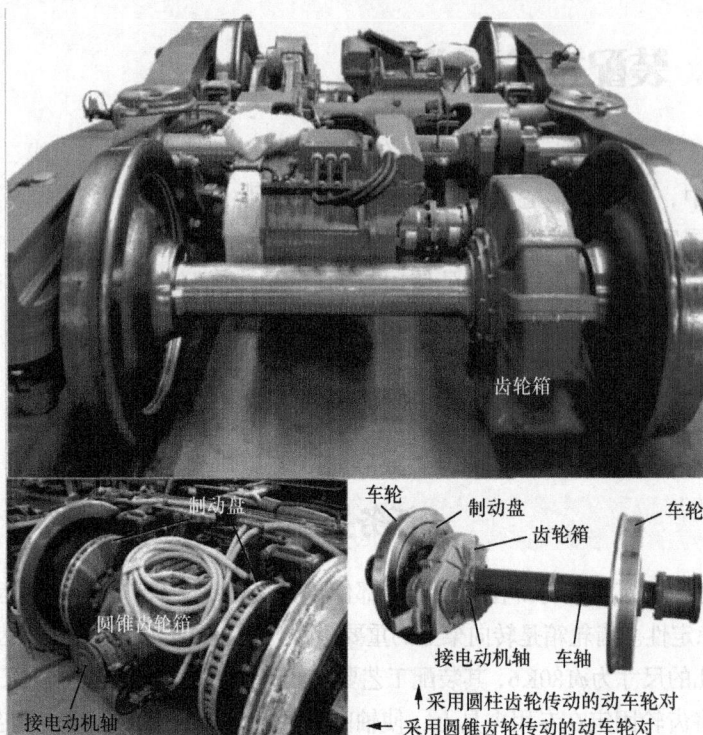

车轮　制动盘　齿轮箱　车轮
接电动机轴　车轴

↑采用圆柱齿轮传动的动车轮对
←采用圆锥齿轮传动的动车轮对

图 4-1-1-2　齿轮箱

知识链接

一、标准化和互换性

标准是人们对需要协调和统一的具有重复性特征的事物（如产品、零部件等）和概念（如定义、术语、规则方法、代号符号、量值单位等）做出的科学、统一的权威规定。标准化使分散的、局部的生产环节相互协调和统一，是组织现代化生产的重要手段和有力武器，是体现国家现代化水平的重要标志之一。

在机械制造业中，所谓互换性，主要是指产品零部件的相互可替换性，可理解为同一规格的零部件不需要做任何挑选和附加加工就可以相互替换，并且能满足使用要求的属性。由于零件都要经过加工，无论设备的精度和操作工人的技术水平多么高，要使加工零件的尺寸、形状和位置做到绝对准确，不但不可能，也没有必要。只要将零件加工后各几何参数（如尺寸、形状和位置）所产生的误差控制在一定范围内，不仅可以保证零件的使用功能，还能实现互换性。

二、公差基本概念

为满足零件的互换性要求，对零件的加工尺寸总是给出一个变动的范围，允许它在一定范围内变动，这种零件实际参数值的允许变动量称为公差，包括尺寸公差、形状公差、位置公差等。公差用来控制加工中的误差，以保证互换性的实现。因此，合理确定公差与正确进行检测是保证产品质量、实现互换性生产必不可少的两个条件和手段。

基本尺寸是由设计给定的尺寸。极限尺寸是允许尺寸变动的两个极限值，其中较大的一个称为最大极限尺寸，较小的一个称为最小极限尺寸。实际尺寸是零件加工后实际测量所得的尺寸，当实际尺寸在最大极限尺寸和最小极限尺寸之间时，说明零件合格。尺寸偏差是指某一尺寸与其基本尺寸的代数差。最大极限尺寸与基本尺寸的代数差称为上偏差；最小极限尺寸与基本尺寸的代数差称为下偏差。偏差的代号是：孔的上偏差用符号 ES 表示，下偏差用符号 EI 表示；轴的上偏差用符号 es 表示，下偏差用符号 ei 表示。尺寸公差是允许尺寸的变动量，为最大极限尺寸与最小极限尺寸代数差的绝对值，或上偏差与下偏差的绝对值，公差值总是正值。上述概念可以用图 4-1-1-3 所示的各种尺寸、偏差与公差的关系说明。

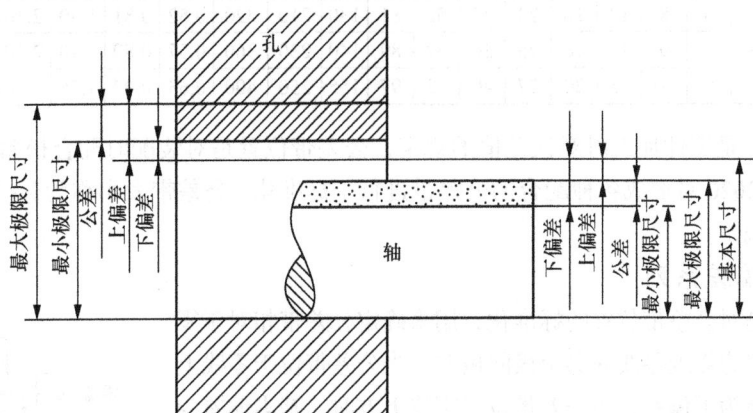

图 4-1-1-3　各种尺寸、偏差与公差的关系

1. 标准公差等级

标准公差是国家标准规定的用来确定公差带大小的标准公差数值，用符号 IT 表示。标准公差的大小反映了零件精度的高低，根据应用场合不同，可分为 20 个精度等级：IT01、IT0、IT1、IT2、IT3、IT4、IT5～IT18。其中，IT01 精度最高，其余依次降低，IT18 精度最低，标准公差数值依次增大。

2. 标准公差数值

在实际生产中，不同精度等级范围内标准公差数值的影响因素较为复杂，为方便使用，经过大量实验、实践并通过统计分析，总结出标准公差数值表，如表 4-1-1-1 所示。在实际应用中，只要选定了精度等级，就可用查表法确定出标准公差数值，步骤如下。

（1）根据基本尺寸找到所在尺寸段（左竖列）。

（2）根据精度等级找到 IT 所在位置（上横行）。

（3）竖列与横行的交叉点数值即所查标准公差数值。

表 4-1-1-1　　　　　　　　　　基本尺寸小于 500mm 的标准公差

基本尺寸		公差等级																		
		IT01	IT0	IT1	IT2	IT3	IT4	IT5	IT6	IT7	IT8	IT9	IT10	IT11	IT12	IT13	IT14	IT15	IT16	IT17	IT18
大于	至	μm													mm						
—	3	0.3	0.5	0.8	1.2	2	3	4	6	10	14	25	40	60	0.10	0.14	0.25	0.40	0.60	1.0	1.4
3	6	0.4	0.6	1	1.5	2.5	4	5	8	12	18	30	48	75	0.12	0.18	0.30	0.48	0.75	1.2	1.8
6	10	0.4	0.6	1	1.5	2.5	4	6	9	15	22	36	58	90	0.15	0.22	0.36	0.58	0.99	1.5	2.2
10	18	0.5	0.8	1.2	2	3	5	8	11	18	27	43	70	110	0.18	0.27	0.43	0.70	1.10	1.8	2.7
18	30	0.6	1	1.5	2.5	4	6	9	13	21	33	52	84	130	0.21	0.33	0.52	0.84	1.20	2.1	3.3
30	50	0.6	1	1.5	2.5	4	7	11	16	25	39	62	100	160	0.25	0.39	0.62	1.00	1.60	2.5	3.9

续表

基本尺寸		公差等级																			
		IT01	IT0	IT1	IT2	IT3	IT4	IT5	IT6	IT7	IT8	IT9	IT10	IT11	IT12	IT13	IT14	IT15	IT16	IT17	IT18
大于	至	μm													mm						
50	80	0.8	1.2	2	3	5	8	13	19	30	46	74	120	190	0.30	0.46	0.74	1.20	1.90	3.0	4.6
80	120	1	1.5	2.5	4	6	10	15	22	35	54	87	140	220	0.35	0.54	0.87	1.40	2.20	3.5	5.4
120	180	1.2	2	3.5	5	8	12	18	25	40	63	100	160	250	0.40	0.63	1.00	1.60	2.50	4.0	6.3
180	250	2	3	4.5	7	10	14	20	29	46	72	115	185	290	0.46	0.72	1.15	1.85	2.90	4.6	7.2
250	315	2.5	4	6	8	12	16	23	32	52	81	130	210	320	0.52	0.81	1.30	2.10	3.20	5.2	8.1
315	400	3	5	7	9	13	18	25	36	57	89	140	230	360	0.57	0.89	1.40	2.30	3.60	5.7	8.9
400	500	4	6	8	10	15	20	27	40	63	97	155	250	400	0.63	0.97	1.55	2.50	4.00	6.3	9.7

公差带大小是零件加工时对误差值的规定，公差带位置是对装配时配合松紧程度的规定。GB/T 1800.1—2020 对形成各种配合的公差带进行了标准化。公差带大小称为标准公差，公差带位置称为基本偏差。

3. 基本偏差系列

基本偏差是对公差带位置的标准化，用来确定公差带相对于零线的位置，一般为靠近零线的那个极限偏差。当公差带位于零线上方时，基本偏差为下偏差；当公差带位于零线下方时，基本偏差为上偏差，如图 4-1-1-4 所示。

基本偏差由国家标准确定，称为基本偏差系列。国家标准对孔和轴分别规定了 28 个公差带位置，分别由 28 个基本偏差来确定，如图 4-1-1-5 所示。基本偏差符号用拉丁字母表示，大写表示孔，小写表示轴，单写字母 21 个，双写字母 7 个。在 26 个字母中，I、Q、O、L、W（i、q、o、l、w）未被使用，以免混淆。

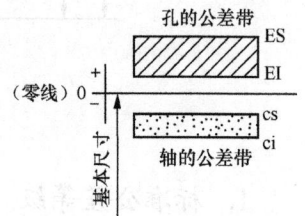

图 4-1-1-4 孔、轴的公差带

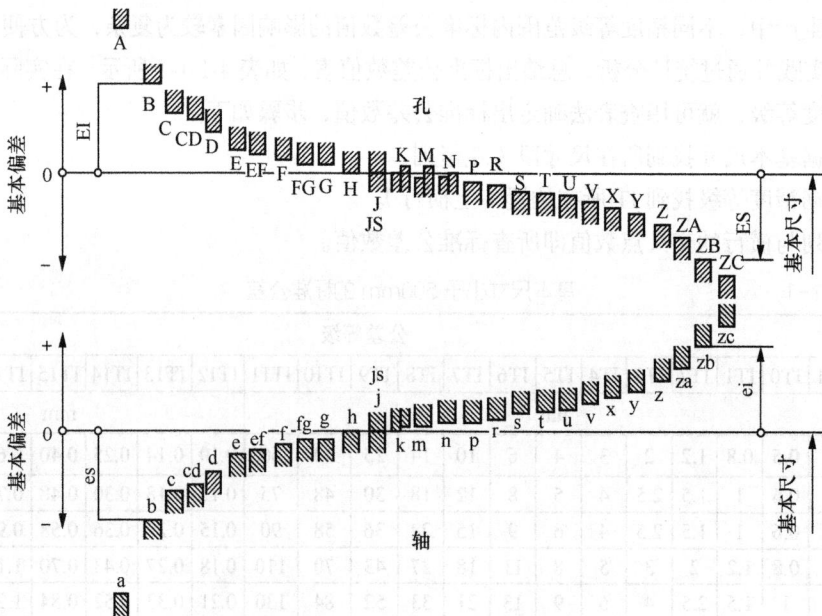

图 4-1-1-5 轴和孔的基本偏差系列

在基本偏差系列中，H（h）的基本偏差等于零；J（j）的公差带近似分布在零线两侧；而 JS（js）的公差带完全对称地分布在零线两侧。如 js 的上偏差 es=+IT/2 或下偏差 ei=–IT/2。

在孔的基本偏差系列中，代号 A~H 的基本偏差为下偏差 EI，其绝对值逐渐减小，其中 A~G 的基本偏差 EI 为正值，H 的基本偏差 EI=0；代号 J~ZC 的基本偏差为上偏差 ES（除 J 外，一般为负值），其绝对值逐渐增大。

在轴的基本偏差系列中，代号 a~h 的基本偏差为上偏差 es，其绝对值逐渐减小，其中 h 的基本偏差 es=0；代号 j~zc 的基本偏差为下偏差 ei（j、js 除外），其绝对值逐渐增大。

由图 4-1-1-5 所示可知，公差带一端是封闭的，其长度由基本偏差决定；另一端是开口的，其长度由标准公差数值的大小决定。因此，公差带代号都由基本偏差代号和标准公差等级代号两部分组成，在标注时必须标注公差带的两个组成部分。

孔的公差代号可表示为：$\phi 45H7$ 或 $\phi 45^{+0.025}_{0}$ 或 $\phi 45H7(^{+0.025}_{0})$。

轴的公差代号可表示为：$\phi 56r6$ 或 $\phi 56r6^{+0.060}_{+0.041}$ 或 $\phi 56r6(^{+0.060}_{+0.041})$。

配合代号的标注用孔、轴公差带代号的组合表示，写成分数形式，分子为孔的公差带代号，分母为轴的公差带代号，具体如下。

$$\phi 45\frac{H7}{m6} \text{ 或 } \phi 45H7/m6 \qquad \phi 55\frac{H7}{j6} \text{ 或 } \phi 55H7/j6$$

例 4-1 确定 $\phi 30f7$ 的基本偏差和另一个极限偏差。

解： 根据公差带代号 $\phi 30f7$，查基本偏差表，得到轴的基本偏差为上偏差，es= –20μm，所以轴的另一个极限偏差为下偏差。

$$ei=es–IT7= –20μm–21μm = –41μm$$

故 $\phi 30f7^{-0.020}_{-0.041}$。

三、配合制

配合制是以两个相配合的零件中的一个零件为基准件，并对其选定标准公差带，将其公差带位置固定，而改变另一个零件的公差带位置，从而形成各种配合的一种制度。国家标准规定了两种配合制度：基孔制和基轴制。

1. 基孔制

基孔制是指基本偏差为一定的孔的公差带，与不同基本偏差的轴的公差形成各种配合的一种制度，即基准孔 H 与非基准轴（a~zc）形成各种配合的一种制度。基孔制的孔为基准孔，其代号为 H，其基本偏差为下偏差，数值为零，上偏差为正值，即基准孔的公差带在零线上侧，如图 4-1-1-6（a）所示。

基准孔 H 与轴 a~h 形成间隙配合，标注为 H/(a~h)；一般与轴 j~n 形成过渡配合，标注为 H/(j~n)；通常与轴 p~zc 形成过盈配合，标注为 H/(p~zc)。

2. 基轴制

基轴制是指基本偏差为一定的轴的公差带，与不同基本偏差的孔的公差形成各种配合的一种制度，即基准轴 h 与非基准孔（A~ZC）形成各种配合的一种制度。基轴制的轴为基准轴，其代号为 h，其基本偏差为上偏差，数值为零，下偏差为负值，即基准轴的公差带在零线下侧，如图 4-1-1-6（b）所示。

基准轴 h 与孔 A~H 形成间隙配合，标注为 (A~H)/h；一般与孔 J~N 形成过渡配合，标注为

(J～N)/h；通常与孔 P～ZC 形成过盈配合，标注为(P～ZC)/h。

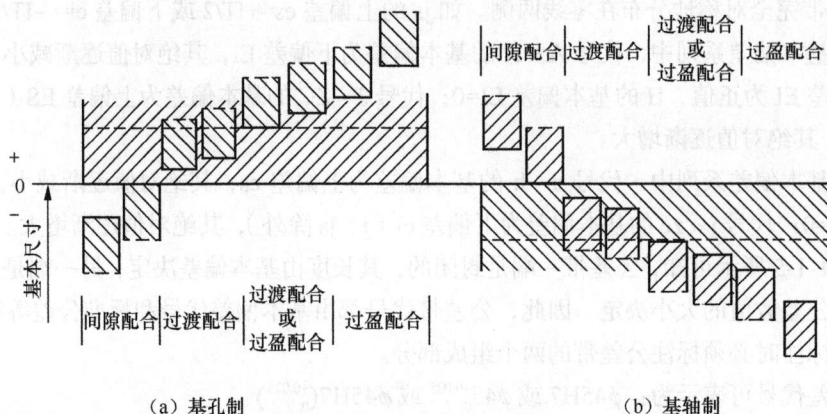

（a）基孔制　　　　　　　　　　　　（b）基轴制

图 4-1-1-6　基孔制与基轴制

四、极限与配合在图样上的标注

1. 公差带代号与配合代号

孔、轴的公差带代号由基本偏差代号和公差等级数字组成。例如，孔的公差带代号为 H7、F7、K7、P6；轴的公差带代号为 h7、g6、m6、r7。

当孔和轴组成配合时，配合代号写成分数形式，分子为孔的公差带代号，分母为轴的公差带代号，例如 H7/g6。如果是指某基本尺寸的配合，则基本尺寸标在配合代号之前，如ϕ30H7/g6。

2. 图样中尺寸公差的标注形式

孔、轴公差在零件图上主要标注基本尺寸和极限偏差值，也可标注基本尺寸、公差带代号和极限偏差值。在装配图上主要标注配合代号，即标注孔、轴的基本偏差代号及公差等级，如图 4-1-1-7 所示。

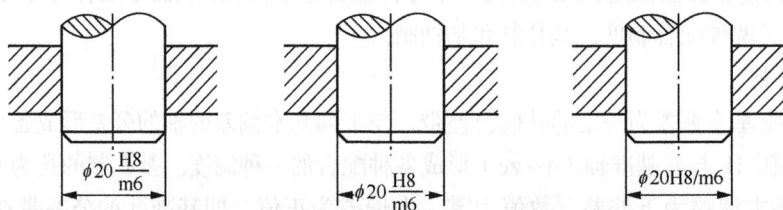

图 4-1-1-7　公差在装配图上的标注

下面介绍常用和优先选用的公差带与配合。GB/T 1800.1—2020 规定了 20 个公差等级，如将任意基本偏差与任意公差等级组合，在基本尺寸≤500mm 的范围，孔公差带有 20×27+3(J6、J7、J8)=543 个。使用这么多公差带显然不经济，因为它必然导致定制刀具和量具规格的繁多。

为此，国家标准规定了一般、常用和优先轴用公差带共 116 种，如图 4-1-1-8 所示。其中方框内的 59 种为常用公差带，圆圈内的 12 种为优先公差带。

```
                                   hl    jsl
                                   h2    js2
                                   h3    js3
                          g4   h4  js4  k4  m4  n4  p4  r4  s4
                     f5   g5   h5  js5  k5  m5  n5  p5  r5  s5  t5 u5 v5 x5
                e6  f6  (g6) (h6) js6 (k6) m6 (n6)(p6) r6 (s6) t6 (u6) v6 x6 y6 z6
           d7  e7 (f7)  g7  (h7) js7  k7  m7  n7  p7  r7  s7  t7 u7 v7 x7 y7 z7
       c8  d8  e8  f8   g8   h8  js8  k8  m8  n8  p8  r8  s8  t8 u8 v8 x8 y8 z8
 a9 b9 c9 (d9) e9  f9        h9  js9
a10 b10 c10 d10 e10          h10 js10
a11 b11 (c11) d11            h11 js11
a12 b12 c12                  h12 js12
a13 b13                      h13 js13
```

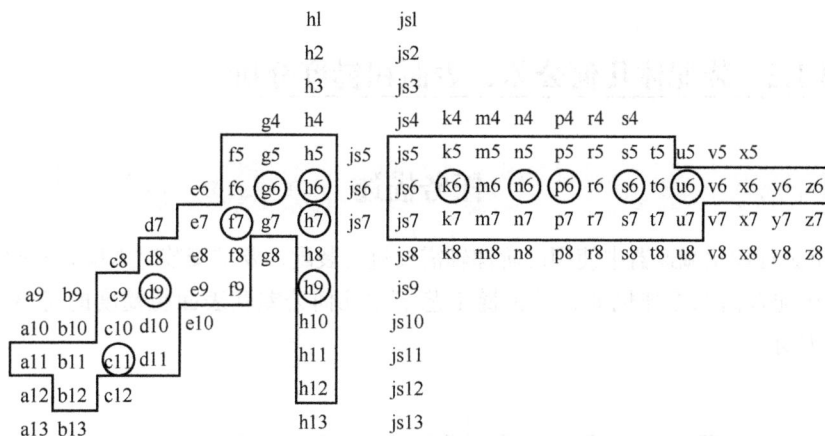

图 4-1-1-8　一般、常用和优先轴用公差带

同时，国家标准还规定了一般、常用和优先孔用公差带共 105 种，如图 4-1-1-9 所示。其中方框内的 44 种为常用公差带，圆圈内的 13 种为优先公差带。

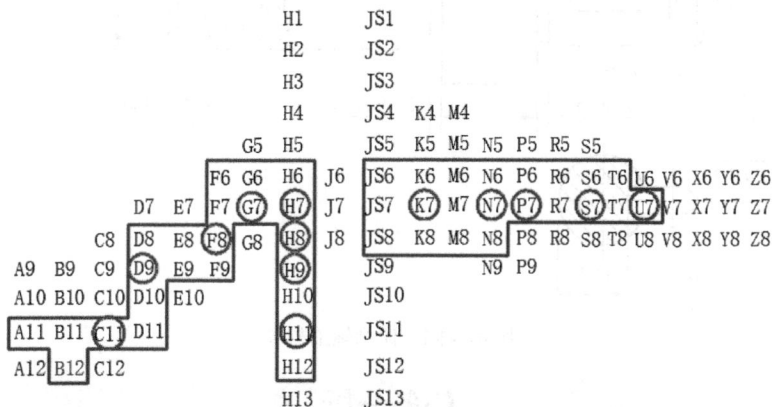

```
                                   H1    JS1
                                   H2    JS2
                                   H3    JS3
                                   H4    JS4  K4  M4
                          G5   H5  JS5  K5  M5  N5  P5  R5  S5
                     F6  G6  H6  J6 JS6  K6  M6  N6  P6  R6  S6 T6 U6 V6 X6 Y6 Z6
                D7  E7 (F7)(G7)(H7) J7 JS7 (K7) M7 (N7)(P7) R7 (S7) T7 (U7) V7 X7 Y7 Z7
            C8  D8  E8 (F8) G8 (H8) J8 JS8  K8  M8  N8  P8  R8  S8 T8 U8 V8 X8 Y8 Z8
  A9 B9 C9 (D9) E9  F9      (H9)   JS9              N9  P9
 A10 B10 C10 D10 E10        H10    JS10
 A11 B11 (C11) D11          (H11)  JS11
 A12 B12 C12                H12    JS12
                            H13    JS13
```

图 4-1-1-9　一般、常用和优先孔用公差带

在选取公差带时，应按优先、常用、一般公差带的顺序选取。若一般公差中也没有满足要求的公差带，则按国家标准规定的公差等级和基本偏差组成的公差带来选取，此外还可考虑用延伸和插入的方法来确定新的公差带。对于配合，国家标准规定基孔制常用配合 59 种，优先配合 13 种；基轴制常用配合 47 种，优先配合 13 种。

任务实施

完成本任务转向架齿轮和轴的装配工艺分析，具体实施过程见附带的《实训任务书》。

任务拓展

现有某转向架齿轮箱需将轮轴和齿轮进行装配，其公差要求为 $\phi 30\dfrac{\text{H7}}{\text{f6}}$，分析其属于哪种配合方式。

任务 4.1.2 装配体几何公差、表面粗糙度分析

任务描述

现有一个圆柱齿轮减速器中使用的阶梯轴需要进行装配，要求安装时需检验其同轴度，齿轮安装前必须在配合面上涂抹机油，试读懂工艺卡中几何公差和表面粗糙度的符号及其含义，如图 4-1-2-1 所示。

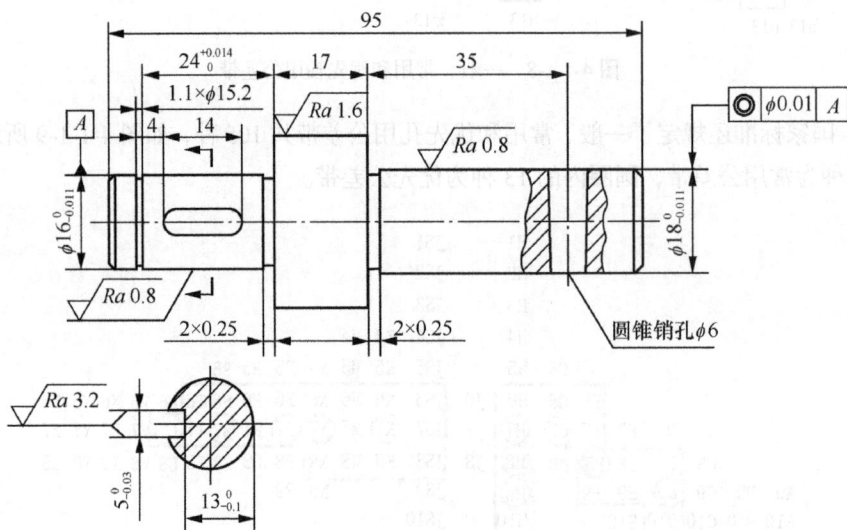

图 4-1-2-1　阶梯轴工艺卡

任务分析

减速器是原动机和工作机之间独立的闭式传动装置，用来降低转速和增大转矩，以满足工作需求，在某些场合也用来增速，称为增速器。减速器模型如图 4-1-2-2 所示。一般的减速器有斜齿轮减速器（如平行轴斜齿轮减速器、锥齿轮减速器等），行星齿轮减速器，摆线针轮减速器，蜗轮蜗杆减速器，行星摩擦式机械无级变速器等。减速器中的阶梯轴是用来安装齿轮的重要零部件，其安装精度有严格要求，必须了解几何公差的含义，才能按照要求完成装配。

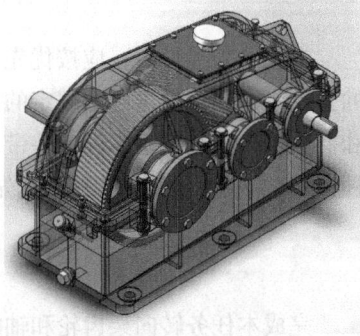

图 4-1-2-2　减速器模型

知识链接

在机械加工过程中，工件、刀具、机床的变形，相对运动的关系不准确，各种频率的振动以及定位不准确等都会使零件几何要素的形状和相对位置产生误差，称为形位误差。形位误差不仅影响零件的互换性，还影响整个产品的质量，使产品的使用寿命降低，因此必须对工件予以合理

限制，即规定几何公差。

一、几何要素的概念及其分类

1．几何要素的概念

任何形状的机械零件都是由点（圆心、球心、中心点和交点等），线（素线、轴线、中心线和曲线等），面（平面、中心平面、圆柱面、圆锥面、球面和曲面等）组合而成的，如图 4-1-2-3 所示。

几何公差的研究对象是构成零件几何特征的点、线、面，统称为几何要素，简称要素。一般在研究形状公差时涉及的对象有线和面 2 类要素，在研究位置公差时涉及的对象有点、线和面 3 类要素。几何公差就是研究这些要素在形状及其相互方向或位置方面的精度问题。

2．几何要素的分类

根据特征，几何要素有以下几种分类方法。

（1）按结构特征分类

① 轮廓要素。轮廓要素是指构成零件外形并为人们能直接感觉到的点、线、面，如图 4-1-2-4 所示的 a、b、c、d_1、e、d_2。

② 中心要素。中心要素是指轮廓要素对称中心所表示的点、线、面，其特点是不能被人们直接感觉到，而是只有通过相应的轮廓要素才能体现出来，如零件上的中心面、中心线、中心点等，如图 4-1-2-4 所示的 h、f、g。

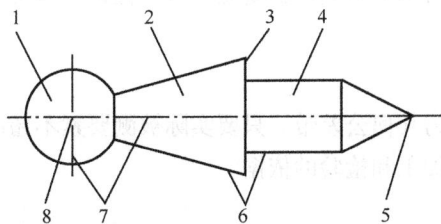

1—球面；2—圆锥面；3—平面（端面）；4—圆柱面；5—顶点；
6—素线；7—中心（轴）线；8—球心

图 4-1-2-3 零件的几何要素

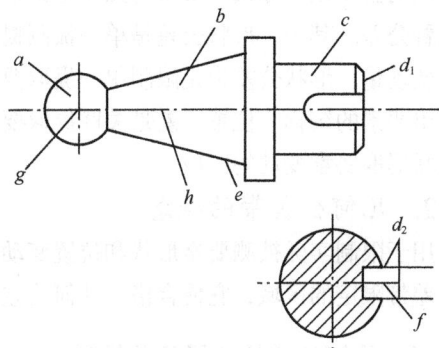

图 4-1-2-4 轮廓要素和中心要素

（2）按存在状态分类

① 实际要素。实际要素是指零件上实际存在的要素，可以被测量出来的要素代替。

② 理想要素。理想要素是指具有几何意义的要素，是按设计要求，由图样给定的点、线、面的理想形态，它不存在任何误差，是绝对正确的几何要素。理想要素作为评定实际要素的依据，在生产中不可能得到。

（3）按所处地位分类

① 被测要素。被测要素是指图样中给出了几何公差要求的要素，是测量对象，如图 4-1-2-5（a）中 ϕ16H7 孔的轴线和图 4-1-2-5（b）中的上平面。

② 基准要素。基准要素是指用来确定被测要素方向和位置的要素。基准要素在图样上标有基准符号或基准代号，如图 4-1-2-5（a）中 ϕ30h6 的轴线和图 4-1-2-5（b）中的下平面。

（4）按功能关系分类

① 单一要素。单一要素是指仅对被测要素本身给出形状公差的要素。

② 关联要素。关联要素是指对零件基准要素有功能要求的要素。如图 4-1-2-5（a）中ϕ16H7 孔的轴线相对于ϕ30h6 圆柱面轴线有同轴度要求，此时ϕ16H7 的轴线属于关联要素。同理，图 4-1-2-5（b）中上平面相对于下平面有平行度要求，故上平面属于关联要素。

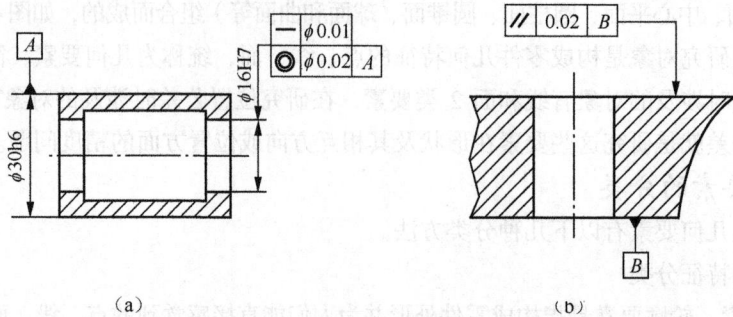

（a）   （b）

图 4-1-2-5　被测要素和基准要素

二、几何公差及几何公差带

1. 几何公差的概念

几何公差是实际被测要素对图样上给定的理想形状、理想位置的允许变动量，包括形状公差和位置公差。其中，形状公差是单一被测提取要素（实际要素）对其拟合要素（理想要素）所允许的变动量。形状公差带是限制单一提取要素的形状变动的区域。提取要素是提取组成要素和提取导出要素的统称。位置公差是关联提取要素的位置对基准所允许的变动全量。位置公差带是限制关联提取要素变动的区域。

2. 几何公差带的概念

用于限制实际被测要素形状和位置变动的区域称为几何公差带。只要实际被测要素不超出几何公差带限定的区域，它便合格。几何公差带是零件加工和检验的依据。

三、几何公差的项目及其符号

标准 GB/T 1182—2018 将几何公差分为 14 个项目，其中形状公差有 4 个项目，轮廓公差有 2 个项目，定向公差有 3 个项目，定位公差有 3 个项目，跳动公差有 2 个项目。几何公差的项目及其符号如表 4-1-2-1 所示。

表 4-1-2-1　　　　　　　　　　　　几何公差的项目及其符号

公差		特征项目	符号	有或无基准要求
形状	形状	直线度	—	无
		平面度	▱	无
		圆度	○	无
		圆柱度	⌖	无
形状或位置	轮廓	线轮廓度	⌒	有或无
		面轮廓度	⌓	有或无

续表

公差		特征项目	符号	有或无基准要求
位置	定向	平行度	∥	有
		垂直度	⊥	有
		倾斜度	∠	有
	定位	位置度	⊕	有
		同轴（同心）度	◎	有或无
		对称度	≡	有
	跳动	圆跳动	↗	有
		全跳动	↗↗	有

四、几何公差的框格和基准符号

当对零件的几何要素有几何公差要求时，应在设计图样上按《产品几何技术规范（GPS）几何公差　形状、方向、位置和跳动公差标注》（GB/T 1182—2018）的规定，用几何公差框格、指引线和基准符号进行标注。

1. 几何公差框格及填写内容

图 4-1-2-6 所示为几何公差框格，几何公差框格在图样上一般应水平放置，若有必要，也可垂直放置。对于水平放置的几何公差框格，应从左往右依次填写公差项目的符号、公差值、基准字母及有关符号，基准字母可多至 3 个，但先后有别，基准字母代号前后排列不同则有不同含义。对于垂直放置的几何公差框格，应该从下往上填写有关内容。几何公差框格由两格或多格组成，一般格数为 2~5 格，具体数量由需要填写的内容决定。

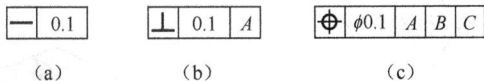

—	0.1

(a)

⊥	0.1	A

(b)

⊕	φ0.1	A	B	C

(c)

图 4-1-2-6　几何公差框格

2. 框格指引线

几何公差框格与被测要素用指引线连接起来，指引线由细实线和箭头构成。它从几何公差框格的一端引出，并与几何公差框格端线保持垂直，引向被测要素时允许弯折，但弯折不能超过两次。

框格指引线的箭头应指向公差带的宽度方向或径向，如图 4-1-2-7 所示。

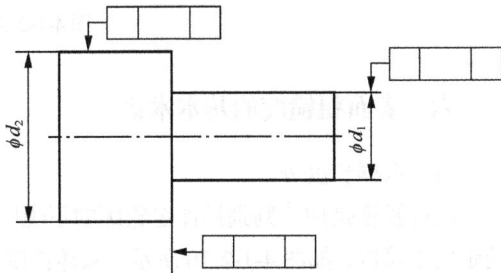

3. 基准符号与基准代号

（1）基准符号

基准符号为涂实的三角形。

（2）基准代号

图 4-1-2-7　框格指引线的箭头方向

基准代号由基准符号、正方形、连线和字母组成。无论基准符号的方向如何，字母都应水平书写，如图 4-1-2-8 所示。基准在图样上的表达方式是：在基准部位标注基准代号，再将基准代号中代表基准名称的字母填写在几何公差框格中。

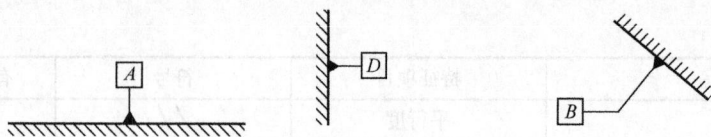

图 4-1-2-8　基准代号

五、表面粗糙度

表面粗糙度是指切削加工过程中由刀具和工件表面之间的强烈摩擦、切屑分离过程中的物料破损残留以及工艺系统的高频振动等，在工件表面上引起的具有较小间距和微观峰谷不平度的微观误差现象。这种表面微观几何形状误差直接影响机器或仪器的可靠性和使用寿命。

不论是用机械加工方法还是用其他方法获得，零件表面都不可能是绝对光洁、平滑的，总会存在由微小间距和微观峰谷组成的微小且高低不平的痕迹。这是一种微观几何形状误差，称为微观不平度。这种微观几何形状误差可用表面粗糙度来表达，表面粗糙度越小，表面越光滑。因此，表面粗糙度是评定零件表面质量的一项重要指标。

如图 4-1-2-9 所示，零件同一表面存在着叠加在一起的 3 种误差，即形状误差（宏观几何形状误差）、表面波度误差和表面粗糙度误差。通常可按相邻波峰和波谷之间的距离（波距）对三者加以区分：波距在 10mm 以上属于形状误差范围，波距为 1~10mm 属于表面波度误差范围，波距在 1mm 以下属于表面粗糙度误差范围。

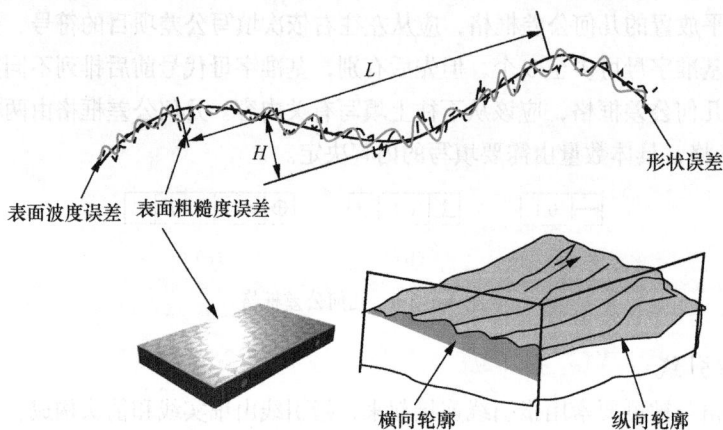

图 4-1-2-9　零件表面误差

六、表面粗糙度的基本术语

（1）取样长度 lr

取样长度是用于判别被评定轮廓的不规则特征在 x 轴方向上的一段基准线长度，它在轮廓总的走向上量取，如图 4-1-2-10 所示。取样长度与表面粗糙度的评定参数有关，在取样长度范围内，一般应包含 5 个以上的轮廓峰和轮廓谷。

（2）评定长度 ln

评定长度是由于加工表面有着不同程度的不均匀性，为了充分合理地反映某一表面的粗糙度的特性规定在评定时所必需的一段表面长度，包括一个或几个取样长度，通常可以取 5 个取样长度作为评定长度，故图 4-1-2-10 中总长即可理解为评定长度。

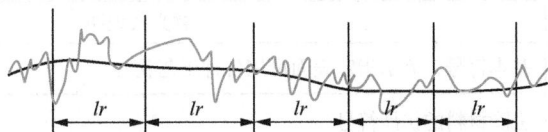

图 4-1-2-10　取样长度和评定长度

（3）基准线

为了评定表面粗糙度的数值，要求采取一定的评定基准线，应用较多的是轮廓算术平均线，即在取样长度内，由一条假想线将实际轮廓分成上下两部分，且使上部分面积之和等于下部分面积之和，则这条线就是其轮廓算术平均线，如图 4-1-2-11 所示。

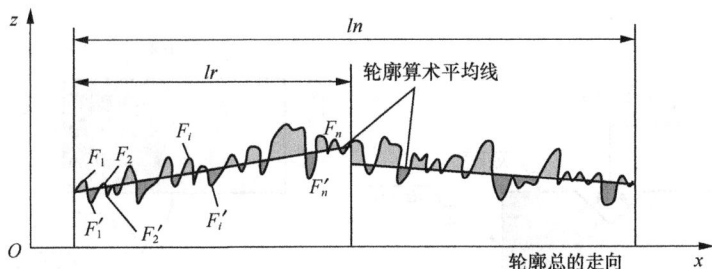

图 4-1-2-11　轮廓算术平均线

（4）轮廓算术平均偏差 Ra

轮廓算术平均偏差 Ra 即一个取样长度内，轮廓上各点到基准线距离绝对值的算术平均值。Ra 能较为客观地反映表面微观几何形状高度方面的特性，测量简单、方便，是普遍采用的参数，如图 4-1-2-12 所示。

$$Ra = \frac{1}{lr}\int_0^{lr} |Z(x)|\,\mathrm{d}x$$

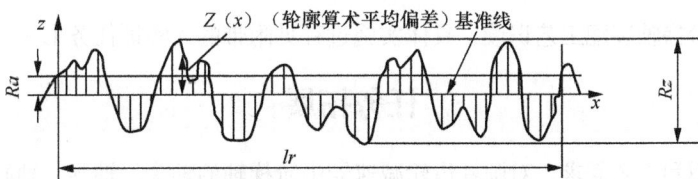

图 4-1-2-12　轮廓算术平均偏差

（5）轮廓最大高度 Rz

轮廓最大高度是指在一个取样长度 lr 内，最大轮廓峰高与最大轮廓谷深之和的高度。

七、表面粗糙度的符号标注

表面粗糙度的标注包括表面结构的图形和符号、代号，同一表面只标注一次，一般尽量靠近有关的尺寸线，如表 4-1-2-2 所示。若零件所有表面粗糙度要求相同，其符号、代号可以统一标注在图样的标题栏上方。在报告和合同等文本中，可以用"APA""MRR""NMR"分别表示允许用各种工艺获得表面、允许用去除材料的方法获得表面以及允许用不去除材料的方法获得表面，具体如图 4-1-2-13 所示。

表 4-1-2-2　　　　　　　　　　表面粗糙度的符号及其意义

符号	意义及说明
✓	基本符号，表示指定表面可用各种工艺获得
✓	去除材料的扩展符号
✓	不去除材料的扩展符号
✓ ✓ ✓	完整符号
✓ ✓ ✓	工件轮廓各表面的图形符号，当在图样某个视图上构成封闭轮廓的各表面有相同的表面结构要求时，应在完整图形符号上加一圆圈，标注在图样中工件的封闭轮廓线上

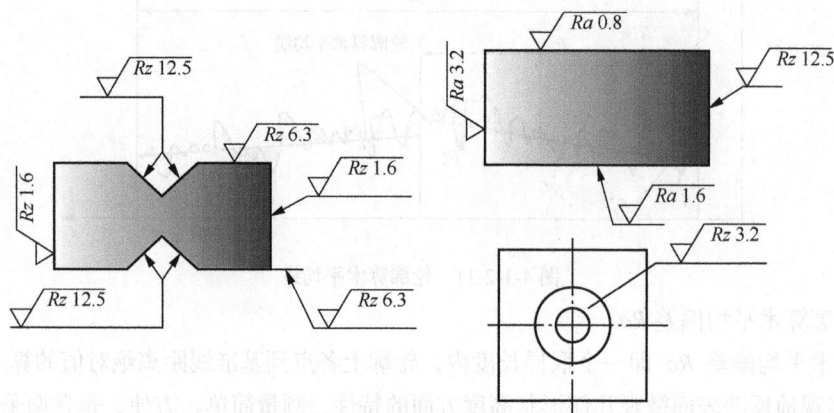

图 4-1-2-13　表面粗糙度标注示例

任务实施

完成本任务阶梯轴装配工艺识读，具体实施过程见附带的《实训任务书》。

任务拓展

根据实际使用和工艺需求，对圆柱齿轮减速器中阶梯轴的轴头、轴颈、轴肩、轴身四部分表面粗糙度数值大小进行排序。

项目 4.2　常用联接和计量器具认知

任务 4.2.1　装配体联接选用分析

任务描述

如图 4-2-1-1 所示，现有某一级圆柱齿轮减速器，为了保证其可靠联接和固定，装配工艺中对螺纹联接和键联接要求如下。

（1）箱盖与箱座联接螺栓，规格为 M10。

（2）轴承旁联接螺栓，选择 4 个，规格为 M14。

（3）轴承端盖螺钉，规格为 M8。螺栓布置应该使各螺栓受力均匀；同一组螺栓紧固件的形状、尺寸、材料等均应相同，以便于加工和装配；轴承旁联接螺栓的距离应尽量靠近，以互不干涉为准。

（4）轴上齿轮周向固定选用 25mm×80mm 平键，以铜锤打入键槽内。

为了完成此装配任务，试读懂工艺卡中螺纹联接和键联接的含义。

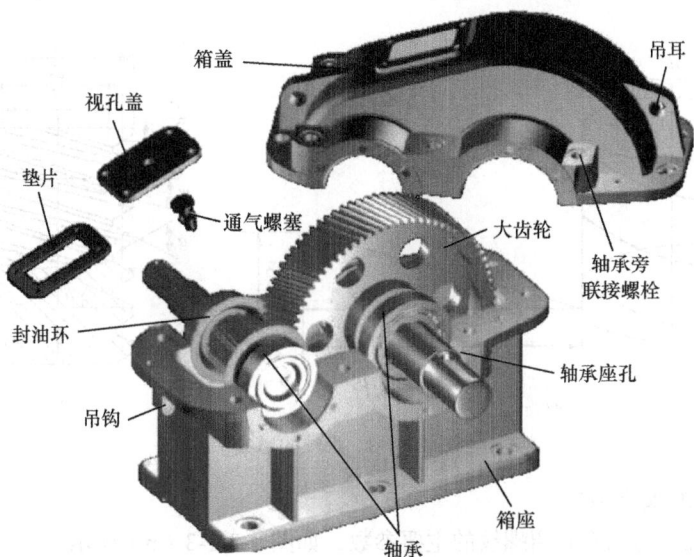

图 4-2-1-1　一级圆柱齿轮减速器

任务分析

在机械制造中，联接分为动联接和静联接。如果被联接的零件存在相对运动，这种联接称为动联接；若被联接的零件没有相对运动，则称为静联接。根据联接的可拆性，可分为不可拆联接与可拆联接。不可拆联接是至少会损坏联接中某一零件才能拆开的联接。螺栓联接是螺纹联接的一种，除此之外，螺纹联接还有其他形式，广泛地应用于机器和工程结构中；键联接通过键实现轴和轴上齿轮零件间的周向固定，以传递运动和转矩，这两种联接方式都属于可拆联接，如图 4-2-1-2 所示。

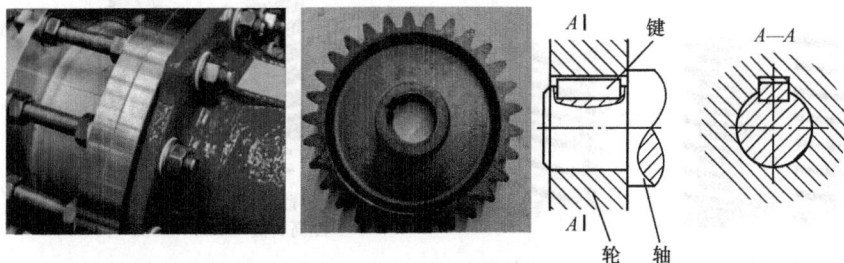

图 4-2-1-2　常见可拆联接

知识链接

一、螺纹的形成和主要参数

1. 螺纹的形成

如图 4-2-1-3（a）所示，一动点 A 在一圆柱体的表面上，一边绕轴线等速旋转，同时沿轴向等速移动，该动点的轨迹形成了一条螺旋线。如果将一个平面图形沿着螺旋线运动，运动时保持平面图形所形成回转面的中心线通过圆柱体的轴线，就会得到螺纹，不同的平面图形可形成不同的螺纹。

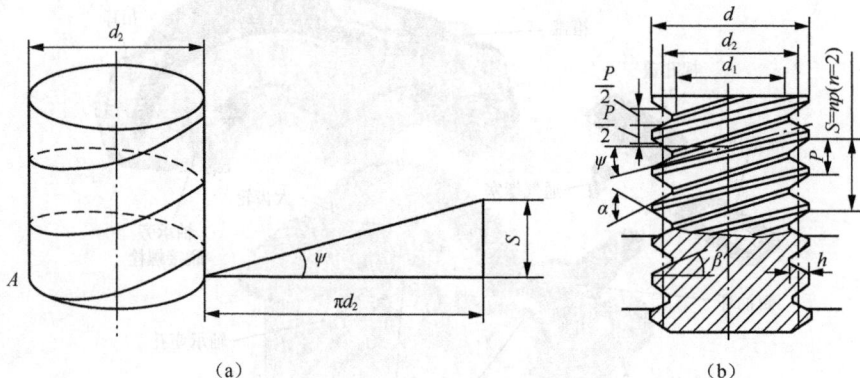

图 4-2-1-3　螺纹的形成

2. 螺纹的主要参数

下面以圆柱螺纹为例来介绍螺纹的主要参数，如图 4-2-1-3（b）所示。

（1）螺纹线数 n

单线螺纹（$n=1$）为一条螺旋线所形成的螺纹，如图 4-2-1-4（a）所示。由两条或两条以上（$n \geq 2$）在轴向等距分布的螺旋线所形成的螺纹称为多线螺纹，如图 4-2-1-4（b）所示，一般为了加工方便，$n \leq 4$。

（2）螺纹的旋向

螺纹的旋向是螺旋线在圆柱面上的旋转方向。按照螺纹旋向的不同，可分为左旋螺纹和右旋螺纹，逆时针方向旋入的螺纹为左旋螺纹，顺时针方向旋入的螺纹为右旋螺纹。判断螺纹旋向，可将螺纹轴线沿垂直方向放置，此时观察螺旋线，若左高右低，则为左旋，如图 4-2-1-5（a）所示；若左低右高，则为右旋，如图 4-2-1-5（b）所示。一般常用右旋螺纹。

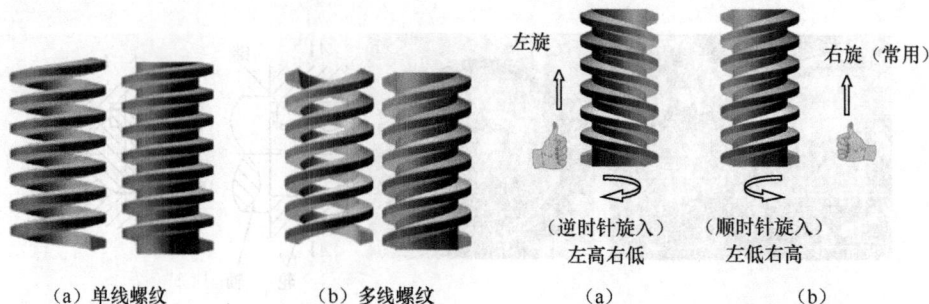

（a）单线螺纹　　　（b）多线螺纹

图 4-2-1-4　螺纹的线数

（a）　　　　　（b）

图 4-2-1-5　螺纹的旋向

（3）大径 D、d

与外螺纹牙顶或内螺纹牙底相重合的假想圆柱的直径称为大径，即螺纹的最大直径，如图 4-2-1-3 所示。其中内螺纹大径用 D 表示，外螺纹大径用 d 表示［图 4-2-1-3（b）中以外螺纹为例，内螺纹同理］。螺纹大径为普通螺纹的公称直径，代表螺纹的规格尺寸。

（4）小径 D_1、d_1

与外螺纹牙底或内螺纹牙顶相重合的假想圆柱的直径称为小径，即螺纹的最小直径，如图 4-2-1-3 所示。其中内螺纹小径用 D_1 表示，外螺纹小径用 d_1 表示，其在强度计算中作为危险截面的计算直径。

（5）中径 D_2、d_2

中径圆柱的母线通过牙型上沟槽和凸起宽度相等处的假想圆柱的直径。其中内螺纹中径用 D_2 表示，外螺纹中径用 d_2 表示。

（6）螺距 P

螺距是指相邻两牙在螺纹中径线上对应两点间的轴向距离，用 P 表示，如图 4-2-1-3 所示。

（7）导程 S

导程是指同一条螺旋线上相邻两牙在中径线上对应两点间的轴向距离，用 S 表示，$S=nP$，如图 4-2-1-3 所示。

（8）螺纹升角 ψ

螺纹升角是指在中径圆柱上螺旋线的切线与垂直螺纹轴线的平面的夹角，用 ψ 表示，其计算公式为

$$\psi = \arctan \frac{S}{\pi d_2} = \arctan \frac{nP}{\pi d_2}$$

（9）牙型角 α

牙型角是指在螺纹牙型上相邻两牙侧间的夹角（见图 4-2-1-3）。螺纹轴向截面内，螺纹牙型两侧边的夹角称为牙型角 α。

根据螺纹的牙型，即形成螺纹的平面图形，螺纹可分为三角形螺纹（M）、矩形螺纹（R）、梯形螺纹（Tr）和锯齿形螺纹（B），如图 4-2-1-6 所示。

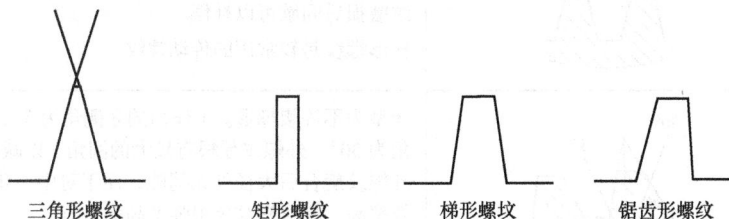

三角形螺纹　　矩形螺纹　　梯形螺纹　　锯齿形螺纹

图 4-2-1-6　螺纹的牙型

三角形螺纹的牙型角 α 较大，$\alpha=60°$，自锁性好，常用于联接螺纹。而矩形螺纹（$\alpha=0°$）、梯形螺纹（$\alpha=30°$）和锯齿形螺纹（工作边倾斜角为 3°）传动效率高，用于传动螺纹。

三角形螺纹又分为粗牙螺纹和细牙螺纹。当螺纹的大径相同时，细牙螺纹的间距小，小径大，螺纹升角小，自锁性更好，而且螺纹深度浅，对零件的强度削弱小，适用于薄壁零件及其受冲击

或需要精密调节相对位置的联接。但是细牙螺纹易滑扣，不宜用于经常拆卸的联接。

（10）牙侧角 β

牙侧角是指螺纹牙型侧边与垂直螺纹轴线的平面的夹角，对称牙型的牙侧角 $\beta=\alpha/2$（见图 4-2-1-3）。

（11）工作高度 h

螺纹工作高度，又称为螺纹有效高度，是指内、外螺纹旋合后的径向接触高度，即在螺纹连接中，螺纹顶部到螺纹根部的距离。这个距离直接影响螺纹连接的稳定性和承载能力。

二、常用螺纹的种类、特点及应用

利用螺纹零件构成的可拆联接称为螺纹联接。螺纹联接结构简单、紧固可靠、拆装方便、成本低廉，在各类机械设备中应用广泛。表 4-2-1-1 所示为机械中常用螺纹的类型与特点。

表 4-2-1-1　　　　　　　　　　机械中常用螺纹的类型与特点

螺纹类型	牙型	特点
三角形螺纹	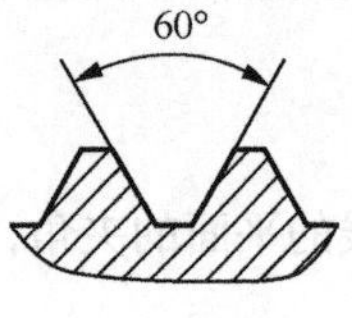	牙型为等边三角形，牙型角为 60°，外螺纹牙根允许有较大的圆角，以减小应力集中。同一公称直径的螺纹按螺距大小，分为粗牙螺纹和细牙螺纹。其中细牙螺纹的螺距小，自锁性好，但不耐磨。 粗牙螺纹多用于一般联接。细牙螺纹常用于薄壁件或受冲击、振动和变载荷的联接中，也可用作微调机构的调整螺纹
矩形螺纹	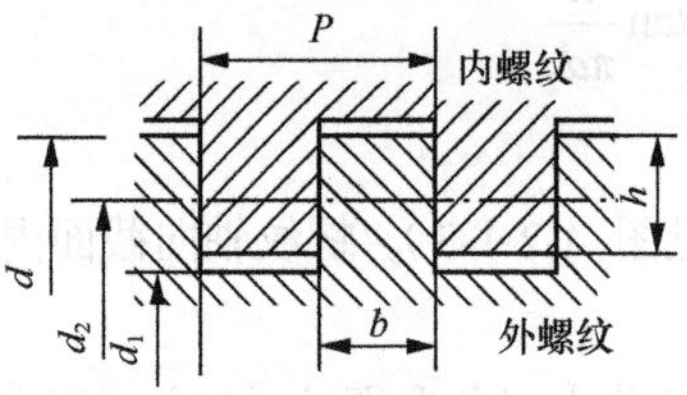	牙型为矩形，传动效率高。但牙根强度弱，螺旋副磨损后，间隙难以修复和补偿。矩形螺纹尚未标准化。 目前应用较少，已逐渐被梯形螺纹所替代
梯形螺纹	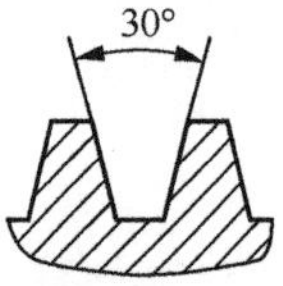	牙型为等腰梯形。牙型角为 30°，传动效率比矩形螺纹低，但工艺性好，牙根强度高，对中性好。若采用剖分螺母，螺纹磨损后间歇可以补偿。 梯形螺纹是较常用的传动螺纹
锯齿形螺纹	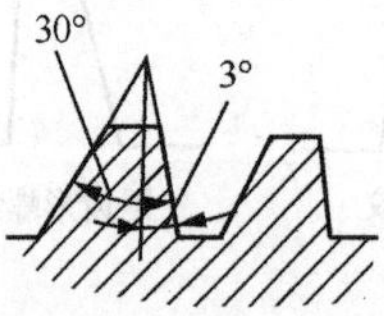	牙型为不等腰梯形。工作面的牙侧角为 3°，非工作面的牙侧角为 30°。外螺纹牙根有较大的圆角，以减小应力集中。内、外螺纹旋合后大径处无间隙，便于对中。兼有矩形螺纹传动效率高、梯形螺纹牙根强度高的特点。 适用于承受单向载荷的螺旋传动

三、螺纹联接的基本类型

螺纹联接的基本类型有螺栓联接、螺钉联接、双头螺柱联接、紧定螺钉联接。其基本类型、特点及应用如表 4-2-1-2 所示。

表 4-2-1-2　　　　　　　　　　　　　　螺纹联接的基本类型、特点及应用

类型	结构图	特点及应用
螺栓联接		结构简单，拆装方便，对通孔加工精度要求低，应用十分广泛
螺钉联接		不用螺母，直接将螺钉的螺纹部分拧入被联接件之一的螺纹孔中构成联接，结构简单，用于被联接件较厚、不便加工通孔的场合。但如果经常拆装，易使螺纹孔产生过度磨损而导致联接失效
双头螺柱联接		螺柱的一端旋紧在被联接件的螺纹孔中，另一端则穿过被联接件的另外一个孔。通常用于被联接件太厚而不便穿孔、结构要求紧凑或经常拆装的场合
紧定螺钉联接		螺钉的末端顶住零件的表面或顶入零件的凹坑中将零件固定。可以用于传递较小的载荷

四、键和销联接

1. 平键联接

平键是矩形截面的联接件，主要尺寸为键宽 b、键高 h 和键长 L，平键联接的结构如图 4-2-1-7（b）所示，键的上表面为非工作面，它与轮毂键槽底面有间隙。键的两侧面为工作面，工作时靠键与键槽之间的挤压传递运动和转矩。装配时，通常先将键嵌入轴的键槽内，再将轮毂上的键槽对准轴上的键，把盘形零件装在轴上，构成平键联接。按用途，平键可分为普通平键、导向平键和薄型平键 3 种。轮毂上的键槽是开通的，一般用插刀或拉刀加工，如图 4-2-1-8 所示。

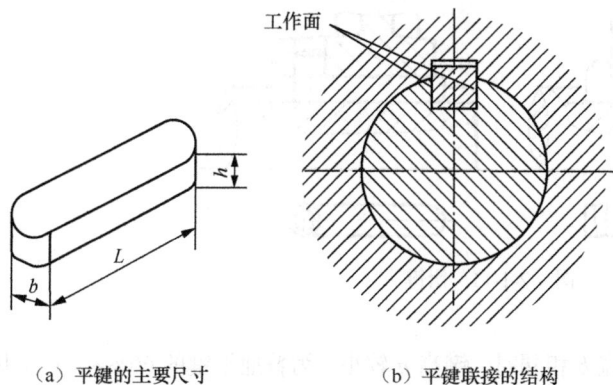

（a）平键的主要尺寸　　　　　（b）平键联接的结构

图 4-2-1-7　平键

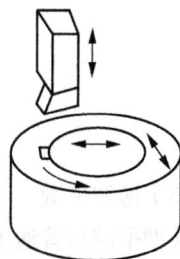

图 4-2-1-8　轮毂上键槽的加工

（1）普通平键

普通平键用于静联接，轴与轮毂间无相对轴向移动。端部形状有圆头（A型）、平头（B型）和单圆头（C型）3种形式，如图4-2-1-9所示。圆头普通平键，轴上的键槽用端铣刀在立式铣床上加工，键槽两端为半圆形，其优点是键在键槽中的固定较好，常用于轴中部的联接；平头普通平键，轴上的键槽用盘形铣刀在卧式铣床上加工，其缺点是键在键槽中的轴向固定不好。

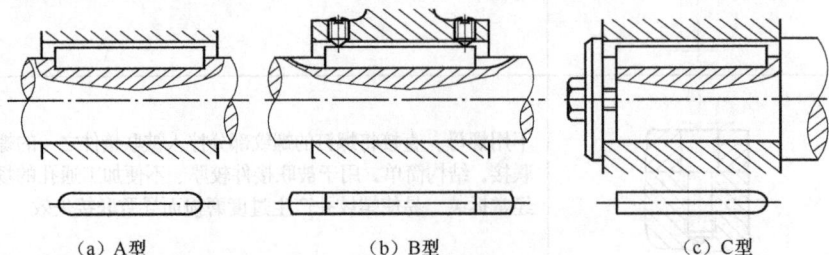

|（a）A型|（b）B型|（c）C型|

图4-2-1-9 普通平键

（2）导向平键

导向平键用于动联接，轴与轮毂间有相对轴向移动，如图4-2-1-10所示。其端部结构有圆头（A型）、平头（B型）两种形式。导向平键联接将键用螺钉固定在轴上的键槽中，轴上零件能沿导向平键轴向滑移。为了拆卸方便，在键的中部有起键用的螺钉孔。导向平键联接适用于轴上零件的轴向移动量较小的场合，如变速箱中的滑移齿轮。

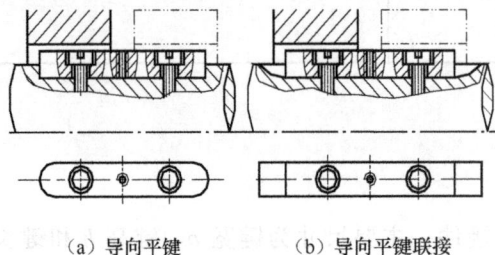

|（a）导向平键|（b）导向平键联接|

图4-2-1-10 导向平键及其联接示意图

当轴上零件的轴向移动量较大时，导向平键较长，不易制造，这时可采用滑键，如图4-2-1-11所示。滑键联接将滑键固定在轮毂上，并与轮毂一起在轴上的长键槽中滑动。

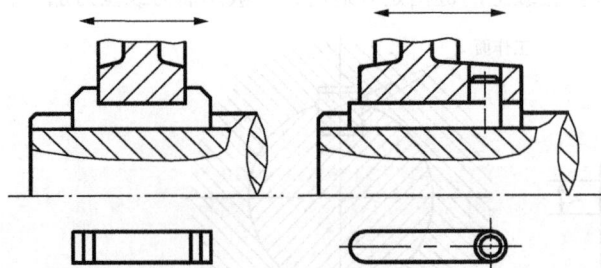

图4-2-1-11 滑键

（3）薄型平键

薄型平键与普通平键相比，当键宽 b 相同时，键高 h 较小，为普通平键的60%~70%。因此，其对轴和轮毂的强度削弱较小，一般用于薄壁结构、空心轴等径向尺寸受限制的场合。

普通平键标记：普通平键是标准件，采用 $b×L$ 标记。具体如下。

① 键 16×10×100 GB/T 1096，表示 b=16mm，h=10mm，L=100mm 的普通 A 型平键（型号 A 可省略不注）。

② 键 B16×10×100 GB/T 1096，表示 b=16mm，h=10mm，L=100mm 的普通 B 型平键。

平键的剖面尺寸 $b×h$ 根据轴的公称直径从相关标准中选择；键长 L 根据轮毂长度选择，一般略短于轮毂长度，且要符合键的标准长度系列。

2. 半圆键联接

半圆键的上表面为平面，两侧面呈半圆形平面，如图 4-2-1-12（a）所示，轴上加工出的键槽也呈半圆形。半圆键联接结构如图 4-2-1-12（b）所示，半圆键也以键的两侧面为工作面。轴上半圆键槽用与半圆键半径相同的半圆键铣刀加工，如图 4-2-1-13 所示。半圆键在键槽中能绕几何中心摆动，以适应轮毂上键槽的斜度，但键槽较深，削弱了轴的强度，因此只能传递较小的转矩，一般用于轻载或辅助性联接，特别适用于锥形轴端部与轮毂的联接。

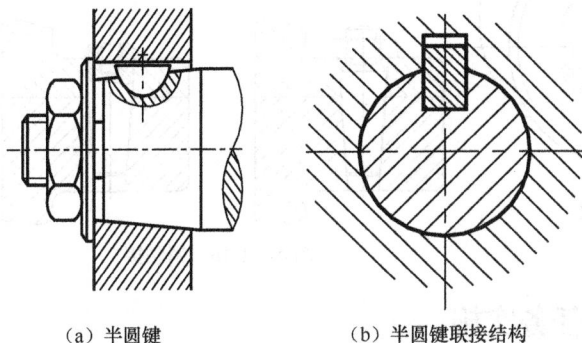

（a）半圆键　　（b）半圆键联接结构

图 4-2-1-12　半圆键联接

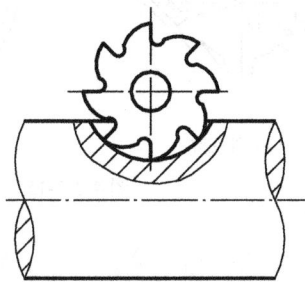

图 4-2-1-13　轴上半圆键槽的加工

3. 楔键联接

楔键的上表面和轮毂的键槽底面有 1∶100 的斜度。楔键的上、下表面是工作面，而键的两个侧面是非工作面，键与键槽的两个侧面留有间隙，如图 4-2-1-14 所示。在进行装配的时候，将楔键沿轴线打入轴和轮毂的槽内，其工作面上会产生较大的楔紧力。工作时，主要依靠楔键的上、下表面与轮毂和轴之间的摩擦力来传递转矩，并且能承受单方向的轴向力。由于楔紧力会使轴和轮毂产生偏心，故楔键联接多用于对中性要求不高、载荷平稳、转速较低的场合。

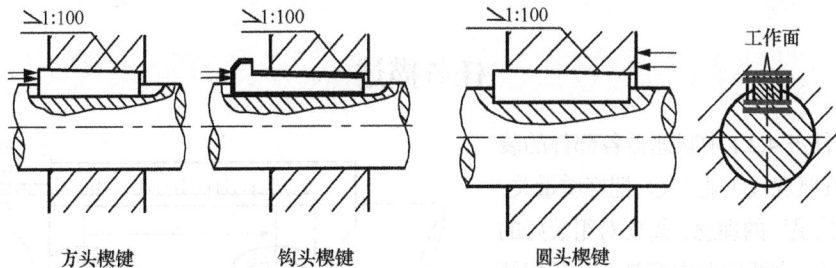

方头楔键　　　　钩头楔键　　　　圆头楔键

图 4-2-1-14　楔键联接

4. 花键联接

花键联接由轴上加工出的外花键和轮毂孔上加工出的内花键组成，如图 4-2-1-15 所示，是平键联接在数目上的发展。花键联接具有键齿数多、承载能力强、键槽较浅、应力集中小、对轴和轮毂的强度削弱小、键齿分布均匀、受力均匀、轴上零件与轴的对中性好、导向性好等优点。花键联接的缺点是加工复杂、需专用设备、成本较高。因此，花键联接用于定心精度要求高和载荷较大的场合。

5. 销联接

销也是标准件，应按照设计要求和相关标准选用。按形状，销可分为圆柱销、圆锥销和异形销 3 类。圆柱销依靠过盈与销孔配合，为保证定位精度和连接的紧固性，不宜经常拆装，主要用于定位，也用作联接销和安全销。圆锥销有 1∶50 的锥度，小端直径为标准值，自锁性好，定位精度高，主要用于定位。如图 4-2-1-16 所示，销联接的主要用途是确定零件间的相互位置，即起定位作用，此时销一般不承受载荷，应用时通常不少于两个。另外销联接还可以承受较小的载荷，用来传递横向力或转矩。销联接也可用来起过载保护作用，当联接过载时，销被切断，从而保护被联接件不被损坏。

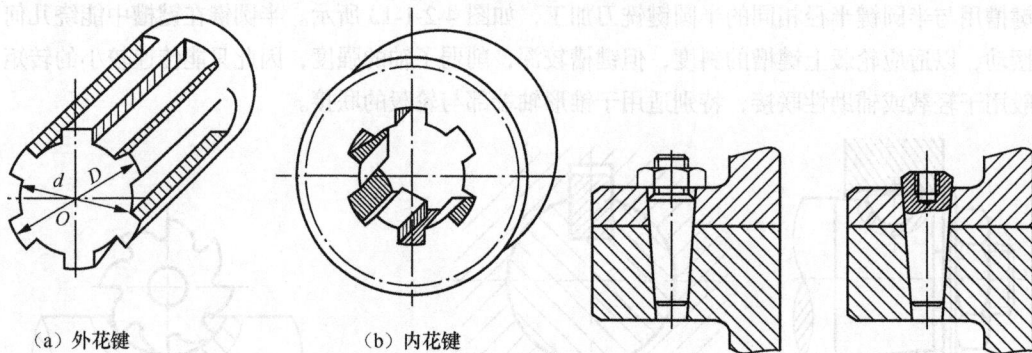

（a）外花键　　　（b）内花键

图 4-2-1-15　花键联接

图 4-2-1-16　销联接

任务实施

完成本任务减速器箱体装配体联接工艺识读，具体实施过程见附带的《实训任务书》。

任务拓展

在任务 4.2.1 中的一级圆柱齿轮减速器使用了键 B18×11×80 GB/T1096 的键连接，试分析该型号键的技术参数。

任务 4.2.2　常用计量器具的使用

任务描述

在完成任务 4.2.1 中减速器各部件的装配工序后，按照现代企业"人人把好质量关，人人都是质检员"的理念，需要对组装好的产品进行检验，主要检验内容是产品装配精度的各种几何量测量。例如，某型号减速器箱体上有两个孔，现需要检验其两孔的中心距，如图 4-2-2-1 所示。此外，减速器装配完毕后还需要加入润滑油并完成密封，试分析我们该如何完成上述两项工作。

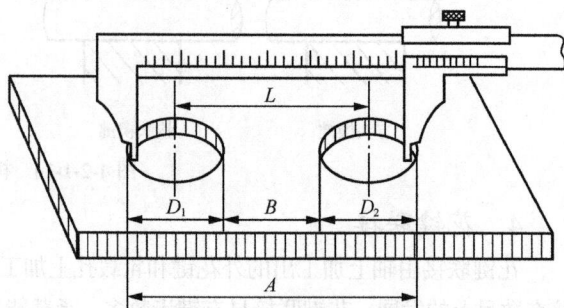

图 4-2-2-1　游标卡尺测量两孔的中心距

任务分析

在前文的学习中，我们已经了解了装配精度的各种要求，它们一般是对零件的尺寸和几何位置的要求，这需要用各类测量仪器来进行测定。机器在运行时，相对运动的零部件的接触表面之间会产生摩擦，摩擦不仅消耗能量，还会使机械零件发生磨损，缩短零部件的使用寿命。因此，选择合理的润滑方式，对延长零件的使用寿命、降低能耗、保证机器的正常运行具有极其重要的意义。另外，为防止机器中润滑油的泄漏及外部灰尘等杂质进入机器内部，机器零部件的密封问题也不容忽视。

知识链接

在各种几何量的测量中，尺寸测量十分基础。几何量中形状误差、位置误差、表面粗糙度等的测量大多以长度值来表示，它们的测量实质上仍然以尺寸测量为基础。因此，许多通用的尺寸测量器并不只限于测量简单的尺寸，它们还可以测量形状误差和位置误差。

在进行测量时，要针对零件不同的结构特点和精度要求采用不同的计量器具。对于大批量生产，多采用专用量具检验，以提高检测效率；对于单件小批量生产，则常用通用计量器具进行检验。

一、普通计量器具的选择

在单件小批量生产中，常用游标卡尺、千分尺、指示表等通用量具来进行零件加工检验。

1. 误收和误废

在实际生产中进行检验时，一般只按一次测量结果来判断零件是否合格，对于由温度、压陷效应以及计量器具系统误差等引起测量误差的因素均不做修正。因此，测得值的实际范围应该是测得值±测量误差。

在进行测量时，把超出公差界限的废品误判断为合格品称为误收，将接近公差界限的合格品误判为废品称为误废。在实际生产中，误收严重影响产品质量，误废会造成经济损失，因此应尽量减少误判率。

2. 尺寸验收极限

（1）验收原则。误收和误废都不利于提高产品质量和降低成本。为保证产品质量，《产品几何技术规范（GPS） 光滑工件尺寸的检验》（GB/T 3177—2009）对验收原则做出了规定：应只接收位于规定的尺寸极限内的工件。

（2）生产公差。为确保只接收位于尺寸极限之内的工件，将原极限尺寸公差数值内缩，此数值称为安全裕度 A。新的极限值称为验收极限，形成新的验收公差带，称为生产公差。

3. 计量器具的选择原则

（1）计量器具应与被测工件的外形、位置、尺寸大小及被测参数特性相适应，所选计量器具的测量范围能满足工作要求。

（2）选择计量器具时应考虑工件的尺寸公差，使所选计量器具的不确定度值既要保证测量精度要求，又要符合经济性要求。

在车间条件下测量并验收工件，必须考虑测量误差的影响，其主要来源是计量器具的不确定度 μ'_1。因此验收零件时，依据的就是计量器具的不确定度 μ'_1。

二、常用计量器具的使用

1. 游标类量具

游标类量具是利用游标读数原理制成的一种常用量具，它具有结构简单、使用方便、测量范围大等特点。

游标类量具的读数精度值有 3 种：0.1mm、0.05mm、0.02mm。在游标读数精度值为 0.05mm 的游标卡尺上，游标零线的位置在尺身刻线"14"与"15"之间，且游标上第 8 根刻线与尺身刻线对准，则被测量尺寸为 14mm+8×0.05mm=14.4mm。

常用的游标类量具有游标卡尺、深度游标尺、高度游标尺，它们的读数原理相同，主要区别是测量面的位置不同。

为了读数方便，有的游标卡尺上装有表头，如图 4-2-2-2 所示。它通过机械传动装置，将两测量爪的相对移动转变为指示表的回转运动，并借助尺身刻度和指示表，对两测量爪相对移动所分隔的距离进行读数。

图 4-2-2-3 所示为电子数显卡尺，它具有非接触性电容式测量系统，由液晶显示器显示。电子数显卡尺测量方便、可靠。

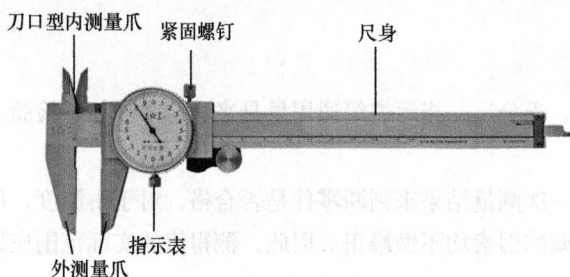

刀口型内测量爪　紧固螺钉　尺身

指示表

外测量爪

图 4-2-2-2　带表头的游标卡尺

图 4-2-2-3　电子数显卡尺

2. 螺旋测微类量具

螺旋测微类量具是利用螺旋副运动原理进行测量和读数的一种测位量具，可分为外径千分尺、内径千分尺和深度千分尺。

千分尺应用螺旋副的传动原理将角位移变成直线位移。常用外径千分尺的测量范围有 0～25mm、25～50mm、50～75mm，甚至几米以上，但测微螺杆的测量位移均为 25mm。外径千分尺的读数举例如图 4-2-2-4 所示。

3. 机械量仪

机械量仪是利用机械结构将直线位移经传动、放大后，通过读数装置表示出来的一种计量器具。百分表是应用最广的机械量仪之一。百分表的分

（a）8.350mm　　　（b）14.180mm　　　（c）12.761mm

图 4-2-2-4　外径千分尺的读数举例

度值为 0.01mm，表盘圆周刻有 100 条等分刻线。百分表的齿轮传动系统原理是测量杆移动 1mm，指针回转一圈。百分表的示值范围有 3 种：0～3mm、0～5mm、0～10mm。

（1）内径百分表。内径百分表是一种测量内控直径的量具，它可以测量 6～1000mm 的内尺

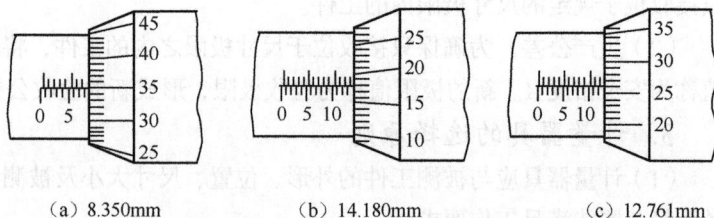

寸，适用于测量深孔，如图 4-2-2-5 所示。

（2）杠杆百分表。杠杆百分表又称为靠表，其分度值为 0.01mm，示值范围一般为 ±0.4mm。图 4-2-2-6 所示为杠杆百分表。校正小孔和在机床上校正零件时，由于空间限制，百分表放不进去，这时使用杠杆百分表就比较方便。

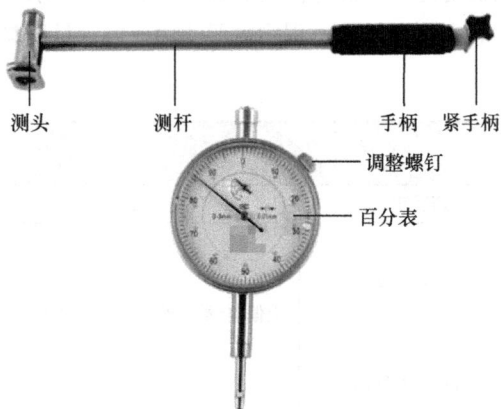

图 4-2-2-5　内径百分表

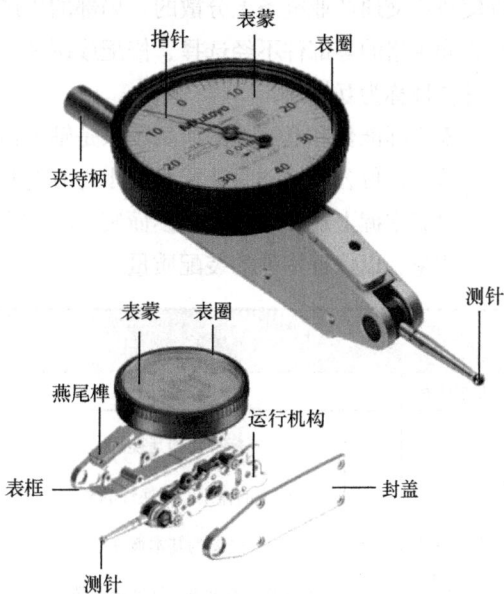

图 4-2-2-6　杠杆百分表

任务实施

完成本任务使用常见计量器具测量孔的中心距，具体实施过程见附带的《实训任务书》。

任务拓展

某列车零部件现经 50 分度游标卡尺测量，读数如图 4-2-2-7 所示，试读取其尺寸。

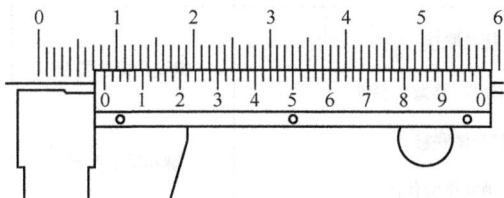

图 4-2-2-7　某零部件读数

模块小结

高铁列车由 4 个主要部分组装而成：车体、转向架、车下及车顶设备、车内设备。在列车制造过程中，前两部分同步进行，后两部分同步进行，在不同的车间同步生产，车间大致包括铝合金车间、涂装车间、总装配车间和调试车间等。其中，铝合金车间主要进行车体毛坯加工；涂装车间进行防腐和喷漆作业；十分重要的是总装配车间，车上、车下的各种电线、管路、设备的安装全部在这里完成；调试车间完成各种安全、功能检测，经过性能试验，使列车达到上线运营的状态。

列车在保持高速运行的同时，要保证乘客的舒适和安全，对其制造的质量和精度要求非常高。而我国轨道交通产业链条上的企业众多，为了兼顾质量和经济性，必须对零件标准化。标准化可以使轨道交通产业链条上分散的、局部的生产环节相互协调和统一。在不同工厂由不同工人生产的相同规格的零部件不经选择、修配或调整，就能装配成满足预定使用功能要求的机器或仪器，这种特性称为互换性。

零件标准化和互换性的典型场景是轴和齿轮的装配，要满足公差和配合的要求。公差包括尺寸公差和形位公差，同时装配好的零件有的具有运动的功能，因此零件对表面粗糙度也有要求。

只有掌握上述知识，才能读懂装配工艺文件，同时在实际操作过程中需要使用各类计量器具进行测量，以保证零件的装配质量。

本模块知识技能点梳理

工作任务	基本知识	拓展知识	主要公式
装配体尺寸公差分析 ⇩	标准化和互换性 标准的作用、互换性的概念 公差的基本概念 标准公差等级、标准公差数值 配合制 基孔制、基轴制	标准公差等级 标准公差数值 尺寸公差的标注形式	上偏差=最大极限尺寸−基本尺寸 下偏差=最小极限尺寸−基本尺寸
装配体几何公差、表面粗糙度分析 ⇩	形位公差 几何公差及几何公差带 表面粗糙度 表面粗糙度的概念和作用	形位公差的标注 表面粗糙度的标注	$Ra = \dfrac{1}{lr}\displaystyle\int_0^{lr} \lvert Z(x) \rvert \, \mathrm{d}x$
装配体联接选用分析 ⇩	螺纹联接 螺纹的形成、类型、参数 键和销联接 键和销联接的作用	螺纹联接的类型 键和销的类型	导程：$S = nP$
常用计量器具的使用	普通计量器具的选择 尺寸验收极限 常用计量器具的使用 游标类量具、螺旋测微类量具	测量器具的选择原则 游标卡尺、外径千分尺的读数	游标卡尺读数=主尺读数（整数）+副尺读数（小数）

思考与练习

一、选择题

1. 尺寸 $\phi48F6$ 中,"F"代表(　　)。

A. 尺寸公差带代号　　B. 公差等级代号　　C. 基本偏差代号　　D. 配合代号

2. 公差带选用顺序是尽量选择(　　)代号。

A. 一般　　　　　　　B. 常用　　　　　　C. 优先　　　　　　D. 不确定

3. 孔的公差带在轴的公差带之上的配合称为(　　)。

A. 间隙配合　　　　　B. 过盈配合　　　　C. 过渡配合　　　　D. 不确定

4. 实际尺寸是(　　)。

A. 基本尺寸　　　　　B. 测量得到的尺寸　　C. 极限尺寸　　　　D. 设计尺寸

5. 尺寸公差是指(　　)。

A. 最大尺寸　　　　　B. 允许的尺寸变动量　C. 极限尺寸　　　　D. 实际尺寸

6. 尺寸 $\phi80H6$ 中,"6"代表(　　)。

A. 尺寸公差带代号　　B. 公差等级代号　　C. 基本偏差代号　　D. 配合代号

7. M24×2 表示(　　)。

A. 粗牙普通螺纹　　　B. 内径 24mm　　　　C. 细牙普通螺纹　　D. 精度 2 级

8. 梯形螺纹特征代号用(　　)表示。

A. Tr　　　　　　　　B. B　　　　　　　　C. G　　　　　　　　D. Rc

9. 在下列计量器具中,精度最高的是(　　)。

A. 钢直尺　　　　　　B. 内卡钳　　　　　C. 游标卡尺　　　　D. 千分尺

10. 普通螺纹的牙型角为(　　)。

A. 30°　　　　　　　　B. 45°　　　　　　　C. 60°　　　　　　　D. 75°

二、判断题

1. 标准公差用符号"IT"表示。(　　)

2. 表面粗糙度值越大,则表面越光滑。(　　)

三、简答题

1. 解释 M24-5g-S 的含义。

2. 解释 Tr32×2-3 的含义。

3. 常用的键联接有几种?

4. 什么是基孔制?

5. 什么是基轴制?

模块5

典型机构认知及设计

模块导入

轨道交通装备业是为铁路、高铁和城市轨道交通提供装备的战略性新兴产业，属于以技术含量和自主创新能力为核心的高端装备制造业，也是我国在国际市场上最具竞争力的行业之一。整个行业机械化、自动化的程度和创新水平非常高，例如，在某铁路公司中已经开始使用检修机器人以提高工作效率。

因此，为了满足生产的实际需求，学生首先需要掌握机械工作的基本原理，在此基础之上善于思考、敢于创新，以适应行业发展。

在模块 1 中已阐述了机器的定义、分类及其组成（原动机、传动机构和工作机构），本模块将进一步说明机器、机构的特征和组成，介绍在轨道交通设备中的典型机构。

通常机器由若干个机构组成。在图 5-0-0-1 中，活塞、连杆、曲轴和气缸体组合起来可将活塞的往复移动变成曲轴的连续转动，该组合称为曲柄滑块机构；凸轮、顶杆和气缸体的组合可将连续转动变成顶杆按预期运动规律的往复移动，以控制气阀的启闭，该组合称为凸轮机构；两个齿轮与气缸体的组合可将曲轴的转

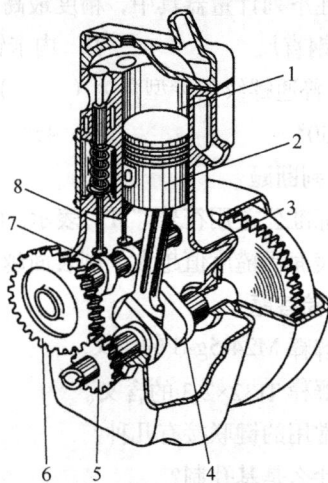

1—气缸体；2—活塞；3—连杆；4—曲轴；
5、6—齿轮；7—凸轮；8—顶杆
图 5-0-0-1 单缸内燃机

动变为凸轮轴的转动，并且改变了凸轮轴转速的大小和方向，该组合称为齿轮机构。显然，内燃机由上述 3 种机构组成。

简单的机器只含一个机构，如电动机和鼓风机。通常把具有一定相对运动的人为

制造的实体的基本组合称为机构。由此可知，机构仅具有机器的前两个特征，即人为制造的实物，且各部分具有确定的相对运动，机构的作用是实现运动和力的传递。

知识目标

　　了解机器、机构、运动副的基础知识；了解机构运动简图的概念及绘制方法；了解平面四杆机构的类型、应用；了解凸轮机构的特点及其应用；了解槽轮、棘轮机构的工作原理、应用场合。

能力目标

　　掌握常见机构运动简图的绘制方法，会分析机构运动规律；掌握不同平面四杆机构的特点，会应用图解法设计平面四杆机构；理解凸轮机构的运动特性，会应用图解法设计凸轮轮廓曲线；理解槽轮、棘轮机构的运动特性。

素质目标

　　了解典型机构的工作特性，强化对家庭、社会、国家的使命担当，增强质量意识、创新精神。

项目 5.1　机构结构分析

任务 5.1.1　绘制机构运动简图

　　机构由若干个构件组合而成，每个构件都能以一定方式与其他构件相互连接。实际工程中的机构结构复杂，为了清晰地表示出机构运动传递情况，了解机械的组成并对机械进行运动和动力分析，在长期的实践中，人们形成了一种重要的符号语言，那就是机构运动简图，以准确描述人类社会对机器的需求，构思出实现预定运动的概念设计方案。

任务描述

　　颚式破碎机是广泛运用于破碎矿山冶炼、建材、公路、铁路、水利和化工等行业中各种矿石与大块物料的机械，俗称颚破，又名"老虎口"。它由动颚板和静颚板两块颚板组成破碎腔，模拟动物的两颚运动，从而完成物料破碎作业。图 5-1-1-1 所示为某铁路建设中用于破碎岩土、矿石的颚式破碎机，试绘制其运动简图。

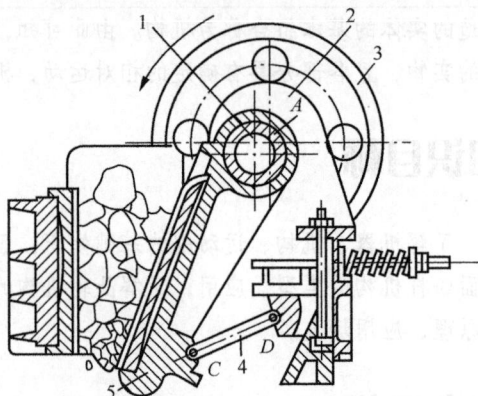

1—偏心轴；2—机架；3—带轮；4—肘板；5—动颚板

图 5-1-1-1　颚式破碎机

任务分析

向颚式破碎机中喂料时，物料从顶部入口倒入含颚齿的破碎室，颚齿以巨大力量将物料顶向静颚板，将之破碎成更小的料块。其机构较为复杂，只有按照机构运动简图的相关知识，化繁为简地绘制其简图，才能清晰地看出其工作原理，便于后续对其进行改进和维修。

知识链接

一、运动链与机构

将两个以上的构件通过运动副连接而成的系统称为运动链。如果运动链中各构件组成首尾封闭的系统，如图 5-1-1-2（a）所示，则称为闭式运动链，简称闭链；否则称为开式运动链，简称开链，如图 5-1-1-2（b）所示。闭链广泛应用于各种机构中，只有少数机构采用开链，如机械手、挖掘机等。

在运动链中，如果将其中一个构件固定作为机架，另一个或少数几个构件作为主动件，则当主动件按给定的运动规律独立运动时，其余从动件也将随之做确定的相对运动，这种运动链称为机构。

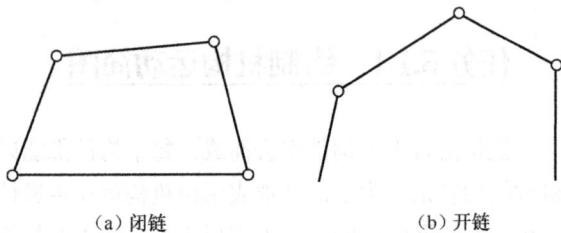

（a）闭链　　　　（b）开链

图 5-1-1-2　运动链

二、机构的组成要素

1. 构件

如前所述，机构由许多构件通过运动副连接而成。一般机构中的构件可分为以下 3 类。

（1）固定件。固定件又称为机架，是指用来支承活动构件的构件。例如，图 5-0-0-1 中的气缸体就是固定件，用来支承活塞和曲轴等。在研究机构中活动构件的运动时，常以固定件作为参考坐标系。

（2）原动件。原动件是运动规律已知的活动构件，它的运动规律是由外界给定的，如内燃机

中的活塞就是原动件。

（3）从动件。从动件是指机构中随着原动件的运动而运动的其余活动构件，如内燃机的连杆和曲轴都是从动件。从动件的运动规律取决于原动件的运动规律和机构的组成情况。

任何一个机构中必有一个构件被当作固定件。例如，虽然气缸体随着汽车而运动，但在研究发动机的运动时，仍把气缸体当作固定件。在活动构件中必有一个或几个原动件，其余的是从动件。

从机械实现预期运动和功能角度来看，机构中形成相对运动的各个运动单元称为构件。构件之间可以产生相对运动，但是在运动过程中若构件之间不能可靠地连接在一起，则一旦运动，构件就会彼此分离。因此，这种两个或两个以上的构件直接接触的可动连接称为运动副。在平面机构中，由于组成运动副的构件运动均为平面运动，故称该运动副为平面运动副。

构成运动副时直接接触的点、线、面称为运动副元素。运动副接触形式如图 5-1-1-3 所示。

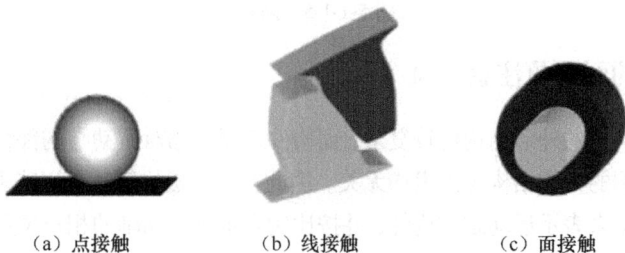

（a）点接触　　　　（b）线接触　　　　（c）面接触

图 5-1-1-3　运动副接触形式

2. 运动副的分类

运动副按两个构件的运动关系，可分为平面运动副和空间运动副；按其接触形式，可分为点、线接触的高副和面接触的低副；按其相对运动形式，可分为转动副（回转副或铰链）、移动副、螺旋副和球面副。

（1）低副

在平面机构中，两个构件之间通过面接触而组成的运动副称为低副。根据两个构件之间的相对运动形式，低副又可分为转动副和移动副。

若组成运动副的两个构件只能沿某一轴线相对转动，则这种运动副称为转动副或回转副，又称为铰链，如图 5-1-1-4（a）所示；若组成运动副的两个构件只能沿某一直线相对移动，则这种运动副称为移动副，如图 5-1-1-4（b）所示。

（2）高副

两个构件之间通过点或线接触而组成的运动副称为高副。图 5-1-1-5（a）所示的是凸轮 2

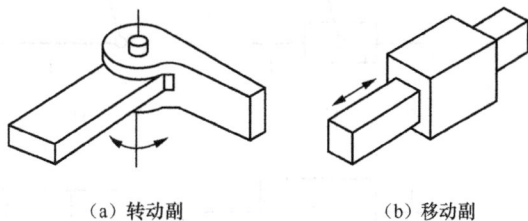

（a）转动副　　　　　　（b）移动副

图 5-1-1-4　低副

与从动件 1 通过点接触组成的高副，图 5-1-1-5（b）所示的是齿轮 2 和齿轮 1 通过线接触组成的高副。当两个构件之间组成高副时，构件相对于另一个构件既可沿接触点 A 的公切线 t-t 方向做相对移动，又可在接触点 A 绕垂直运动平面的轴线做相对转动，即两个构件之间可产生两个相对独立的运动。由以上分析可知，对于平面低副（不论是转动副还是移动副），两构件之间的相对运动只能是转动或移动，故其是具有一个自由度和两个约束条件的运动副。对于平面高副，其相对运动为转动和移动，所以其是具有两个自由度和一个约束条件的运动副。

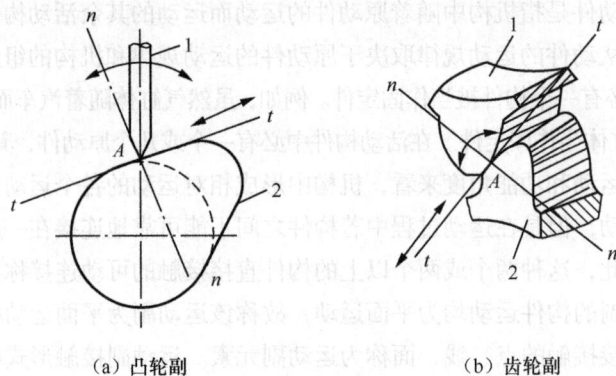

(a) 凸轮副 (b) 齿轮副

图 5-1-1-5 高副

三、运动简图的画法及注意事项

在实际机械中，构件的外形结构比较复杂，而构件之间的相对运动与构件的横截面尺寸、组成构件的零件数目、运动副的具体结构等因素均无关。因此，研究机构时，可以略去与运动无关的因素，仅用简单的符号及线条来表示运动副和构件，并按比例表示各运动副的相对位置。这种用来表示机构中各构件相对运动关系的简单图形称为运动简图。如果仅为了表明机构的运动情况，而不需要求出其运动参数的数值，也可以不按比例来绘制简图，通常把这样的简图称为机构示意图。

1. 平面运动副的表示方法

两构件组成转动副时，转动副的结构及简化画法如图 5-1-1-6（a）（b）（c）所示。图 5-1-1-6（b）所示成副两构件均为活动构件。如成副两构件之一为机架，则应把代表机架的构件画上斜线或表示为图 5-1-1-6（d）的铰链。

两构件组成移动副时，其表示方法如图 5-1-1-6（e）（f）（g）所示，画有斜线的构件代表机架。

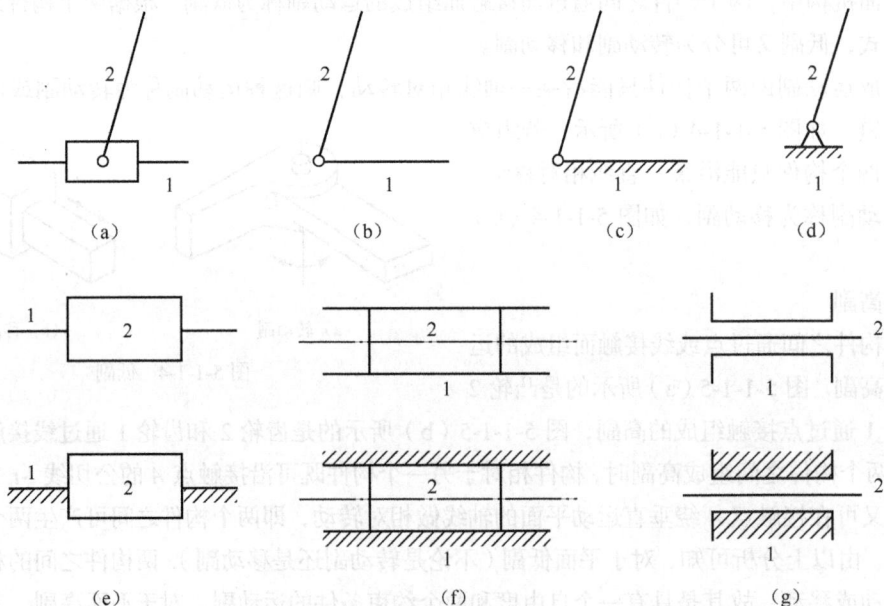

(a) (b) (c) (d)

(e) (f) (g)

图 5-1-1-6 转动副和移动副的表示方法

2. 构件的表示方法

表达机构运动简图中的构件时，只需将构件上的所有运动副按照它们在构件上的位置用符号表示出来，再用简单的线条把它们连成一体。

参与组成 2 个运动副的构件的表示方法如图 5-1-1-7（a）（b）（c）（d）（e）所示。当按一定比例绘制机构运动简图，表示转动副的小圆时，其圆心必须与相对回转轴线重合；表示移动副的滑块、导杆或导槽时，其导路必须与相对移动方向一致；表示平面高副的曲线时，其曲率中心的位置必须与构件的实际轮廓相符。

参与组成 3 个转动副的构件的表示方法如图 5-1-1-7（f）（g）（h）所示。如 3 个转动副的中心处于一条直线上，可用图 5-1-1-7（f）表示；当 3 个转动副的中心不在一条直线上时，可用 3 条直线连接 3 个转动副中心组成的三角形表示，如图 5-1-1-7（g）（h）所示。为了说明是同一构件参与组成 3 个转动副，在每两条直线相交的部位涂以焊缝记号或在三角形中间画上剖面线。以此类推，参与组成 n 个运动副的构件可以用 n 边形表示，如图 5-1-1-7（i）所示。

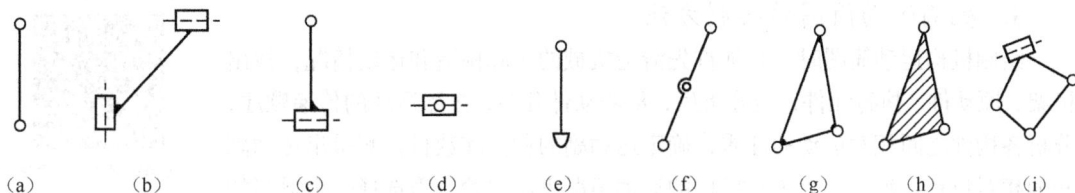

（a）　　　（b）　　　（c）　　（d）　　（e）　　　（f）　　　（g）　　　（h）　　　（i）

图 5-1-1-7　2 副构件和 3 副构件的表示方法

在机构运动简图中，某些特殊零件有其习惯表示方法，如凸轮和滚子，通常画出它们的全部轮廓，如图 5-1-1-8 所示。齿轮副的表示方法如图 5-1-1-9 所示。图 5-1-1-9（a）中用齿轮的一对节圆来表示，也可在节圆上画一对互相啮合的齿廓来表示，如图 5-1-1-9（b）所示。其他特殊零件的表示方法可参见《机械制图　机构运动简图用图形符号》（GB/T 4460—2013）中的规定画法。

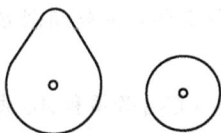

图 5-1-1-8　凸轮和滚子的表示方法

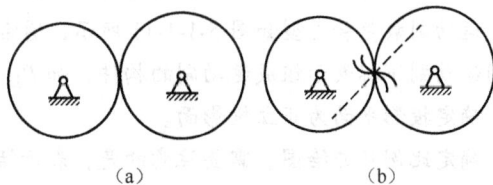

（a）　　　　　　（b）

图 5-1-1-9　齿轮副的表示方法

常用机构运动简图符号如表 5-1-1-1 所示。

表 5-1-1-1　　　　　　　　　　常用机构运动简图符号

名称		简图符号	名称		简图符号
构件	轴、杆	——	机架	固定件	/////
	三副元素构件			机架是转动副的一部分	

续表

	名称	简图符号		名称	简图符号
构件	构件的永久连接		机架	机架是移动副的一部分	
平面低副	转动副		平面高副	齿轮副	
	移动副			凸轮副	

3．机构运动简图的绘制方法

绘制机构运动简图时，必须首先清楚机械的实际构造和运动情况，找出机架、原动件、执行元件，经分析后，从原动件开始，按照运动的传递顺序，分析各构件之间相对运动的性质，确定运动副的种类和数目，测量出运动副间的相对位置、尺寸。为了将机构的运动情况表示清楚，需选择一个适当的投影平面，一般情况下，应选择多数构件的运动平面为投影平面。选择适当的比例（比例尺 $\mu=$ 实际长度/图示单位，一般为 mm），确定出各运动副的相对位置，并用简单的线条和各种运动副的符号画出机构运动简图。

运动简图的绘制方法

例 5-1 绘制内燃式活塞发动机气缸机构（见图 5-1-1-10）的运动简图。

解：（1）分析机构的运动关系，在气缸机构中，由于气体燃烧膨胀，推动活塞下行，活塞带动连杆，连杆带动曲轴，把活塞的直线往复运动转化为曲轴的回转运动。

（2）以原动件为活塞，以从动件为连杆，以执行元件为曲轴。

（3）运动副数量和类型如图 5-1-1-11 所示，通常情况下用数字标注构件，用大写字母表示运动副，用运动副下标表示组成运动副的构件，如 B_{12} 表示构件 1 和构件 2 组成的转动副 B。

（4）确定投影平面为正立投影面。

（5）确定比例尺并绘图。需要注意的是，表示活塞和气缸的移动副 C_{234} 必须和 A_{14} 共线。

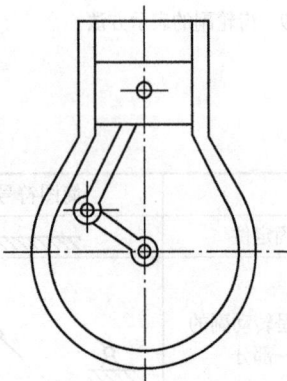

图 5-1-1-10 内燃式活塞发动机气缸机构　　图 5-1-1-11 内燃式活塞发动机气缸机构的运动简图

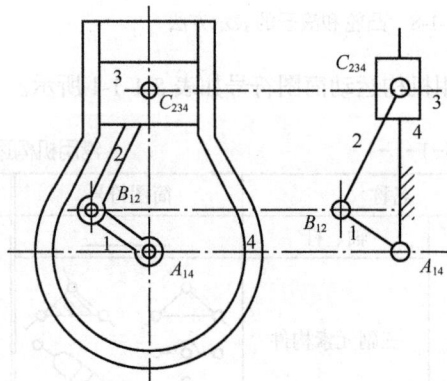

我国盾构机的发展历程

盾构机是隧道施工的重要设备，泥土和石渣从刀盘中心处进入泥浆室，再从前盾下方的出泥口排出。为了防止泥土在刀盘上结块，也防止堵住进渣口，要在刀盘上多处设置搅拌器和喷射泥浆口。对于无法排出的较大石块和鹅卵石，当大硬块进入进渣口之后，盾构机内部先把体积相对大的石块筛选出来，强行破碎后和泥沙一起送出，再进行渣浆分离，送出渣土。此处的碎石机构正是本项目所学的破碎机的一种。虽然我国自主研发的盾构机起步晚，但是通过工程技术人员的艰苦奋斗、自力更生，目前该技术已经稳居世界前列，如图 5-1-1-12 所示。

图 5-1-1-12　我国自主研发的盾构机

任务实施

完成本任务颚式破碎机的机构运动简图绘制，具体实施过程见附带的《实训任务书》。

任务拓展

在前文中，我们完成了单动颚板颚式破碎机的机构运动简图绘制，请学生查阅资料，绘制盾构机碎石机构——双动颚板颚式破碎机（见图 5-1-1-13）的机构运动简图。

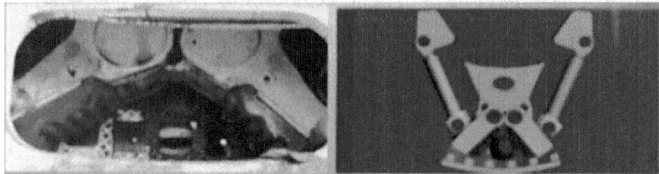

图 5-1-1-13　盾构机碎石机构——双动颚板颚式破碎机

任务 5.1.2　机构具有确定运动的判断

任务描述

机器在设计过程中一般要求各构件具有确定的运动，不允许出现构件无规则运动或者无法运动的情况，因此通过绘制机构运动简图来判别其是否具有确定运动具有重要意义。图 5-1-2-1 所示为某种型号的大筛机构运动简图，试判断其开机工作后，是否具有确定的运动。

145

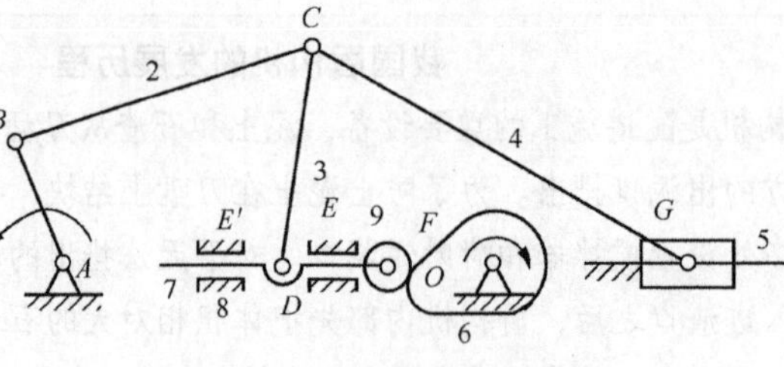

图 5-1-2-1　大筛机构运动简图

任务分析

构件相对于参考系所具有的独立运动称为构件的自由度，平面运动的自由构件具有 3 个自由度。即沿着 x 轴和 y 轴的移动，以及绕着垂直 xOy 平面的 A 轴的转动，如图 5-1-2-2 所示。

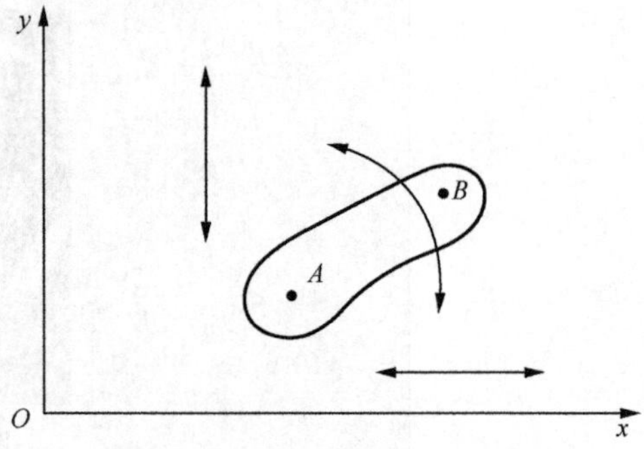

当一个构件与其他构件组成运动副之后，构件的运动必定会受到限制，自由度也随之减少。这种对组成运动副的两个构件之间的相对运动所加的限制称为约束，不同类型的运动副受到的约束数量不同，所具有的自由度也不同。

图 5-1-2-2　平面自由构件的自由度

知识链接

一、平面机构的自由度计算

运动副会对组成运动副的两个构件产生约束，每个低副会引入两个约束，每个高副则会引入一个约束。设一个平面机构由 N 个构件组成，其中必有一个构件为机架，则活动构件数为 $n=N-1$。在组成运动副之前，因每个构件具有 3 个独立运动，因此这些活动构件的自由度总数为 $3n$。每引进一个运动副，就约束了相应的自由度。若机构中共有 P_L 个低副、P_H 个高副，则平面机构的自由度 F 的计算公式为

机构自由度的计算

$$F=3n-2P_L-P_H \tag{5-1}$$

下面通过例子来进行说明。

例 5-2　计算图 5-1-2-3 所示的颚式破碎机主体机构的自由度。

解： 在本机构中，活动构件数 $n=3$，低副数 $P_L=4$，高副数 $P_H=0$，则该机构的自由度 $F=3\times3-2\times4-0=1$。

二、计算平面机构自由度的注意事项

对于一般的机构，我们可以使用自由度的计算公式来计算其自由度，需要注意的是，在使用公式计算某些机构的自由度时，会出现明显的"问题"。例如，图 5-1-2-4 所示的圆盘锯机构运动简图，若按照自由度的计算公式计算，其活动构件数 $n=7$，低副数 $P_L=6$，高副数 $P_H=0$，则该机构的自由度 $F=3\times7-2\times6-0=9$，显然这种情况是不允许的。

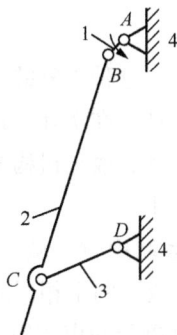

图 5-1-2-3 颚式破碎机主体机构

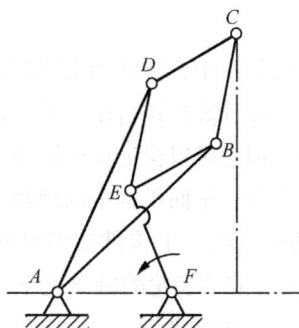

图 5-1-2-4 圆盘锯机构运动简图

这是因为自由度计算存在如下 3 种特殊情况。

1. 复合铰链

2 个以上的构件在同一轴线上用转动副连接所组成的运动副称为复合铰链。图 5-1-2-5 所示是由 3 个构件组成的复合铰链，其中构件 2 分别与构件 1、构件 3 构成 2 个转动副。以此类推，k 个构件在一处以转动副相连，应具有 $k-1$ 个转动副。因此，在统计转动副数目时应注意识别复合铰链，避免遗漏。

因此图 5-1-2-4 所示机构的活动构件数 $n=7$，A、B、D、E 点为复合铰链，每个复合铰链各有 2 个转动副。所以低副数 $P_L=10$，高副数 $P_H=0$，则该机构的自由度为

$$F=3n-2P_L-P_H=3\times7-2\times10-0=1$$

2. 局部自由度

机构中某些不影响整个机构运动的自由度称为局部自由度。一般情况下，机械中常常存在局部自由度，如滚子、滚动轴承等。局部自由度并不影响机构的主要运动，但可以改善机构的工作状况，即可使高副接触处的滑动摩擦变成滚动摩擦，并减少磨损。

如图 5-1-2-6（a）所示的凸轮机构，为了减小高副处的摩擦，将滑动摩擦变为滚动摩擦，常在从动件 3 上装滚子 2。当主动凸轮 1 绕固定轴 A 转动时，从动件 3 在导路中做上下往复运动。滚子 2 和从动件 3 组成转动副，显然滚子 2 的转动快慢对整个机构运动没有任何影响，即可将从动件 3 与滚子 2 看成一体，如图 5-1-2-6（b）所示。在计算机构自由度时，应将局部自由度减去不算，先把滚子与从动件看成一体，消除转动副后，再计算其自由度。故该凸轮机构的自由度 $F=3n-2P_L-P_H=3\times2-2\times2-1=1$。

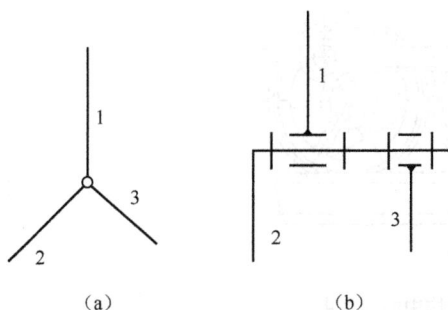

| (a) | (b) |

图 5-1-2-5 复合铰链

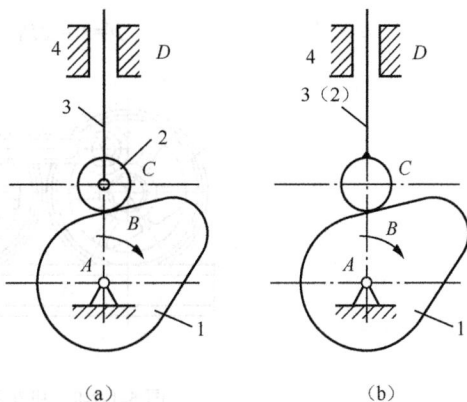

| (a) | (b) |

图 5-1-2-6 凸轮机构

3. 虚约束

在运动副引入的约束中，有些约束所起的限制作用是重复的。这种重复的不起独立限制作用的约束称为虚约束。在计算机构自由度时，也应将虚约束略去不计。在实际工程中，虽然虚约束不影响机构的运动，但它可以保证机构顺利运动或增加机构的刚性，改善机构的受力情况，所以虚约束的应用十分广泛。平面机构中的虚约束常出现在以下情况中。

（1）重复运动副。当 2 个构件有多处接触并组成相同的运动副时，就会引入虚约束。如图 5-1-2-7（a）所示，安装齿轮的轴与支承轴的两个轴承之间组成了两个相同的且轴线重合的转动副 A 和 A′。从运动的角度来看，这两个转动副中只有一个转动副起约束作用，而另一个转动副的约束为虚约束。因此，计算机构的自由度时，应只考虑计入一个转动副。

在图 5-1-2-7（b）所示的凸轮机构中，从动件 2 与机架 3 之间组成了两个相同的且导路重合的移动副 B 和 B′。此时，只有一个移动副起约束作用，其余约束为虚约束。在图 5-1-2-7（c）所示的机构中，构件 2 与构件 3 之间组成了两个高副 D 和 D′，这两个高副接触点处的公法线重合。此时，只考虑一个高副所引入的约束，其余约束为虚约束。

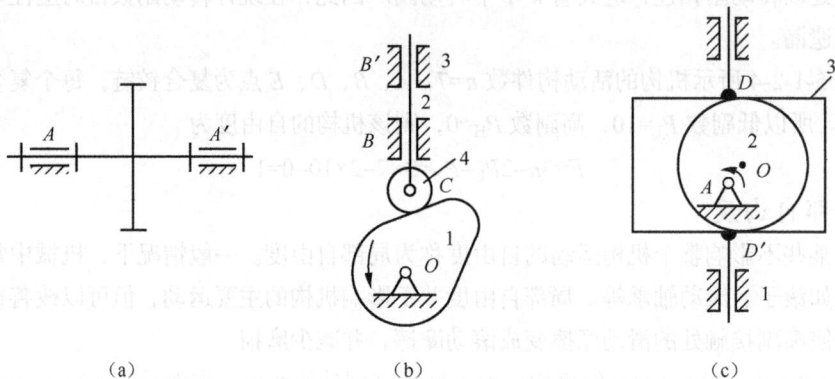

图 5-1-2-7　重复运动副

（2）重复轨迹。在机构的运动过程中，如果两个构件上两点之间的距离始终不变，那么用一个构件和两个转动副将这两点连接起来，就会引入虚约束。如图 5-1-2-8 所示，构件 4 和转动副 E、F 引入的约束不起限制作用，是虚约束。为了便于分析，将构件 4 及转动副 E、F 拆除，得到图 5-1-2-8（c）所示的机构运动简图。除去虚约束之后，求得该机构的自由度为

$$F=3n-2P_L-P_H=3\times3-2\times4-0=1$$

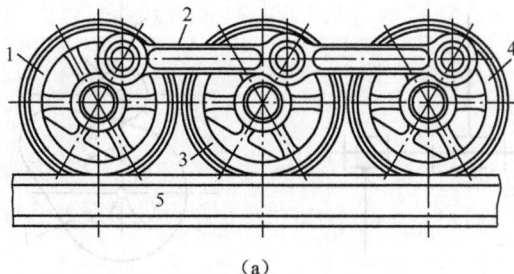

图 5-1-2-8　机车车轮联动机构中的虚约束

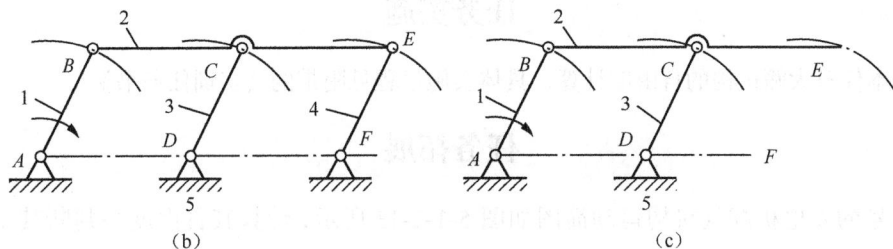

图 5-1-2-8　机车车轮联动机构中的虚约束（续）

（3）对称结构。机构中对传递运动不起独立作用的、结构相同的对称部分会使机构增加虚约束。如图 5-1-2-9 所示的行星轮系，为了使受力均衡，采用了 3 个行星轮 2、2′、2″对称布置，它们所起的作用完全相同，从运动的角度来看，只需要一个行星轮即可满足要求。因此，其中只有一个行星轮所组成的运动副为有效约束。

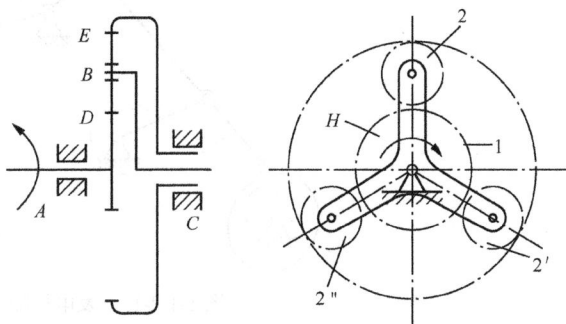

图 5-1-2-9　对称结构引入的虚约束

三、机构具有确定运动的条件

由自由度的计算可知，构件的组合能否成为机构，其必要条件为 $F > 0$。而构件系统成为机构的充分条件是其必须具有确定的相对运动。从动件不能独立运动，只有原动件才能独立运动，通常每个原动件只有一个独立运动。因此，要使各构件之间具有确定的相对运动，必须使原动件数等于机构的自由度。当运动链自由度大于 0 时，如果原动件数小于自由度，那么运动链就会出现运动不确定现象，就不能称为机构，如图 5-1-2-10 所示；如果原动件数大于自由度，那么运动链中最薄弱的构件或运动副可能被破坏，也不能称为机构，如图 5-1-2-11 所示。因此，只有当原动件数等于运动链的自由度时，构件才能获得确定的相对运动。

综上所述，构件系统成为机构的条件是运动链的自由度必须大于 0，且原动件数等于运动链的自由度。对于图 5-1-2-12 所示的构件组合，其自由度为 0，说明该构件组合中所有活动构件的总自由度与运动副所引入的约束总数相等，各构件间没有任何相对运动的可能。它们与机架（固定件）构成了刚性桁架，因而不能称为机构，但它在机构中可作为一个构件处理。

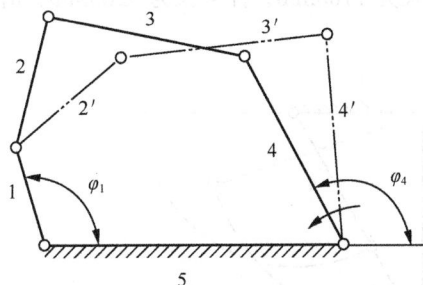

图 5-1-2-10　原动件数小于自由度　　　图 5-1-2-11　原动件数大于自由度　　　图 5-1-2-12　刚性桁架

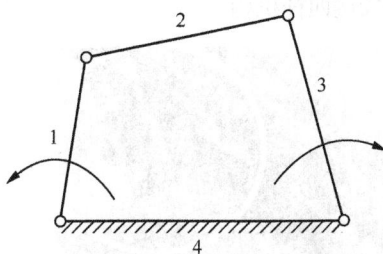

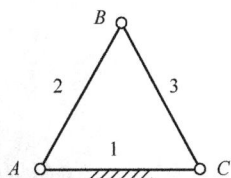

任务实施

完成本任务大筛机构的自由度计算，具体实施过程见附带的《实训任务书》。

任务拓展

某型号的发电机配气机构运动简图如图 5-1-2-13 所示，计算其自由度并判断其是否具有确定的运动。

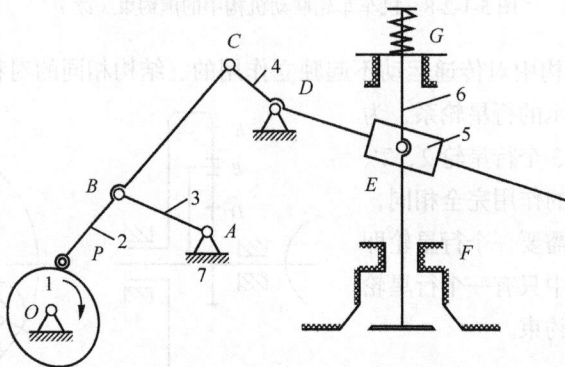

图 5-1-2-13　发电机配气机构运动简图

项目 5.2　典型低副机构认知

低副机构由于加工制造简单、设计合理、可以实现各种预期规律的运动而得到广泛的应用，下面将认识典型的低副机构。

任务 5.2.1　铰链四杆机构特性认知

任务描述

架桥机就是将预制好的梁片放置到预制好的桥墩上的设备，属于起重机范畴，常用于架设公路桥、常规铁路桥以及客专铁路桥等。图 5-2-1-1 所示是我国"昆仑号"架桥机，在其前支腿的机构运动简图中杆 1 长为 3500mm，杆 2 长为 5950mm，杆 3 长为 1700mm，杆 4 长为 5203mm，请判断其前支腿属于哪种铰链四杆机构。

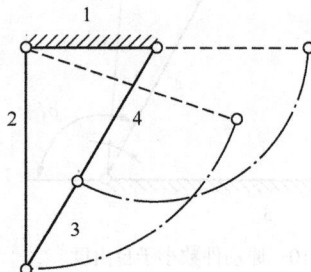

图 5-2-1-1　架桥机前支腿机构

　　若干构件通过低副（转动副或移动副）连接组成的机构称为连杆机构。连杆机构又可分为平面连杆机构和空间连杆机构。其中平面连杆机构是由若干构件用平面低副连接而成的机构，用来实现运动的传递、变换和动力传送。要完成本任务，需要了解铰链四杆机构的组成、应用以及有曲柄的条件等知识内容。

知识链接

　　平面连杆机构具有以下特点。

　　（1）平面连杆机构能实现多种运动形式，如转动、摆动、移动、平面运动等，容易满足生产中的各种动作要求。

　　（2）平面连杆机构的承载能力大，便于润滑，使用寿命长。

　　（3）平面连杆机构中运动副的元素形状简单，易于加工制造和保证精度。

　　（4）平面连杆机构只能近似实现给定的运动规律，且用于速度较低的场合。

　　由于平面连杆机构具有以上特点，因此广泛应用于各种机器中，如图 5-2-1-2 所示。根据所含构件的数目，平面连杆机构可分为平面四杆机构和平面多杆机构（如平面五杆机构、平面六杆机构等）。平面四杆机构的分类如图 5-2-1-3 所示。

图 5-2-1-2　平面连杆机构的应用

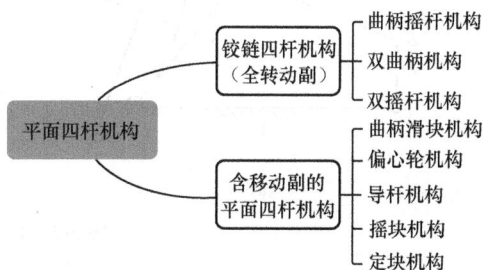

图 5-2-1-3　铰链四杆机构的分类

一、铰链四杆机构

1. 铰链四杆机构的组成

　　铰链四杆机构是由转动副连接而成的封闭式四杆系统（四构件系统），其中一个杆固定。曲柄摇杆机构是铰链四杆机构的一种形式，如图 5-2-1-4 所示。在此机构中，固定不动的杆 4 称为机架；与机架相连的杆 1 和杆 3 称为连架杆；不与机架相连的杆 2 称为连杆。凡能做整周

铰链四杆机构的类型与特性

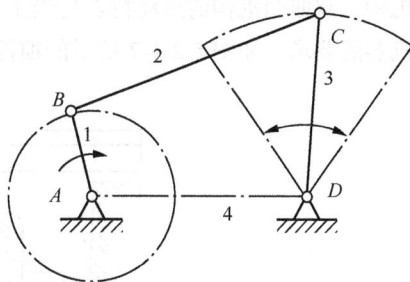

1—曲柄；2—连杆；3—摇杆；4—机架

图 5-2-1-4　曲柄摇杆机构

回转的连架杆称为曲柄（如杆 1），在运动简图中用单向圆弧箭头表示；只能在小于 360° 的范围内做往复摆动的连架杆称为摇杆（如杆 3），在运动简图中用双向圆弧箭头表示。

2．铰链四杆机构的类型及应用

根据有无曲柄，铰链四杆机构可分为 3 种基本类型：曲柄摇杆机构、双曲柄机构、双摇杆机构。

（1）曲柄摇杆机构

若在铰链四杆机构的两个连架杆中，一个为曲柄，另一个为摇杆，则此铰链四杆机构称为曲柄摇杆机构。曲柄摇杆机构的运动特点是当曲柄为主动件做等速转动时，摇杆为从动件做往复摆动，如图 5-2-1-5 所示的汽车前窗雨刮器机构。

曲柄摇杆机构的主要用途是改变构件的运动形式，可将曲柄的回转运动转变为摇杆的摆动。如图 5-2-1-6（a）所示的卫星天线调整机构，卫星天线固定在摇杆 3 上，当主动件

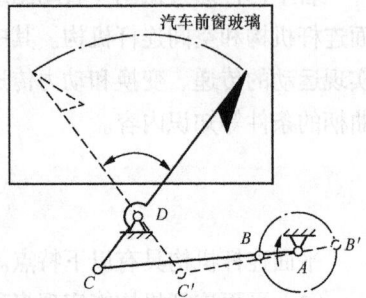

图 5-2-1-5　汽车前窗雨刮器机构

曲柄 1 回转时，通过连杆 2 使摇杆 3（卫星天线）摆动，并要求摇杆 3 的摆动达到一定摆角，以保证卫星天线具有指定的摆角。曲柄摇杆机构也可将摆动转变为回转运动或所需的运动轨迹，如图 5-2-1-6（b）所示的缝纫机踏板机构和图 5-2-1-6（c）所示的搅拌器搅拌机构。

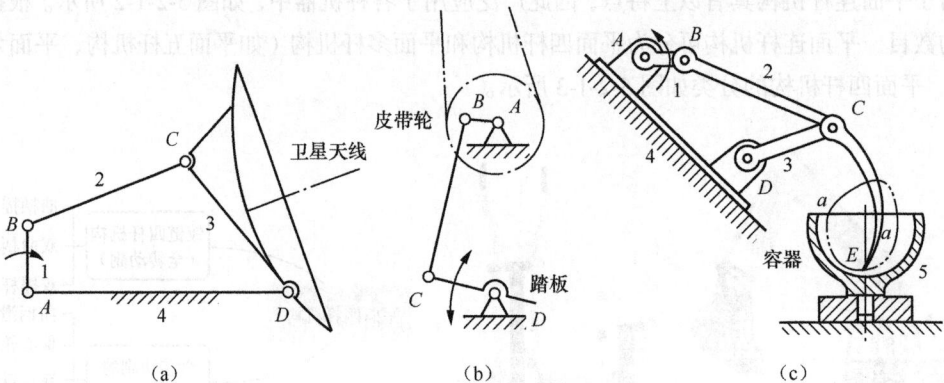

図 5-2-1-6　曲柄摇杆机构的应用

（2）双曲柄机构

如果铰链四杆机构的两个连架杆均为曲柄，都能做整周回转，则该铰链四杆机构称为双曲柄机构。双曲柄机构的运动特点是当主动曲柄做匀速转动时，从动曲柄做周期性变速转动，以满足机器的要求，如图 5-2-1-7 所示的惯性筛机构就是利用双曲柄机构的例子。

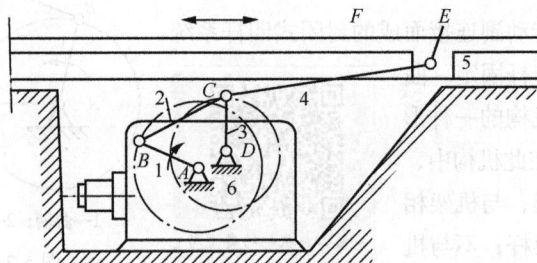

图 5-2-1-7　惯性筛机构

ABCD 即双曲柄机构，当主动曲柄 *AB* 做等速回转时，从动曲柄 *CD* 做变速回转，使筛网 5

产生加速度，利用加速度产生的惯性力使物料颗粒在筛上往复运动，从而达到筛分材料的目的。

在双曲柄机构中，若相对的两杆长度分别相等，曲柄转向相同，则称为平行四边形机构。在机构运动过程中，当曲柄与连杆共线时，机构将出现 4 个铰链中心 A、B、C、D 处于同一直线上的情况，如图 5-2-1-8 所示，此时机构的位置是 AB_1C_1D。当主动曲柄继续转动到下一位置 AB_2 时，从动曲柄的位置可以在 DC_2' 或 DC_2，此时平行四边形机构的运动不确定。为了避免平行四边形机构运动不确定的情况，保证机构具有确定的运动，在工程上既可以利用增加从动件的质量或在从动件上加装飞轮以增大惯性，又可以在机构中添加附加构件以增加虚约束。图 5-2-1-9 所示的机车车轮联动机构就是平行四边形机构。该平行四边形机构使各车轮与主动轮具有相同速度，其含一个虚约束，以防止曲柄与机架共线时运动不确定。在双曲柄机构中，若相对的两杆长度分别相等，两曲柄转向相反，则称为反向双曲柄机构。

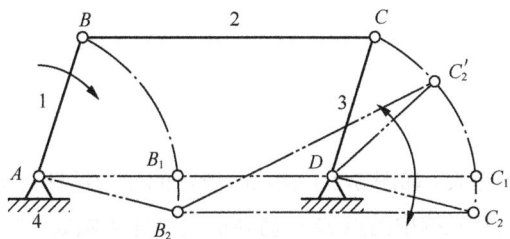

图 5-2-1-8　机构运动不确定的状态

图 5-2-1-9　机车车轮联动机构

（3）双摇杆机构

两个连架杆均为摇杆的铰链四杆机构称为双摇杆机构，如图 5-2-1-10 所示。图 5-2-1-11 所示的飞机起落架收放机构即双摇杆机构。飞机起飞后，需将轮 5 收起，飞机着陆前，需把轮 5 放下。这些动作是由主动摇杆 1 通过连杆 2 和从动摇杆 3 带动轮 5 来实现的。

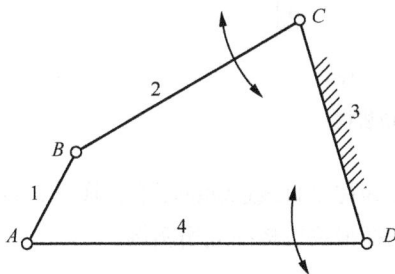

图 5-2-1-10　双摇杆机构

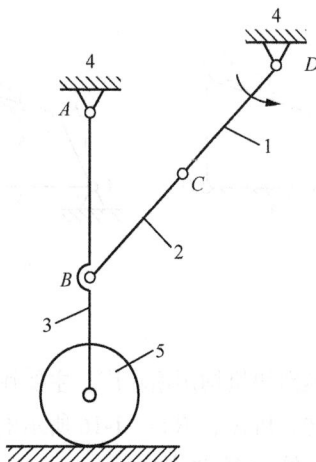

图 5-2-1-11　飞机起落架收放机构

图 5-2-1-12 所示的鹤式起重机也是比较典型的双摇杆机构。在双摇杆机构中，若两个摇杆的长度相等，则称为等腰梯形机构。图 5-2-1-13 所示的汽车前轮转向机构就是等腰梯形机构的应用实例。

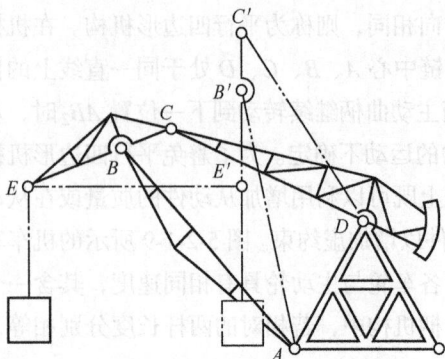

图 5-2-1-12　鹤式起重机

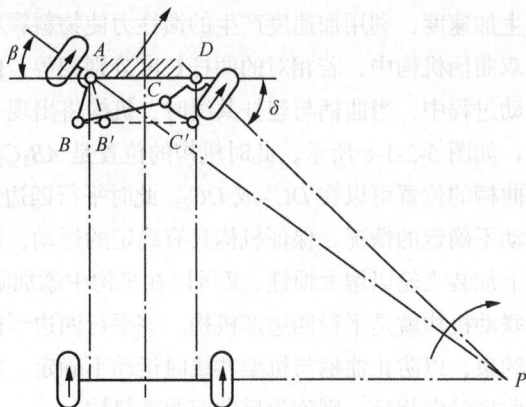

图 5-2-1-13　汽车前轮转向机构

二、含移动副的平面四杆机构

1. 曲柄滑块机构

曲柄滑块机构可以看成由曲柄摇杆机构演化而来。如图 5-2-1-14（a）所示的曲柄摇杆机构中，构件 1 为曲柄，构件 3 为摇杆。如果将该曲柄摇杆机构中的点 D 转动副扩大，杆 4 做成环形槽，那么点 D 为槽的曲率中心，而杆 3 做成弧形滑块，在环形槽内运动，如图 5-2-1-14（b）所示。如果再将环形槽半径扩大为无穷大，即点 D 为无穷远处，那么环形槽变成了直槽，转动副变成了移动副，如图 5-2-1-14（c）所示。此时，曲柄摇杆机构演化成偏置曲柄滑块机构。其中的 e 为曲柄转动中心 A 至直槽之间的垂直距离，称为偏距。当 $e \neq 0$ 时，这种形式的机构称为偏置曲柄滑块机构；当 $e=0$ 时，这种形式的机构则称为对心曲柄滑块机构，如图 5-2-1-14（d）所示。

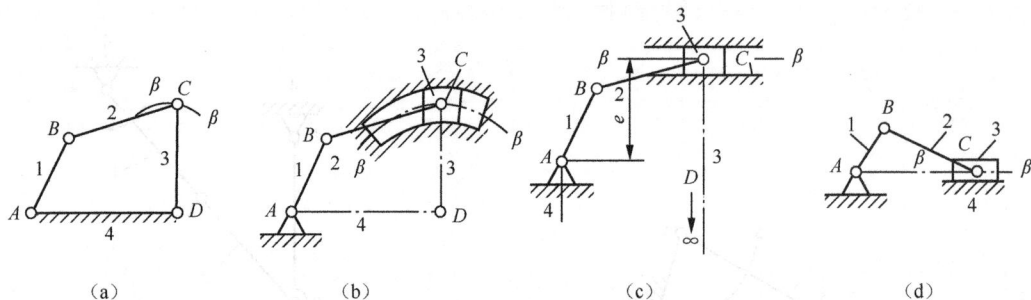

| （a） | （b） | （c） | （d） |

图 5-2-1-14　曲柄滑块机构

曲柄滑块机构用途较广，主要用于将回转运动转变为往复直线运动的场合。图 5-2-1-15 所示的自动送料机构、图 5-2-1-16 所示的冲压机构等都是曲柄滑块机构的应用实例。

2. 偏心轮机构

在曲柄摇杆机构、曲柄滑块机构或其他带有曲柄的机构中，若曲柄较短，在曲柄两端各有一个轴承时，则加工和装配工艺困难，同时会影响构件的强度。因此，在这种情况下，往往采用图 5-2-1-17 所示的偏心轮机构，其中构件 1 为圆盘，它的回转中心 A 与几何中心 B 有一偏距，其大小就是曲柄的长度 L_{AB}，该圆盘称为偏心轮。显然，偏心轮机构的运动性质与原来的曲柄摇杆机构或曲柄滑块机构一样。可见偏心轮机构是转动副 B 的销钉半径逐渐扩大直至超过曲柄长度 L_{AB} 演化而成的，如图 5-2-1-17（b）（c）所示。由于偏心轮机构中偏心轮的两支承距离较小而偏心部分粗大，因此刚度和强度均较好，可承受较大的力和冲击载荷。

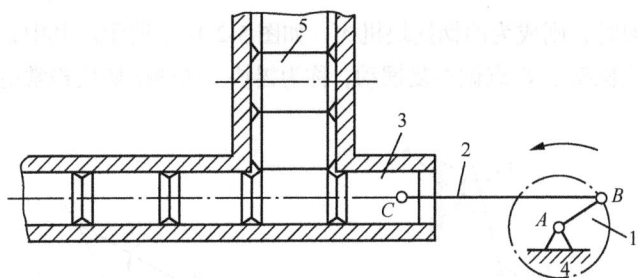

1—曲柄；2—连杆；3—滑块；4—机架；5—物料

图 5-2-1-15　自动送料机构　　　　　　图 5-2-1-16　冲压机构

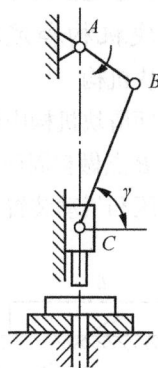

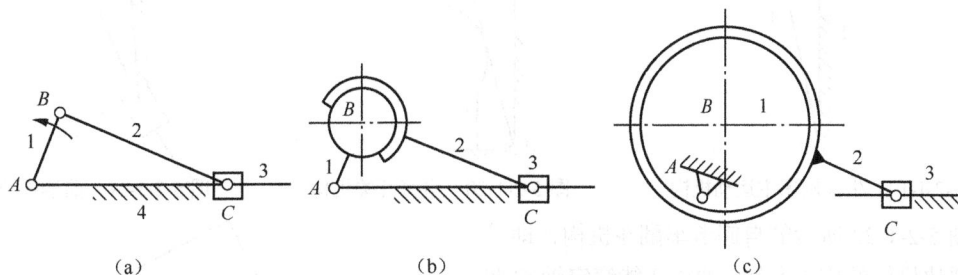

（a）　　　　　　　（b）　　　　　　　（c）

图 5-2-1-17　偏心轮机构的演化

通常在曲柄长度较短和需利用偏心轮惯性时，采用偏心轮机构。偏心轮机构广泛应用于剪床、冲床、颚式破碎机、内燃机等机械中。

3.导杆机构

当改变曲柄滑块机构中的固定构件时，可得到各种形式的导杆机构。导杆为能在滑块中做相对移动的构件。如图 5-2-1-18（a）所示的典型曲柄滑块机构，若取杆 1 为机架，滑块 3 在杆 4 上往复移动，杆 4 为导杆，这种机构称为导杆机构。当杆 1 的长度小丁或等丁杆 2 的长度时，杆 2 和导杆 4 均可做整周回转，称为转动导杆机构，如图 5-2-1-18（b）所示。当杆 1 的长度大于杆 2 的长度时，杆 2 可做整周回转，导杆 4 却只能做往复摆动，称为摆动导杆机构，如图 5-2-1-18（c）所示。

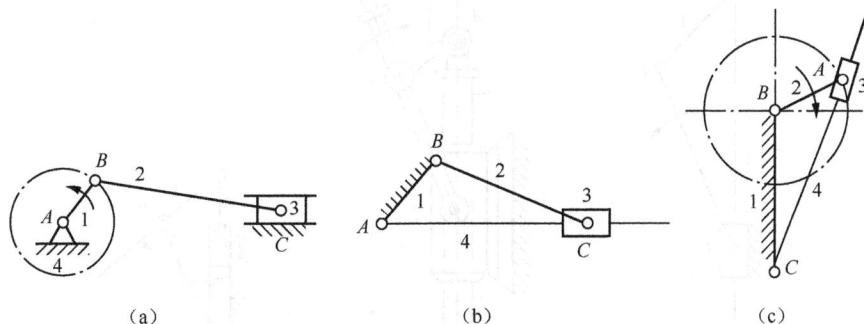

（a）　　　　　　　（b）　　　　　　　（c）

图 5-2-1-18　导杆机构的演化

牛头刨床的主运动利用了摆动导杆机构，如图 5-2-1-19 所示。图 5-2-1-20 所示为电气开关机

155

构，其中杆 1 为机架，其长度大于杆 2 的长度，此时杆 2 可以做整周回转，而导杆 4 只能做一定角度的摆动，这是摆动导杆机构在电气开关中的应用实例。

4. 摇块机构和定块机构

（1）摇块机构

当取曲柄滑块机构中的连杆 2 为机架时，则成为曲柄摇块机构，如图 5-2-1-21 所示。其中，构件 1 是绕 B 点做整周回转的，滑块 3 绕机架上 C 点做往复摆动，称为摇块。曲柄摇块机构常应用于各种液压和气动装置上。

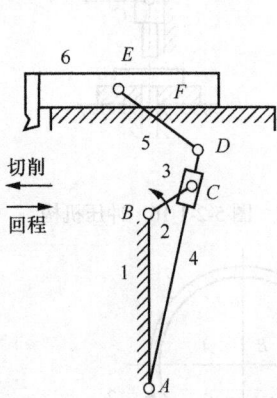

图 5-2-1-19　牛头刨床主运动机构

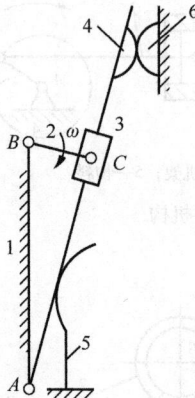

图 5-2-1-20　电气开关机构

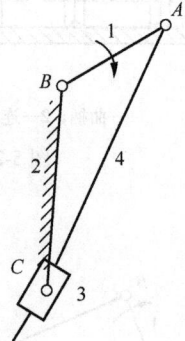

图 5-2-1-21　曲柄摇块机构

图 5-2-1-22 所示的自卸卡车翻斗机构，即是曲柄摇块机构的应用实例。油缸 3 能绕定轴 C 摆动，活塞杆 4 在油压的作用下推动车厢 1，使其绕 B 点转动而倾斜，从而达到自动卸料的目的。这种油缸式的曲柄摇块机构在各种建筑机械、农业机械以及许多机床中得到了广泛应用。

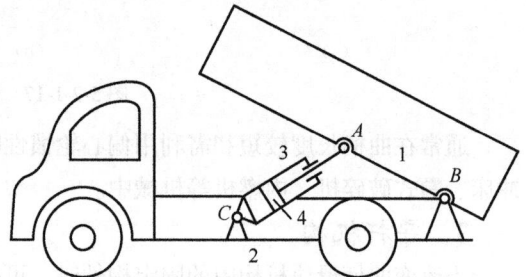

图 5-2-1-22　自卸卡车翻斗机构

（2）定块机构

如果将滑块作为机架，那么可得到如图 5-2-1-23（a）所示的定块机构。这种机构常用于老式的手动抽水机和抽油泵中。图 5-2-1-23（b）所示的抽水唧筒中采用的就是这种机构，其机构运动如图 5-2-1-23（c）所示。

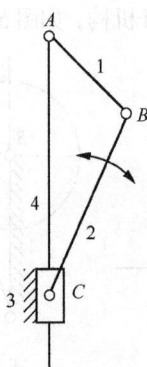

（a）

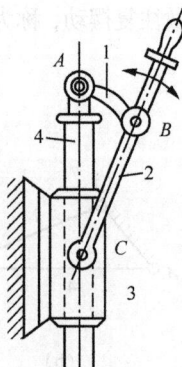

（b）

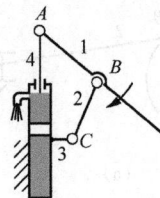

（c）

图 5-2-1-23　定块机构及其运用

三、铰链四杆机构有曲柄的条件

铰链四杆机构必须满足四构件组成的封闭多边形条件：最长杆的杆长小于其余三杆长度之和。而铰链四杆机构三种基本形式的区别在于机构中是否有曲柄。通过理论证明（可参见有关资料），铰链四杆机构有曲柄的条件（杆长之和条件）有两个：①最短杆与最长杆的长度之和小于或等于其他两杆的长度之和；②连架杆或机架中必有一杆是最短杆。必须同时满足以上两个条件，否则机构中不存在曲柄。但对铰链四杆机构 3 种基本形式的具体判别，除了满足铰链四杆机构有曲柄的条件，还与固定不同杆为机架有关，具体如表 5-2-1-1 所示。

表 5-2-1-1　　　　　　　　　　取不同杆为机架机构中的曲柄数量

实验观察内容	实验 1	实验 2	实验 3
固定件（机架）	最短杆	最短杆的邻杆	最短杆的对面杆
运动规律	均为整周回转	整周回转+往复摆动	均为往复摆动
机构类型	双曲柄	曲柄摇杆	双摇杆
曲柄数量	2个	1个	0个

任务实施

完成本任务铰链四杆机构特性认知，具体实施过程见附带的《实训任务书》。

任务拓展

一种新型可调节高铁座椅，其运动简图如图 5-2-1-24（a）所示。现有两种不同的设计方案，如图 5-2-1-24（b）所示，请判断哪种能满足我们的设计要求。

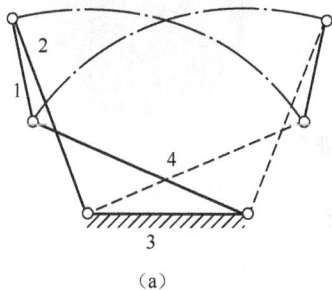

构件编号	构件长度/mm（方案1）	构件长度/mm（方案2）
1	300	400
2	600	550
3	400	300
4	650	600

（a）　　　　　　　　　　（b）

图 5-2-1-24　可调节高铁座椅

任务 5.2.2　铰链四杆机构设计

任务描述

已知某型号的架桥机前支腿为铰链四杆机构，如图 5-2-2-1 所示，其中连杆 BC 的长度为 3200mm，长度比例 μ_1 =80，同时已知其收起和落下的两个位置 B_1C_1 和 B_2C_2，试设计此机构。

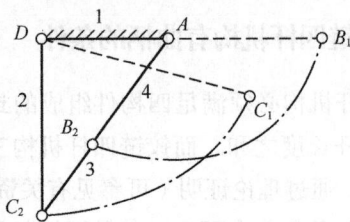

图 5-2-2-1　架桥机前支腿

任务分析

连杆机构中的运动副为低副，因此连杆机构也被称为低副机构。其结构简单、易于制造、成本低廉、低副传动为面接触，可以承受较大载荷，有利于润滑，承载能力强，且运动副元素几何形状简单，便于加工制造。

此外，连杆机构可以实现增力、扩大行程和实现远距离的运动和动力的传递。原动件规律不变时，可以改变各构件相对长度，实现多样化的运动规律，可以满足不同轨迹的设计要求，因此在工作岗位中和各类技能大赛中都会用到该类机构。如图 5-2-2-2 所示的西安铁路职业技术学院创新工作室的学生设计的一种智能花卉中，花瓣的开合装置就采用了平面连杆机构。

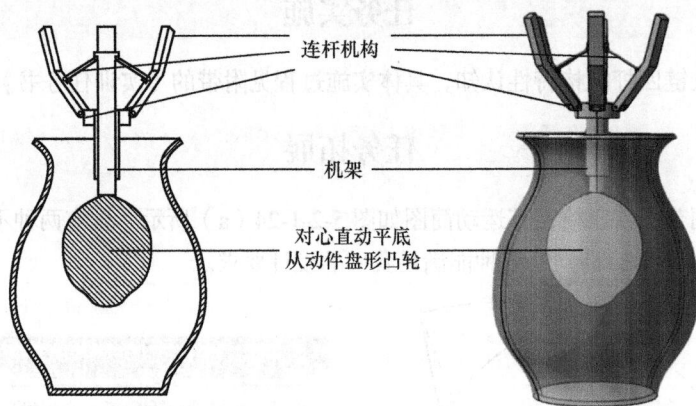

图 5-2-2-2　智能花卉

知识链接

一、平面四杆机构的特性

1. 运动特性

如图 5-2-2-3 所示的曲柄摇杆机构中，设曲柄 AB 为主动件，以角速度 ω 逆时针转动，摇杆 CD（C_1D 和 C_2D）为从动件并做往复摆动。表 5-2-2-1 所示为摇杆两行程运动特性。可以用以下两个参数描述其运动特性。

平面四杆机构的运动特性

（1）极位夹角

在主动件曲柄 AB 回转一周的过程中，有两次与连杆 BC 共线，做往复变速摆动的从动件摇杆 CD 分别处于左、右两个极限位置 C_1D、C_2D，其摇杆摆角为 ϕ。摇杆在两极限位置时，曲柄的两

个对应位置所夹的锐角 θ 称为极位夹角。

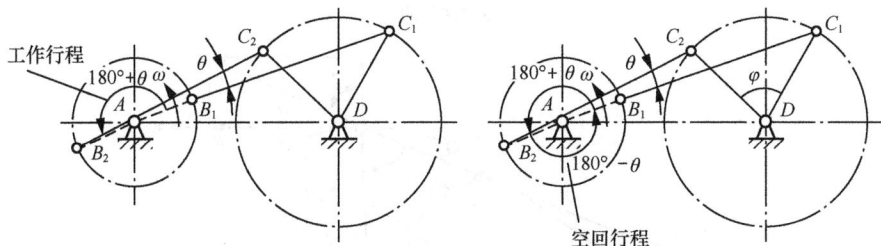

图 5-2-2-3　铰链四杆机构的急回特性

表 5-2-2-1　　　　　　　　　　　　　摇杆两行程运动特性

机构行程	曲柄转角	曲柄转速	所需时间	摇杆 C 点的平均速度
工作行程	$\varphi_1 = 180° + \theta$	ω	$t_1 = \varphi_1 / \omega$	$v_1 = \overset{\frown}{C_1 C_2} / t_1$
空回行程	$\varphi_2 = 180° - \theta$	ω	$t_1 = \varphi_2 / \omega$	$v_2 = \overset{\frown}{C_2 C_1} / t_2$
结果比较	$\varphi_1 > \varphi_2$	相等	$t_1 > t_2$	$v_1 < v_2$

（2）行程速比系数

曲柄逆时针从 AB_1 转到 AB_2 所需时间为 t_1，C 点的平均速度为 v_2。当曲柄等速回转时从 AB_2 转回 AB_1，摇杆摆回的平均速度不同，由 C_1D 摆至 C_2D 时的平均速度 v_1 较小，两行程的速度差异称为平面四杆机构的急回特性。

从动件做往复运动时急回的程度常用 v_2 与 v_1 的比值 K 来表示，K 称为行程速比系数，其计算公式为 $K = v_2/v_1 =$ 空回行程平均速度/工作行程平均速度 $= (180° + \theta)/(180° - \theta)$，进一步推导可得 $\theta = 180°(K-1)/(K+1)$。显然，平面四杆机构有无急回特性取决于极位夹角 θ。若 $\theta \neq 0$，则 $K > 1$，表明机构有急回特性，且 θ 越大，K 值就越大，机构的急回特性就越显著；若 $\theta = 0$，则 $K = 1$，表明机构没有急回特性。在设计机器时，利用这个特性可以使机器在工作行程速度小些，以减小功率消耗；而在空回行程速度大些，以缩短工作时间，提高机器的生产效率。

2. 传力特性

在工程实践中，不仅要求连杆机构能实现预期的运动规律，同时希望传力性能良好（运动轻便、效率较高）。因此需要认识和分析机构的传力特性。

（1）压力角和传动角

压力角是判断一个连杆机构传力性能优劣的重要标志。如图 5-2-2-4 所示的曲柄摇杆机构，若忽略各杆的质量、惯性力和运动副中的摩擦，则主动曲柄 1 通过连杆 2 作用在从动摇杆 3 上的力 F 是沿杆 BC 方向的。从动摇杆 3 所受的力 F 与力作用点 C 的速度 v_C 间的锐角 α 称为压力角。力 F 沿 v_C 方向的分力 F_t 称为有效分力，它推动摇杆 CD 绕 D 转动，做有用功；而沿摇杆 CD 方向的分力 F_n 称为有害分力，其不但不能做有用功，还增大了运动副中的摩擦阻力。

在机构设计中，为了方便度量，习惯用压力角 α 的余角 γ（连杆和从动摇杆之间的锐角）来判断传力性能，γ 称为传动角。因 $\gamma = 90° - \alpha$，所以 α 越小，γ 越大，则 F 的有效分力 $F\cos\alpha$ 也越大，机构传力性能越好；反之，α 越大，γ 越小，机构传力越困难，当 γ 小到一定程度时，会由于摩擦力的作用而发生自锁现象。自锁是由于作用力的方向达到某个范围时，即使增大作用力也不能克服摩擦阻力使机构运动的现象。因此，传动角 γ 的理想值应保持在接近最大值 90°。为了保证机构传力性能良好，一般要求机构的最小传动角 γ_{min} 大于或等于其许用传动角 $[\gamma]$，即

$$\gamma_{min} \geq [\gamma]$$

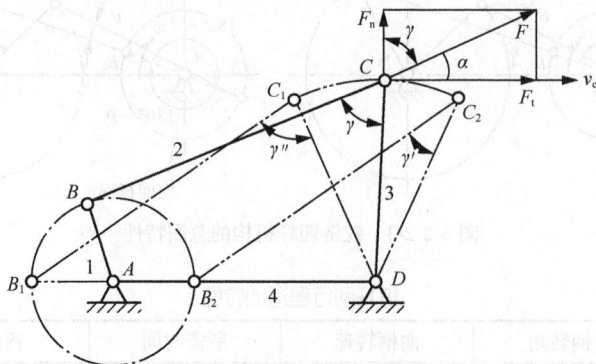

图 5-2-2-4 压力角和传动角

设计时通常应使最小传动角 $\gamma_{min} \geq 40°$，传递大功率时，如颚式破碎机、冲床等，$\gamma_{min} \geq 50°$。偏置曲柄滑块机构的曲柄为主动件，滑块为从动件时，其传动角 γ 为连杆与导路垂线间的锐角。当曲柄处于与偏距方向相反的一侧且垂直导路的位置时，将出现最小传动角 γ_{min}，如图 5-2-2-5 所示。

摆动导杆机构的曲柄为主动件时，因滑块对导杆的作用力总是垂直导路的，故其传动角 γ 恒等于 90°，如图 5-2-2-6 所示。这说明摆动导杆机构具有良好的传力性能。

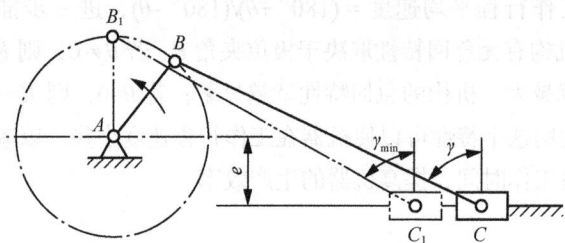

图 5-2-2-5 偏置曲柄滑块机构的最小传动角

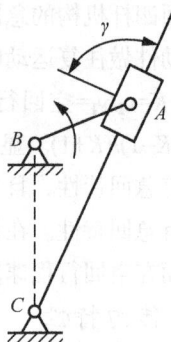

图 5-2-2-6 摆动导杆机构的传动角

（2）死点位置

如图 5-2-2-7（a）所示的曲柄摇杆机构中，摇杆 CD 为主动件，当其处于两极限位置 C_1D、C_2D 时，连杆 BC 与曲柄 AB 将出现两次共线。这时，从动曲柄 AB 上的 B_1、B_2 处的传动角 $\gamma=0$，压力角 $\alpha=90°$。如果不计各杆的质量和运动副中的摩擦，那么主动摇杆 CD 通过连杆 BC 传给从动曲柄 AB 的力必通过铰链中心 A。因该作用力对 A 点的力矩为零，故无论作用力多大，曲柄都不会转动。机构的这种位置称为死点位置。机构处于死点位置时，除从动件会被卡死外，还会出现转向不确定的现象。例如，图 5-2-2-7（a）中，摇杆由 C_2D 位置开始摆动时，位于 AB_2 位置的曲柄稍受干扰就可能沿顺时针方向转动，也可能沿逆时针方向转动。机构有无死点位置取决于从动件是否与连杆共线。如图 5-2-2-7（b）所示的曲柄滑块机构，当以滑块为主动件时，从动曲柄与连杆有两个共线位置，因此该机构存在死点位置。在上述两例中，当曲柄为主动件时，机构就不存在死点位置。

铰链四杆机构的死点位置

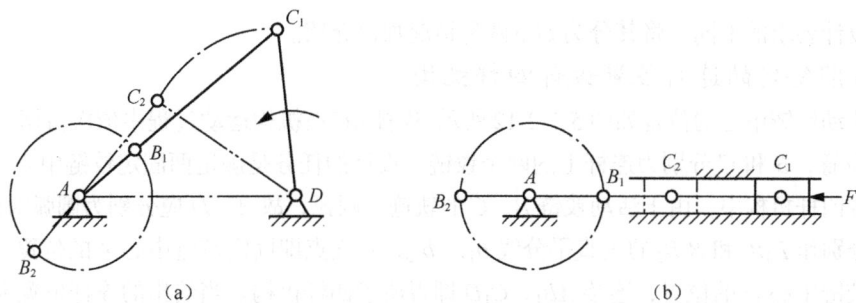

图 5-2-2-7　死点位置

对于传动机构，设计时必须考虑机构能否顺利通过死点位置。例如，可利用构件的惯性作用使机构通过死点位置。缝纫机就是借助带轮的惯性使其踏板机构通过死点位置的，如图 5-2-2-8 所示。有时工程上也利用机构的死点位置来满足某些工作要求。图 5-2-2-9 所示为飞机的起落架机构，当飞机准备着陆时，机轮被放下，此时杆 BC 与杆 CD 共线，机构处于死点位置，使飞机安全着陆。图 5-2-2-10 所示的夹具机构，当在手柄（连杆 2）上施加力 F 夹紧工件时，杆 BC 和杆 CD 成一直线，即共线，机构处于死点位置；而当去掉力 F 后，构件 AB 在工件反力的作用下夹紧，无论工件反力有多大，夹具都不会自行松脱。当需要卸下工件时，向上扳动手柄就可以松开夹具。

图 5-2-2-8　缝纫机踏板机构

图 5-2-2-9　飞机的起落架机构

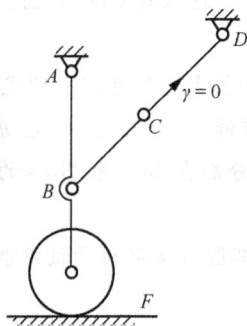

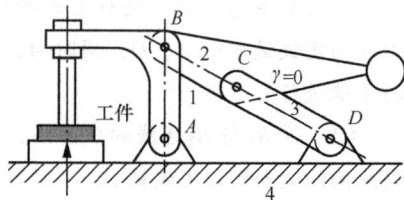

图 5-2-2-10　夹具机构

二、铰链四杆机构的设计

铰链四杆机构的设计可以采用作图法和解析法（本书主要介绍作图法）。作图法就是利用各铰链之间相对运动的几何关系，通过作图确定各铰链的位置，从而确定各杆的长度。作图法的优点是直观、简单、快捷，有较强的工程实用性。

铰链四杆机构的设计

例如，在铸造生产中需要用到翻台机构，如图 5-2-2-11 所示，它在工作中需要经过水平和竖直两个位置。实质上这就是按照给定的一系列的连杆位置设计四杆机构。具体设计时主要包括机构的选型和尺度综合，即首先根据机构所需的运动规律，选择合适的机构类型；其次根据工作任务的具体要求，确定构件的尺寸及位置等，同时保证其工作平稳、可靠。因此掌握四杆机构的设计在工作岗位或者技能大赛中是十分实用的技能。

161

根据设计要求的不同，将其分为如下两种情况加以介绍。

1. 按照给定的连杆位置设计四杆机构

已知活动铰链中心的位置如图 5-2-2-12 所示，连杆 BC 在机构运动过程中依次占据 B_1C_1、B_2C_2、B_3C_3 3 个位置，B 和 C 分别为连杆上的两个铰链。设计的任务是确定两固定铰链中心 A、D 的位置。在铰链四杆机构中，由于活动铰链 B、C 的轨迹为圆弧，故 A、D 应分别为圆弧对应的圆心。因此，可分别作 B_1B_2 和 B_2B_3 的垂直平分线 b_{12}、b_{23}，其交点即固定铰链中心 A 的位置；同理，可求得固定铰链中心 D 的位置，连接 AB_1、C_1D 即得所求四杆机构。当给出的连杆位置为 3 个时，刚好有一个解；当给出的是 2 个预定位置时，则需要加上其他附加条件。

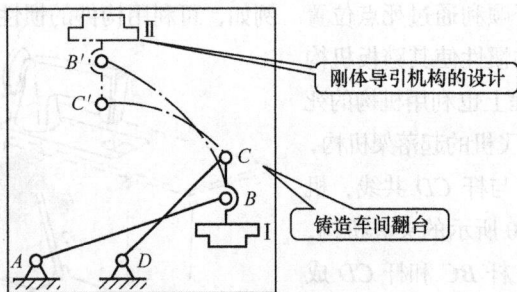

图 5-2-2-11 翻台机构

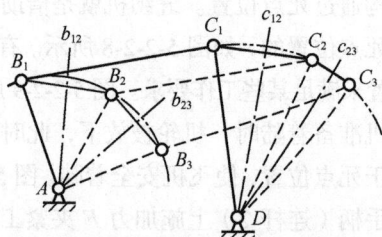

图 5-2-2-12 按照给定的连杆位置设计四杆机构

例 5-3 在飞机起落架所用的铰链四杆机构中，已知连杆的位置如图 5-2-2-13 所示，要求连架杆 AB 的铰链 A 位于 B_1C_1 的延长线上，连架杆 CD 的铰链 D 位于 B_2C_2 的延长线上，尺寸可从中量取，设计此起落架机构。

解：由前述的设计方法可知，本例属于已知连杆的预定位置，求铰链四杆机构的问题，并且包含附加条件。由于连杆上的两个铰链中心 B、C 的运动轨迹都是圆弧，因此圆弧对应的圆心即固定铰链中心 A、D，同时 A、D 分别在 B_1C_1 和 B_2C_2 的连线上，因此其设计可以参照下面的步骤进行。

（1）作 B_1 与 B_2 连线的中垂线，则其圆心 A 必位于该中垂线上，同时位于 B_1C_1 的延长线上，因此两线交点即固定铰链 A。

（2）作 C_1 与 C_2 连线的中垂线，则其圆心 D 必位于该中垂线上，同时位于 B_2C_2 的延长线上，因此两线交点即固定铰链 D。

（3）连接 AB_1C_1D 即所设计的飞机起落架在降落时的运动简图，如图 5-2-2-14 所示。

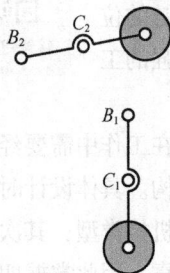

图 5-2-2-13 例 5-3 图 1

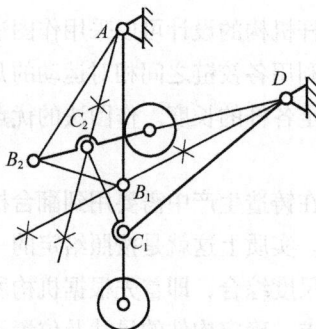

图 5-2-2-14 例 5-3 图 2

2. 按照给定的行程速比系数设计四杆机构

若按照给定行程速比系数和摇杆的摆角来设计铰链四杆机构，一般从极位夹角入手。通过构造圆弧，并利用同一段圆弧对应的圆心角相等的方法来进行设计，具体参考例 5-4。

例 5-4　已知摇杆 CD 杆长，摆角 ϕ 及 K，设计此四杆机构（见图 5-2-2-15）。

解： 步骤如下。

（1）计算 $\theta=180°(K-1)/(K+1)$。

（2）任取一点 D，以摇杆 CD 为腰长，作等腰三角形 C_1DC_2。

（3）作 $C_2P \perp C_1C_2$，作 C_1P 使 $\angle C_2C_1P=90°-\theta$，交于 P。

（4）作 $\triangle PC_1C_2$ 的外接圆，则 A 点必在此圆上（同一段圆弧对应的圆心角相等）。

（5）根据已知条件选定 A，设曲柄为 a，连杆为 b，则 $AC_1=a+b$，$AC_2=b-a$。

故有：$a=(AC_1-AC_2)/2$。

（6）以 A 为圆心、AC_2 为半径作弧交 AC_1 于 E，得 $a=EC_1/2$，$b=AC_1-EC_1/2$（见图 5-2-2-16）。

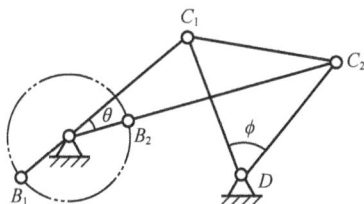

图 5-2-2-15　例 5-4 图 1

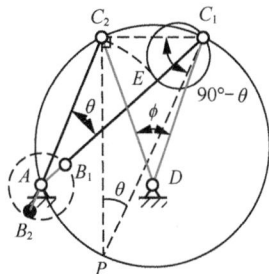

图 5-2-2-16　例 5-4 图 2

拓展阅读

助力中国高铁的神器——"昆仑号"架桥机

2020 年 11 月 3 日，福厦高铁开启铁路铺架作业，其中涉及海上桥面铺设。这次的建设让我国首台也是世界首台千吨级运架一体架桥机——"昆仑号"闪亮登场，如图 5-2-2-17 所示。

图 5-2-2-17　铰链四杆机构在"昆仑号"架桥机中的应用

架桥机有一条可折叠的机械腿，能起到支撑作用，这个安放的位置误差不能超过 1cm，而这个装置利用的就是铰链四杆机构的工作原理。同时"昆仑号"具有智能控制系统，不仅可以接入铁路工程管理中心信息平台，还有更智能的激光矩阵传感器系统，这个系统可以扫描周边环境的数据，保证架桥机行驶和施工中的安全。我国的"昆仑号"架桥机领先世界，中国制造从工业落后到引领世界，是无数科研人员奋不顾身努力的结果。

任务实施

完成本任务铰链四杆机构设计，具体实施过程见附带的《实训任务书》。

任务拓展

已知牛头刨床主运动机构如图 5-2-2-18 所示，以及其机架 AC 长度 L_4 和行程速比系数 K，试设计此机构。

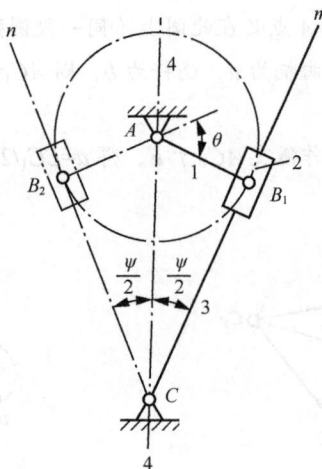

图 5-2-2-18　牛头刨床主运动机构

项目 5.3　典型高副机构认知

任务 5.3.1　凸轮轮廓曲线设计

任务描述

图 5-3-1-1 所示为地铁配件输送装置，其在需要上下货物处配置凸轮机构。其基本设计要求如《实训任务书》所示，试设计该凸轮机构的轮廓曲线。凸轮机构的应用如图 5-3-1-2 所示。

图 5-3-1-1　地铁配件输送装置

图 5-3-1-2　凸轮机构的应用

任务分析

凸轮机构是由具有曲线轮廓或凹槽的构件，通过高副接触带动从动件，实现预期运动规律的一种高副机构。凸轮机构在应用中的基本特点在于它能使从动件满足较复杂的运动规律，可以实现各种运动要求，而且结构简单、紧凑。因此凸轮机构广泛地应用于各种机械，特别是自动机械、自动控制装置和装配生产线中。

知识链接

一、凸轮机构的组成与应用

由于凸轮机构具有多用途性和灵活性，因此广泛应用于机械、仪器、操纵控制装置等。凸轮机构由凸轮、从动件、机架 3 个基本构件及锁合装置组成，是一种高副机构。其中凸轮是一个具有曲线轮廓或凹槽的构件，通常做连续等速转动；从动件则在凸轮轮廓的控制下，按预定的运动规律做往复运动。生产线中，凸轮是自动化生产中主要的驱动和控制机构。如图 5-3-1-3 所示为内燃机的配气机构，凸轮匀速转动，通过其曲线轮廓向径的变化，驱动从动件按内燃机工作循环的要求有规律地开启和闭合。

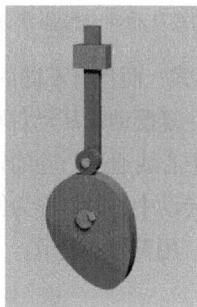

二、凸轮机构的类型

凸轮机构的种类很多，通常按以下形式分类。

（1）按凸轮形状分类

① 盘形凸轮。盘形凸轮是一个具有变化半径的盘状零件，如图 5-3-1-4 所示。

② 移动凸轮。移动凸轮由盘形凸轮演变而来，可看作回转半径无限大的盘形凸轮，凸轮做往复移动，从而使从动件上下运动，如图 5-3-1-5 所示。

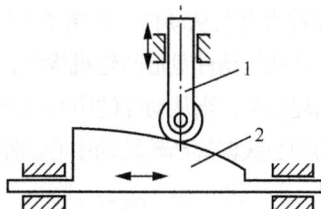

1—从动件；2—凸轮

图 5-3-1-3　内燃机的配气机构　　图 5-3-1-4　盘形凸轮机构　　图 5-3-1-5　移动凸轮机构

③ 圆柱凸轮。圆柱凸轮可看作移动凸轮卷成圆柱体所形成的凸轮，从动件与凸轮之间的相对运动为空间运动。盘形凸轮和移动凸轮与其从动件之间的相对运动是平面运动，所以它们属于平面凸轮机构；圆柱凸轮与从动件的相对运动为空间运动，故它属于空间凸轮机构，如图 5-3-1-6 所示。

（2）按从动件末端形状分类

① 尖顶从动件凸轮机构。如图 5-3-1-7（a）所示，尖顶从动件凸轮机构中从动件的端部呈尖点，其特点是能与任何形状的凸轮轮廓上各点相接触，因而理论上可实现任意预期的运动规律。尖顶从动件凸轮机构是研究其他形式从动件凸轮机构的基础。但由于从动件尖顶易磨损，故只能用于轻载、低速的场合。

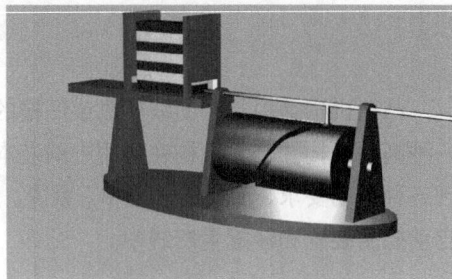

图 5-3-1-6　圆柱凸轮机构

② 滚子从动件凸轮机构。如图 5-3-1-7（b）所示，滚子从动件凸轮机构中从动件的端部装有滚子。由于从动件与凸轮之间可形成滚动摩擦，因而磨损显著减少，能承受较大载荷，应用较广，但不宜用于高速场合。

③ 平底从动件凸轮机构。如图 5-3-1-7（c）所示，平底从动件凸轮机构中从动件的端部为一平底。若不计摩擦，凸轮对从动件的作用力始终垂直平底，传力性能良好，且凸轮与平底接触面间易形成润滑油膜，摩擦磨损小、效率高，故可用于高速场合。其缺点是不能用于凸轮轮廓有内凹的情况。

④ 球面底从动件凸轮机构。如图 5-3-1-7（d）所示，球面底从动件凸轮机构中从动件的端部具有凸出的球形表面，可避免因安装位置偏斜或不对中而造成的表面应力和磨损增大的缺点，且其具有尖顶从动件与平底从动件的优点，因此这种结构形式的从动件在生产中应用较多。

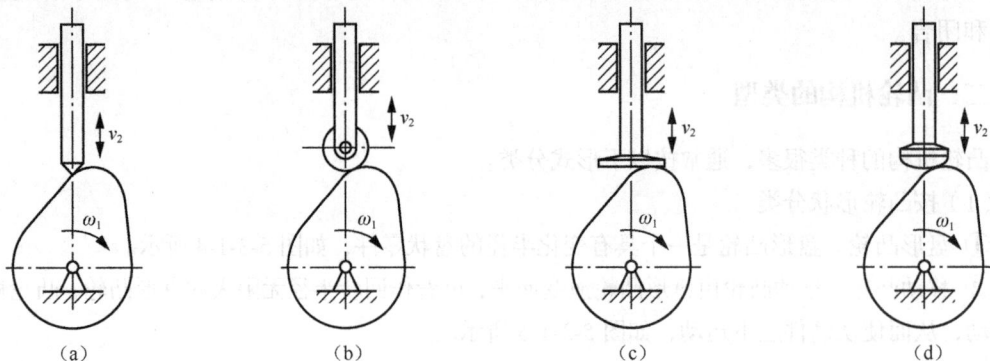

图 5-3-1-7　凸轮机构按从动件末端形状分类

在实际机构中，从动件不仅有不同的结构形式，而且有不同的运动形式。如做往复直线运动的从动件称为直动从动件，如图 5-3-1-8 所示；做往复摆动的从动件称为摆动从动件，如图 5-3-1-9 所示。在直动从动件盘形凸轮机构中，当从动件的中心线通过凸轮的转动中心时，称为对心直动从动件盘形凸轮机构；当从动件的中心线不通过凸轮的转动中心时，称为偏置直动从动件盘形凸轮机构，从动件的中心线偏离凸轮转动中心的距离称为偏距，用符号 e 表示。

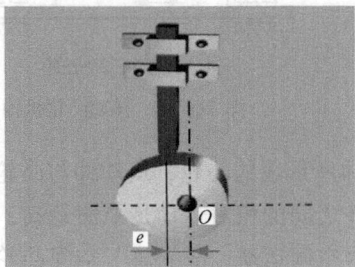

图 5-3-1-8　直动从动件凸轮机构

图 5-3-1-9　摆动从动件凸轮机构

（3）按锁合形式分类

① 力锁合凸轮机构。力锁合凸轮机构是指靠重力、弹簧力或其他外力，使从动件与凸轮始终保持接触的凸轮机构，如图 5-3-1-10 所示。

② 形锁合凸轮机构。形锁合凸轮机构是指利用高副元素本身的几何形状，使从动件与凸轮始终保持接触的凸轮机构，如图 5-3-1-11 所示。

图 5-3-1-10　力锁合凸轮机构

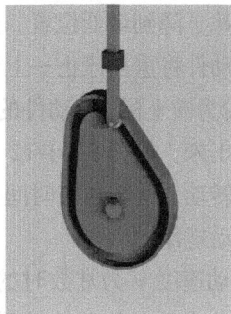

图 5-3-1-11　形锁合凸轮机构

三、从动件运动规律

（1）凸轮机构的运动过程

图 5-3-1-12 所示为对心尖顶从动件盘形凸轮机构的运动过程，其中以凸轮轮廓最小向径 r_b 为半径所做的圆称为基圆，r_b 称为基圆半径。在图示位置时，从动件处于上升的最低位置，也是从动件离凸轮轴心最近的位置，其尖顶与凸轮在 B 点接触。从动件的运动过程如下。

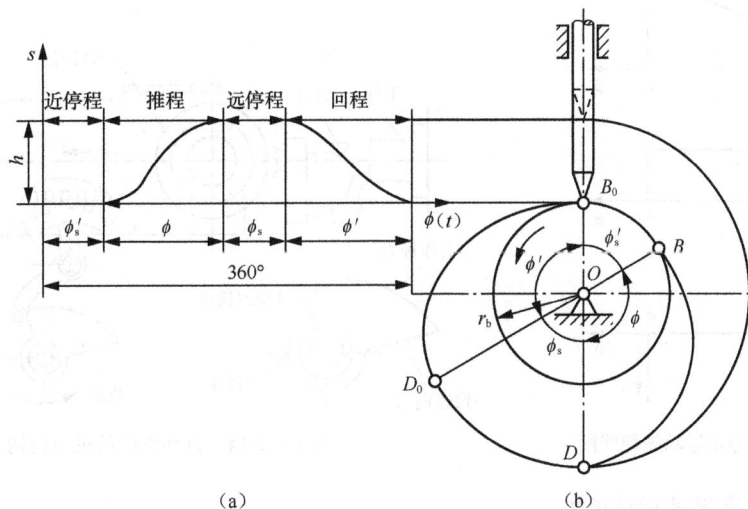

图 5-3-1-12　对心尖顶从动件盘形凸轮机构的运动过程

① 当凸轮以等角速度 ω 沿逆时针方向转动时，从动件将依次与凸轮轮廓各点接触，从动件的位移 s 也将按照图 5-3-1-12（a）所示的曲线变化。当凸轮转过 ϕ_s' 角度时，凸轮轮廓上的基圆弧 B_0B 与从动件依次接触。此时，该段基圆弧上各点的向径大小不变，从动件在最低位置不动（从动件的位移没有变化），这一过程称为近停程，对应的转角称为近停程角。当凸轮转过一个角度 ϕ 时，从动件被凸轮推动，随着凸轮轮廓 BD 段上各点向径逐渐增大，从动件从最低位置 B 点开始，

逐渐被推到离凸轮轴心最远的位置，即从动件上升到最高位置 D 点，从动件的这一运动过程称为推程。从动件在该过程中上升的最大距离 h 称为升程，对应的凸轮转角 ϕ 称为推程角。

② 当凸轮继续转过 ϕ_s 角度时，以 O 为圆心，OD 为半径的圆弧 DD_0 与从动件尖顶接触，从动件在离凸轮轴心最远位置处静止不动，从动件的这一过程称为远停程，与此对应的凸轮转角称为远停程角。凸轮再继续转过 ϕ' 角度时，在封闭力的作用下，从动件沿向径渐减的凸轮轮廓 D_0B_0，按给定的运动规律下降到最低位置，这段行程称为回程，对应的凸轮转角 ϕ' 称为回程角。当凸轮继续回转时，从动件将重复停止—上升—停止—下降的运动循环。

以凸轮转角 ϕ 为横坐标、从动件的位移 s 为纵坐标，可用曲线将从动件在一个运动循环中的位移变化规律表示出来，如图 5-3-1-12（a）所示。该曲线称为从动件的位移线图（s-ϕ 线图）。由于凸轮一般做等速转动，其转角与时间成正比，因而该线图的横坐标也代表时间 t。

（2）等速运动规律

从动件的运动速度 v 为常数时的运动规律称为等速运动规律，如图 5-3-1-13 所示。在从动件运动的起点和终点处，从动件的瞬时速度发生变化，如图 5-3-1-13（c）所示。根据数学知识可知，由于速度 v 为常数，从动件的位移 $s=vt$，其位移线图为一斜直线，因此等速运动规律又称为直线运动规律。从动件等速运动时，加速度为零。但在开始和终止运动的瞬间，速度突变，加速度趋于无穷大，从理论上说，机构会产生无穷大的惯性力，使从动件与凸轮产生冲击（称为刚性冲击）。等速运动规律只适用于低速、轻载的凸轮机构，如图 5-3-1-14 所示的自动机床的进刀机构。

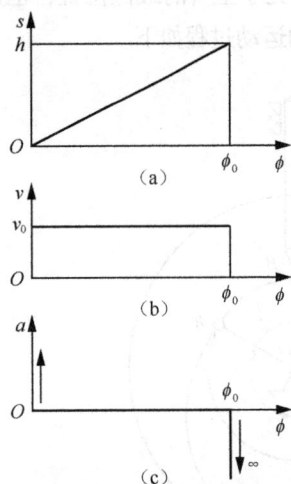

图 5-3-1-13　等速运动规律线图

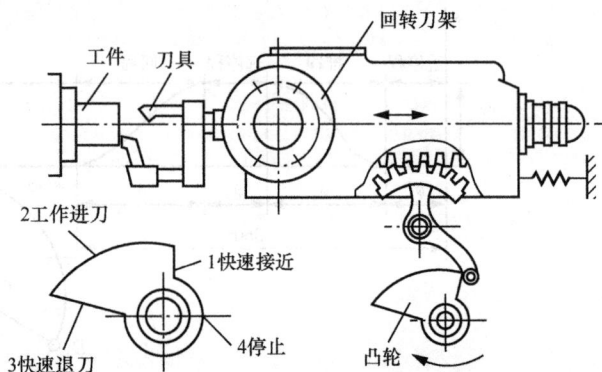

图 5-3-1-14　自动机床的进刀机构

（3）等加速等减速运动规律

等加速等减速规律是指从动件在一个行程中，前半行程做等加速运动，后半行程做等减速运动的运动规律。其运动规律线图如图 5-3-1-15 所示，位移曲线为两段光滑相连、开口相反的抛物线，速度曲线为斜直线，加速度曲线为平直线。从动件的加速度分别在 A、B 和 C 的位置有突变，但其变化为有限值，由此而产生的惯性力变化也为有限值。这种由加速度和惯性力的有限变化对机构所造成的冲击、振动和噪声较刚性冲击小，称为柔性冲击。因此，等加速等减速运动规律只适用于中速、轻载的场合。

（4）余弦加速度运动规律

余弦加速度运动规律是指从动件加速度按余弦规律变化的运动规律，又称为简谐运动规律，速度曲线为正弦曲线，加速度曲线为余弦曲线。由加速度线图可知，这种运动规律不仅在开始和终止处加速度有突变，也会产生柔性冲击，只适用于中速、中载场合。只有当加速度曲线保持连续（如图 5-3-1-16 中的虚线）时，才能避免柔性冲击。

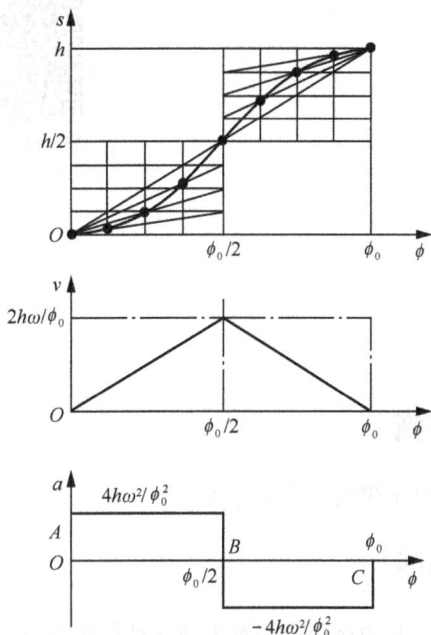

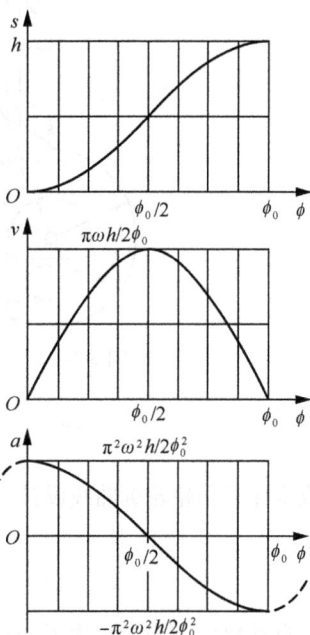

图 5-3-1-15　等加速等减速运动规律线图　　　　图 5-3-1-16　余弦加速度运动规律线图

（5）从动件运动规律的选择

在选择从动件运动规律时，首先要满足机构的工作要求，同时要考虑凸轮机构应具有良好的工作性能。在满足工作要求的前提下，还应考虑凸轮轮廓曲线的加工制造。常用从动件运动规律的特性如表 5-3-1-1 所示。

表 5-3-1-1　　　　　　　　　　　常用从动件运动规律的特性

运动规律	v_{max}	a_{max}	冲击特性	适用场合
等速	$1.00 \times \left(\dfrac{h}{\phi} \omega \right)$	∞	刚性冲击	低速、轻载
等加速等减速	$2.00 \times \left(\dfrac{h}{\phi} \omega \right)$	$4.00 \times \left(\dfrac{h}{\phi^2} \omega^2 \right)$	柔性冲击	中速、轻载
余弦加速度	$\dfrac{\pi}{2} \times \left(\dfrac{h}{\phi} \omega \right)$	$\pi^2 \times \left(\dfrac{h}{2\phi^2} \omega^2 \right)$	柔性冲击	中速、中载

四、凸轮轮廓曲线设计的基本原理

凸轮轮廓曲线的设计方法有解析法和图解法。其中解析法精确，而图解法直观、方便。用图解法设计凸轮轮廓曲线的基本原理是反转法，即相对运动原理。假想给整个凸轮机构加上一个与凸轮角速度大小相等、方向相反的角速度（−ω），凸轮将处于静止状态；机架则以角速度（−ω）围绕凸轮原来的转动轴线转动；而从动件一方面随机架转动；另一方面按照给定的运动规律相对机架做往复运动，如图 5-3-1-17 所示。

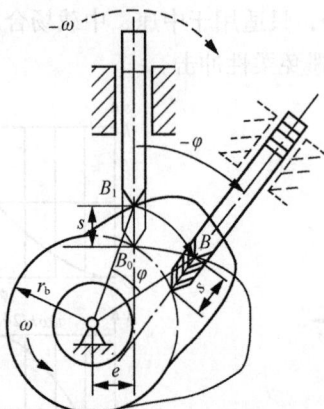

图 5-3-1-17　反转法的设计原理

任务实施

完成本任务凸轮轮廓曲线设计，具体实施过程见附带的《实训任务书》。

任务拓展

在某自动化生产线中采用了一种辊子传输装置，其中运用了偏置尖顶从动件盘形凸轮机构，凸轮的位移曲线如图 5-3-1-18 所示。其基圆半径暂定为 r_b=30mm，偏距 e=20mm，试采用图解法设计其轮廓曲线。

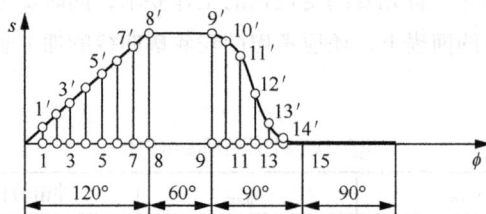

图 5-3-1-18　凸轮的位移曲线

任务 5.3.2　槽轮和棘轮机构认知

任务描述

在各种机器中，除广泛采用前面所介绍的常用机构外，还经常用到其他类型的机构，技术人员也需要了解这些机构的工作原理、运动特点、应用情况等要点。图 5-3-2-1～图 5-3-2-3 列出几种机构，简要介绍它们的工作原理。

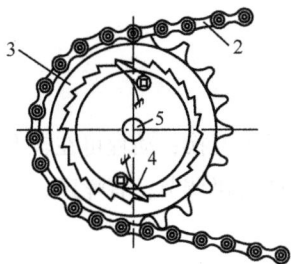

1、3—棘轮；2—链条；4—棘爪；5—压轮轴

图 5-3-2-1　自行车超越式棘轮机构

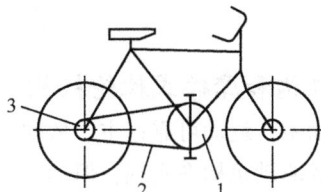

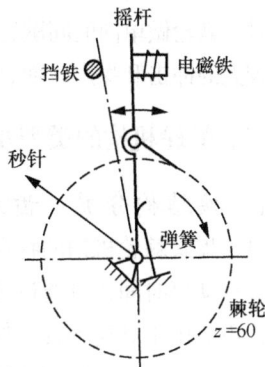

图 5-3-2-2　打铃器中的棘轮

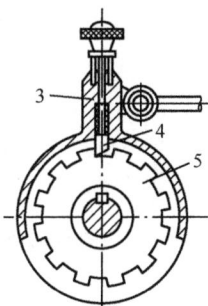

1~3—杆件；4—棘爪；5—棘轮；6—螺杆；7—工作台；8—床身

图 5-3-2-3　机床进给机构

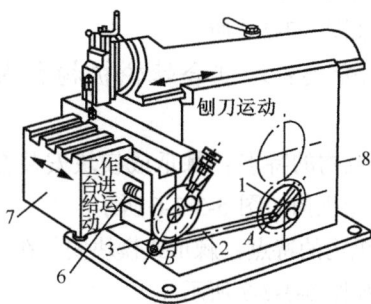

任务分析

　　机构的运动方式是多样的，在某些场合中，我们需要一些运动机构使得主动件做连续运动时，从动件能够产生周期性间歇运动，即运动—停止—运动，槽轮、棘轮机构就属于这类可以产生间歇运动的机构。

知识链接

一、棘轮机构的组成及其工作特点

　　棘轮机构一般包括摇杆、棘轮、棘爪、止动棘爪、机架几部分。图 5-3-2-4 所示是十分常见的外啮合齿式棘轮机构。绕 O 点做往复摆动运动的摇杆是主动件。当摇杆沿逆时针方向摆动时，驱动棘爪插入棘轮的齿间，推动棘轮转过一定角度；当摇杆沿顺时针方向摆回时，止动棘爪在弹簧的作用下，阻止棘轮沿顺时针方向摆动回来，而驱动棘爪从棘轮的齿背上滑过，故棘轮静止不动。这样，当摇杆连续往复地

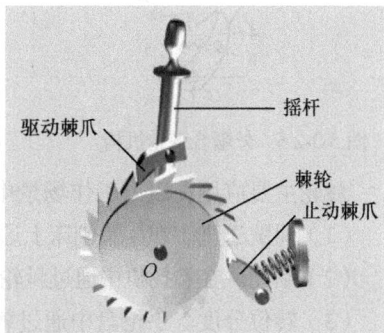

图 5-3-2-4　外啮合齿式棘轮机构

摆动时，棘轮做单向的间歇运动。棘轮机构的优点是结构简单、制造方便、运动可靠；缺点是工作时有较大的冲击和噪声，而且运动精度较差。所以棘轮机构常用于速度较低和载荷较小的场合。

二、棘轮机构的类型及应用

1. 按结构分类：齿式棘轮机构和摩擦式棘轮机构

（1）齿式棘轮机构的特点：结构简单；运动可靠；主、从动关系可互换；动程可在较大范围内调节；动停时间比可通过选择合适的驱动机构来实现，但动程只能有机调节；有噪声、冲击及磨损，不适用于高速场合，如图 5-3-2-4 所示。

（2）摩擦式棘轮机构的特点：传动平稳，无噪声；传递扭矩较大；棘轮转角大小可无级调节；靠摩擦力传动，会出现打滑现象，可起过载保护作用，但也使传动精度不高，适合低载场合，如图 5-3-2-5 所示。

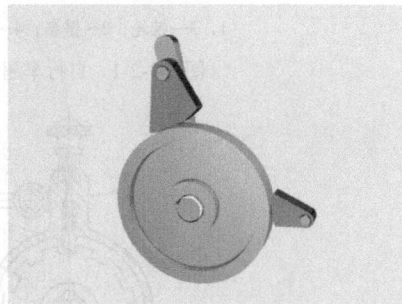

2. 按啮合方式分类：外啮合棘轮机构和内啮合棘轮机构

（1）外啮合棘轮机构的特点：棘爪或楔块安装在棘轮的外部，外啮合棘轮机构如图 5-3-2-6 所示。

（2）内啮合棘轮机构的特点：棘爪或楔块安装在棘轮的内部，结构紧凑，如图 5-3-2-7 所示。

图 5-3-2-5　摩擦式棘轮机构

3. 按运动形式分类：单动式棘轮机构和双动式棘轮机构

单动式棘轮机构是通过棘爪，使得棘轮只能单向间歇运动；双动式棘轮机构是通过钩头式或者直推式棘爪来回摆动，使得棘轮可以沿着两个方向运动，如图 5-3-2-8 所示。与单动式棘轮机构相比，双动式棘轮机构的结构更紧凑，承载较大。

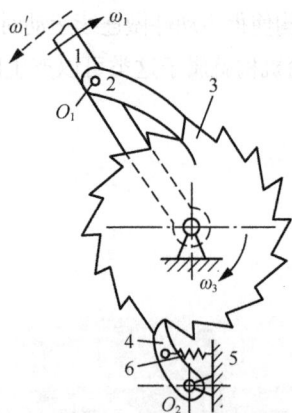

图 5-3-2-6　外啮合棘轮机构　　　图 5-3-2-7　内啮合棘轮机构　　　图 5-3-2-8　双动式棘轮机构

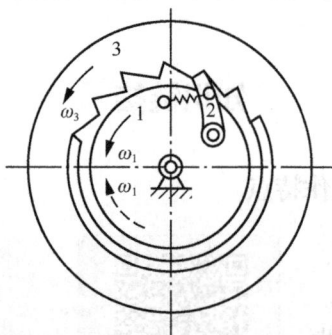

棘轮主要应用在以下工作场景中。

（1）间歇送进。在牛头刨床上通过棘轮机构实现工作台横向间歇送进功能。

（2）制动。在卷扬机中通过棘轮机构实现制动功能，防止链条断裂时卷筒逆转。

（3）转位分度。手枪盘中通过棘轮机构实现转位、分度功能。

（4）超越离合器。在车床中以棘轮机构作为传动中的超越离合器，实现自动进给和快、慢速进给。

三、槽轮机构概述

1. 槽轮机构的工作原理

槽轮机构由带有圆柱销的主动销轮、具有直槽的从动槽轮及机架（机架加铰链处，图中无须标注）组成，如图 5-3-2-9 所示。其工作原理为圆柱销进入径向槽时，槽轮开始运动，圆柱销脱离径向槽时，槽轮的内凹弧与主动销轮的外凸弧锁紧，槽轮不转动。

2. 槽轮机构的类型

槽轮机构可分为外槽轮机构和内槽轮机构。

（1）外槽轮机构。外啮合式的外槽轮机构，主、从动轮转动方向相反。

（2）内槽轮机构。内啮合式的内槽轮机构，主、从动轮转动方向相同。

与外槽轮机构相比，内槽轮机构传动平稳，停歇时间短，所占空间小。

图 5-3-2-9　槽轮机构

3. 槽轮机构的特点

槽轮机构的特点是结构简单、容易制造、工作可靠、能准确控制转角、机械效率高。但其动程不可调节、转角不可太小，销轮和槽轮的主、从动关系不能互换，起停有冲击。与棘轮机构相比，其工作平稳性较好。

4. 槽轮机构的应用

槽轮机构常应用于自动机械、轻工机械或仪表中，实现间歇送进和转位功能。

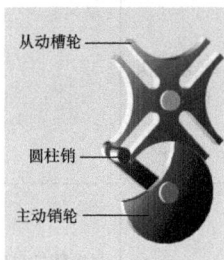

任务实施

完成本任务槽轮和棘轮机构的认知，具体实施过程见附带的《实训任务书》。

任务拓展

请判断图 5-3-2-10 所示的电影放映机中的送片机构属于哪种机构，并描述其工作原理。

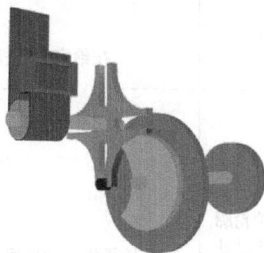

模块小结

机器的核心功能是实现运动和能量的转换，好的机构是实现这一功能的重中之重，如挖掘机利用了平面连杆机构、车床自动走刀装置利用了凸轮机构。只有掌握机构的相关知识，才能更好地运用和设计各类机器。

图 5-3-2-10　电影放映机中的送片机构

机构通常比较复杂，为了能够清楚地描述机构的运动关系，用简单的线条和符号来代表构件和运动副，并按一定比例表示各运动副的相对位置，用以说明机构各构件间相对运动关系的简单图形称为机构运动简图。机构运动简图中的构件和运动副均需要按照规定画出，不可随意更改。

平面连杆机构是典型的低副机构，加工简单，可以实现多种平面运动，如列车的受电弓就属于此类机构。其中十分简单的是平面四杆机构，通过改变各个杆长，可以实现不同的运动方式。

凸轮机构属于典型的高副机构，其最大特点是可以实现间歇运动，可以应用在自动化生产线的输送装置上，实现间歇式上下料。根据构件、锁合方式、运动方式不同，凸轮机构可以有多种组合，典型的为对心直动尖顶从动件盘形凸轮机构，它的设计可采取反转法的方式。

任务	基本知识	拓展知识	主要公式
	本模块知识技能点梳理		
绘制机构运动简图 ⇩	运动副及其分类、机构的类型	运动副、构件的表示方法	
	运动副的概念、分类，机构的分类		
	平面机构运动简图绘制	典型机构运动简图绘制	
	运动副、构件的表示方法，运动简图的绘制		
机构具有确定运动的判断 ⇩	平面机构的自由度	典型平面机构自由度计算	$F = 3n - 2P_L - P_H$
	自由构件自由度、约束、平面机构自由度计算、计算平面机构自由度注意事项		
	机构具有确定运动的条件	机构具有确定运动条件判断	
	机构具有确定运动、机构运动不确定、构件破坏、构件不动的条件		
铰链四杆机构特性认知 ⇩	铰链四杆机构	铰链四杆机构类型判别	
	铰链四杆机构组成、类型及应用		
	含一个移动副的平面四杆机构	区分含一个移动副的四杆机构	
	曲柄滑块机构、偏心轮机构、导杆机构、摇块和定块机构		
	铰链四杆机构曲柄存在条件		
铰链四杆机构设计 ⇩	平面四杆机构的特性	典型铰链四杆机构设计	
	运动特性：极位夹角、急回特性、行程速比系数；传力特性：压力角和传动角、死点位置		
	平面连杆机构的设计		
	按给定的连杆位置设计、按给定的行程速比系数设计		
凸轮轮廓曲线设计 ⇩	凸轮机构的基本概念	凸轮机构类型	
	凸轮机构的组成与应用、类型		
	从动件运动规律		
	凸轮机构运动过程，等速、等加速等减速、余弦加速度运动规律	凸轮轮廓曲线设计	
	凸轮轮廓曲线设计基本原理		
	反转法		
槽轮和棘轮机构认知	棘轮机构	正确区分不同类型的槽轮、棘轮机构	
	棘轮机构的组成、工作原理、类型及应用		
	槽轮机构		
	槽轮机构的组成、工作原理、类型及应用		

思考与练习

一、填空题

1. 构件之间的_____联接称为运动副。

2. 自由构件具有的_____数量称为自由度。

3. 铰链四杆机构中固定不动的杆件称为_____，机架对面的杆件称为_____，与机架直接相连的杆件称为_____。

4. 凸轮的完整运动周期包括_____程、_____程、_____程、_____程。

二、选择题

1. 平面机构每有一个低副可以减少（　　　）个自由度。

A. 1　　　　　　　　B. 2　　　　　　　　C. 3　　　　　　　　D. 4

2. 铰链四杆机构中能够整周回转的构件称为（　　　）。

A. 摇杆　　　　　　B. 滑块　　　　　　C. 曲柄　　　　　　D. 机架

3. 按照凸轮从动件运动规律的不同，适合高速、重载场合的是（　　　）。

A. 等速运动规律　　　　　　　　　　　B. 等加速等减速运动规律

C. 余弦加速度运动规律　　　　　　　　D. 摆线式运动规律

4. 凸轮传动为了减少从动件和凸轮之间的摩擦力，采用（　　　）效果最好。

A. 平底从动件　　　B. 尖顶从动件　　　C. 滚子从动件　　　D. 球面底从动件

三、简答题

1. 机构具有确定运动的条件是什么？

2. 绘制图 5-3-2-11 所示抽水机构的运动简图。

3. 计算图 5-3-2-12 所示机构的自由度。

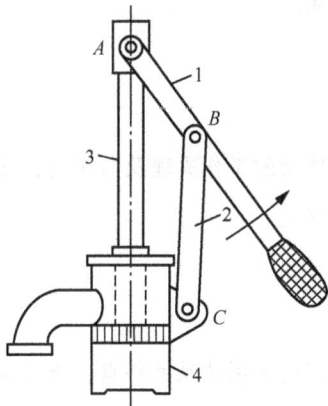

图 5-3-2-11　简答题 2 图

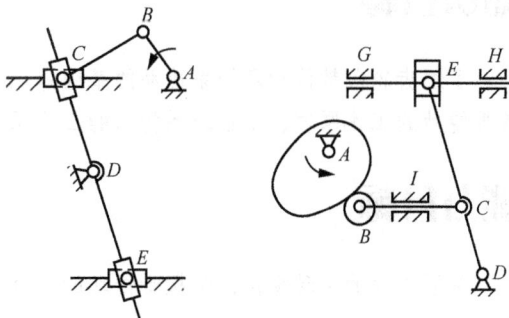

图 5-3-2-12　简答题 3 图

模块6

典型传动装置认知及设计

模块导入

  机器通常由原动机、传动装置和工作机三部分组成。传动装置将原动机的动力和运动传递给工作机，如在动车组制造过程中需使用数控机床加工各类零件，需要把电机的运动转变为工件的回转运动，并根据加工要求调节其转速。为达到这一目的，车床的主传动系统需要使用多种类型的传动装置（带传动、齿轮传动、轮系传动等）以满足生产要求。而各类传动装置均有其自身特点，合理的传动系统不仅应满足使用要求，还应尽量结构简单、尺寸紧凑、加工方便，这样才能提高效率、便于维护。下面将主要学习带传动与齿轮、轮系传动等传动装置，并通过分析车床主轴系统的工作原理来了解传动系统的综合应用。

知识目标

  了解齿轮与带传动及轮系传动的基础知识；了解齿轮传动的工作原理及其应用；了解带传动的工作原理；了解轮系传动的工作原理、应用场合。

能力目标

  掌握齿轮的运动规律；掌握带传动的设计方法；掌握不同类型轮系的特点，会计算不同轮系的传动比。

素质目标

  了解传动装置的工作特性，强化创新意识和科学思维，增强质量意识；培养工匠精神、劳动精神。

项目 6.1 带传动与齿轮传动认知

任务 6.1.1 带传动认知

带式输送机，又称为胶带输送机，具有输送能力强、输送距离远、结构简单、易于维护的优点，能方便地实行程序化控制和自动化操作。目前其广泛应用于电子、电器、机械、交通运输等各行各业，物件的组装、检测、调试、包装及运输等。

线体可以因地制宜选用，有直线、弯道、斜坡等形式，是组成有节奏的流水作业线不可缺少的经济型物流输送设备。

任务描述

图 6-1-1-1 所示为带式输送机，已知输送机驱动卷筒的圆周力（有效拉力）F=6000N，运输带速度 v=0.5m/s，卷筒直径 D=300mm。输送机在常温下长期连续单向运转，工作时载荷平稳，小批量生产，使用期限为 10 年，单班制工作。要求对该带式输送机的传动装置进行总体设计。

图 6-1-1-1 带式输送机

任务分析

目前，远距离物体的输送一般多采用带传动，带已经是一种系列化和部分参数标准化的零部件。如图 6-1-1-2 所示，因此，其设计的主要内容是选择带的型号，确定带轮直径等各项参数，并保证在满足正常使用的情况下不会发生打滑等失效。

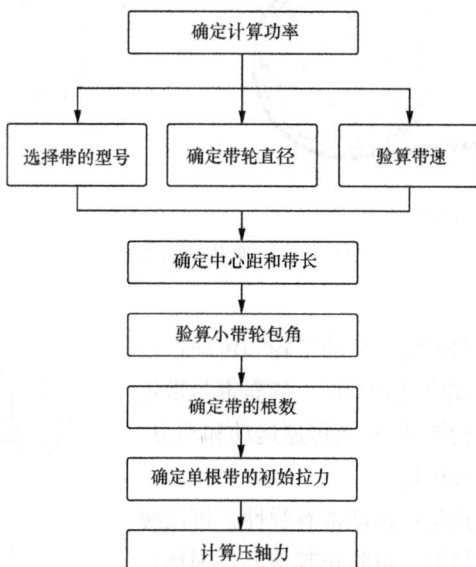

图 6-1-1-2 带传动设计的主要内容

知识链接

一、带传动的特点

带传动的主要优点如下。

（1）适用于中心距较大的场合。

（2）带是挠性物，可以缓冲、吸振，噪声小，传动平稳。

（3）当过载时，带与带轮之间会打滑，保护其他零部件免受损坏。

（4）结构简单，制造与维护方便，成本低。

由于是摩擦传动，因此带传动有以下缺点。

（1）外廓尺寸太大。

（2）带在带轮上有相对滑动，传动比不恒定。

（3）传动效率较低，寿命较短。

（4）常需要张紧装置，支承带轮的轴和轴承受力较大。

（5）不宜用于高温、易燃等场合。

总体来说，带传动多用于两轴中心距较大、传动比要求不严格的中、小功率的机械中。一般情况下，带传动传递的功率 $P \leqslant 100kW$，带速 $v=5 \sim 25m/s$，传动比 $i \leqslant 5$，传动效率为 94%～97%。高速带传动的带速可达 60～100m/s，传动比 $i \leqslant 7$。同步带传动的带速 $v=40 \sim 50$ m/s，传动比 $i \leqslant 10$，传递功率可达 200kW，效率高达 98%～99%。

二、带传动的类型及应用

带传动利用张紧在带轮上的传动带与带轮的摩擦或啮合来传递运动和动力。按工作原理不同，带传动可分为摩擦型带传动和啮合型带传动两大类，如图 6-1-1-3 所示；按用途不同，带传动可分为传动带和输送带两大类，本模块主要学习传动带。

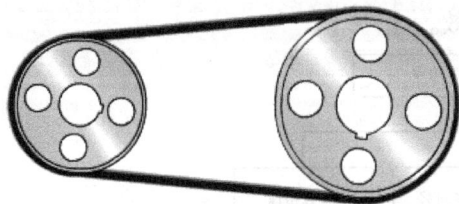

（a）摩擦型带传动　　　　　　　　　　　　（b）啮合型带传动

图 6-1-1-3　带传动的类型

1. 摩擦型带传动

摩擦型带传动通常由主动带轮、从动带轮和传动带组成，如图 6-1-1-4 所示。当主动带轮回转时，依靠带与带轮表面间的摩擦力带动从动带轮转动，从而传递运动和动力。绝大部分带传动属于摩擦型带传动。

摩擦型带传动的主要优点是：传动带有弹性，可以缓冲、吸振，传动平稳；过载打滑，可防止其他零件损坏；

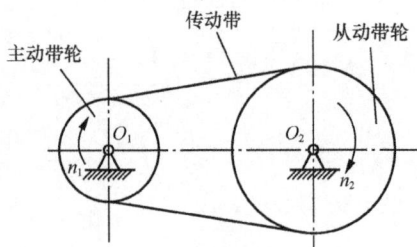

图 6-1-1-4　摩擦型带传动

传动中心距大；结构简单，制造、安装、维护方便，成本低。摩擦型带传动的主要缺点是：带与带轮之间有滑动，不能保证准确的传动比；由于需要施加张紧力，轴系受力较大。

根据传动带横截面形状不同，摩擦型带传动可分为平带传动（矩形截面）、V 带传动（梯形截面）、多楔带传动、圆带传动等，如图 6-1-1-5 所示。

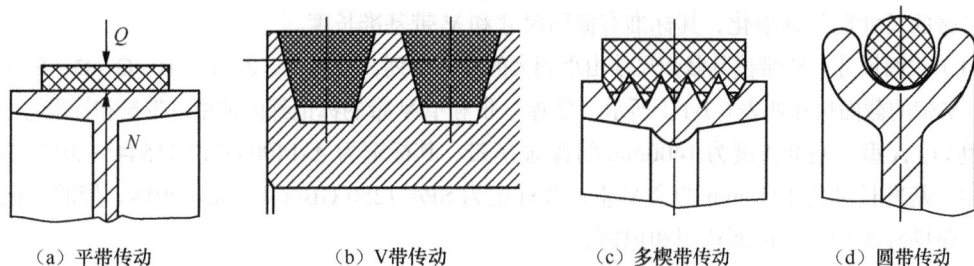

（a）平带传动　　　　（b）V 带传动　　　　（c）多楔带传动　　　　（d）圆带传动

图 6-1-1-5　摩擦型带传动的类型和传动带横截面形状

（1）平带传动。如图 6-1-1-5（a）所示，结构简单，带轮也容易制造。常用的平带有橡胶布带、皮革带、编织带（棉织、毛织、丝织）和强力锦纶带等。平带传动可以用于交叉传动和角度传动，传动形式多样，传动中心距大，在农业机械（如脱粒机、磨粉机等）中应用较多。

（2）V 带传动。在机械传动中，应用最广的是 V 带传动，如图 6-1-1-5（b）所示。V 带的横截面呈梯形，两侧面为工作面。根据槽面摩擦原理，在同样的张紧力下，V 带传动比平带传动的能力更强。V 带传动又可分为普通 V 带传动、窄 V 带传动、多楔带传动、大楔角 V 带传动、宽 V 带传动等。

（3）多楔带传动。如图 6-1-1-5（c）所示，多楔带传动相当于将多根型号相同的 V 带联成一体。

（4）圆带传动。如图 6-1-1-5（d）所示，圆带便于拆装，传递的功率较小，一般用于轻型机构，如缝纫机等。

2. 啮合型带传动

啮合型带传动是指带轮之间利用同步带啮合传动，即靠带上的齿与带轮上齿槽的啮合作用来传递运动和动力。同步带传动工作时，带与带轮之间不会产生相对滑动，能够获得准确的传动比，因此它兼有带传动和齿轮传动的特性和优点。同步带传动的速度最大可达到 80m/s，一级传动比可达 10，传动效率为 98% ~ 99%，传动功率可达到几百千瓦，现已广泛用于各种精密仪器、计算机、汽车、数控机床和石油机械等。同步带传动有一定形状的齿，如图 6-1-1-6 所示。

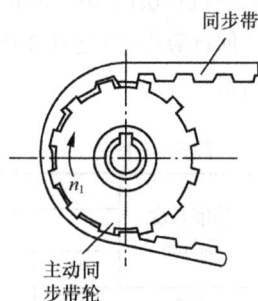

图 6-1-1-6　同步带传动

三、普通 V 带及 V 带轮的结构

1. 普通 V 带的结构

普通 V 带是楔角为 40°、相对高度 $h/b \approx 0.7$ 的包布梯形横截面环形带，通常制成没有接头的环形，其横截面形状为等腰梯形。

如图 6-1-1-7 所示，V 带由顶胶层、抗拉层、底胶层和包布层组成。抗拉层是承受负载拉力的主体，有帘布结构和绳芯结构两类。前者抗拉强度较高，制造方便，应用较广；后者柔性好，抗弯强度高，适用于

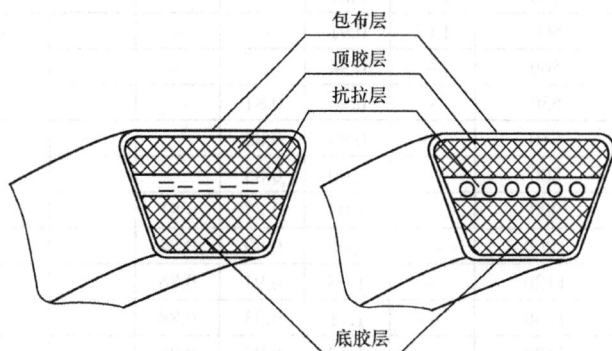

图 6-1-1-7　V 带结构

带轮直径较小、速度较高的场合。为了提高承载能力，近年来，已广泛使用合成纤维绳芯或钢丝绳芯。

2. 普通 V 带的尺寸

V 带的尺寸已经标准化，其标准有截面尺寸和 V 带基准长度。

（1）截面尺寸。V 带按其截面尺寸由小到大的顺序排列，共有 Y、Z、A、B、C、D、E 这 7 种型号。V 带的截面尺寸如表 6-1-1-1 所示。普通 V 带和窄 V 带的标记都由带型、带长和标准号组成。

例如，A 型、基准长度为 1400mm 的普通 V 带，其标记为 A-1400 GB/T 11544—2012。又如，SPA 型、基准长度为 1250mm 的窄 V 带，其标记为 SPA-1250 GB/T 12730—2018。带的标记通常压印在带的外表面上，以便选用和识别。

表 6-1-1-1　　　　　　　　　　　　　　　V 带的截面尺寸

型号	Y	Z	A	B	C	D	E
节宽 b_p/mm	5.3	8.5	11	14	19	27	32
顶宽 b/mm	6	10	13	17	22	32	38
带高 h/mm	4	6	8	11	14	19	23
楔角 θ/(°)	40						
单位长度质量 q/(kg·m^{-1})	0.04	0.06	0.10	0.17	0.30	0.60	0.87

（2）V 带基准长度。当 V 带弯曲时，带的顶胶层将伸长，而底胶层将缩短，只有在两层之间的抗拉层内节线处带长保持不变，因此沿节线量得的带长即 V 带的基准长度 L_d。在带传动的几何计算中，应把基准长度 L_d 作为 V 带的计算长度。普通 V 带的基准长度及长度系数如表 6-1-1-2 所示。

表 6-1-1-2　　　　　　　　　　普通 V 带的基准长度及长度系数

基准长度 L_d/mm	K_L										
	普通 V 带							基准宽度制窄 V 带			
	Y	Z	A	B	C	D	E	SPZ	SPA	SPB	SPC
355	0.92	—	—	—	—	—	—	—	—	—	—
400	0.96	0.87	—	—	—	—	—	—	—	—	—
450	1.00	0.89	—	—	—	—	—	—	—	—	—
500	1.02	0.91	—	—	—	—	—	—	—	—	—
560	—	0.94	—	—	—	—	—	—	—	—	—
630	—	0.96	0.81	—	—	—	—	0.82	—	—	—
710	—	0.99	0.82	—	—	—	—				
800	—	1.00	0.85	—	—	—	—				
900	—	1.03	0.87	0.81	—	—	—				
1000	—	1.06	0.89	0.84	—	—	—				
1120	—	1.08	0.91	0.86	—	—	—				
1250	—	1.11	0.93	0.88	—	—	—				
1400	—	1.14	0.96	0.90	—	—	—				
1600	—	1.16	0.99	0.93	0.83	—	—				
1800	—	1.18	1.01	0.95	0.86	—	—				

基准长度 L_d/mm	K_L										
	普通 V 带							基准宽度制窄 V 带			
	Y	Z	A	B	C	D	E	SPZ	SPA	SPB	SPC
2000			1.03	0.98	0.88			1.02	0.96	0.90	0.81
2240			1.06	1.00	0.91			1.05	0.98	0.92	0.83
2500			1.09	1.03	0.93			1.07	1.00	0.94	0.86
2800			1.11	1.05	0.95	0.83		1.09	1.02	0.96	0.88
3150			1.13	1.07	0.97	0.86		1.11	1.04	0.98	0.90
3550			1.17	1.10	0.99	0.89		1.13	1.06	1.00	0.92

注：超出此表范围的可查阅机械设计手册。

3．V 带轮的结构

（1）V 带轮的结构和尺寸。V 带轮由轮缘、腹板（轮辐）和轮毂三部分组成。轮缘是带轮的工作部分，制有梯形轮槽。轮毂是带轮与轴的连接部分，轮缘与轮毂用轮辐（腹板）连接成整体。按腹板结构的不同，V 带轮可分为实心带轮、腹板带轮、孔板带轮、轮辐带轮，如图 6-1-1-8 所示。

直径较小时可采用实心带轮；中等直径时采用腹板带轮、孔板带轮；直径大于 350mm 时可采用轮辐带轮。轮毂是带轮与轴配合的部分，轮毂的主要尺寸有外径 d_1 和长度 L，其大小与轴的直径 d 有关，一般可按下面的经验公式计算。

$$d_1=(1.8\sim2)d \tag{6-1}$$
$$L=(1.5\sim2)d \tag{6-2}$$

| （a）实心带轮 | （b）腹板带轮 | （c）孔板带轮 | （d）轮辐带轮 |

图 6-1-1-8　V 带轮的类型

普通 V 带轮的轮槽尺寸如表 6-1-1-3 所示。

表 6-1-1-3　　　　　　　　　普通 V 带轮的轮槽尺寸

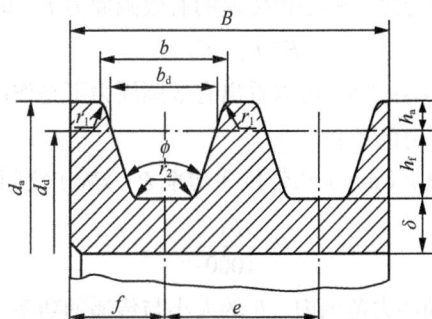

续表

参数及尺寸		V 带型号						
		Y	Z	A	B	C	D	E
基准宽度 b/mm		5.3	8.5	11	14	19	27	32
基准线上槽深 h_{amin}/mm		1.6	2	2.75	3.5	4.8	8.1	9.6
基准线下槽深 h_{fmin}/mm		4.7	7	8.7	10.8	14.3	19.9	23.4
最小轮缘厚 δ_{min}/mm		5	5.5	6	7.5	10	12	15
槽间距 e/mm		8±0.3	12±0.3	15±0.3	19±0.4	25.5±0.5	37±0.6	44.5±0.7
第一槽对称面至端面的距离 f/mm		6	7	9	11.5	16	23	28
带轮宽 B/mm		$B=(z-1)e+2f$（z 为轮槽数）						
外径 d_a/mm		$d_a=d_d+h_a$						
轮槽角 ϕ/(°)	32	<63	—	—	—	—	—	—
	34	对应的带轮基准直径 d_d/mm	<80	<118	<190	<315	—	—
	36	>60	—	—	—	—	<475	600
	38		>80	>118	>190	>315	>475	>600

（2）V 带轮的材料。带轮工作时的主要要求是质量小且分布均匀，工艺性好，与带接触的工作表面有粗糙度要求，以减少带的磨损；转速高时要进行动平衡；铸造和焊接的带轮内应力要小。

带轮的常用材料为灰铸铁、钢、铝合金或工程塑料等，其中灰铸铁应用最广，常用的牌号为HT150或HT200。当带轮圆周速度较大时，可用球墨铸铁或铸钢；小功率传动时，可用铸铝或工程塑料。

四、带传动的工作分析

1. 带传动的受力分析

靠摩擦力传递运动和动力的带传动不工作时，主动轮上的驱动转矩 $T_1=0$，带轮两边传动带所受的拉力均为初拉力 F_0，如图 6-1-1-9（a）所示。而工作时，主动轮上的驱动转矩 $T_1>0$，当主动轮转动时，在摩擦力的作用下，带绕入主动轮的一边被进一步拉紧，称为紧边；其所受拉力 F_0 增大到 F_1，而带的另一边则被放松，称为松边，其所受拉力由 F_0 减小到 F_2，如图 6-1-1-9（b）所示。F_1、F_2 分别称为带的紧边拉力和松边拉力。

当取主动轮一端的带为分离体时，根据作用于带上的总摩擦力 $\sum F_f$，以及紧边拉力 F_1 与松边拉力 F_2 对轮心 O_1 的力矩平衡条件，可得

$$\sum F_f = F_1 - F_2 \tag{6-3}$$

而带的紧边拉力与松边拉力之差就是带传递的有效圆周力 F，即

$$F = F_1 - F_2 \tag{6-4}$$

显然 $F = \sum F_f$，由图 6-1-1-9（b）可以看出有效圆周力不是作用在某一固定点的集中力，而是带与带轮接触弧上各点摩擦力的总和。

有效圆周力 F（N）、带速 v（m/s）和带传递功率 P（kW）之间的关系为

$$P = \frac{Fv}{1000} \tag{6-5}$$

由式（6-5）可知，在传动能力范围内，F 的大小与传递的功率 P 和带的速度 v 有关。当传递功率增大时，带的有效拉力即带两边拉力差值也会相应增大。带的两边拉力的这种变化实际上反

映了带和带轮接触面上摩擦力的变化。

（a）不工作时

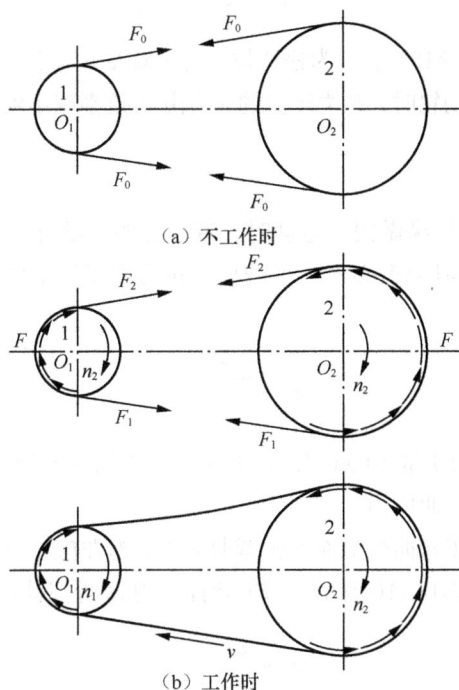

（b）工作时

图 6-1-1-9　带传动的受力分析

　　由于摩擦型带传动是靠摩擦力工作的，在初拉力 F_0 一定的情况下，传动带与带轮接触面间的摩擦力总和有一个极限值。当传动过载时，传动所需要的有效拉力超过传动带与带轮接触面间的极限摩擦力，传动带与带轮之间将发生明显且全面的相对滑动，这种现象称为打滑，一般发生在小带轮上。

　　打滑是一种对带传动有害的现象，它不仅造成传动带的严重磨损，而且使得从动轮不能正常转动，甚至完全不动，致使传动失效。因此，为了保证带传动的正常工作，应当避免出现打滑现象。

　　即将打滑时，带传动中 F_1 与 F_2 的关系为

$$F_1 = F_2 e^{f\alpha} \tag{6-6}$$

　　式中，e 为自然对数的底，e≈2.718；f 为带与带轮接触面间的摩擦系数（V 带当量摩擦系数为 f_v）；α 为带在带轮上的包角（rad）。经推导，可得到初拉力为 F_0 时，传动带所能传递的最大有效拉力为

$$F_{max} = 2F_0 \frac{e^{f\alpha} - 1}{e^{f\alpha} + 1} \tag{6-7}$$

　　式（6-7）中各符号的含义和单位同前文。可知，带传动的最大有效拉力 F_{max} 与摩擦系数 f、包角 α 和初拉力 F_0 有关。增大 f、α 和 F_0 都可以提高带传动的工作能力，但 F_0 过大会使带的磨损加剧，缩短带的使用寿命。

　　2．带传动的承载能力分析

　　（1）由紧边拉力和松边拉力产生的应力。

$$\sigma_1 = \frac{F_1}{A} \tag{6-8}$$

$$\sigma_2 = \frac{F_2}{A} \qquad (6\text{-}9)$$

式中，σ_1 为紧边拉应力（MPa）；σ_2 为松边拉应力（MPa）；A 为传动带的横截面面积（mm^2）。σ_1 和 σ_2 值不相等，带绕过主动轮时，拉力产生的应力由 σ_1 逐渐减小到 σ_2；绕过从动轮时，又由 σ_2 逐渐增大到 σ_1。

（2）离心应力。

当带以速度 v 沿着带轮轮缘做圆周运动时，带自身的质量将产生离心力。虽然离心力只产生在带做圆周运动的部分，但由离心力产生的离心拉力作用于带的全长。离心应力 σ_c 可用式（6-10）计算。

$$\sigma_c = \frac{qv^2}{A} \qquad (6\text{-}10)$$

式中，q 为带单位长度的质量（kg/m），如表 6-1-1-1 所示；v 为带的线速度（m/s）。

（3）由带的弯曲产生的弯曲应力。

传动带绕过带轮时，由于弯曲变形而产生弯曲应力。弯曲应力只发生在包角所对应的接触弧上，即带的弯曲部分，如图 6-1-1-10 所示。带的弯曲应力 σ_b 近似计算公式为

$$\sigma_b \approx \frac{Eh}{d_d} \qquad (6\text{-}11)$$

式中，h 为带的高度（mm）；E 为带的弹性模量（MPa）；d_d 为带轮的计算直径（mm），对于 V 带轮，d_d 为基准直径。

显然，带的弯曲应力因带轮直径的不同而不同，带轮直径越小，带的弯曲应力越大，故传动带在小带轮上的弯曲应力大于大带轮上的弯曲应力。为了避免带的弯曲应力过大，各种型号的 V 带都规定了最小带轮基准直径，如表 6-1-1-4 所示。

表 6-1-1-4 　　　　　　　　　普通 V 带轮的最小带轮基准直径

型号	Y	Z	A	B	C	D	E
d_{dmin}/mm	20	50	75	125	200	355	500
带轮直径标准系列	20，22.4，25，28，31.5，35.5，40，45，50，56，63，71，75，80，85，90，95，100，106，112，118，125，132，140，150，160，170，180，200，212，224，236，250，265，280，300，315，335，355，375，400，425，450，475，500，530，560，600，630，670，710，750，800，900，1000，1060，1120，1250，1400，1500，1600，1800，2000，2240，2500						

将上述的 3 种应力进行叠加，即得到在传动过程中传动带上各个位置所受的应力。由图 6-1-1-10 可知，带在工作中所受的应力是变化的，最大应力位置在由紧边进入小带轮处，其值为 $\sigma_{max}=\sigma_1+\sigma_c+\sigma_{b1}$。

一般情况下，弯曲应力最大，离心应力较小，离心应力随带速的增加而增加。显然在变应力状态下工作的传动带，当应力循环次数达到某一值后，带将发生疲劳破坏。

3. 带传动滑动系数

带传动在工作时，由于带是弹性体，受到拉力后会产生弹性变形。因紧边与松边的拉力不同，故带的变形量也不同。带由紧边绕过主动轮（一般为小带轮）进入松边时，带的拉力减小，其弹性伸长量也减小。带在绕过主动轮的过程中，相对于轮面向后收缩，带与主动轮轮面间

出现局部相对滑动，导致带的速度逐步小于主动轮的圆周速度。当带由松边绕过从动轮进入紧边时，拉力增加，带逐渐被拉长，沿轮面产生向前的弹性滑动，使带的速度逐渐大于从动轮的圆周速度。这种由于带的弹性变形而引起的带与带轮间的相对滑动称为弹性滑动，如图6-1-1-11 所示。

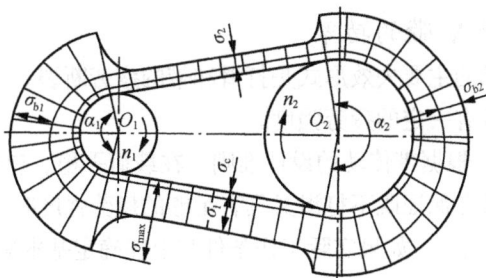

图 6-1-1-10　带的弯曲应力分布

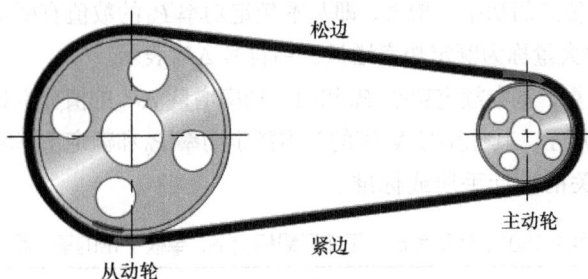

图 6-1-1-11　弹性滑动

弹性滑动是带传动正常工作时固有的特性，是不可避免的。弹性滑动会引起以下后果。

（1）从动轮的圆周速度总是落后主动轮的圆周速度，并随载荷的变化而变化，导致带传动的传动比不准确。

（2）损失一部分能量，降低传动效率，使带的温度升高，并导致传动带磨损。

由于弹性滑动引起从动轮圆周速度低于主动轮圆周速度，其速度相对降低率通常称为带传动滑动系数或滑动率，用符号 ε 表示。

$$\varepsilon = \frac{v_1 - v_2}{v_1} \times 100\% \tag{6-12}$$

$$v_1 = \frac{\pi d_{d1} n_1}{60 \times 1000} \tag{6-13}$$

$$v_2 = \frac{\pi d_{d2} n_2}{60 \times 1000} \tag{6-14}$$

式中，v_1、v_2 分别为主、从动轮的圆周速度（m/s）；n_1、n_2 分别为主、从动轮转速（r/min）；d_{d1}、d_{d2} 分别为主、从动轮的计算直径（mm）。V 带传动的滑动率 ε 的范围为 0.01～0.02，一般可不考虑，其传动比计算公式为

$$i = \frac{n_1}{n_2} \approx \frac{d_{d2}}{d_{d1}} \tag{6-15}$$

需要注意的是，打滑和弹性滑动是两个截然不同的概念。其中，打滑是指过载引起的全面滑动，是可以避免的；弹性滑动是由于拉力差引起的，只要传递圆周力，就必然会发生弹性滑动，所以弹性滑动是不可以避免的。

五、普通 V 带传动的设计方法

1. 设计准则和单根 V 带的功率

（1）设计准则。带传动的主要失效形式是打滑和带的疲劳断裂。因此，带传动的设计准则为在保证不打滑的条件下，具有一定的疲劳强度。

（2）单根 V 带的功率。根据带传动的设计准则，在载荷平稳、包角为 180°（$i=1$）及特定长度的特定条件下，单根 V 带在保证既不打滑又具有足够的疲劳强度时所能传递的功率称为基本额定功率，用符号 P_0（kW）表示。如果实际工作条件与上述确定基本额定功率 P_0 值的特定条件不符合，P_0 的数值就要发生变化，所以应对基本额定功率加以修正。当 $i \neq 1$ 时，传动带在大带轮上的弯曲应力 σ_{b2} 小于小带轮上的弯曲应力 σ_{b1}，使得传动带的疲劳强度有所提高，因此在寿命相同的条件下，带传动所能传递的功率会增大，即基本额定功率 P_0 的数值有所提高。基本额定功率的增大量称为额定功率增量，用符号 ΔP_0 表示。

为了便于设计和计算，基本额定功率 P_0 和额定功率增量 ΔP_0 的值分别如表 6-1-1-5、表 6-1-1-6 所示。其他型号 V 带的基本额定功率 P_0 和额定功率增量 ΔP_0 的值可查阅相关的设计手册或标准。

带式输送机的设计

表 6-1-1-5　　包角为 180°、特定带长、工作平稳情况下，单根 V 带的基本额定功率 P_0　　单位：kW

型号	直径 d_{d1}/mm	小带轮转速 n_1/（r · min^{-1}）												
		200	400	730	800	980	1200	1460	1600	2000	2400	2800	3200	3600
A	75	0.15	0.26	0.42	0.45	0.52	0.60	0.68	0.73	0.84	0.92	1.00	1.04	1.08
	90	0.22	0.39	0.63	0.68	0.79	0.93	1.07	1.15	1.34	1.50	1.64	1.75	1.83
	100	0.26	0.47	0.77	0.83	0.97	1.14	1.32	1.42	1.66	1.87	2.05	2.19	2.28
	112	0.31	0.56	0.93	1.00	1.18	1.39	1.62	1.74	2.04	2.30	2.51	2.68	2.78
	125	0.37	0.67	1.11	1.19	1.40	1.66	1.93	2.07	2.44	2.74	2.98	3.16	3.26
	140	0.43	0.78	1.31	1.41	1.66	1.96	2.29	2.45	2.87	3.22	3.48	3.65	3.72
	160	0.51	0.94	1.56	1.69	2.00	2.36	2.74	2.54	3.42	3.80	4.06	4.19	4.17
B	125	0.48	0.84	1.34	1.44	1.67	1.93	2.20	2.33	2.64	2.85	2.96	2.94	2.80
	140	0.59	1.05	1.69	1.82	2.13	2.47	2.83	3.00	3.42	3.70	3.85	3.83	3.63
	160	0.74	1.32	2.16	2.32	2.72	3.17	3.64	3.86	4.40	4.75	4.89	4.80	4.46
	180	0.88	1.59	2.61	2.81	3.30	3.85	4.31	4.68	5.30	5.67	5.76	5.52	4.92
	200	1.02	1.85	3.06	3.30	3.86	4.50	5.15	5.46	6.13	6.47	6.43	5.95	4.98
	224	1.19	2.17	3.59	3.86	4.50	5.26	5.99	6.33	7.02	7.25	6.95	6.05	4.47

表 6-1-1-6　　考虑传动比 $i \neq 1$ 时单根 V 带的额定功率增量 ΔP_0　　单位：kW

型号	传动比 i	小带轮转速 n_1/（r · min^{-1}）												
		200	400	730	800	980	1200	1460	1600	2000	2400	2800	3200	3600
A	1.00 ~ 1.01	0.00												
	1.02 ~ 1.04						0.02	0.02	0.02	0.03	0.03	0.04	0.04	0.05

型号	传动比 i	小带轮转速 n_s/（r·min^{-1}）												
		200	400	730	800	980	1200	1460	1600	2000	2400	2800	3200	3600
A	1.05～1.08		0.01	0.02	0.02	0.03	0.03	0.04	0.04	0.06	0.07	0.08	0.09	0.10
	1.09～1.12		0.02	0.03	0.03	0.04	0.04	0.06	0.06	0.08	0.10	0.11	0.13	0.15
	1.13～1.18		0.02	0.04	0.04	0.05	0.07	0.08	0.09	0.11	0.13	0.15	0.17	0.19
	1.19～1.24		0.03	0.05	0.05	0.06	0.08	0.09	0.11	0.13	0.16	0.19	0.22	0.24
	1.25～1.34	0.02	0.03	0.06	0.06	0.07	0.10	0.11	0.13	0.16	0.19	0.23	0.26	0.29
	1.35～1.51	0.02	0.04	0.07	0.08	0.08	0.11	0.13	0.15	0.19	0.23	0.26	0.30	0.34
	1.52～1.99	0.02	0.04	0.08	0.09	0.10	0.13	0.15	0.17	0.22	0.26	0.30	0.34	0.39
	≥2.0	0.03	0.05	0.09	0.10	0.11	0.15	0.17	0.19	0.24	0.29	0.34	0.39	0.44
B	1.00～1.01	0.00	0.00	0.00	0.00	0.00	0.00	0.00	0.00	0.00	0.00	0.00	0.00	0.00
	1.02～1.04	0.01	0.01	0.02	0.03	0.03	0.04	0.04	0.06	0.07	0.08	0.10	0.11	0.13
	1.05～1.08	0.01	0.03	0.05	0.06	0.07	0.08	0.10	0.11	0.14	0.17	0.20	0.23	0.25
	1.09～1.12	0.02	0.04	0.07	0.07	0.10	0.13	0.15	0.17	0.21	0.25	0.29	0.34	0.38
	1.13～1.18	0.03	0.06	0.10	0.11	0.13	0.17	0.20	0.23	0.28	0.34	0.39	0.45	0.51
	1.19～1.24	0.04	0.07	0.12	0.14	0.17	0.21	0.25	0.28	0.35	0.42	0.49	0.56	0.63
	1.25～1.34	0.04	0.08	0.15	0.17	0.20	0.25	0.31	0.34	0.42	0.51	0.59	0.68	0.76
	1.35～1.51	0.05	0.10	0.17	0.20	0.23	0.30	0.36	0.39	0.49	0.59	0.69	0.79	0.89
	1.52～1.99	0.06	0.11	0.20	0.23	0.26	0.34	0.40	0.45	0.56	0.68	0.79	0.90	1.01
	≥2.0	0.06	0.13	0.22	0.25	0.30	0.38	0.46	0.51	0.63	0.76	0.89	1.01	1.14

当实际使用条件与实验条件不符时，应当对 P_0 值加以修正，修正后即得实际工作条件下单根 V 带所能传递的功率，称为许用功率[P_0]。其计算公式为

$$[P_0]=(P_0+\Delta P_0)K_\alpha K_L \qquad (6-16)$$

式中，K_α 为包角系数，考虑不同包角对传动能力的影响，其值如表 6-1-1-7 所示；K_L 为长度系数，其值在前文表 6-1-1-2 中；ΔP_0 为功率增量（kW），考虑传动比 $i\neq1$ 时带在大带轮上的弯曲应力较小，从而使 P_0 值有所提高，ΔP_0 值见表 6-1-1-6。

表 6-1-1-7　　　　　　　　　　　　包角系数 K_α

小带轮包角/（°）	K_α	小带轮包角/（°）	K_α
180	1.00	145	0.91
175	0.99	140	0.89
170	0.98	135	0.88
165	0.96	130	0.86
160	0.95	125	0.84
155	0.93	120	0.82
150	0.92	—	—

2. V 带传动设计计算的一般步骤

在设计 V 带传动时，一般来说，原始数据和已知条件有原动机的类型、带传动的用途和工作条件、所需传递的功率、小带轮和大带轮的转速或传动比、对传动的位置以及外廓尺寸的要求等。V 带传动设计计算的内容包括传动带设计计算和带轮设计计算两部分。其中传动带设计计算的主

要内容是选择传动带的型号，确定传动带的基准长度和根数，计算传动的中心距和压轴力等。

（1）确定计算功率 P_c。计算功率是根据需要传递的名义功率、载荷性质、原动机类型和每天连续工作的时间长短等因素确定的，表达式为

$$P_c = K_A P \tag{6-17}$$

式中，P 为需要传递的名义功率（kW）；K_A 为工作情况系数，按表 6-1-1-8 所示选取。

表 6-1-1-8　　　　　　　　　　　　　工作情况系数

工作情况		K_A					
		空、轻载启动			重载启动		
		每天工作时间/h					
		<10	10～16	>16	<10	10～16	>16
载荷变动微小	液体搅拌机、通风机和鼓风机（≤7.5kW）、离心式水泵和压缩机、轻型输送机	1.0	1.1	1.2	1.1	1.2	1.3
载荷变动小	带式输送机（不均匀载荷）、通风机（>7.5kW）、旋转式水泵和压缩机（非离心式）、发动机、金属切削机床、印刷机、旋转筛、锯木机和木工机械	1.1	1.2	1.3	1.2	1.3	1.4
载荷变动大	制砖机、斗式提升机、往复式水泵和压缩机、起重机、磨粉机、冲剪机床、橡胶机械、振动筛、纺织机械、重载输送机	1.2	1.3	1.4	1.4	1.5	1.6
载荷变动较大	破碎机（旋转式、颚式等），磨碎机（球磨、棒磨、管磨）	1.3	1.4	1.5	1.5	1.6	1.8

（2）选择带型。V 带的带型可根据设计功率 P_c 和小带轮转速 n_1（见图 6-1-1-12）选取。当 P_c 和 n_1 值坐标交点位于或接近两种型号区域边界处时，可取相邻两种型号同时计算，分析、比较后进行取舍。

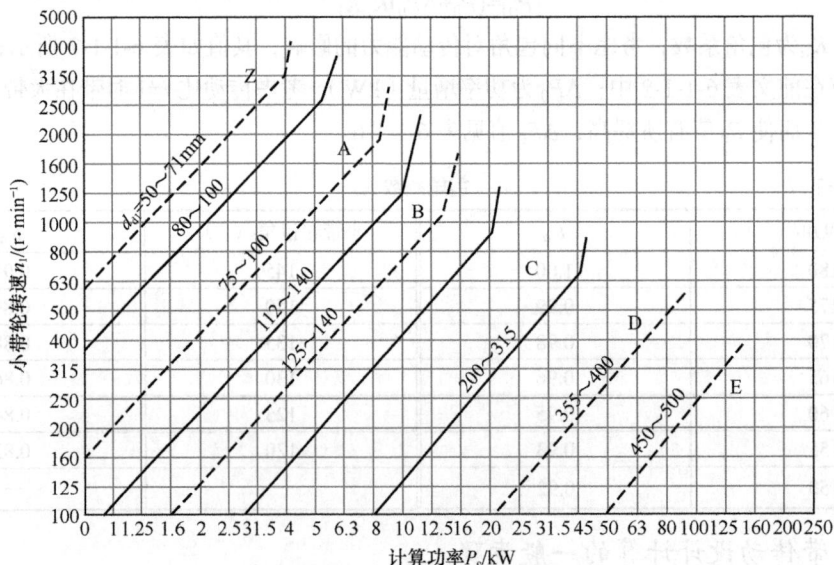

图 6-1-1-12　普通 V 带选型

（3）确定带轮的基准直径并验算带速。小带轮的基准直径 d_{d1} 是一个重要参数。小带轮的基准

直径小，在一定传动比下，大带轮的基准直径也相应较小，则带传动的外廓尺寸小、结构紧凑、质量轻。带轮直径越小，传动所占空间越小，但弯曲应力越大，带越容易疲劳。

普通 V 带轮的最小基准直径见表 6-1-1-4。设计时，应使小带轮基准直径 $d_{d1} \geqslant d_{d\min}$。

大带轮的基准直径 d_{d2} 计算公式为

$$d_{d2} = \frac{n_1}{n_2} d_{d1} \tag{6-18}$$

计算后得到的大带轮的基准直径也应按表 6-1-1-4 中的带轮直径标准系列的数值进行圆整。当要求传动比精确时，应考虑滑动系数 ε 来计算大带轮的基准直径，此时 d_{d2} 可不圆整，通常取 $\varepsilon=0.02$。考虑滑动系数时大带轮的基准直径 d_{d2} 计算公式为

$$d_{d2} = \frac{n_1}{n_2} d_{d1}(1-\varepsilon) \tag{6-19}$$

普通 V 带质量较大，带速较高，会因惯性离心力过大而降低带与带轮间的正压力，从而降低摩擦力和传动能力；若带速过低，则在传递相同功率的条件下所需有效拉力 F 较大，要求带的根数较多。

因此小带轮和大带轮基准直径的选择是否合适还应验算带的速度 v 才能予以确定。带速验算公式为

$$v = \frac{\pi d_{d1} n_1}{60 \times 10^3} \tag{6-20}$$

一般 $v=5 \sim 25\text{m/s}$，以 $v=10 \sim 20\text{m/s}$ 最有利。对于 Y、Z、A、B、C 型带，$v_{\max}=25\text{m/s}$；对于 D、E 型带，$v_{\max}=30\text{m/s}$。如 $v>v_{\max}$，应减小 d_{d1}。

（4）确定中心距和带长。当中心距较小时，传动较为紧凑，但带长减小，在单位时间内带绕过带轮的次数增多，即带内应力循环次数增加，会缩短带的使用寿命。中心距过大时则传动带的外廓尺寸大，且高速时容易引起 V 带的颤动，影响正常工作。

一般推荐按式（6-21）初步确定中心距 a_0，即

$$0.7(d_{d1} + d_{d2}) < a_0 < 2(d_{d1} + d_{d2}) \tag{6-21}$$

初选 a_0 后，可根据式（6-22）计算 V 带的初选长度 L_0，即

$$L_0 \approx 2a_0 + \frac{\pi}{2}(d_{d1} + d_{d2}) + \frac{(d_{d2} - d_{d1})^2}{4a_0} \tag{6-22}$$

根据初选长度 L_0，由表 6-1-1-2 选取与 L_0 相近的基准长度 L_d 作为所选 V 带的长度，然后可以计算出实际中心距 a，即

$$a = a_0 + \frac{L_d - L_0}{2} \tag{6-23}$$

考虑到安装调整和带松弛后张紧的需求，应给中心距留出一定的调整余量。中心距的变动范围为

$$a_{\min} = a - 0.015 L_d$$
$$a_{\max} = a + 0.03 L_d \tag{6-24}$$

（5）验算小带轮上的包角。包角是影响 V 带传动工作能力的主要参数之一。包角大，V 带的承载能力强；反之则易打滑。在 V 带传动中，一般小带轮上的包角 α_1 不宜小于 120°，个别情况下可小到 90°，否则应增大中心距或减小传动比，也可以加张紧轮。α_1 的计算公式为

$$\alpha_1 = 180° - \frac{d_{d2} - d_{d1}}{a} \times 57.3° \qquad (6-25)$$

（6）确定 V 带根数。V 带根数的计算公式为

$$z \geqslant \frac{P_c}{[P_0]} = \frac{P_c}{(P_0 + \Delta P_0) K_\alpha K_L} \qquad (6-26)$$

带的根数 z 应圆整，为使各带受力均匀，其根数不宜过多，一般取 $z=2\sim5$ 根为宜，最多不能超过 10 根，否则应改选型号或加大带轮直径后重新设计。

（7）计算初拉力和压轴力。带传动正常工作的首要条件就是保持适当的初拉力。初拉力 P_0 不足时，会使传动能力降低，出现打滑。初拉力越大，带对轮面的正压力和摩擦力也越大，越不易打滑，即传递载荷的能力越大；初拉力过大会增大带的拉应力，从而降低带的疲劳强度，故初拉力的大小应适当。为保证传动正常工作，单根 V 带所需的初拉力可按式（6-27）计算。

$$F_0 = \frac{500 P_c}{zv}\left(\frac{2.5}{K_\alpha} - 1\right) + qv^2 \qquad (6-27)$$

带的张紧对安装带轮的轴和轴承来说，会影响其强度和使用寿命，因此必须确定作用在轴上的径向压力 F_Q。为了简化计算，通常不考虑松边、紧边的拉力差，近似按带两边的初拉力的合力来计算。由图 6-1-1-13 可知，压轴力的计算公式为

$$F_Q = 2z F_0 \sin\frac{\alpha_1}{2} \qquad (6-28)$$

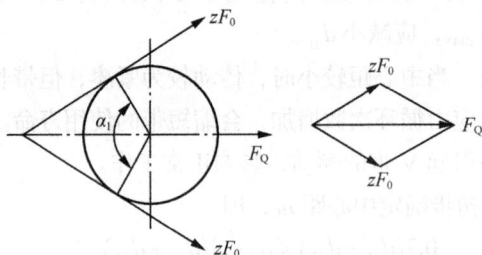

图 6-1-1-13　作用在轴上的压轴力

（8）确定带轮的结构和尺寸。确定带轮的结构和尺寸包括确定结构类型、结构尺寸、轮槽尺寸、材料，画出带轮工程图样等。

六、带传动的张紧

1. 调节中心距。

（1）定期张紧。在水平布置或与水平面倾斜不大的带传动中，可用图 6-1-1-14（a）所示的张紧装置。通过调节螺钉来调整电动机位置，加大中心距，以达到张紧的目的。其调节方法是将装有带轮的电动机安装在滑轨上，在调整带的初拉力时，通过调节螺钉将电动机推移到所需要的位置。在垂直或接近垂直的传动中，可以采用图 6-1-1-14（b）所示的摆架式结构。电动机固定在摆动架上，通过旋动调节螺钉上的螺母来调节。

（2）自动张紧。这种方法常用于小功率以及近似垂直布置的带传动。如图 6-1-1-14（c）所示是自动张紧装置，将装有带轮的电动机安装在摆动架上，利用电动机及摆动架的重量使带轮随同电动机绕固定轴摆动，自动调整中心距，达到张紧的目的。

2. 采用张紧轮。

当带传动的中心距不能调节时，可以采用张紧轮对传动带进行张紧。

（1）定期张紧。这种方法用于中心距固定的带传动，如图 6-1-1-14（d）所示。张紧轮一般安装在传动带松边靠近大轮的内侧，使传动带只受单向弯曲，缩短带的使用寿命。

（2）自动张紧。这种方法用于中心距较小而传动比较大的平带传动中，但传动带的寿命较短。如图 6-1-1-14（e）所示，张紧轮安装在传动带松边的外侧，它使带承受反向弯曲，会缩短带的使用寿命。

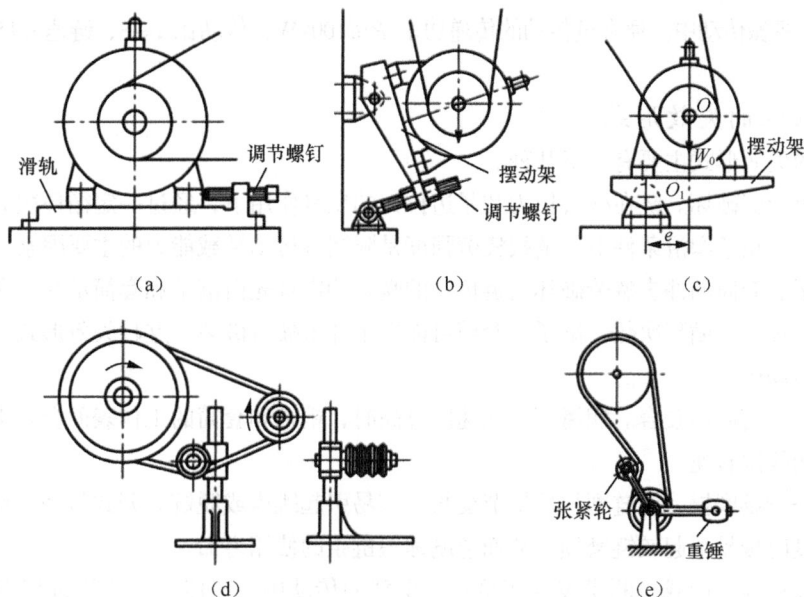

（a）　　　　　　　　（b）　　　　　　　　（c）

（d）　　　　　　　　　　　　（e）

图 6-1-1-14　带传动张紧装置

七、链传动

链传动是由装在平行轴上的主、从动链轮和绕在链轮上的环形链条组成的，以链作为中间挠性件，靠链与链轮轮齿的啮合来传递运动和动力。

1. 链传动的类型与应用

按用途的不同，链传动可分为传动链、起重链和牵引链。其中，传动链最常用，主要用于一般机械，起重链和牵引链主要用于起重机械和运输机械。传动链的种类很多，主要有滚子链和齿形链两种，如图 6-1-1-15、图 6-1-1-16 所示。

图 6-1-1-15　滚子链　　　　　　　　图 6-1-1-16　齿形链

链传动是具有中间挠性件的啮合传动，与带传动相比较，其主要特点如下。

（1）链传动能获得准确的平均传动比，但瞬时传动比不恒定。在工况相同时，链传动的结构

191

更为紧凑，传动效率较高。

（2）链传动所需张紧力小，故链条对轴的压力较小。

（3）链传动可在高温、油污、潮湿等恶劣环境中工作。

（4）链传动中心距较大而结构简单，对制造与安装精度要求较低。

（5）链传动平稳性差，有噪声，磨损后易发生跳齿和脱链，急速反向转动的性能差。

链传动主要用于平均传动比要求准确，且两轴相距较远、工作条件恶劣、不宜采用带传动和齿轮传动的场合。链传动广泛用于矿山机械、冶金机械、起重运输机械，以及机床、汽车、摩托车、自行车等机械传动中。通常链传动的传递功率 $P \leqslant 100kW$，传动比 $i \leqslant 8$，链速 $\leqslant 15m/s$，效率为 $95\% \sim 98\%$。

2. 链传动的失效形式

链传动的失效形式主要有以下几种。

（1）链板疲劳破坏。链在松边拉力和紧边拉力的反复作用下，经过一定循环次数，链板会发生疲劳破坏。在正常润滑条件下，链板疲劳强度是限制链传动承载能力的主要因素。

（2）滚子、套筒的冲击疲劳破坏。链传动的啮入冲击首先由滚子和套筒承受，在反复、多次的冲击下，经过一定循环次数，滚子、套筒可能发生冲击疲劳破坏。这种失效形式多发生于中、高速闭式链传动中。

（3）销轴与套筒的胶合。润滑不当或速度过高时，销轴和套筒的工作表面会发生胶合，从而限制链传动的极限转速。

（4）链条铰链磨损。铰链磨损后链节变长，容易引起跳齿或脱链。开式传动、环境恶劣或润滑、密封不良时极易引起铰链磨损，从而急剧缩短链条的使用寿命。

（5）过载拉断。过载拉断常发生于低速、重载的传动中。链传动在使用过程中应注意保持链与链轮的良好工作状态，按照规定的方法进行润滑，定期清洗链和链轮，并检查其磨损情况，更换损坏的链节等。为了保证工作安全，可将链传动封闭在防护罩内，同时起到防尘及减轻噪声的作用。

任务实施

完成本任务带传动认知，具体实施过程见附带的《实训任务书》。

任务拓展

图 6-1-1-17 所示为带式输送机传动设计，已知小带轮直径 $d_1=140mm$，大带轮直径 $d_2=400mm$，带速 $v=0.3m/s$。现在为了提高效率，拟在输送机有效圆周拉力不变，电动机和减速器传动能力满足要求的前提下，将带速提高到 0.42m/s，大带轮的直径减小到 280mm，此方案是否可行？如果不可行，该怎么修改？

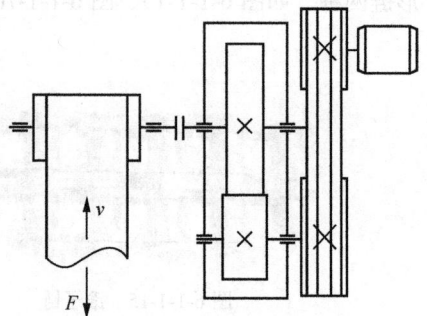

图 6-1-1-17 带式输送机传动设计

任务 6.1.2　齿轮传动认知

齿轮传动是指由齿轮副传递运动和动力的装置,是现代各种设备中应用最广泛的一种机械传动方式,图 6-1-2-1、图 6-1-2-2 所示分别是齿轮传动在机械手表和变速箱上的应用,以及其在转向架上的运用。它的传动效率高、结构紧凑、工作可靠、使用寿命长,尤其传动比准确,在各类机械中得到广泛应用。对齿轮传动装置的检修和设计是工程技术人员工作岗位的主要工作内容之一。

图 6-1-2-1　齿轮传动在机械手表和变速箱上的应用

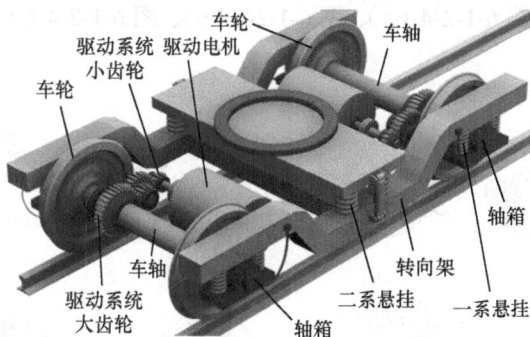

图 6-1-2-2　齿轮传动在转向架上的运用

任务描述

某车间中使用的一级圆柱齿轮减速器如图 6-1-2-3 所示,已知其中心距为 144mm,传动比为 2,请从表 6-1-2-1 的组合中选取一对合适的渐开线直齿圆柱齿轮。

图 6-1-2-3　一级圆柱齿轮减速器

表 6-1-2-1　　　　　　　　　　　　　备选齿轮部分参数

齿轮序号	齿数 z	全齿高 h/mm	齿顶圆直径 d_a/mm
1	24	9	104
2	47	9	196
3	48	11.25	250
4	48	9	200

任务分析

在高铁和城轨车辆的转向架中，齿轮箱是联系驱动电机输入轴、车轴轮对以及转向架的核心。主流的方案都是一级平行轴减速，与图 6-1-2-3 中的一级圆柱齿轮减速器方案相似。因电机本身可以调速，对减速比的要求不高，故零件越少，发生故障的可能性越小。尤其旋转零件，如轴承，一般是故障源。一级平行轴减速方案可以保证昂贵且易损的轴承使用量最少。因此在一级圆柱齿轮减速器使用的齿轮中，为保证安装的两齿轮能可靠工作，需要弄清楚齿轮传动的工作原理。同时由于齿轮已经是大部分参数标准化了的零件，因此在选配齿轮时，需要弄清楚齿轮的各项参数和传动的要求。

知识链接

一、齿轮机构的类型

齿轮机构的类型很多，可按不同条件加以区分。常见的有按照齿线形状分为直齿、斜齿、人字齿的齿轮机构，分别如图 6-1-2-4（a）、图 6-1-2-4（b）、图 6-1-2-4（c）所示。此外还可以按照下述方式分类。

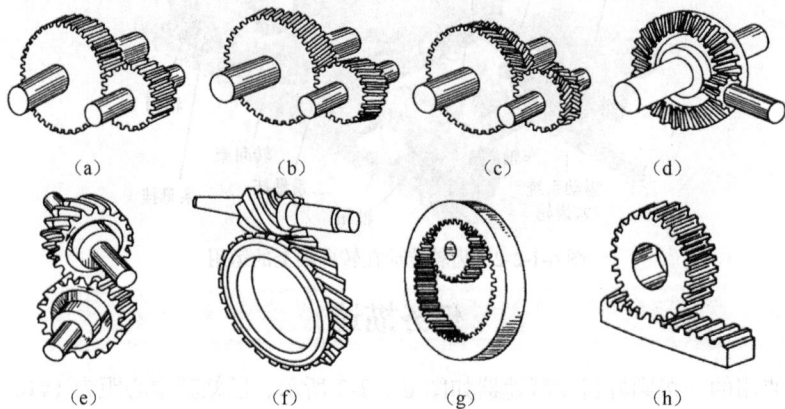

图 6-1-2-4　常见的齿轮机构

（1）根据两齿轮轴线的相互位置，可分为平行轴齿轮机构，如图 6-1-2-4（a）所示的直齿圆柱齿轮机构、图 6-1-2-4（b）所示的斜齿圆柱齿轮机构、图 6-1-2-4（c）所示的人字齿圆柱齿轮机构；相交轴齿轮机构，如图 6-1-2-4（d）所示的直齿锥齿轮机构、斜齿锥齿轮机构；交错轴齿轮机构，如图 6-1-2-4（e）所示的螺旋齿轮机构、图 6-1-2-4（f）所示的蜗轮蜗杆机构。

（2）根据两齿轮啮合方式的不同，可分为图 6-1-2-4（a）所示的外啮合齿轮机构、图 6-1-2-4（g）所示的内啮合齿轮机构和图 6-1-2-4（h）所示的齿轮齿条机构。

（3）根据齿轮齿廓曲线的形状不同，可分为渐开线齿轮机构、摆线齿轮机构、圆弧齿轮机构。

（4）根据工作条件的不同，可分为闭式传动齿轮机构、开式传动齿轮机构。

（5）根据齿面硬度的不同，可分为软齿面齿轮传动和硬齿面齿轮传动。当两轮（或其中有一轮）的齿面硬度≤350HBW 时，称为软齿面齿轮传动；当两轮的齿面硬度均>350HBW 时，称为硬齿面齿轮传动。软齿面齿轮传动常用于对精度要求较低的一般中、低速齿轮传动，硬齿面齿轮传动常用于要求承载能力强、结构紧凑的齿轮传动。

虽然齿轮的种类较多，但渐开线直齿圆柱齿轮传动是其中最简单、最基本的类型之一。

二、渐开线齿廓的特点

1. 齿廓啮合的基本定律

齿轮机构是高副机构，一对齿轮的传动是通过主动轮齿廓与从动轮齿廓依次啮合实现的。为保证齿轮传动准确、平稳，其瞬时传动比应保持恒定不变，即一对相互啮合的齿廓无论在任何位置啮合，两轮的传动比恒等于连心线被齿廓接触点的公法线所分成的两段线段长度的反比。这就是齿廓啮合的基本定律，如图 6-1-2-5 所示。

连心线与齿廓接触点的公法线的交点 C 称为啮合节点。过节点所作的两个相切的圆称为节圆。传动比与节圆半径成反比。传动比计算公式为

$$i_{12}=\omega_1/\omega_2=O_2P/O_1P=r'_2/r'_1 \tag{6-29}$$

凡是能够满足齿廓啮合基本定律的一对齿廓称为共轭齿廓。理论上可以作为共轭齿廓的曲线有无穷多种，但在实际生产中，齿廓曲线的选择除要满足齿廓啮合的基本定律外，还必须考虑制造、安装和强度等要求。因此，工业上常用的齿廓仅有渐开线、摆线和圆弧等，其中渐开线齿廓在通用设备上应用最广。

2. 渐开线齿廓的形成

设在半径为 r_b 的圆上有一直线 L 与其相切，如图 6-1-2-6 所示，当直线 L 沿圆周做纯滚动时，直线上一点 K 的轨迹为该圆的渐开线。该圆称为渐开线的基圆，直线 L 称为渐开线的发生线。渐开线上任一啮合点 K 正压力方向与速度方向的锐角为渐开线上该点的压力角 α_K。任意两条反向的渐开线形成渐开线齿廓。

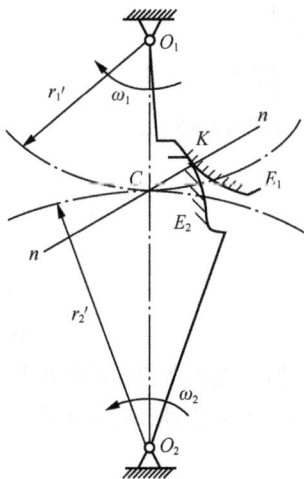

图 6-1-2-5 渐开线齿廓啮合

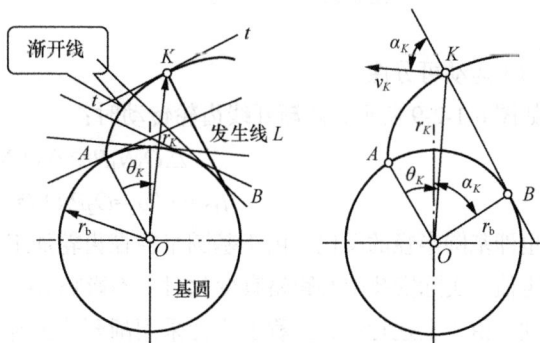

图 6-1-2-6 渐开线的形成

渐开线具有如下特点。

（1）发生线沿基圆滚过的线段长度等于基圆上被滚过的相应弧长，即图 6-1-2-6 中的 AB 和 BK 相等。

（2）渐开线上任意一点的法线必然与基圆相切。

（3）渐开线各点的曲率半径是变化的，K 点离基圆越远，曲率半径越大，渐开线形状越平缓。

（4）渐开线的形状只取决于基圆大小。

3. 渐开线齿廓的啮合特性

正是因为渐开线具有上述特点，因此渐开线齿廓在工程中广泛应用。其主要啮合特性如下。

（1）渐开线齿廓满足定传动比要求。

如图 6-1-2-7 所示，两齿廓在任意点 K 啮合时，过 K 作两齿廓的法线 N_1N_2，是基圆的切线，为定直线。N_1N_2 与两齿轮的连心线 O_1O_2 交于点 P，故传动比 i_{12} 计算公式如下

$$i_{12}=\omega_1/\omega_2=O_2O/O_1O =常数$$

传动比为常数说明渐开线齿轮能够减少因速度变化所产生的附加动载荷、振动和噪声，延长齿轮的使用寿命，提高机器的工作精度。

（2）齿廓间正压力方向不变。

如图 6-1-2-8 所示，N_1N_2 是啮合点的轨迹，称为啮合线。啮合线与节圆公切线之间的夹角 α' 称为啮合角。由渐开线的性质可知：啮合线还是接触点的法线，正压力总是沿法线方向，故正压力方向不变。该特性对传动的平稳性有利。

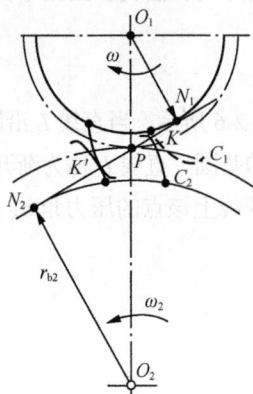

图 6-1-2-7　传动比恒定　　　　　图 6-1-2-8　正压力方向不变

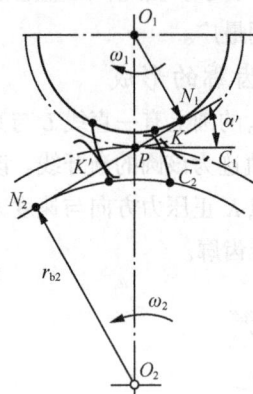

（3）运动可分性。

如图 6-1-2-9 所示，两渐开线齿轮传动时：

$$\triangle O_1N_1P\cong \triangle O_2N_2P \tag{6-30}$$

$$i_{12}=\omega_1/\omega_2=O_2P/O_1P= r_{b2}/r_{b1} \tag{6-31}$$

也即基圆半径的反比。由于基圆半径在齿轮加工完成后即为定值，这说明齿轮的瞬时传动比也为定值，实际安装中心距略有变化时，不影响 i_{12}。这一特性称为运动可分性，对加工和装配较为有利。由于上述特性，工程上广泛采用渐开线齿廓曲线。

4. 渐开线齿轮各部分的名称

图 6-1-2-10 所示为标准直齿圆柱齿轮，其各部分名称和符号如下。

（1）齿宽。在齿轮轴线方向量得的齿轮宽度用符号 b 表示。

（2）齿槽宽。齿轮相邻两齿之间的空间称为齿槽，一个齿槽的两侧齿廓之间的弧长称为齿槽宽，用符号 e 表示。

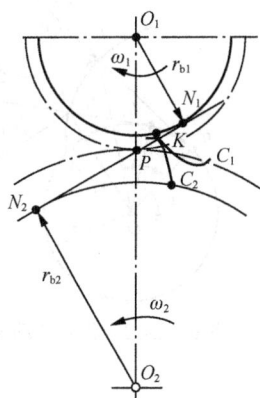

图 6-1-2-9 运动可分性

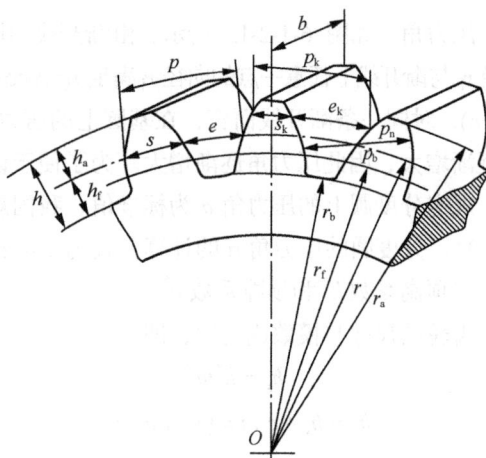

图 6-1-2-10 标准直齿圆柱齿轮

（3）齿厚。在一个齿的两侧端面齿廓之间的弧长称为齿厚，用符号 s 表示。

（4）齿顶圆。轮齿顶部所在的圆称为齿顶圆，用符号 r_a 和 d_a 分别表示其半径和直径。

（5）齿根圆。齿槽底部所在的圆称为齿根圆，用符号 r_f 和 d_f 分别表示其半径和直径。

（6）齿数。在齿轮整个圆周上轮齿的总数称为齿轮的齿数，用符号 z 表示。

（7）齿距。两个相邻而同侧的端面齿廓之间的弧长称为齿距，用符号 p_k 表示，$p_k=s_k+e_k$。法向齿距 p_b 又称为周节，根据渐开线性质 $p_n=p_b=\pi m\cos\alpha$。

（8）分度圆。为了设计和制造的方便，在齿顶圆和齿根圆之间规定了一个圆，作为计算齿轮各部分尺寸的基准，称为分度圆。分度圆上各参数符号规定不带角标，用符号 r 和 d 分别表示其半径和直径。在标准齿轮中，分度圆上的齿厚 s 与齿槽宽 e 相等。

（9）全齿高。齿顶圆与齿根圆之间的径向距离称为齿高，用符号 h 表示。

（10）齿顶高。齿顶圆与分度圆之间的径向距离称为齿顶高，用符号 h_a 表示。

（11）齿根高。齿根圆与分度圆之间的径向距离称为齿根高，用符号 h_f 表示。

5. 渐开线圆柱直齿齿轮的基本参数

（1）齿数。齿数是指齿轮整个圆周上轮齿的总数，用符号 z 表示。

（2）模数。规定分度圆上的齿距 p 对 π 的比值为标准值（整数或有理数），称为模数，用符号 m 表示，即 $m=p/\pi$。模数是齿轮计算中的重要参数，其单位为 mm。显然，模数越大，轮齿的尺寸越大，轮齿承受载荷的能力也越大，如图 6-1-2-11 所示。在我国，齿轮的模数已标准化，标准模数系列如表 6-1-2-2 所示。

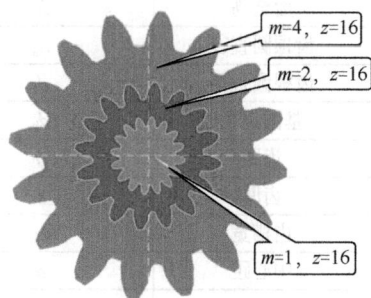

图 6-1-2-11 模数影响齿轮的尺寸

表 6-1-2-2　　　　　　　　　　标准模数系列　　　　　　　　　　单位：mm

第一系列	1	1.25	1.5	2	2.5	3	4	5	6	8
	10	12	16	20	25	32	40	50	—	
第二系列	1.125	1.375	1.75	2.25	2.75	3.5	4.5	5.5	(6.5)	7
	9	11	14	18	22	28	36	45	—	

（3）压力角。如图 6-1-2-12 所示，由渐开线的性质可知，基圆直径 r_b 与渐开线上任意一点的向径 r_i 满足 $r_b=r_i\cos\alpha_i$，得 $\alpha_i=$ arccos(r_b/r_i)，对同一条渐开线而言，在基圆上的压力角为 0°，由于 r_i 逐渐增大，因此压力角逐渐增大。为了便于设计、制造和维修，规定分度圆上的压力角 α 为标准值，我国规定标准压力角 α=20°。分度圆的压力角 α 的计算公式为 $\cos\alpha=r_b/r$。

（4）齿顶高系数 h_a^* 和顶隙系数 c^*。

标准齿轮的尺寸与模数成正比，即

$$h_a = h_a^* m \qquad (6-32)$$

$$h_f = h_a + c^* m = \left(h_a^* + c^*\right)m \qquad (6-33)$$

$$h = h_a + h_f = (2h_a^* + c^*)m \qquad (6-34)$$

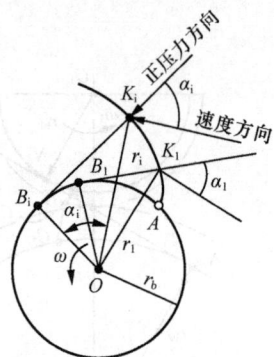

图 6-1-2-12　齿轮传动压力角

式中，h_a^* 为齿顶高系数，标准规定正常齿制 h_a^*=1，短齿 h_a^*=0.8；c^* 为顶隙系数，正常齿制 c^*=0.25，短齿 c^*=0.3。

6. 标准直齿圆柱齿轮几何尺寸的计算公式

当齿轮的模数 m、压力角 α、齿顶高系数 h_a^* 和顶隙系数 c^* 均为标准值，且分度圆处的齿厚与齿槽宽相等，即 $s=e$ 时，称为标准齿轮。外啮合标准直齿圆柱齿轮的主要几何尺寸计算公式如表 6-1-2-3 所示。其中模数一般根据齿轮承受载荷、结构条件等定出，选用标准值。

渐开线直齿圆柱齿轮参数计算

表6-1-2-3　　　　　　　　　外啮合标准直齿圆柱齿轮的主要几何尺寸计算公式

名称	符号	计算公式
模数	m	
压力角	α	
分度圆直径	D	$d=mz$
齿顶高	h_a	$h_a = h_a^* m$
齿根高	h_f	$h_f=(h_a^* +c^*)m$
齿全高	h	$h = h_a + h_f =(2h_a^* + c^*)m$
齿顶圆直径	d_a	$d_a=(z+ 2h_a^*)m$
齿根圆直径	d_f	$d_f =(z- 2h_a^* -2c^*)m$
基圆直径	d_b	$d_b=d \cos\alpha$
齿距	p	$p=\pi m$
齿厚	s	$s=\pi m/2$
齿槽宽	e	$e=\pi m/2$
中心距	a	$a=(d_1+d_2)/2=m(z_1+z_2)/2$
顶隙	c	$c = c^* m$

7. 渐开线齿轮传动特性

（1）传动比恒定不变。传动比 $i_{12}=\omega_1/\omega_2=r_{b2}/r_{b1}=z_2/z_1$，即两齿轮的转速之比等于齿数的反比。

（2）中心距可分性。当一对渐开线齿轮制成后，两轮的基圆半径已确定，则即使安装时两轮中心距有一些变化，其传动比也不变。一对渐开线齿轮中心距改变但其传动比恒定不变的特性，称为中心距可分性，给制造和安装带来了极大方便，也是渐开线齿轮得到广泛应用的原因之一。

（3）啮合角不变。由几何关系可知，渐开线齿轮的啮合角等于压力角。由于啮合角不变，即压力角不变，正压力的大小也不变，因此，渐开线齿轮的传动过程比较平稳。

（4）啮合条件。要使进入啮合区内的各对齿轮都能正确地进入啮合，两齿轮的相邻两齿同侧齿廓间的法向距离应相等，即 $p_{b1}=p_{b2}$。

将 $p_b= \pi m\cos \alpha$ 代入得

$$m_1\cos \alpha_1=m_2\cos \alpha_2 \qquad (6\text{-}35)$$

渐开线齿轮的模数 m 和压力角 α 都是标准值，因此需满足

$$m_1=m_2=m,\ \alpha_1=\alpha_2=\alpha \qquad (6\text{-}36)$$

（5）重合度。重合度是判断一对标准渐开线齿轮能否连续传动的条件，如图 6-1-2-13 所示，用 $\varepsilon=\dfrac{B_1B_2}{p_b}$ 表示，可以看出同时接触的轮齿对数越大，传动越平稳。

从理论上讲，重合度 $\varepsilon=1$，就能保证齿轮连续传动，但因齿轮的制造和安装都有误差，因此，实际上必须有 $\varepsilon>1$。对于压力角 $\alpha=20°$、齿顶高系数 $h_a^*=1$ 的直齿圆柱齿轮，$1<\varepsilon<2$。

（6）标准安装条件。一对齿轮传动时，一对齿轮节圆上的齿厚之差称为齿侧间隙。在机械设计中，正确安装的齿轮应无齿侧间隙。一对相互啮合的标准齿轮，其模数相等，故两轮分度圆上的齿厚和齿槽宽相等，因此，当分度圆与节圆重合时，可满足无齿侧间隙的条件。这种安装称为标准安装。标准安装时的中心距称为标准中心距，其大小为 $a=m(z_1+z_2)/2$。

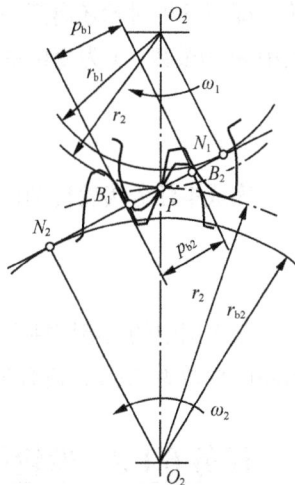

三、渐开线齿形的切齿原理与根切

图 6-1-2-13　齿轮传动啮合条件

1. 渐开线齿形的切齿原理

齿轮轮齿成型的加工方法较多，如切削法、铸造法、热轧法、冲压法、模锻法等，其中切削法最常用。按加工原理，切削法可分为仿形法和展成法两种。

（1）仿形法。仿形法是利用成型刀具的轴面齿形与渐开线齿槽形状一致的特点，直接在轮坯上加工出齿形。常用的成型刀具有盘状铣刀和指状铣刀两种，如图 6-1-2-14 所示。

渐开线齿廓范成原理

（2）展成法。展成法是利用一对齿轮（或齿轮、齿条）相互啮合过程中两轮齿廓互为包络线的原理切制轮齿的加工方法。将其中一个齿轮（或齿条）制成刀具，当它的分度圆与被加工的轮坯的分度圆做纯滚动时，刀具的齿廓包络出被加工齿轮的齿廓，如图 6-1-2-15 所示。常用的展成法成型加工有插齿和滚齿等。其中，插齿切齿，加工不连续，生产效率较低；滚齿加工为连续切削。

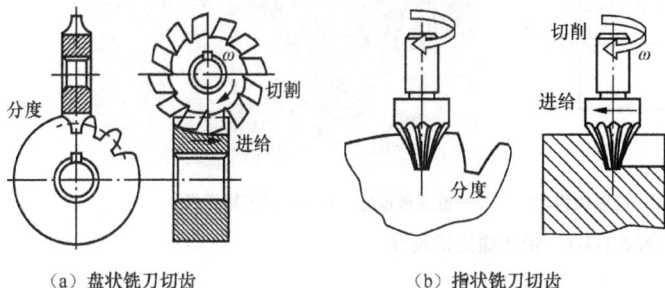

（a）盘状铣刀切齿　　　　（b）指状铣刀切齿

图 6-1-2-14　用仿形法加工轮齿

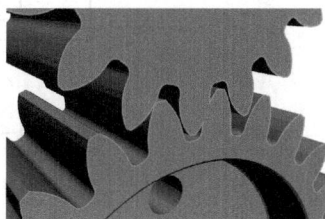

图 6-1-2-15　用展成法加工齿轮

2. 渐开线齿形的根切

齿轮加工时根部被切除的现象称为根切，如图 6-1-2-16 所示。根切后的轮齿不仅削弱了抗弯强度，影响轮齿的承载能力，而且分度圆使轮齿的啮合过程缩短，重合度下降，齿轮传动的平稳性降低，因此应避免根切现象的发生。

用展成法切制的标准齿轮受根切限制，直齿圆柱齿轮不发生根切的最少齿数 z=17。所以制造齿轮时，最少齿数为 17。

要求小齿轮的齿数小于 17 而又不发生根切，就必须采用变位齿轮，即刀具相对轮坯离开一小段距离 xm（相对于加工标准齿轮）。其中 m 为模数，x 为变位系数，xm 为变位量。有关变位齿轮的详细介绍请参阅有关图书。

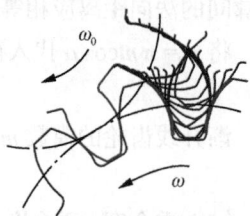

图 6-1-2-16　根切现象

任务实施

完成本任务齿轮传动认知，具体实施过程见附带的《实训任务书》。

任务拓展

某车间中的二级圆柱齿轮减速器中有一对标准齿轮需要更换，已知两轮传动比为 6，其中一个齿轮的模数为 5mm，齿数为 20，求另一个齿轮的齿数、分度圆直径和中心距。

任务 6.1.3　齿轮传动设计

任务描述

如图 6-1-3-1 所示，现有一带式输送机减速器的高速级齿轮传动，均为 45 钢制造。已知传递的功率 P_1=5kW，小齿轮转速为 960r/min，齿数比 u=4.8。该机器每日工作两班，每班 8h，工作寿命为 15 年，每年工作 300 天。带式输送机工作平稳，转向不变，试分析该齿轮工作过程中是否会失效。

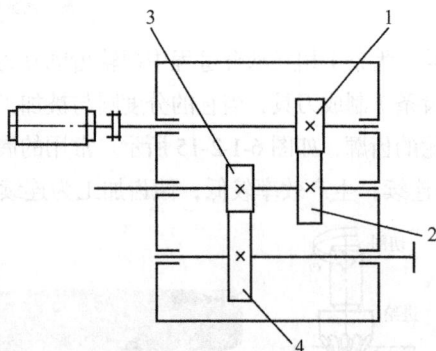

传动路线：电机—联轴器—高速级齿轮　1、2—低速级齿轮；3、4—带式输送机

图 6-1-3-1　带式输送机设计

任务分析

齿轮传动属于精密传动装置，工作精度要求较高，在使用时既要保证传动的平稳性，又要保证传动的承载能力。齿轮的失效主要发生在轮齿，其他部分很少失效，因此必须按照要求进行设计，并在使用过程中采取各种措施预防失效。

知识链接

一、齿轮传动的失效形式

齿轮由某种原因不能正常工作的现象称为失效。在不发生失效的条件下，齿轮所能安全工作的限度称为工作能力。失效和破坏是两个完全不同的概念，失效并不意味着破坏。

1. 轮齿折断

齿轮在工作时，轮齿像悬臂梁一样承受弯曲应力，在其齿根部分承受的弯曲应力最大，而且在齿根的过渡圆角处有应力集中。当交变的齿根弯曲应力超过材料的弯曲疲劳极限应力时，在齿根处受拉一侧就会产生疲劳裂纹，随着裂纹的逐渐扩展，从而导致齿轮一个或多个齿的整体或局部折断，这种现象称为轮齿折断。

用脆性材料（如铸铁、整体淬火钢等）制成的齿轮，当严重过载或受到较大冲击时，轮齿容易突然折断。直齿轮的轮齿折断一般是全齿折断，如图 6-1-3-2（a）所示；由于接触线倾斜，斜齿轮和人字齿的轮齿折断一般是局部齿折断，如图 6-1-3-2（b）所示。

为防止轮齿折断，首先应对轮齿进行抗弯疲劳强度计算，使齿轮必须具有足够的模数；其次

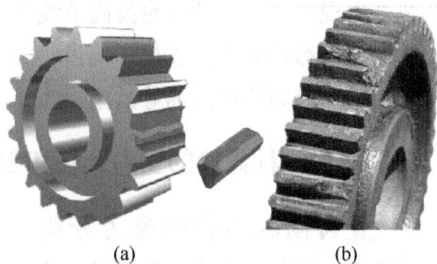

(a)　　　　　　(b)

图 6-1-3-2　轮齿折断

采用增大齿根过渡圆角半径、降低表面粗糙度、进行齿面强化处理（如喷丸）、减轻加工过程中的损伤等工艺措施，提高轮齿抗疲劳折断的能力；最后应尽可能消除载荷分布不均匀的现象，有效避免轮齿的局部折断。

2. 齿面点蚀

轮齿进入啮合时，轮齿齿面上会产生较大的接触应力。对轮齿表面上的某一局部来说，它受到的是交变的接触应力。如果接触应力超过轮齿材料的许用接触应力，在载荷的多次反复作用下，齿面表层就会出现不规则的细微的疲劳裂纹。

实践表明，齿面的疲劳点蚀一般表现为在靠近节线处的齿根表面上出现麻坑、剥落，然后向其他部位蔓延和扩展，如图 6-1-3-3 所示。为防止齿面过早点蚀，可采用提高齿面硬度、降低齿面粗糙度、使用黏度较高的润滑油等措施。一般在闭式软齿面齿轮设计时，应按齿面接触疲劳强度进行设计计算。

3. 齿面磨损

轮齿在啮合过程中存在相对滑动，致使齿面间产生摩擦、磨损。当金属微粒、砂粒、灰尘等硬质磨粒进入轮齿间时引起磨粒磨损，如图 6-1-3-4 所示。齿面磨损使渐开线齿廓被破坏，齿厚变薄，致使齿侧间隙增大而引起冲击和振动，并且会因齿厚变薄使强度降低而导致轮齿折断。

4. 齿面胶合

在高速、重载齿轮传动中（如航空齿轮传动），由于齿面间压力大、相对滑动速度快、摩擦发热多，啮合点处瞬时温度过高，润滑失效，致使相啮合两齿面金属尖峰直接接触并相互粘连在一起。当两齿面相对运动时，粘连的地方被撕开，在齿面上沿相对滑动方向形成条状伤痕，这种现象称为齿面胶合，如图 6-1-3-5 所示。

图 6-1-3-3　齿面点蚀　　　　图 6-1-3-4　齿面磨损　　　　图 6-1-3-5　齿面胶合

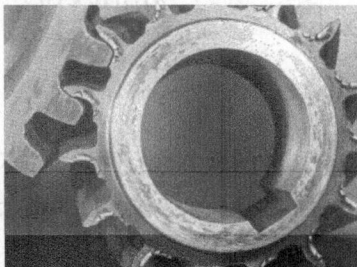

5. 塑性变形

重载时，在摩擦力的作用下，轮齿表层材料将沿着摩擦力方向发生塑性流动，导致主动齿轮齿面节线处出现凹坑，从动齿轮齿面节线处出现凸脊，这种现象称为塑性变形，如图 6-1-3-6 所示。塑性变形使齿形被破坏，直接影响齿轮的正常啮合。为防止齿面的塑性变形，可采用提高齿面硬度、选用黏度较高的润滑油等措施。

二、直齿圆柱齿轮的受力分析和强度计算

1. 直齿圆柱齿轮的受力分析

对轮齿上的作用力进行分析是计算齿轮承载能力、设计支承齿轮的轴以及选用轴承的基础。如图 6-1-3-7 所示，在理想状态下，齿轮工作时，载荷沿接触线均匀分布，为简化分析，常以作用在齿宽中点处的集中力来代替该均布力。

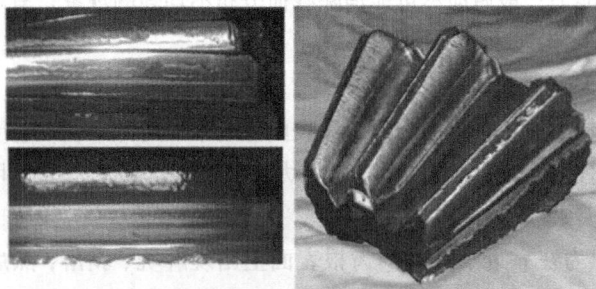

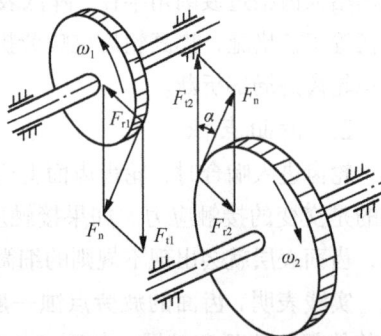

图 6-1-3-6　塑性变形　　　　图 6-1-3-7　直齿圆柱齿轮的受力分析

如果略去摩擦力的影响，那么该集中力为沿啮合线指向齿面的法向力 F_n。法向力可分解为两个分力，即切向力 F_t 和径向力 F_r，各力的计算公式为

$$F_t = \frac{2T_1}{d_1} \tag{6-37}$$

$$F_r = F_t \tan \alpha \tag{6-38}$$

$$F_{n} = \frac{F_{t}}{\csc \alpha} = \frac{2T_{1}}{d_{1}\cos \alpha} \tag{6-39}$$

式中，d_1 为主动齿轮的分度圆直径（mm）；T_1 为主动齿轮传递的转矩（N·mm），如果主动轮传递功率为 P_1（kW），转速为 n_1（r/min），则 $T_1 = 9.55 \times 10^6 \dfrac{P_1}{n_1}$；$\alpha$ 为分度圆压力角，$\alpha = 20°$。

根据作用力与反作用力的关系，作用在主动轮和从动轮上各对力的大小相等、方向相反，如图 6-1-3-7 所示。主动轮上切向力是工作阻力，其方向与主动轮转向相反；从动轮上切向力是驱动力，其方向与从动轮转向相同。两轮的径向力分别指向各自的轮心。轴向力的方向可以用"主动轮左、右手定则"来判断：主动轮右旋用右手，左旋用左手，四指弯曲方向表示主动轮的转向，拇指方向为主动轮所受轴向力方向。

2. 轮齿的计算载荷

实际上，在齿轮传动的过程中，由于制造、安装误差，齿轮、轴和轴承的弹性变形，原动机和工作机工作特性的不同，以及轮齿在啮合过程中产生附加的动载荷等因素的影响，实际载荷有所增加。考虑到各种实际情况，通常引用载荷系数来加以修正。因此，齿轮所受的法向力计算公式为

$$F_{c} = KF_{n} \tag{6-40}$$

式中，F_c 为计算载荷（N）；K 为载荷系数，由表 6-1-3-1 查取。

表 6-1-3-1　　　　　　　　载荷系数

载荷状态	不同原动机的载荷系数			应用举例
	电动机	多缸内燃机	单缸内燃机	
平稳轻微冲击	1～1.2	1.2～1.6	1.6～1.8	均匀加料的运输机、发电机、透平鼓风机和压缩机、机床辅助传动等
中等冲击	1.2～1.6	1.6～1.8	1.8～2.0	不均匀加料的运输机、重型卷扬机、球磨机、多缸往复式压缩机等
较大冲击	1.6～1.8	1.9～2.1	2.2～2.4	冲床、剪床、钻机、轧机、挖掘机、重型给水泵、破碎机、单缸往复式压缩机等

注：斜齿、圆周速度低、传动精度高、齿宽系数小时取小值；直齿、圆周速度高、传动精度低时取大值。齿轮在轴承间不对称布置时取大值。

3. 直齿圆柱齿轮的强度计算

（1）齿面接触疲劳强度。计算齿面接触疲劳强度的目的是防止齿面发生疲劳点蚀。齿面疲劳点蚀与齿面接触应力的大小有关，如前所述，齿面的疲劳点蚀一般发生在齿根表面靠近节线处。因此，通常以节点处的接触应力作为计算依据。防止齿面点蚀的强度条件为节点处的计算接触应力小于或等于齿轮材料的许用接触应力，即 $\sigma_H \leqslant [\sigma_H]$。为计算方便，用主动轮传递的转矩 T_1 表示载荷，并考虑各种影响引入载荷系数 K，经等量变换、整理后，可得齿面接触强度的校核计算公式为

$$\sigma_{H} = 3.52 Z_{E} \sqrt{\frac{KT_{1}(u \pm 1)}{bd_{1}^{2}u}} \leqslant [\sigma_{H}] \tag{6-41}$$

式中，Z_E 为齿轮材料弹性系数，其值查表 6-1-3-2 可得；b 为齿宽（mm）；u 为齿数比，等于大齿轮与小齿轮的齿数之比，即 $u = z_2 / z_1 = d_2 / d_1$。

表 6-1-3-2　　　　　　　　　　　齿轮材料弹性系数 Z_E　　　　　　　　　　单位：MPa

小齿轮材料	大齿轮材料			
	灰铸铁	球墨铸铁	铸钢	钢
钢	162.0 ~ 165.4	181.4	188.9	189.0
铸钢	161.4	180.5	188.0	
球墨铸铁	156.6	173.9	—	—
灰铸铁	143.7 ~ 146.7	—		

引入齿宽系数 $\psi_d = b/d_1$，并代入式（6-41），得到齿面接触疲劳强度的设计计算公式为

$$d_1 \geqslant \sqrt[3]{\frac{KT_1(u\pm1)}{\psi_d u}\left(\frac{3.52Z_E}{[\sigma_H]}\right)^2} \qquad (6-42)$$

式中，ψ_d 为齿宽系数，其值查表 6-1-3-3 可得；$[\sigma_H]$ 为许用接触应力（MPa），由于啮合的大、小齿轮齿面的接触应力相同，而 $[\sigma_{H1}] \neq [\sigma_{H2}]$，因此设计时应代入较小的值。

表 6-1-3-3　　　　　　　　　　　　　齿宽系数 ψ_d

齿轮相对于轴承的位置	软齿面	硬齿面
对称位置	0.8 ~ 1.4	0.4 ~ 0.9
非对称位置	0.6 ~ 1.2	0.3 ~ 0.6
悬臂位置	0.3 ~ 0.4	0.2 ~ 0.5

齿轮的齿面接触疲劳许用应力的计算公式为

$$[\sigma_H] = \frac{Z_N \sigma_{Hlim}}{S_H} \qquad (6-43)$$

式中，Z_N 为接触疲劳寿命系数，由图 6-1-3-8 查取，图中 N 为应力循环次数；σ_{Hlim} 为接触疲劳极限（MPa），由图 6-1-3-9 查取；S_H 为接触疲劳强度的最小安全系数，由表 6-1-3-4 查取。

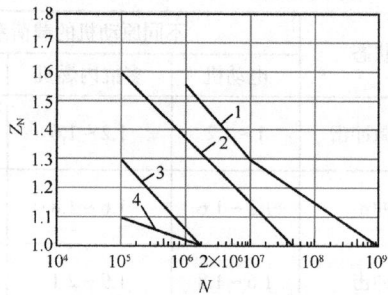

1—碳钢经正火、调质、表面淬火及渗碳，球墨铸铁（允许一定的点蚀）；

2—碳钢经正火、调质、表面淬火及渗碳，球墨铸铁（不允许出现点蚀）；

3—碳钢调质后气体渗氮，灰铸铁；4—碳钢调质后液体渗氮

图 6-1-3-8　接触疲劳寿命系数 Z_N

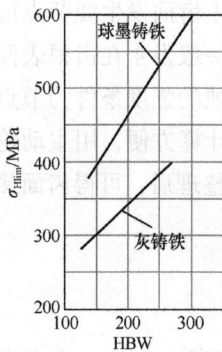

（a）

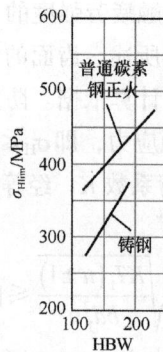

（b）

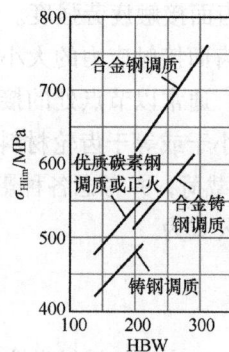

（c）

图 6-1-3-9　试验齿轮的齿面接触疲劳极限 σ_{Hlim}

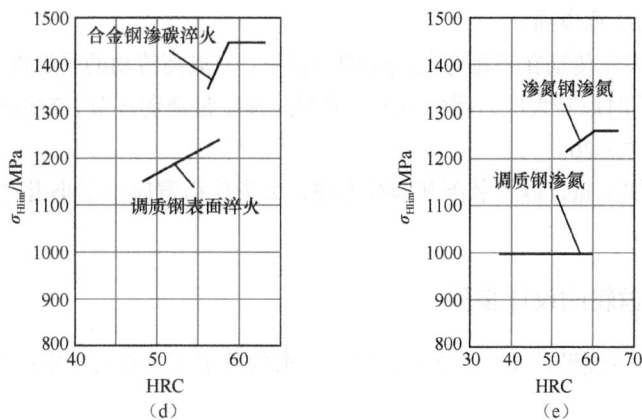

图 6-1-3-9　试验齿轮的齿面接触疲劳极限 σ_{Hlim}（续）

表 6-1-3-4　　　　　　　　　　　　齿轮安全系数

安全系数	软齿面	硬齿面	重要的传动、渗碳淬火齿轮或铸造齿轮
S_H（接触疲劳强度）	1.0 ~ 1.1	1.1 ~ 1.2	1.3
S_F（弯曲疲劳强度）	1.3 ~ 1.4	1.4 ~ 1.6	1.6 ~ 2.2

（2）齿根弯曲疲劳强度。计算轮齿齿根的弯曲疲劳强度是为了防止轮齿齿根部的疲劳折断，轮齿的疲劳折断主要与齿根弯曲应力的大小有关。为简化计算，假定全部载荷由一对轮齿承担，且载荷作用于齿顶时，齿根部分产生的弯曲应力最大，计算时可将轮齿看作宽度为 b 的悬臂梁。轮齿的折断位置一般发生在齿根部的危险截面处。危险截面可用 30°切线法来确定，即作与轮齿对称中心线成 30°并与齿根过渡曲线相切的两条直线，连接两个切点的截面即齿根的危险截面。

由于弯曲应力起主要作用，因此防止齿根疲劳折断的强度条件为齿根危险截面的最大弯曲应力小于或等于轮齿材料的许用弯曲应力，即 $\sigma_F \le [\sigma_F]$。考虑齿根应力集中和危险截面上压应力与切应力的影响，引入应力修正系数 Y_S（见表 6-1-3-5），计入载荷系数 K，即可得如下轮齿齿根弯曲疲劳强度的校核计算公式

$$\sigma_F = \frac{2KT_1}{bm^2 z_1} Y_F Y_S \le [\sigma_F] \tag{6-44}$$

式中，Y_F 为齿形系数；Y_S 为应力修正系数；m 为模数；z_1 为小齿轮齿数。齿形系数和应力修正系数如表 6-1-3-5 所示。

表 6-1-3-5　　　　　　　　　　齿形系数和应力修正系数

z	Y_F	Y_S	z	Y_F	Y_S
17	2.97	1.542	30	2.52	1.625
18	2.91	1.53	35	2.45	1.65
19	2.85	1.54	40	2.40	1.67
20	2.80	1.55	45	2.35	1.68
21	2.76	1.56	50	2.32	1.70
22	2.72	1.57	60	2.28	1.73
23	2.69	1.575	70	2.24	1.75
24	2.65	1.58	80	2.22	1.77
25	2.62	1.59	90	2.20	1.78
26	2.60	1.595	100	2.18	1.79
27	2.57	1.60	150	2.14	1.83
28	2.55	1.61	200	2.12	1.865
29	2.53	1.62	∞	2.06	1.97

（3）公式应用的注意事项。

- 软齿面闭式齿轮传动在满足弯曲强度的条件下，为提高传动的平稳性，小齿轮齿数一般取 $z_1=20 \sim 40$，速度较高时取较大值；硬齿面齿轮的弯曲强度是薄弱环节，宜取较少的齿数，以便增大模数，通常取 $z_1=17 \sim 20$。

- 为保证减少加工量，以及装配和调整方便，大齿轮齿宽应小于小齿轮齿宽。取 $b_2 = \psi_d d_1$，则 $b_1= b_2+(5 \sim 10)$mm。

三、直齿圆柱齿轮的设计步骤

直齿圆柱齿轮的一般设计准则是在满足传动要求的情况下，具有一定的弯曲和疲劳强度，其设计步骤一般如下。

（1）选择齿轮材料，确定材料的许用应力。

（2）按照前述公式进行弯曲强度或疲劳强度的计算。

（3）计算齿轮的几何尺寸，结果应该根据标准进行圆整。

（4）根据设计要求和设计结果，进行疲劳强度或者弯曲强度的校核。

（5）计算齿轮圆周速度，选择齿轮精度等级。

（6）确定齿轮结构，画出零件图。

任务实施

完成本任务齿轮传动设计，具体实施过程见附带的《实训任务书》。

任务拓展

若本任务所述的带式输送机减速器将传递功率 P_2 增大到 8kW，齿数比 u=3.6，其余工作条件不变，带式输送机工作平稳，转向不变，试分析新的工况下该齿轮在工作过程中是否会失效。

项目 6.2　轮系传动认知

任务 6.2.1　定轴轮系传动比分析

任务描述

如图 6-2-1-1 所示，现有某型号的减速器正在进行检修，拆开后发现内有若干对齿轮，请根据实际情况，分析该减速器由输入轴到输出轴的传动比和转向。已知大齿轮齿数 z_1=50、中二轴齿数 z_2=20、中间齿轮齿数 $z_{2'}$=40、中一轴齿数 z_3=18、大锥齿轮齿数 $z_{3'}$=36、小锥齿轮齿数 z_4=25。

图 6-2-1-1　轮系在减速器中的应用

任务分析

在现代机械中，为了满足不同的工作要求，只用一对齿轮传动往往是不够的，通常用一系列齿轮共同传动。这种由一系列齿轮组成的传动系统称为齿轮系，简称轮系。减速器是用来改变传动比和运动方向的齿轮箱，在汽车、车床、船舶等多种机械中都有使用。要顺利完成本任务，需要了解轮系的组成、应用以及传动比的计算方法。

知识链接

一对齿轮传动时的传动比是有限的，例如当传动比为 20 时，就会造成两个齿轮的尺寸和转速悬殊太大，无法满足实际要求。此时需要采用由多对齿轮组成的传动系统——轮系。

一、轮系的类型

轮系的类型比较多，通常可按下述方法进行分类。

1. 根据齿轮轴线的位置是否变动分类

在轮系运转时，根据轮系中各个齿轮几何轴线的位置是否变动，可将其分为三类：定轴轮系、周转轮系和混合轮系，如图 6-2-1-2 所示。

如图 6-2-1-3 所示，在轮系运转时，每个齿轮几何轴线的位置相对于机架都是固定不变的，这种轮系称为定轴轮系。轮系运转时，至少有一个齿轮轴线的位置不固定，而是绕某一固定轴线回转，该轮系称为周转轮系，如图 6-2-1-4 所示。轮系中既自转又公转的齿轮称为行星轮；齿轮几何轴线的位置固定不动的称为太阳轮，它们分别与行星轮啮合；支持行星轮自转和公转的构件称为行星架或系杆。行星轮、太阳轮、行星架以及机架组成周转轮系。一个基本周转轮系中，行星轮可有多个，太阳轮的数量最多有两个，行星架只能有一个。若有一个太阳轮是静止的，则此周转轮系称为行星轮

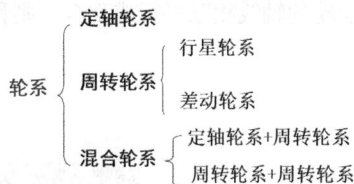

图 6-2-1-2　轮系的分类

系；若两个太阳轮都能运动，则此周转系称为差动轮系。通过在整个轮系上加上一个与行星架旋转方向相反、大小相同的角速度，可以把周转轮系转化为定轴轮系。由几个基本周转轮系或由定轴轮系和周转轮系共同组成的轮系称为混合轮系，如图 6-2-1-5 所示。

图 6-2-1-3　定轴轮系

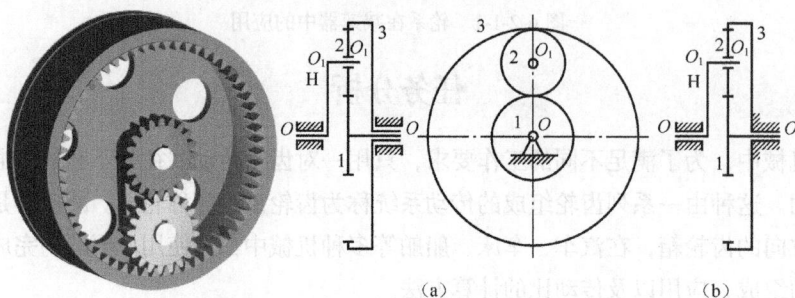

（a）　　　　　　　　　　（b）

图 6-2-1-4　周转轮系

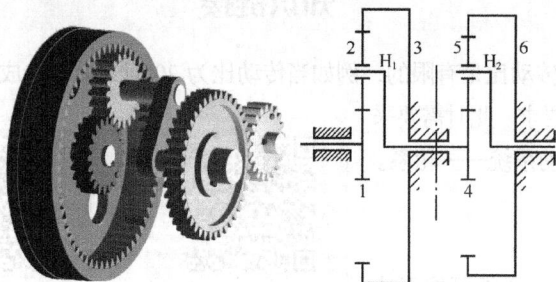

图 6-2-1-5　混合轮系

2. 根据齿轮的轴线是否平行分类

根据轮系中各个齿轮的轴线是否平行，可将轮系分为平面轮系和空间轮系。若组成轮系的所有齿轮的轴线相互平行或重合，则称该轮系为平面轮系，否则称为空间轮系，如图 6-2-1-6 所示。

（a）平面轮系　　　　　　　　　　（b）空间轮系

图 6-2-1-6　根据齿轮的轴线是否平行分类

二、轮系的传动比

轮系中，输入轴与输出轴的角速度或转速之比称为轮系的传动比。计算传动比时，不仅要计算其数值大小，还要确定输入轴与输出轴的转向关系。对于平面定轴轮系，其转向关系可以用正负号表示，转向相同用正号，相反用负号；对于空间定轴轮系，各轮转动方向无法用正负号表示，故采取画箭头方式表示。

1. 定轴轮系的传动比

（1）平面定轴轮系的传动比

一对齿轮啮合传动时，其传动比指的是两个齿轮的角速度或转速之比，且传动比的大小与两个齿轮的齿数成反比。当两个齿轮外啮合时，如图 6-2-1-7 所示，两个齿轮的转动方向相反，规定其传动比数值的大小为负，在传动比的前面加上符号"−"；当两个齿轮内啮合时，如图 6-2-1-8 所示，两个齿轮的转动方向相同，规定其传动比数值的大小为正，在传动比的前面加上符号"＋"（正号可以省略）。

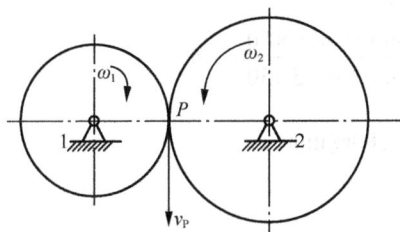

图 6-2-1-7 一对圆柱齿轮的外啮合

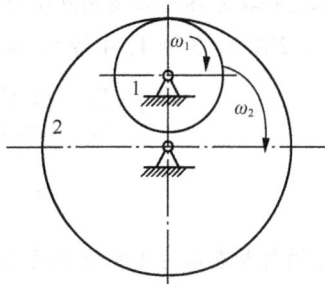

图 6-2-1-8 一对圆柱齿轮的内啮合

$$i_{12} = \frac{\omega_1}{\omega_2} = \pm\frac{z_2}{z_1}$$（其中，外啮合取负号，内啮合取正号）

图 6-2-1-9 所示的平面定轴轮系中，由于各个齿轮的轴线相互平行，根据一对外啮合齿轮副的相对转向相反、一对内啮合齿轮副的相对转向相同的关系，如果已知各轮的齿数和转速，则各对齿轮副的传动比为

$$i_{1k} = \frac{\omega_1}{\omega_k}$$

图 6-2-1-9 平面定轴轮系传动比

由此可得：$i_{12} = -\dfrac{z_2}{z_1}$ $i_{2'3} = +\dfrac{z_3}{z_{2'}}$ $i_{3'4} = -\dfrac{z_4}{z_{3'}}$ $i_{45} = -\dfrac{z_5}{z_4}$

将以上各式等号两边分别连乘后得

$$i_{12}i_{2'3}i_{3'4}i_{45} = \frac{n_1 n_{2'} n_{3'} n_4}{n_2 n_3 n_4 n_5} = (-1)^3 \frac{z_2 z_3 z_4 z_5}{z_1 z_{2'} z_{3'} z_4} \qquad (6-45)$$

$$i_{15} = \frac{n_1}{n_5} = -\frac{z_2 z_3 z_5}{z_1 z_{2'} z_{3'}} \qquad (6-46)$$

式（6-46）表明，该平面定轴轮系的传动比等于各对啮合齿轮传动比的连乘积，也等于各对啮合齿轮中各从动轮齿数的连乘积与各主动轮齿数的连乘积之比，其正负号取决于轮系中外啮合

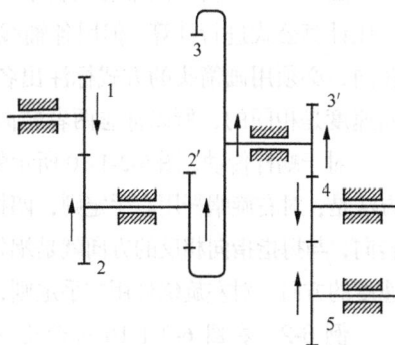

齿轮的对数。传动比为正号时表示首、末两轮的转向相同，为负号时表示首、末两轮的转向相反。轮系首轮与末轮的相对转向也可用画箭头的方法来确定和验证，如图 6-2-1-9 所示，可以看出轮 1 和轮 5 的转向相反。

从式（6-45）中还可看出，分子、分母均有齿轮 4 的齿数 z_4，这是因为齿轮 4 在与齿轮 3′ 啮合时是从动轮，但与齿轮 5 啮合时又是主动轮，因此可在等式右边分子、分母中消去 z_4。这说明齿轮 4 的齿数不影响轮系传动比的大小。但齿轮 4 的加入改变了传动比的正负号，即改变了轮系的末轮转向，这种齿轮称为惰轮。

假设定轴轮系首、末两轮的转速分别为 n_F 和 n_L，则传动比的一般计算公式为

$$i_{FL} = (-1)^m \frac{\text{从F到L之间所有从动轮齿数连乘积}}{\text{从F到L之间所有主动轮齿数连乘积}}$$

式中，m 为轮系从齿轮 F 到齿轮 L 的外啮合次数。下面通过例子来说明该公式的应用。

例 6-1 图 6-2-1-9 所示的轮系中，已知 $z_1=20$，$z_2=40$，$z_{2'}=30$，$z_3=60$，$z_{3'}=25$，$z_4=30$，$z_5=50$，均为标准齿轮传动。若已知轮 1 的转速 $n_1=1440$ r/min，试求轮 5 的转速。

解： 此定轴轮系各轮轴线相互平行，且齿轮 4 为惰轮，轮系中有 3 对外啮合齿轮，其传动路线为 1 传 2，2′ 传 3，3′ 传 4，4 传 5。由式（6-45）得

$$i = \frac{n_1}{n_5} = \frac{z_2 z_3 z_4 z_5}{z_1 z_{2'} z_{3'} z_4} = (-1)^3 \frac{40 \times 60 \times 30 \times 50}{20 \times 30 \times 25 \times 30} = -8$$

$$n_5 = \frac{n_1}{i} = \frac{1440}{(-8)} = -180 \text{r/min}$$

上式中的负号表示轮 1 和轮 5 的转向相反。

（2）空间定轴轮系的传动比

图 6-2-1-10 所示的带有蜗轮蜗杆的空间定轴轮系，其传动比的大小仍可用平面定轴轮系的传动比计算公式进行计算，但因各轴线并不全部相互平行，故不能用 $(-1)^m$ 来确定主动轮与从动轮的转向，必须用画箭头的方式标注出各轮的转向。一对互相啮合的锥齿轮传动时，在其节点处的圆周速度是相同的，所以标志两者转向的箭头不是同时指向啮合点，就是同时背离啮合点。

对于蜗杆传动，图 6-2-1-10 所示的蜗轮转向的判定方法是：对右旋蜗杆用右手定则，四指弯曲顺着蜗杆的转向，与拇指指向相反的方向就是蜗轮在啮合处的圆周速度的方向。对左旋蜗杆用左手定则，方法同上。

例 6-2 在图 6-2-1-10 所示轮系中，已知各个齿轮的齿数分别为 $z_1=15$，$z_2=25$，$z_{2'}=15$，$z_3=20$，$z_{3'}=15$，$z_4=30$，$z_{4'}=2$（右旋），$z_5=60$，$n_1=1440$ r/min，求传动比 i_{13} 和 i_{15}。

解： 根据已知齿轮 1 的转动方向，从齿轮 1 开始，顺次标出各对啮合齿轮的转动方向，如图 6-2-1-10 所示。齿轮 1 与齿轮 3 的轴线平行，两个齿轮的转向相同；而齿轮 1 与蜗轮 5 的轴线在空间垂直交错，蜗轮的转向只能用箭头标出来。

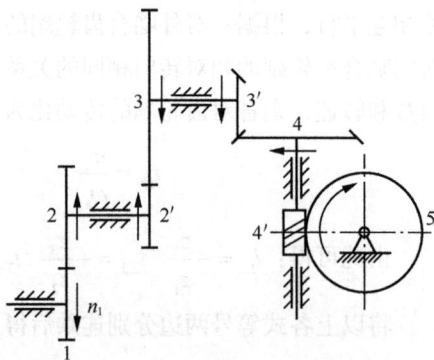

图 6-2-1-10 带有蜗轮蜗杆的空间定轴轮系

$$i_{13} = \frac{n_1}{n_3} = (-1)^2 \frac{z_2 z_3}{z_1 z_{2'}} = \frac{25 \times 20}{15 \times 15} \approx 2.2$$

$$i_{15} = \frac{n_1}{n_5} = (-1)^4 \frac{z_2 z_3 z_4 z_5}{z_1 z_{2'} z_{3'} z_{4'}} = \frac{25 \times 20 \times 30 \times 60}{15 \times 15 \times 15 \times 2} \approx 133.3$$

2. 定轴轮系中各轮几何轴线不都平行，但是输入、输出轮的轴线相互平行的情况

在含锥齿轮的定轴轮系中，由于锥齿轮的传动方向要么都指向啮合点，要么都背离啮合点，因此会出现各轮几何轴线不都平行，但是输入、输出轮的轴线相互平行的情况，其各轮的方向如图 6-2-1-11 所示。此时首轮和末轮的方向是平行的，因此仍可以使用正负号来表示其方向相同或者相反。

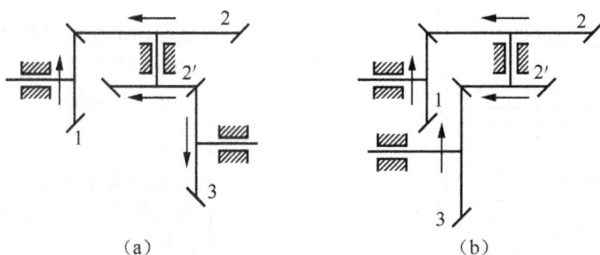

（a）　　　　　　　　　　　　（b）

图 6-2-1-11　空间定轴轮系

三、减速器的类型与结构

如图 6-2-1-12 所示，减速器是一种封闭在箱体内的由齿轮、蜗杆、蜗轮等传动零件组成的传动装置，其装在原动机和工作机之间，用来改变轴的转速和转矩，以适应工作机的需求。由于减速器结构紧凑、传动效率高、使用维护方便，因此在工业中应用广泛。图 6-2-1-13 所示为减速器内的齿轮传动。

图 6-2-1-12　减速器

图 6-2-1-13　减速器内的齿轮传动

常见的减速器有圆柱齿轮减速器、锥齿轮减速器和圆柱锥齿轮减速器等类型。在圆柱齿轮减速器中，按齿轮传动级数可分为一级、两级和多级。按其轴线在空间相对位置的不同，一级圆柱齿轮减速器可分为卧式减速器和立式减速器。前者两轴线平面与水平面平行，后者两轴线平面与水平面垂直。一级圆柱齿轮减速器轮齿可以采用直齿、斜齿或人字齿。

目前，减速器已经实现系列化、标准化、专业化生产。一般情况下，应尽量选用标准减速器，但在实际生产中，当标准减速器不能完全满足机器的功能需求时，也可以采用非标准减速器。常用减速器的类型、特点和应用如表 6-2-1-1 所示。

表 6-2-1-1　　　　　　　　　　　　常用减速器的类型、特点和应用

类型	级数		运动简图	推荐传动比范围	特点和应用
圆柱齿轮减速器	一级			$i<8$	轮齿可用直齿、斜齿或人字齿，结构简单，工作可靠，使用寿命较长，效率高。直齿一般用于速度较低或载荷较轻的传动；斜齿、人字齿用于高速或重载荷的传动
	二级	展开式		$i=8\sim60$	低速级可用直齿或斜齿，高速级常用斜齿。结构简单，应用广泛。轴弯曲变形时，载荷沿齿宽方向分布不均匀，故用于载荷较平稳的场合
		同轴式			高速级齿轮的承载能力不能充分利用，中间轴承润滑困难。用于输入轴与输出轴有共线要求的传动场合
		分流式			低速级用直齿或人字齿，高速级用斜齿。结构较复杂，常用于承受变载荷或传递大功率的机械中
圆锥齿轮减速器	一级			直齿锥齿轮 $i\leqslant5$，圆柱斜齿轮或曲线齿轮 $i\leqslant8$	轮齿可做成直齿、斜齿或曲线齿，输出轴可以做成卧式或立式，制造、安装复杂，成本高。用于输入轴、输出轴相交时的传动，只在设备布置必要时才使用
圆柱圆锥齿轮减速器	二级			直齿锥齿轮 $i=8\sim12$，圆柱斜齿轮或曲线齿轮 $i=8\sim40$	圆柱齿轮可以做成直齿或斜齿，锥齿轮可以做成直齿、斜齿或曲线齿。锥齿轮应该布置在高速级，以减小其尺寸，否则加工困难，不易保证精度。多用于相交轴传动

任务实施

完成本任务定轴轮系传动比分析，具体实施过程见附带的《实训任务书》。

任务拓展

图 6-2-1-14 所示的定轴轮系，求其传动比，各齿轮齿数用 z_1、z_2 等表示。

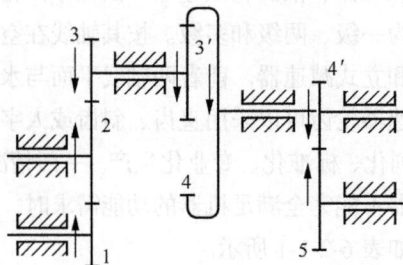

图 6-2-1-14　某定轴轮系

任务 6.2.2　周转及混合轮系传动认知

任务描述

现有某型号的汽车差速器，其结构如图 6-2-2-1 所示，试分析转弯半径为 4m，汽车轮距为 1.6m，发动机转速为 2800r/min 时左、右轮的转速，并分析周转轮系在此过程中起到什么作用。

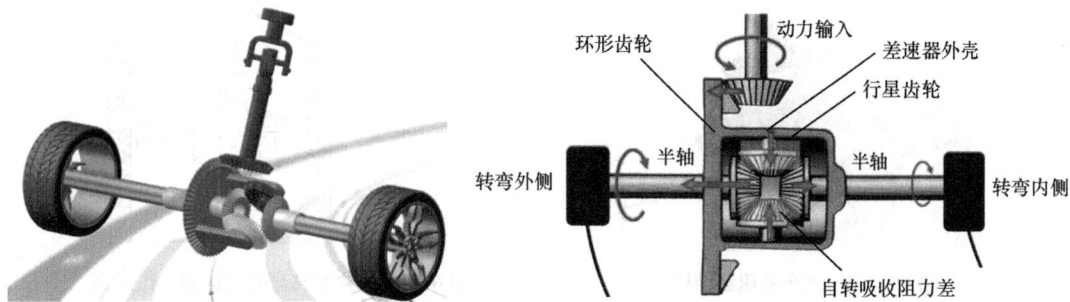

图 6-2-2-1　周转轮系在汽车差速器中的应用

任务分析

汽车差速器是能够使左、右（或前、后）驱动轮实现以不同转速转动的机构，主要由左、右半轴齿轮，两个行星齿轮及齿轮架组成。其功用是当汽车转弯或在不平路面上行驶时，使左、右车轮以不同转速滚动，即保证两侧驱动车轮做纯滚动运动。差速器是为了调整左、右轮的转速差而装置的。在四轮驱动时，为了驱动 4 个车轮，必须将所有车轮连接起来，如果将 4 个车轮机械地连接在一起，汽车在曲线行驶的时候车轮就不能以相同速度旋转，为了保证汽车在曲线行驶时旋转速度的基本一致性，这时需要加入中间差速器用以调整前、后轮的转速差。

知识链接

一、周轮轮系的结构与组成

当轮系运转时，至少有一个齿轮的几何轴线相对于机架的位置不固定，而是绕某一固定轴线回转。一般把轮系中轴线位置固定不动，只有自转、没有公转的齿轮称为太阳轮。既有自转也有公转的齿轮称为行星轮，带动行星轮发生公转的构件称为行星架，行星架既可能是杆件，又可以是其他构件。

按其自由度的不同，周转轮系（见图 6-2-2-2）可分为行星轮系和差动轮系两类，如图 6-2-2-3 所示。

（1）行星轮系。行星轮系是指自由度为 1 的周转轮系，此类周转轮系中有固定的太阳轮。

（2）差动轮系。差动轮系是指自由度为 2 的周转轮系，其太阳轮均不固定。

图 6-2-2-4 为汽车差速器结构，汽车转弯时差速器工作原理如图 6-2-2-5 所示，按照前述周转轮系的定义、齿轮 2 和 2′轴线位置是变化的，因此属于行星轮。行星轮 2 和 2′安装在齿轮 4 上，并由齿轮 4 带动旋转，因此齿轮 4 属于行星架。其余的齿轮 3 和齿轮 1 在工作时的轴线位置相对固定，因此齿轮 1 和齿轮 3 均属于太阳轮。

图 6-2-2-2　周转轮系

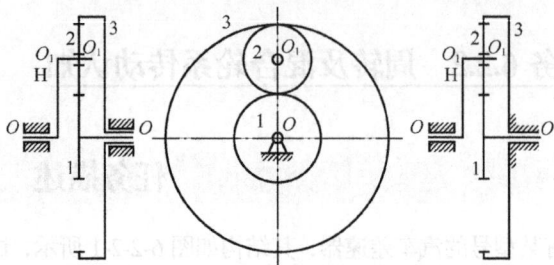

图 6-2-2-3　行星轮系和差动轮系

图 6-2-2-4　汽车差速器结构

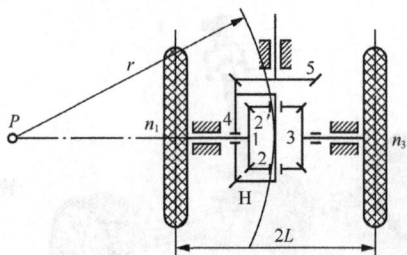

图 6-2-2-5　汽车转弯时差速器工作原理

二、周转轮系的传动比

图 6-2-2-6（a）所示周转轮系中，行星轮 2 既绕本身的轴线自转，又绕 O_1 或 O_H 公转。周转轮系与定轴轮系的本质区别在于周转轮系中有行星轮，或者说有行星架。因此不能直接用定轴轮系的传动比计算公式求解周转轮系的传动比，而通常采用反转法来间接求解。

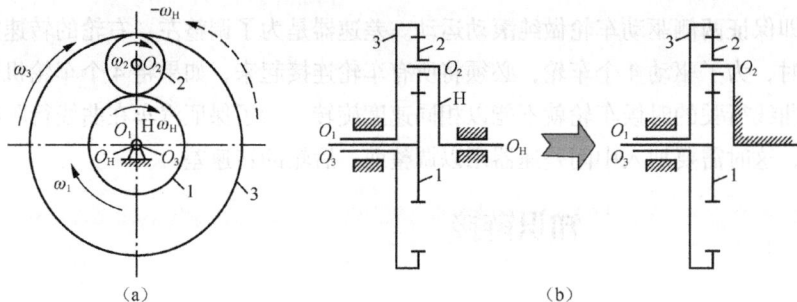

（a）　　　　　　　　　　　　　　　　　（b）

图 6-2-2-6　周转轮系转化为定轴轮系

小轮系驱动大世界——
周转轮系

假定周转轮系各齿轮和行星架 H 的转速分别为 n_1、n_2、n_3、n_H，在整个周转齿轮系上加上一个与行星架转速大小相等、方向相反的公共转速（$-n_H$），将周转轮系转化成假想的定轴轮系，如图 6-2-2-6 所示。再用定轴轮系的传动比计算公式求解周转轮系传动比。由相对运动原理可知，给整个周转轮系加上一个公共转速（$-n_H$）后，该轮系中各构件之间的相对运动规律并不改变，但转速发生了变化，其变化结果如表 6-2-2-1 所示。

表 6-2-2-1　　　　　周转轮系转化后的相对转速

构件	原转速	转化后的转速
1	ω_1	$\omega_1^H = \omega_1 - \omega_H$
2	ω_2	$\omega_2^H = \omega_2 - \omega_H$
3	ω_3	$\omega_3^H = \omega_3 - \omega_H$
H	ω_H	$\omega_H^H = \omega_H - \omega_H = 0$

既然该轮系的转化机构为定轴轮系，在此转化机构中就可以利用定轴轮系的公式进行计算，轮 1 和轮 3 之间的传动比计算公式为

$$i_{13}^{H} = \frac{n_1^{H}}{n_3^{H}} = \frac{n_1 - n_H}{n_3 - n_H} = (-1)^1 \frac{z_2 z_3}{z_1 z_2} = -\frac{z_3}{z_1} \tag{6-47}$$

式中，i_{13}^{H} 表示转化机构中轮 1 与轮 3 相对于行星架 H 的传动比。其中 $(-1)^1$ 表示在转化机构中有一对外啮合齿轮传动，传动比为负说明轮 1 与轮 3 在转化机构中的转向相反。一般而言，若某一级周转轮系由多个齿轮构成，周转轮系首轮 F、末轮 L 和系杆 H 的绝对转速分别为 n_F、n_L 和 n_H。

（1）求传动比大小。传动比的计算公式为

$$i_{FL}^{H} = \frac{n_F - n_H}{n_L - n_H} = (-1)^m \frac{\text{从F到L之间所有从动轮齿数连乘积}}{\text{从F到L之间所有主动轮齿数连乘积}} \tag{6-48}$$

（2）确定传动比符号。在周转轮系计算公式（6-48）中，等号右边的正负号仍然按照齿轮副外啮合次数确定。它不仅表明轮系首、末两齿轮在转化机构中的相对转速 n_F^{H} 和 n_L^{H} 方向的相互关系，而且影响周转轮系绝对传动比的大小和正负号。

为了能够正确判定转化机构中各构件的相对转向，也可以假定某相对转速的方向为正。然后根据各构件的啮合与运动关系，采用标注虚箭头的方法确定其余构件的相对转速方向，以便与通常在实际周转轮系中用来表示构件绝对转速方向的实箭头区别开来。

例 6-3 在图 6-2-2-7 所示的周转轮系中，已知各个齿轮的齿数分别为 $z_1=15$，$z_2=25$，$z_{2'}=20$，$z_3=60$，$n_1 = 200\text{r}/\text{min}$，$n_3 = 50\text{r}/\text{min}$，求行星架 H 的转速 n_H 的大小和方向。

解： 在图示的轮系中，双联齿轮 2-2' 的几何轴线的位置是变化的。因此，双联齿轮 2-2' 为行星轮。齿轮 1 和齿轮 3 为太阳轮，所以图示的周转轮系为差动轮系。利用式（6-48）可得

$$i_{13}^{H} = \frac{n_1^{H}}{n_3^{H}} = \frac{n_1 - n_H}{n_3 - n_H} = -\frac{z_2 z_3}{z_1 z_{2'}} = -\frac{25 \times 60}{15 \times 20} = -5$$

图 6-2-2-7 周转轮系

由此可知，齿轮 1 和齿轮 3 的转动方向相反。设齿轮 1 的转动方向为正方向，在代入公式时取 $n_1=200\text{r/min}$；而齿轮 3 的转动方向与之相反，所以将 $n_3 = -50\text{r/min}$ 代入公式，可得

$$\frac{200 - n_H}{-50 - n_H} = -5$$

$$n_H \approx -8.3\text{r}/\text{min}$$

即行星架 H 的转速 n_H 的方向与齿轮 1 的转动方向相反。

例 6-4 现有某周转轮系如图 6-2-2-8 所示，已知 $z_1=100$，$z_2=101$，$z_{2'}=100$，$z_3=99$，试求出传动比 i_{1H}。

解： 由题意可知，此轮系由两个太阳轮 1 和 3、两个行星轮 2 和 2'、一个行星架 H 组成，属于周转轮系。由传动比定义得

$$i_{1H} = \frac{n_1}{n_H}$$

又因为太阳轮 3 为机架，故

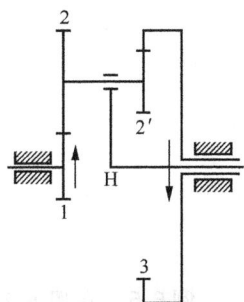

$$i_{13}^{H} = \frac{n_1 - n_H}{n_3 - n_H} = 1 - \frac{n_1}{n_H} = \frac{z_2 z_3}{z_1 z_{2'}} = \frac{101 \times 99}{100 \times 100}$$

解出

$$i_{1H} = \frac{1}{10000}$$

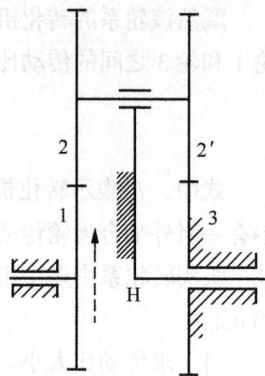

图 6-2-2-8 例6-4图某周转轮系

三、混合轮系的传动比

混合轮系是指由若干个基本轮系通过不同方式组合而成的传动系统。混合轮系既可以是定轴轮系和周转轮系的组合，如图 6-2-2-9（a）所示，也可以是若干个周转轮系的组合，如图 6-2-2-9（b）所示。

混合轮系由运动性质不同的轮系组成，所以计算其传动比时，必须先将轮系分解成定轴轮系和周转轮系。然后分别按定轴轮系的传动比和周转轮系的传动比列计算公式，最后联立求解。因为周转轮系的组成相对固定，一般均由行星轮、太阳轮、行星架组成，且太阳轮至多有两个，因此在分解时优先分解出周转轮系，如图 6-2-2-10 所示。

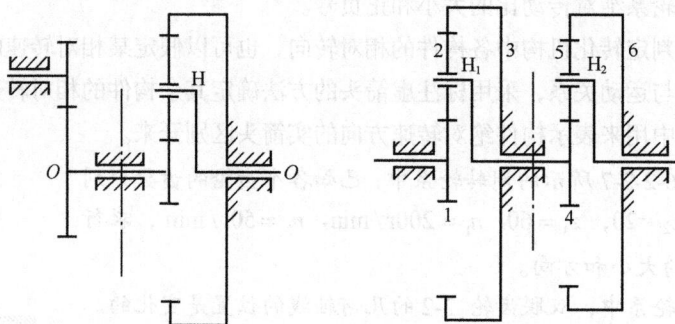

（a）混合轮系1　　　　　　　　　　（b）混合轮系2

图 6-2-2-9　混合轮系

例6-5　在图 6-2-2-11 所示的混合轮系中，各齿轮齿数分别为 $z_1 = 48$，$z_2 = 27$，$z_{2'} = 45$，$z_3 = 102$，$z_4 = 120$，设输入转速 $n_1 = 3750$r/min，求齿轮 4 的转速 n_4 和传动比 i_{14}。

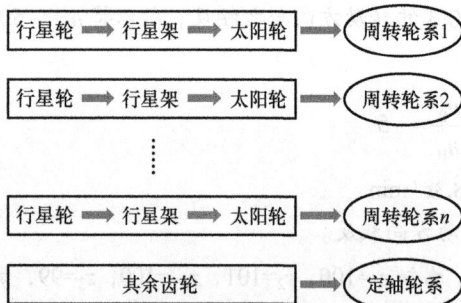

图 6-2-2-10　混合轮系拆分成基本轮系

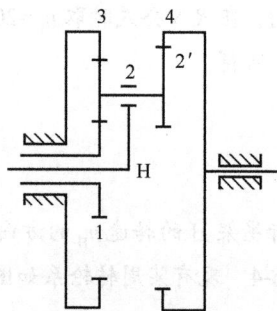

图 6-2-2-11　混合轮系

解： 在该轮系中，双联齿轮 2-2′是行星轮。齿轮 1、齿轮 3 和齿轮 4 是太阳轮。对于单一的周转轮系，机构中只有一个转动的行星架，而太阳轮的数目不能超过两个。所以该轮系为两个单一的周转轮系组成的混合轮系。

（1）拆分成基本轮系。在混合轮系中，齿轮 1、齿轮 3 和双联齿轮 2-2′组成行星轮系；齿轮 1、齿轮 4 和双联齿轮 2-2′组成差动轮系。

$$i_{13}^{H}=\frac{n_1^H}{n_3^H}=\frac{n_1-n_H}{n_3-n_H}=-\frac{z_2z_3}{z_1z_2}=-\frac{z_3}{z_1}=-\frac{102}{48}=-2.125$$

（2）分别计算两个基本轮系的传动比。在行星轮系中将数值代入，并进行计算，可求出行星架 H 的转速 n_H=1200r/min。在差动轮系中

$$i_{14}^{H}=\frac{n_1^H}{n_4^H}=\frac{n_1-n_H}{n_4-n_H}=-\frac{z_2z_4}{z_1z_{2'}}=-\frac{27\times120}{48\times45}=-1.5$$

（3）求齿轮 4 的转速。将行星架 H 的转速 n_H=1200r/min 代入差动轮系的计算公式中，可求得齿轮 4 的转速 n_4=−500r/min。将以上两个传动比的计算公式联立求解，即可得到所需要的传动比或某一个构件的转速。

（4）求传动比 i_{14}。

$$i_{14}=\frac{n_1}{n_4}=\frac{3750}{-500}=-7.5$$

四、轮系的功用

1. 实现大的传动比

采用一对齿轮传动时，为了避免两个齿轮直径相差过大，造成两齿轮的寿命悬殊，一般传动比不大于 7。采用轮系传动可以获得结构紧凑的大传动比。

例 6-6　图 6-2-2-12 所示为收音机短波调谐缓动装置传动机构，已知齿数 z_1=83，z_2=$z_{2'}$，z_3=82，试求传动比 i_{H1}。

解：该机构是一个行星轮系，分别取齿轮 1 和齿轮 3 为首轮和末轮，可得

$$i_{13}^{H}=\frac{n_1^H}{n_3^H}=\frac{n_1-n_H}{n_3-n_H}=(-1)^2\frac{z_2z_3}{z_1z_{2'}}$$

由于 n_3=0

$$i_{13}^{H}=\frac{n_1-n_H}{n_3-n_H}=1-\frac{n_1}{n_H}=1-i_{1H}=1-\frac{z_2z_3}{z_1z_{2'}}=\frac{1}{83}$$

$$i_{H1}=\frac{1}{i_{1H}}=83$$

此轮系的传动比为 83，远高于一对齿轮能正常工作的传动比。

2. 实现变速换向传动

主动轴转速不变时，利用轮系可使从动轴获得多种工作转速，并且可换向。图 6-2-2-13 所示为汽车用四级变速器。齿轮 4-6 为双联齿轮，可沿轴Ⅲ轴向移动，与齿轮 3 或齿轮 5 啮合，还可通过离合器，将轴Ⅰ与轴Ⅲ接通或脱开，使轴Ⅲ得到 3 个不同的转速。另外，移动双联齿轮，使轮 6 与轮 8 啮合，可使轴Ⅲ得到转向相反的第 4 个转速，从而实现变速和换向。

3. 实现分路传动

利用定轴轮系，可通过主动轴上的若干齿轮，将运动分别传给若干个不同的执行机构，以完成生产上对各种动作和运动规律的要求，这就是分路传动。图 6-2-2-14 所示的轮系分路传动中，主轴Ⅰ上有两个齿轮 1 和 1′，其中一条传动路线为齿轮 1 经齿轮 2 将运动传给滚刀 7；另一条传动路线为齿轮 1′与齿轮 3 啮合，再经过齿轮副 3′—4—5、蜗杆蜗轮副 5′—6，带动工作台及其上

固装的被切齿轮转动，与滚刀共同完成切齿的展成运动。这两路传动都是由定轴轮系完成的。

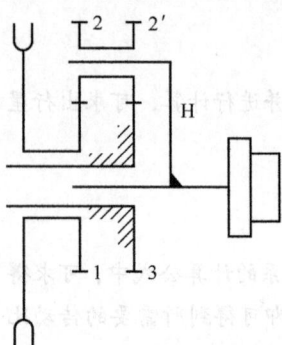

图 6-2-2-12 收音机短波
调谐缓动装置传动机构

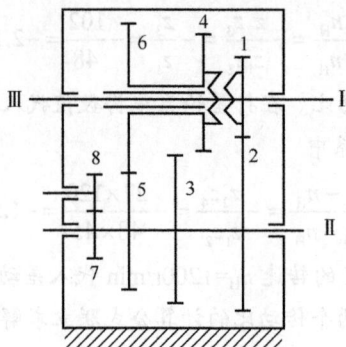

图 6-2-2-13 汽车用四级变速器

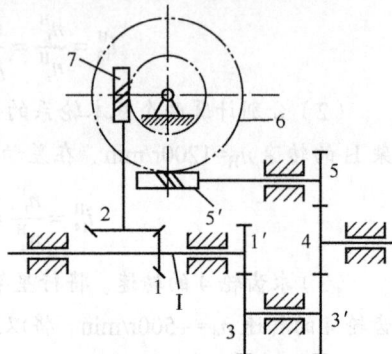

图 6-2-2-14 轮系分路传动

4. 实现运动的合成和分解

如图 6-2-2-15 所示的由锥齿轮组成的行星轮系中，中心轮 1 和 3 都可以转动，而且 $z_1=23$。用画箭头的方法判定中心轮 1 与 3 的相对转向后，得

$$i_{13}^H = \frac{n_1^H}{n_3^H} = \frac{n_1 - n_H}{n_3 - n_H} = -\frac{z_3}{z_1} = -1$$

$$n_H = \frac{n_1 + n_3}{2}$$

上式说明行星架的转速是中心轮 1 和 3 转速合成的一半，它可以用作加法机构。如果以行星架 H 和中心轮 3（或 1）作为主动件，则上式可以写成

$$n_1 = 2n_H - n_3$$

图 6-2-2-15 由锥齿轮组成的行星轮系

此式说明，中心轮 1 的转速是行星架转速的两倍与中心轮 3 转速的差，它可以用作减法机构。在机床和其他传动装置中广泛应用轮系实现运动的合成和分解。

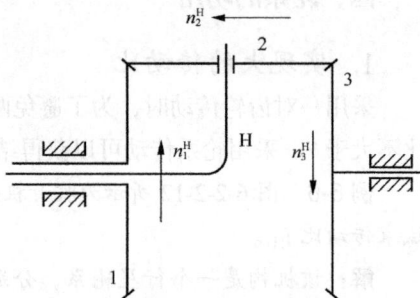

任务实施

完成本任务周转及混合轮系传动认知，具体实施过程见附带的《实训任务书》。

任务拓展

$z_1=z_2=48$，$z_{2'}=18$，$z_3=24$，$n_1=250$r/min，$n_3=100$r/min，方向如图 6-2-2-16 所示，求 n_H 的大小和方向。

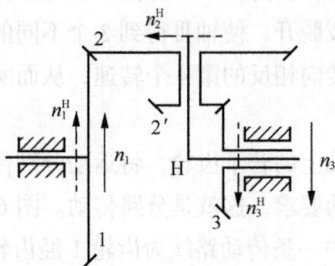

图 6-2-2-16 任务拓展图

项目 6.3　车床主轴系统分析

任务 6.3.1　轴系传动零部件认知

任务描述

轮系传动时，各齿轮必须安装在相应的轴及配套的轴承等零部件上方可使用。图 6-3-1-1 所示为某型号减速器，正在进行齿轮和轴的装配，其输出轴的装配方案有两种，如图 6-3-1-2 所示，试分析哪种方案更合理。轴安装完毕后需在两端加装代号为 6208 的轴承，这一代号有何含义？

(a)

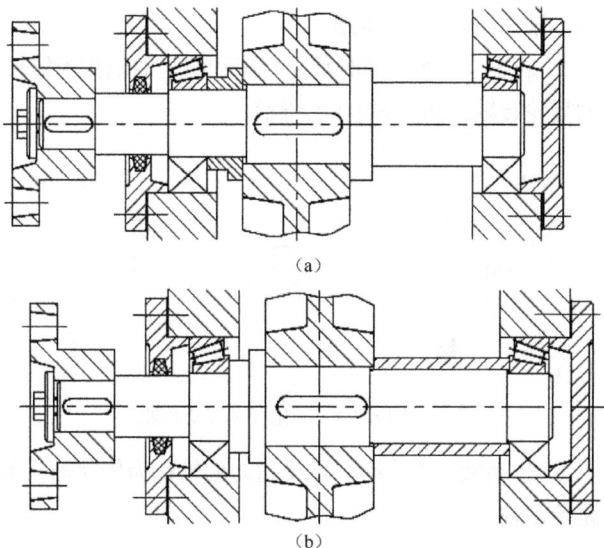

(b)

图 6-3-1-1　某型号减速器　　　　图 6-3-1-2　轴系的结构

任务分析

机器中齿轮、带轮等旋转零件都需要与轴相连接，而轴需要支承在轴承上，有时为了能够接通和断开运动，还需要在轴和轴之间安装联轴器和离合器。轴、轴承、联轴器、离合器及轴上的旋转零件组成的系统一般称为轴系零件，如车床的主轴系统、汽车变速箱（见图 6-3-1-3）等。为了保证传动的平稳、可靠，轴上的零件需要合理定位。这就需要我们了解轴的结构和轴承的基本知识。

图 6-3-1-3　汽车变速箱

知识链接

一、轴系零部件

1. 轴的类型

轴是组成机器的重要零件之一，主要功用是支承旋转零件、传递转矩和运动。轴一般为金属圆杆状，各段可以有不同直径，但也有少部分是方形的。机器中做回转运动的零件就装在轴上。

（1）根据轴承受的载荷不同分类

根据轴承受的载荷不同，可将轴分为心轴、转轴和传动轴3种。

① 心轴。工作时只承受弯矩的轴称为心轴。有些心轴转动，如铁路车辆的轴；有些心轴不转动，如支承滑轮的轴。根据轴工作时是否转动，心轴又可分为转动心轴和固定心轴两种，自行车转动心轴如图6-3-1-4所示。

② 转轴。工作中同时承受弯矩和扭矩的轴称为转轴。转轴在各种机器中十分常见，如减速器中的齿轮转轴，如图6-3-1-5所示。

图 6-3-1-4　自行车转动心轴　　　　　　图 6-3-1-5　减速器中的齿轮转轴

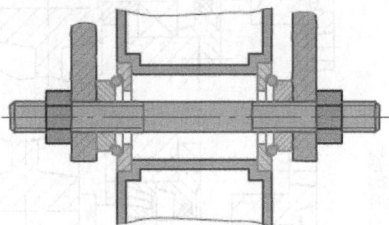

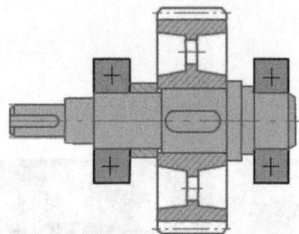

③ 传动轴。工作时只承受扭矩的轴称为传动轴，图6-3-1-6所示的汽车变速箱与后桥间的轴就是传动轴。

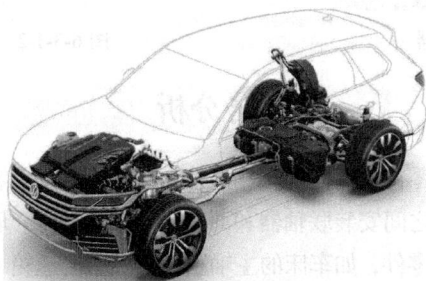

图 6-3-1-6　传动轴

（2）根据轴线形状的不同分类

根据轴线形状的不同，轴又可分为直轴、曲轴和挠性钢丝轴，分别如图6-3-1-7、图6-3-1-8和图6-3-1-9所示。曲轴和挠性钢丝轴属于专用零件。按外形不同，直轴又可分为光轴和阶梯轴。光轴形状简单，应力集中少，易加工，但轴上零件不易装配和定位，常用作心轴和传动轴；阶梯轴各轴段截面的直径不同，这种设计使各轴段的强度相近，而且便于轴上零件的拆装和固定，因此阶梯轴在机器中的应用极为广泛。直轴一般制成实心轴，但为了减少重量或满足有些机器结构上的需求，也可以制成空心轴。

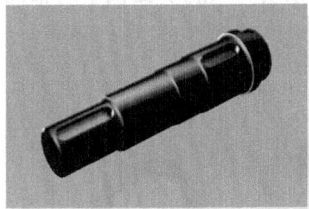

图 6-3-1-7　直轴

图 6-3-1-8　曲轴

图 6-3-1-9　挠性钢丝轴

2. 轴的结构

（1）轴头、轴颈和轴身

图 6-3-1-10 所示为圆柱齿轮减速器输入轴的结构，轴主要由轴头、轴颈和轴身三部分组成。轴上安装轮毂的部分称为轴头，轴上被支承的部分称为轴颈，连接轴颈和轴头的部分称为轴身。

确定轴上各部分的直径时要注意以下 4 点。

① 轴颈处的直径应取轴承的标准内径系列。

② 轴头处的直径应与相配合的零件轮毂内径一致，并符合标准直径系列。

③ 轴身处的直径可选用自由尺寸。

④ 轴上螺纹或花键处的直径均应符合螺纹或花键的标准。

（2）轴上零件的轴向定位与固定

为了保证零件在轴上有确定的相对位置，防止其轴向移动，并且能承受轴向力，常采用下列结构形式来实现轴上零件的轴向定位和固定：轴肩、轴环、套筒、圆螺母、止退垫圈、弹性挡圈、螺钉锁紧挡圈、轴端压板以及圆锥面等。下面分别介绍轴肩定位、圆螺母定位、弹性挡圈固定、轴端压板定位和紧定螺钉固定的特点。

探究减速器中的支承零部件

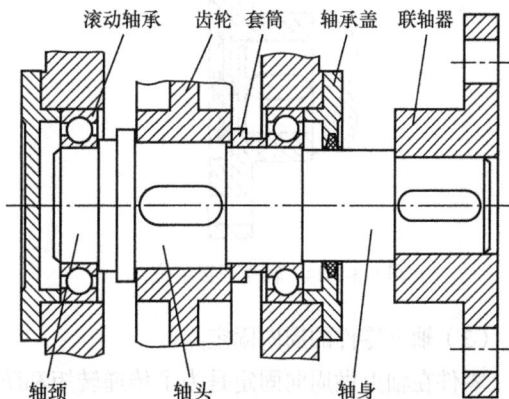

图 6-3-1-10　圆柱齿轮减速器输入轴的结构

① 轴肩定位。如图 6-3-1-11 所示，轴肩定位结构简单、可靠，可承受较大的轴向力，常应用于齿轮、带轮、联轴器、轴承等的轴向定位。

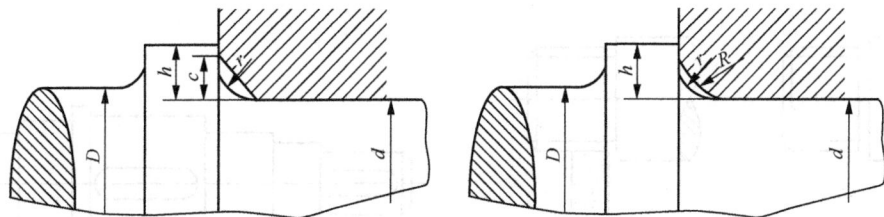

图 6-3-1-11　轴肩定位

② 圆螺母定位。如图 6-3-1-12 所示，圆螺母定位可靠、拆装方便、可承受较大的轴向力，但切制螺纹使轴的疲劳强度下降，常用于轴的中部和端部。

③ 弹性挡圈固定。如图 6-3-1-13 所示，弹性挡圈固定结构简单、紧凑，只能承受较小的轴向力，但切槽需要一定精度，常用于滚动轴承的轴向定位。

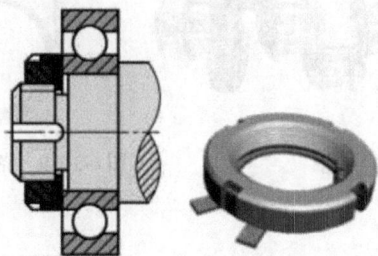

图 6-3-1-12　圆螺母定位

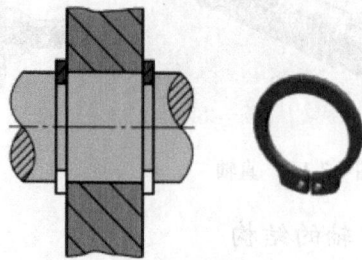

图 6-3-1-13　弹性挡圈固定

④ 轴端压板定位和紧定螺钉固定。轴端压板定位用于轴端定位，可承受剧烈振动和冲击，如图 6-3-1-14 所示；紧定螺钉固定适用于轴向力小、转速低的场合，如图 6-3-1-15 所示。

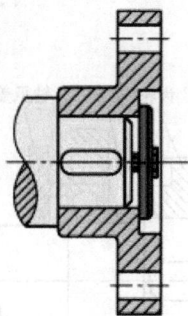

图 6-3-1-14　轴端压板定位

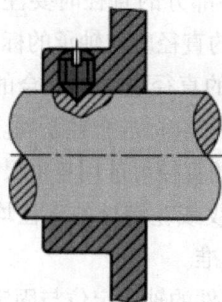

图 6-3-1-15　紧定螺钉固定

（3）轴上零件的周向固定

零件在轴上做周向固定是为了传递转矩和防止零件与轴产生相对转动。常用的周向固定方法有键联接、花键联接、销联接、过盈配合和成型联接等，其中键联接的应用最广泛。

（4）轴的结构工艺性

轴的结构工艺性是指所设计的轴是否便于加工和装配维修。常用的轴的结构工艺性要求有以下几点。

① 当某一轴段需要车制螺纹或磨削加工时，应留有退刀槽或砂轮越程槽，如图 6-3-1-16 所示。

② 轴上所有键槽应开在同一母线上，如图 6-3-1-17 所示。

（a）　　　　　（b）

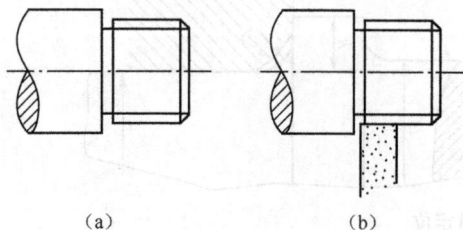

图 6-3-1-16　退刀槽和砂轮越程槽

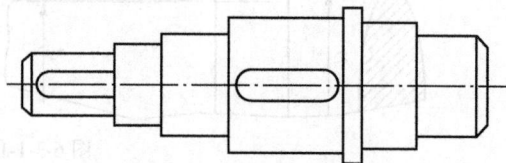

图 6-3-1-17　键槽的布置

③ 为了便于轴上零件的装配和去除毛刺，轴端和轴肩端部一般均应制出 45°的倒角。过盈配

合轴段的装入端应加工出半锥角为 30° 的导向锥面。

④ 为了便于加工，应使轴上直径相近处的圆角、倒角、键槽、退刀槽和砂轮越程槽等尺寸一致。

（5）提高轴的疲劳强度的措施

由于转轴是在变应力状态下工作的，因此在结构设计时应尽量减少应力集中，以提高轴的疲劳强度。

① 改进轴的结构，减小应力集中。轴截面尺寸改变处会造成应力集中，因此阶梯轴中相邻轴段的直径不宜相差太大，在轴径变化处的过渡圆角半径不宜过小。尽量避免在轴上开横孔、凹槽和加工螺纹。如图 6-3-1-18 所示，为了减小轮毂的轴压配合引起的应力集中，可开减载槽；在重要结构中可采用过渡肩环或凹切圆角，以增加轴肩处过渡圆角半径和减小应力集中。当轴上零件与轴为过盈配合时，可采用图 6-3-1-19 所示的结构形式，以减少轴配合边缘处的应力集中。

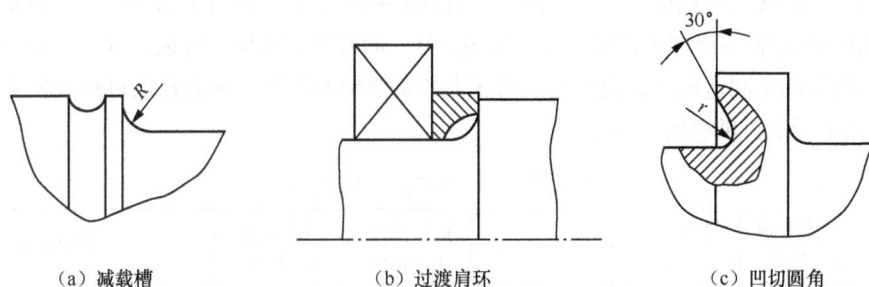

（a）减载槽　　　　　（b）过渡肩环　　　　　（c）凹切圆角

图 6-3-1-18　减小圆角处应力集中的结构

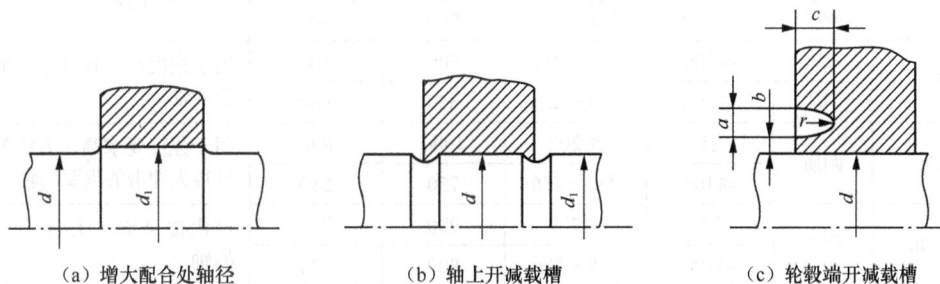

（a）增大配合处轴径　　　（b）轴上开减载槽　　　（c）轮毂端开减载槽

图 6-3-1-19　过盈配合时轴的结构形式

② 提高轴的表面质量。当轴上装有接触式密封元件时，需降低接触部位的表面粗糙度，保证耐磨性。轴的表面粗糙度对其疲劳强度有较大影响，粗糙的轴表面容易产生疲劳裂纹，引起应力集中。因此，设计时应注意提高轴的表面质量，采用表面强化处理，如碾压、喷丸、渗碳淬火、氮化、氰化等热处理和化学处理，显著提高轴的疲劳强度。

3. 轴的设计要求

对轴的设计要求是为了保证轴的正常工作，轴必须具有足够的强度、刚度，以及合理的结构和良好的工艺性。设计轴的一般步骤如下。

① 根据轴的工作条件合理选择材料和热处理方法。

② 估算轴的最小直径。

③ 进行轴的结构设计，初步确定轴各段的形状和尺寸。

④ 进行轴的结构及振动校核计算。

⑤ 绘制轴零件工作图。

（1）轴的材料及其选择

常用的轴类零件材料有 35、45、50 优质碳素钢，其 45 钢应用最广泛。对于受载荷较小或不太重要的轴，也可用 Q235、Q255 等普通碳素钢；对于受力较大，轴向尺寸、重量受限制或者有特殊要求的轴可采用合金钢。如 40Cr 合金钢可用于中等精度、转速较高的工作场合，该材料经调质处理后具有较好的综合力学性能；Cr15、65Mn 等合金钢可用于精度较高、工作条件较差的情况，这些材料经调质和表面淬火后，其耐磨性、耐疲劳强度性能都较好；若是在高速、重载条件下工作的轴类零件，可选用 20Cr、20CrMnTi、20Mn2B 等低碳钢或 38CrMoAlA 渗碳钢。这些钢经渗碳淬火或渗氮处理后，不仅有较高的表面硬度，而且其心部强度大大提高，因此具有良好的耐磨性、抗冲击韧性和较高的抗疲劳强度。

球墨铸铁、高强度铸铁由于铸造性能好，且具有减振性能，常用于制造外形结构复杂的轴。特别是我国研制的稀土-镁球墨铸铁，抗冲击韧性好，同时具有减摩、吸振、对应力集中敏感性小等优点，已被应用于制造汽车、拖拉机、机床上的重要轴类零件。轴的常用材料及其主要力学性能如表 6-3-1-1 所示，供选用时参考。

表 6-3-1-1　　　　　　　　　　　轴的常用材料及其主要力学性能

材料牌号	热处理类型	毛坯直径/mm	硬度 HBW	抗拉强度 R_m/MPa	屈服强度 R_{eL}/MPa	应用说明
Q275 ~ Q235	—	—	—	600 ~ 440	275 ~ 235	用于不重要的轴
35	正火	≤100	149 ~ 187	520	270	用于一般的轴
	调质	≤100	156 ~ 207	560	300	
45	正火	≤100	170 ~ 217	600	300	用于强度高、韧性中等的较重要的轴
	调质	≤200	217 ~ 255	650	360	
40Cr	调质	25	≤207	1000	800	用于强度要求高、有强烈磨损且很大冲击的重要的轴
		≤100	241 ~ 286	750	550	
35SiMn	调质	25	≤229	900	750	可代替 40Cr，用于中、小型的轴
		≤100	229 ~ 286	800	520	
42SiMn	调质	25	≤220	900	750	与 35SiMn 相同,但专供表面淬火之用
		≤100	229 ~ 286	800	520	
		>100 ~ 300	217 ~ 269	750	450	
40MnB	调质	25	≤207	1000	800	可代替 40Cr，用于小型的轴
		≤200	241 ~ 286	750	500	
35CrMo	调质	25	≤229	1000	850	用于重载的轴
		≤100	207 ~ 269	750	550	
		>100 ~ 300		700	500	
QT600-3	—	—	197 ~ 269	600	420	用于发动机的曲轴和凸轮等

（2）轴径的估算方法

一般在确定轴结构之前，轴的长度、支座反力、弯矩等均无法求得，因此只能用简单办法初步估算轴的直径。

① 按扭转强度估算。

仅考虑扭转（转矩）的作用，弯矩的影响用降低许用扭转切应力的数值予以考虑：

$$d \geqslant \sqrt[3]{\frac{9.55 \times 10^6}{0.2[\tau]}} \cdot \sqrt[3]{\frac{P}{n}} = C\sqrt[3]{\frac{P}{n}} \tag{6-49}$$

式中，P 为轴传递的功率（kW）；n 为轴的转速（r/min）；$[\tau]$ 为许用扭转切应力（MPa），如表 6-3-1-2 所示；C 为按承载情况和轴的材料确定的系数，其值如表 6-3-1-2 所示。

表 6-3-1-2　　　　　　　　常用轴材料的 $[\tau]$ 和 C 值

轴的材料	Q235，20	35	45	40Cr，35SiMn，42SiMn
$[\tau]$/MPa	12～20	20～30	30～40	40～52
C	160～135	135～118	118～107	107～98

按式（6-49）计算出的直径，当剖面上开设一个键槽时应加大 3%，开设两个键槽时应加大 7%，然后圆整并取标准值。该直径可作为轴结构设计时的基本直径或最小直径。

② 按经验公式估算。

轴径的确定还可用经验公式来估算。例如，在一般减速器中，高速输入轴的轴径可按与其相连的电动机轴的直径 d 来估算，经验公式为 $(0.8 \sim 1.2)d$，各级低速轴轴径可按同级齿轮的中心距 a 来估算，经验公式为 $d=(0.3 \sim 0.4)a$，估算后的轴径应圆整为标准值。

（3）进行轴的结构设计，绘制轴的结构草图，确定轴上各零件的周向和轴向的固定方法。确定各轴段的直径和长度。

（4）在初步完成结构设计之后，进行轴的弯扭复合强度校核或者疲劳强度校核；对刚度要求高的轴和受力大的轴，还应进行刚度计算；对高速轴应进行振动分析计算。

（5）绘制零件工作图。

二、轴承

轴承用来支承轴及轴上零件，保持轴的旋转精度，减少轴与支承之间的摩擦和磨损。按照工作时摩擦性质的不同，轴承分为滚动轴承和滑动轴承两大类。与滑动轴承相比，滚动轴承具有摩擦阻力小、启动灵敏、润滑方法简单和维修及更换方便等优点，因此在机械中，滚动轴承比滑动轴承应用更普遍。

1. 滚动轴承

（1）滚动轴承的结构与材料

如图 6-3-1-20 所示，滚动轴承一般由内圈、外圈、滚动体和保持架组成。其中，内圈的作用是与轴相配合并与轴一起旋转；外圈的作用是与轴承座相配合，起支承作用；滚动体借助保持架均匀地分布在内圈和外圈之间，其形状、大小和数量直接影响着滚动轴承的使用性能和使用寿命；保持架能使滚动体均匀分布，防止滚动体脱落，引导滚动体旋转。滚动体是形成滚动摩擦不可缺少的零件，它沿滚道滚动。滚动体有多种形式，以适应不同类型滚动轴承的结构要求。常见的滚动体形状如图 6-3-1-21 所示。

滚动轴承的内圈、外圈和滚动体均采用强度高、耐磨性好的铬锰高碳钢制造，常用材料有GCr15、GCr15SiMn 等。其经热处理后，硬度一般为 60～65 HRC，工作表面需经磨削、抛光处理。

保持架多用低碳钢板冲压而成，也可以采用铜合金、塑料及其他材料制造。

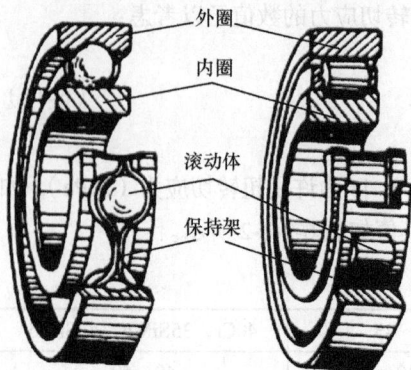

图 6-3-1-20　滚动轴承

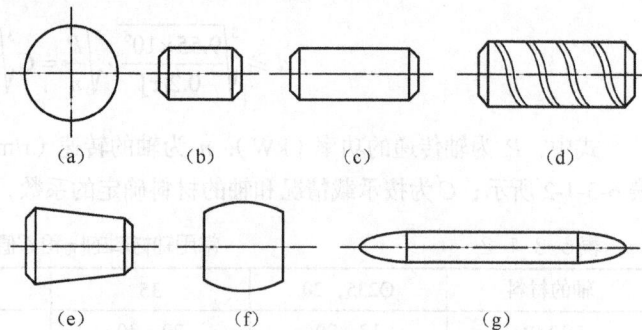

图 6-3-1-21　常见的滚动体形状

（2）滚动轴承的类型

在滚动轴承中，滚动体与外圈接触处的法线与垂直轴承轴心线的径向平面之间的夹角 α 称为接触角，如图 6-3-1-22 所示，它是滚动轴承的一个重要参数。按承载方向的不同，滚动轴承可分为向心轴承和推力轴承。

① 向心轴承。向心轴承主要承受或只承受径向载荷，其接触角 $0° < \alpha \leq 45°$。

② 推力轴承。推力轴承主要承受或只承受轴向载荷，其接触角 $45° < \alpha \leq 90°$。按滚动体形状的不同，滚动轴承可分为球轴承和滚子轴承，而滚子轴承又分为圆锥滚子轴承、圆柱滚子轴承等。按工作时能否调心，滚动轴承可分为刚性轴承和调心轴承。

（3）滚动轴承的代号

滚动轴承的类型和尺寸繁多，为了方便生产、设计和使用，对滚动轴承的类型、结构、精度和技术要求等采用代号的表示方法。滚动轴承的代号通常印在

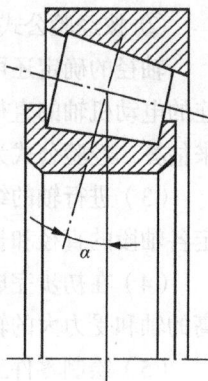

滚动轴承的结构、类型及代号

图 6-3-1-22　滚动轴承的接触角

该轴承的端面上，由数字和字母组成，表示其类型、结构和内径等。滚动轴承的代号由前置代号、基本代号和后置代号组成，其含义如表 6-3-1-3 所示。

表 6-3-1-3　　　　　　　　　　　　滚动轴承代号的含义

前置代号	基本代号					后置代号							
	1	2	3	4	5	1	2	3	4	5	6	7	8
成套轴承分部件	类型代号	宽（高）度系列代号	直径系列代号	内径代号		内部结构	密封与防尘套圈变型	保持架及其材料	轴承材料	公差等级	游隙	配置	其他

① 前置代号。前置代号表示成套轴承的分部件，用字母表示。L 表示可分离轴承的可分离内圈或外圈，如 LN207；K 表示轴承的滚动体与保持架组件，如 K81107；R 表示不带可分离内圈或外圈的轴承，如 RNU207；NU 表示内圈无挡边的圆柱滚子轴承；WS、GS 分别表示推力圆柱滚子轴承的轴圈和座圈，如 WS81107、GS81107。

② 基本代号。基本代号由类型代号、尺寸系列代号、内径代号组成，是轴承代号的基础。具体含义如下。

● 类型代号。类型代号用数字或字母表示。用字母表示时，类型代号与右边的数字之间空半个汉字宽度。轴承的类型代号如表 6-3-1-4 所示。

表 6-3-1-4　　　　　　　　　　　　轴承的类型代号

代号	轴承类型	代号	轴承类型
0	双列角接触球轴承	6	深沟球轴承
1	调心球轴承	7	角接触球轴承
2	调心滚子轴承	8	推力圆柱滚子轴承
3	圆锥滚子轴承	N	圆柱滚子轴承
4	双列深沟球轴承	NN	双列或多列圆柱滚子轴承
5	推力球轴承	NA	滚针轴承

● 尺寸系列代号。尺寸系列代号包括宽（高）度系列代号和直径系列代号。宽（高）度系列代号表示轴承的内径、外径相同，宽（高）度不同的系列，常用代号有 0（窄）、1（正常）、2（宽）、3、4、5、6（特宽）等。直径系列代号表示同一内径不同的外径系列，常用代号有 0、1（特轻）、2（轻）、3（中）、4（重）等。

● 内径代号。当内径 d=10mm、12mm、15mm、17mm 时，用代号 00、01、02、03 表示；当内径 d=20～480mm，且为 5 的倍数时，代号为 $d/5$；当 d<10mm 或 d≥500mm，且 d=22mm、28mm、32mm 时，代号用内径尺寸表示。

③ 后置代号。后置代号反映轴承的内部结构、公差等级、游隙及轴承材料等，共有 8 组代号。

（4）滚动轴承类型的选择

滚动轴承类型的选择需要综合考虑载荷、工作转速、回转精度、轴的刚度等因素，结合各类型轴承的特性进行。具体选用时可参考表 6-3-1-5 所示的滚动轴承的基本类型及特点。

表 6-3-1-5　　　　　　　　　　　滚动轴承的基本类型及特点

类型及代号	结构简图	承载方向	主要性能及应用
调心球轴承（1）			外圈的内表面是球面，内、外圈轴线间允许角偏移为 2"～3"，极限转速低于深沟球轴承。可承受径向载荷及较小的双向轴向载荷。用于轴变形较大及不能精确对中的支承处
调心滚子轴承（2）			轴承外圈滚道是球面，主要承受径向载荷及一定的双向轴向载荷，但不能承受纯轴向载荷，允许角偏移为 0.5"～2"。常用在长轴或受载荷作用后轴有较大变形及多支点的轴上
圆锥滚子轴承（3）			可同时承受较大的径向及轴向载荷，承载能力大于"7"类轴承。外圆可分离，拆装方便，成对使用
推力球轴承（4）			只能承受轴向载荷，而且载荷作用线必须与轴线相重合，不允许有角偏移，极限转速低

续表

类型及代号	结构简图	承载方向	主要性能及应用
双向推力球轴承（5）		↕	能承受双向轴向载荷，中间圈为紧圈，其他性能与推力球轴承相同
深沟球轴承（6）		↕ ↔	可承受径向载荷及一定的双向轴向载荷。内、外圈轴线间允许角偏移为 8'~16'
角接触球轴承（7） 7000C型（α=15°）7000AC型（α=25°）7000B型（α=40°）		↕ →	可同时承受径向及轴向载荷。承受轴向载荷的能力由接触角的大小决定，接触角越大，承受轴向载荷的能力越强。由于存在接触角，承受纯径向载荷时，会产生内部轴向力，使内、外圈有分离的趋势，因此这类轴承要成对使用，极限转速较高
推力圆柱滚子轴承（8）		↑	能承受较大的单向轴向载荷，极限转速低
圆柱滚子轴承（N）		↕	能承受较大的径向载荷，不能承受轴向载荷，极限转速较高。但允许的角偏移较小，为 2'~4'，设计时要求轴的刚度大，对中性好
滚针轴承（NA）		↕	不能承受轴向载荷，不允许有角偏移，极限转速较低。结构紧凑，在内径相同的条件下，与其他轴承相比，其外径最小。适用于径向尺寸受限制的部件中

轴承的选用要求如下。

① 要求工作转速和旋转精度高，且主要承受径向载荷时，应优先选用深沟球轴承。

② 径向载荷大，但无轴向载荷，工作转速又不高时，适宜选用圆柱滚子轴承。若载荷有冲击或振动，滚子轴承优先于球轴承。

③ 承受径向载荷，同时又承受较大的轴向载荷时，推荐选用角接触球（或圆锥滚子）轴承。若轴向力远大于径向力，可以选用推力球轴承（承受轴向力）和深沟球轴承（承受径向力）的组合结构。角接触球（或圆锥滚子）轴承应成对使用，对称安装。

④ 轴的对中性较差，或有较大的角偏移时，则应选用调心球（或滚子）轴承。在同一轴上，这种轴承不能与其他轴承混合使用，以免失去调心作用。

⑤ 仅有轴向载荷作用时，一般应选推力球轴承。因推力球轴承极限转速低，若工作转速较高，可以考虑用角接触球轴承来承受轴向力，而不用推力球轴承。

⑥ 要考虑经济性。在满足使用要求的情况下，尽量选用价格低廉的轴承，以降低成本。一般普通结构的轴承比特殊结构的轴承便宜，球轴承比滚子轴承便宜，精度低的轴承比精度高的轴承便宜。

（5）滚动轴承的组合设计

正确选用轴承的类型和型号之后，为了保证轴与轴上零件的正常运行，还应解决轴承组合的结构问题。其中包括轴承组合的轴向固定，轴承与相关零件的配合、间隙调整、拆装、润滑等一系列问题。

① 轴系上的轴向固定

正常的滚动轴承支承应使轴能正常传递载荷而不发生轴向窜动及轴受热膨胀后卡死等现象。常用的滚动轴承支承结构有以下 3 种。

● 两端单向固定。轴的两个轴承分别限制一个方向的轴向移动，这种固定方式称为两端单向固定。考虑到轴受热伸长，对于深沟球轴承，可在轴承盖与外圈端面之间留出间隙（$a=0.2 \sim 0.3$mm），间隙大小可用一组垫片来调整。这种支承结构简单，安装、调整方便，适用于工作温度变化不大的短轴，如图 6-3-1-23 所示。

● 一端双向固定，另一端游动。一端支承的轴承，内圈、外圈双向固定，另一端支承的轴承可以轴向游动。双向固定端的轴承可承受双向轴向载荷，游动端的轴承端面与轴承盖之间留有较大间隙，以适应轴的伸缩量。这种支承结构适用于轴的温度变化大和跨距较大的场合，如图 6-3-1-24 所示。

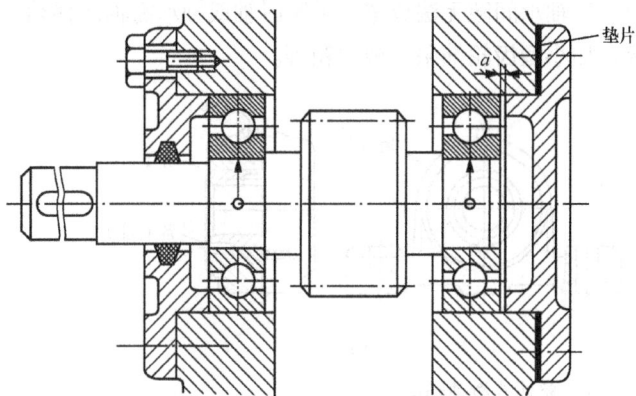

图 6-3-1-23　两端单向固定　　　　　　　　　图 6-3-1-24　一端双向固定，另一端游动

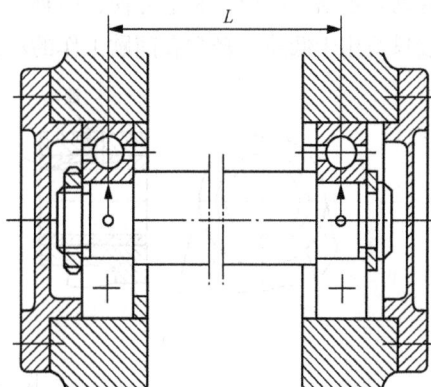

● 两端游动。两端游动支承结构的轴承都不对轴做精确的轴向定位。两轴承的内圈、外圈双向固定，以保证轴能双向游动。两端采用圆柱滚子轴承支承，适用于人字齿齿轮主动轴，如图 6-3-1-25 所示。

② 轴向位置的调整

为了保证机器能够正常工作，轴上某些零件通过调整位置来达到工作所要求的准确位置。例如，蜗杆传动中要求能调整蜗轮轴的轴向位置，以此来保证正确啮合。

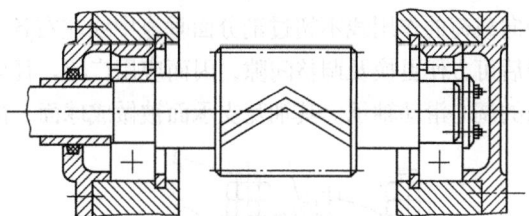

图 6-3-1-25　两端游动

③ 提高轴承系统的刚度和同轴度

与轴承配合的轴和轴承座孔应具有足够的刚度，同一根轴上的轴承座孔应保证同心。若不保证支承系统的刚度和同轴度，会使轴线有较大偏移，从而影响轴承的旋转精度，缩短轴承的使用寿命。

④ 配合与装拆

● 滚动轴承与轴和轴承座孔的配合。滚动轴承的套圈与轴和轴承座孔之间应选择适当的配合，以保证轴的旋转精度和轴承的周向固定。滚动轴承是标准零件，因此轴承内圈与轴颈的配合采用基孔制，轴承外圈与轴承座孔的配合采用基轴制。具体选用可参考机械手册。

● 滚动轴承的安装与拆卸。轴承的内圈与轴颈配合较紧，对于小尺寸的轴承，一般可用压力机直接将轴承的内圈压入轴颈。对于尺寸较大的轴承，可先将轴承放在温度为 80～100℃的热油中加热，使内孔胀大，然后用压力机将轴承装在轴颈上。拆卸轴承时应使用专用工具。为便于拆卸，设计时轴肩高度不能大于内圈高度。

2. 滑动轴承

轴承是支承轴的部件，根据轴承工作的摩擦性质，可分为滑动轴承和滚动轴承两大类。一般情况下，滚动摩擦阻力小于滑动摩擦阻力，因此滚动轴承的应用较广泛。但滑动轴承具有工作平稳、无噪声、耐冲击、回转精度高和承载能力强等优点，所以在汽轮机、精密机床和重型机械中被广泛应用。按受载荷方向不同，滑动轴承可分为径向滑动轴承和推力滑动轴承。

（1）径向滑动轴承

径向滑动轴承用于承受径向载荷，常用滑动轴承的结构形式及其尺寸已经标准化，应尽量选用标准形式。图6-3-1-26所示为整体式滑动轴承。根据需要，可在机架或箱体上直接制出轴承孔，再装上轴套成为无轴承座的整体式滑动轴承，如图6-3-1-26（a）和图6-3-1-26（b）所示。整体式滑动轴承结构简单，制造方便，但轴套磨损后轴承间隙无法调整，拆装时轴或轴承需轴向移动，故只适用于低速、轻载和间歇工作的场合，如小型齿轮油泵、减速箱等。

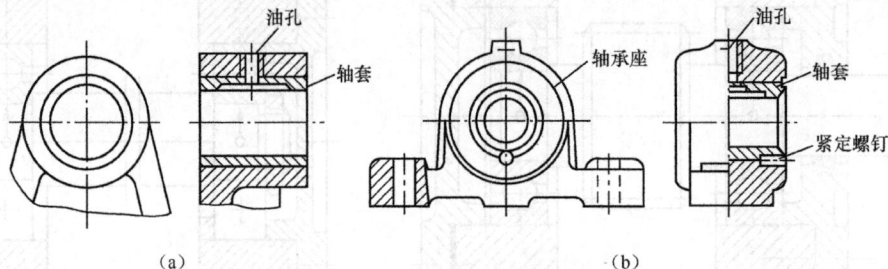

图 6-3-1-26　整体式滑动轴承

图6-3-1-27所示为剖分式滑动轴承，由上轴瓦1、螺栓2、轴承盖3、轴承座4、下轴瓦5等组成。为了提高安装的对心精度，在剖分面上设置有阶梯形止口。考虑到径向载荷方向的不同，剖分面可以制成图6-3-1-27（a）所示的水平式和图6-3-1-27（b）所示的斜开式。但使用时应保证径向载荷的作用线不超过剖分面垂直中线左右各35°的范围。剖分式滑动轴承拆装方便，轴瓦磨损后可方便更换及调整间隙，因而应用广泛。径向滑动轴承还有许多其他类型，如图6-3-1-28所示的调心滑动轴承。其轴瓦支承面被做成球面，能自动适应轴线的偏转和变形。

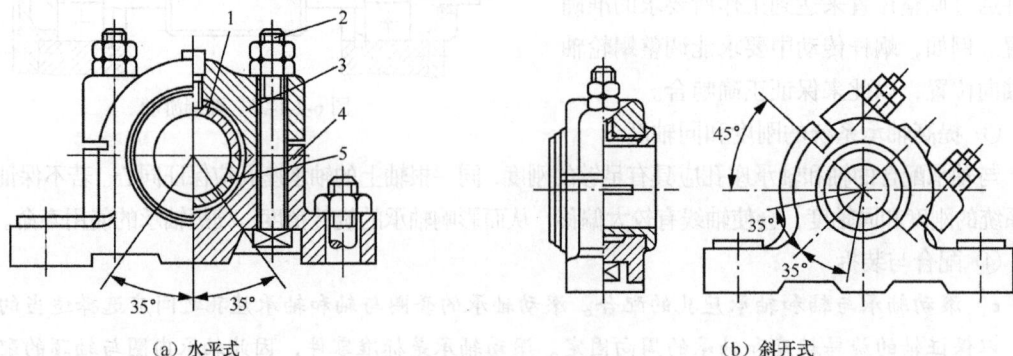

（a）水平式　　　　　　　　　　　　　（b）斜开式

1—上轴瓦；2—螺栓；3—轴承盖；4—轴承座；5—下轴瓦

图 6-3-1-27　剖分式滑动轴承

（2）推力滑动轴承

推力滑动轴承用来承受轴向载荷，如图 6-3-1-29 所示。按轴颈支承面的形式不同，分为实心推力轴颈、空心推力轴颈、环形推力轴颈 3 种。图 6-3-1-29（a）所示为实心推力轴颈，当轴旋转时，端面上不同半径处的线速度不相等，使端面中心部的磨损较小，边缘的磨损却较大，造成轴颈端面中心处应力集中。实际结构中多数采用空心推力轴颈，如图 6-3-1-29（b）所示，可使其端面上压力的分布得到明显改善，并且有利于储存润滑油。图 6-3-1-29（c）所示为单环形推力轴颈，图 6-3-1-29（d）所示为多环形推力轴颈，由于其支承面积大，故可承受较大载荷。

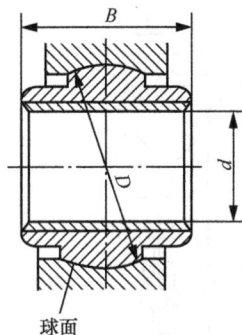

图 6-3-1-28　调心滑动轴承　　　　　　　　　图 6-3-1-29　推力滑动轴承

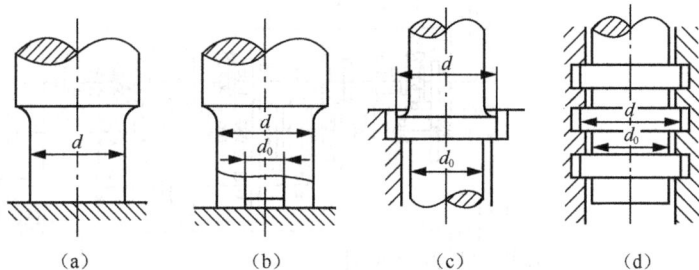

任务实施

完成本任务轴系传动零部件认知，具体实施过程见附带的《实训任务书》。

任务拓展

若某齿轮传动中，使用了基本代号为 6204 的轴承，则该代号表示轴承的各项技术参数是什么？

任务 6.3.2　车床主轴系统传动分析

车床是主要用车刀对旋转的工件进行车削加工的机床，列车的轮对、车轴的加工都会用到车床。如图 6-3-2-1 所示，主轴箱又称为床头箱，主要任务是将主电动机传来的旋转运动，经过一系列的变速机构，使主轴得到所需的正、反两种转向的不同转速，同时主轴箱分出部分动力将运动传给进给箱，是车床中的重要传动装置。

图 6-3-2-1　车床主轴箱

任务描述

某车间根据生产需求，需对其车床主轴传动系统进行维护和保养，如图 6-3-2-2 所示，试分析其传动路线。

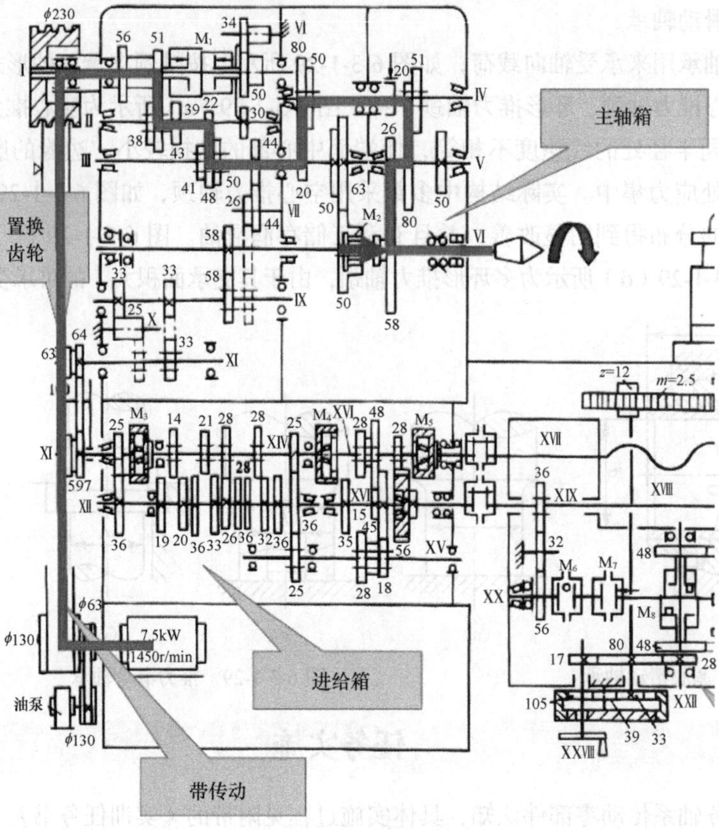

图 6-3-2-2　车床主轴传动系统

任务分析

　　主轴箱中的主轴是车床的关键零件，主轴在轴承上运转的平稳性直接影响工件的加工质量。为了完成本任务，必须对其中涉及的带传动、轮系传动和轴系零部件知识有一定了解。车床主轴系统是由车床中从电动机到主轴的一系列零件组成的传动系统，基本涵盖本模块所包含的各类传动装置。

知识链接

一、车床主轴系统的传动路线分析

　　分析传动路线的原则首先是确定两端件，即传动链的输入端和输出端，也即电动机和主轴，分析两端件的传动结构和传动联系。电动机输出运动经过带传动到达主轴箱，经过主轴箱内的轮系输出到主轴上，因工作过程中加工工件的尺寸和精度需求，要经常进行变速、换挡，因此需要利用各类联轴器和离合器。

车床主轴系统传动路线
分析

二、车床主轴系统中的轮系及其作用

　　在车床主轴系统中的齿轮有如下几类：①固定齿轮，即齿轮固定在轴上，与轴之间不仅有轴向固定，还有周向固定，与轴同速同向转动，如图 6-3-2-3（a）所示；②惰轮，只改变传动方

向而不影响传动比大小的齿轮,与轴之间只有轴向固定,无周向固定,转速和转向均与轴无关,如图 6-3-2-3(b)所示;③锥齿轮,主要用来传递两个垂直相交方向的运动,如图 6-3-2-3(d)所示的锥齿轮可以把轴的旋转运动从水平方向传递到垂直方向;④滑移齿轮,只与轴之间做周向固定,在轴上可以进行滑移以改变位置,使得系统实现不同的转速和转向,与轴之间仍然同速同向转动,如图 6-3-2-3(c)、图 6-3-2-3(e)、图 6-3-2-3(f)所示。

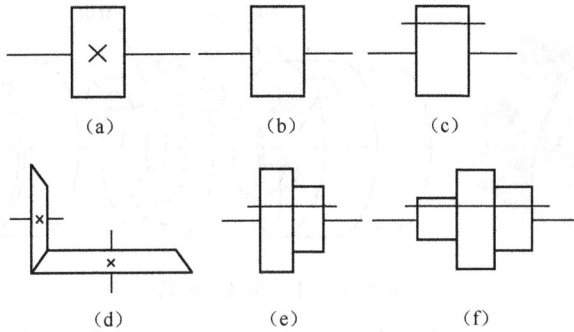

图 6-3-2-3 主轴箱中的齿轮类型

三、联轴器与离合器

联轴器与离合器是机械传动中的常用部件,主要用来将轴与轴连接在一起,使它们一同旋转并传递运动和转矩,有些场合也可将它们作为安全装置使用。

1. 联轴器的作用

由于制造、安装误差或受载变形以及温度变化等,会使联轴器所连接的两根轴不能严格对中,出现轴线相对位移和偏斜,这将使机器的工作情况恶化,因此要求联轴器应具有补偿轴线位移的能力。另外,在有冲击、振动的场合,还要求联轴器具有缓冲和吸振的能力。

2. 常用联轴器的结构、特点和应用

(1)固定式联轴器。固定式联轴器要求两轴严格对中,并在工作时不发生相对位移。常见的有套筒联轴器和凸缘联轴器。套筒联轴器用一个套筒,通过键或销等零件把两轴相连接,如图 6-3-2-4 所示。套筒联轴器结构简单、径向尺寸小,但传递转矩较小,不能缓冲、吸振,拆装时需做轴向移动,常用于机床传动系统中。凸缘联轴器是一种应用广泛的刚性联轴器,如图 6-3-2-5 所示。它由两个半联轴器通过键及连接螺栓组成。凸缘联轴器结构简单、对中精度高、传递转矩较大,但不能缓冲和吸振。其一般用于转矩较大、载荷平稳、两轴对中性好的场合。

图 6-3-2-4 套筒联轴器

图 6-3-2-5 凸缘联轴器

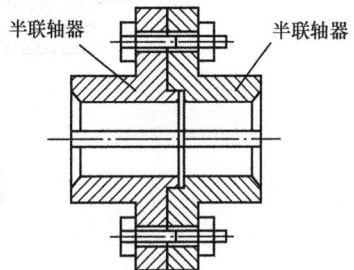

（2）刚性可移式联轴器。刚性可移式联轴器的类型较多，如十字滑块联轴器、齿式联轴器等，这里仅介绍十字滑块联轴器的工作原理。十字滑块联轴器由两个端面开槽的半联轴器和中间两面都有凸榫的圆盘组成。其中，中间十字滑块两端面上的凸榫相互垂直，可以分别嵌入半联轴器相应的凹槽，如图 6-3-2-6 所示。凸榫可在半联轴器的凹槽中滑动，利用其相对滑动来补偿两轴之间的位移。

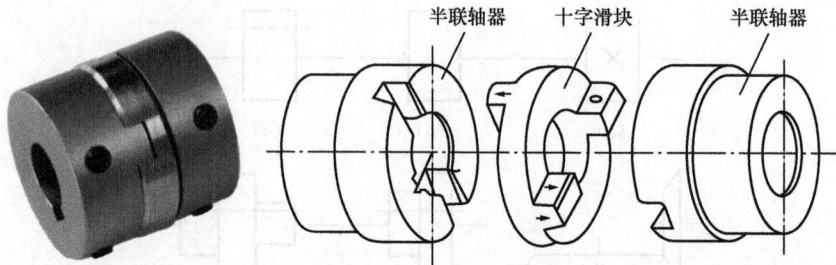

图 6-3-2-6　十字滑块联轴器

为避免过快磨损及产生过大的离心力，轴的转速不可过高。十字滑块联轴器主要用于没有剧烈冲击载荷，又允许两轴线有一定径向位移的低速轴连接。

3．离合器

根据工作原理不同，离合器可分为牙嵌式和摩擦式两类，它们分别用牙（齿）的啮合和工作表面的摩擦力来传递转矩。

按照操纵方式不同，离合器又可分为机械操纵式、电磁操纵式、液压操纵式和气动操纵式等各种形式，统称为操纵式离合器，能够自动进行接合和分离，不用人来操纵的称为自动离合器。下面只介绍牙嵌式离合器和摩擦式离合器。

（1）牙嵌式离合器。牙嵌式离合器是一种啮合式离合器，如图 6-3-2-7 所示，它主要由端面带牙的两个半离合器 1、2 组成，通过啮合的齿来传递转矩。其中，半离合器 1 安装在主动轴上，半离合器 2 则利用导向平键安装在从动轴上，沿轴线移动。滑环 4 可移动半离合器 2，使两个半离合器接合或分离。为便于两轴对中，设有对中环 3。

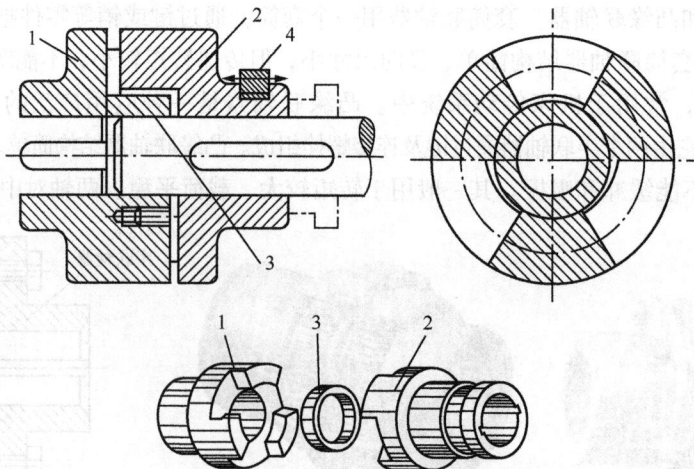

1、2—半离合器；3—对中环；4—滑环

图 6-3-2-7　牙嵌式离合器

　　牙嵌式离合器结构简单，尺寸小，工作时无滑动，并且能传递较大的转矩，故应用较广。其缺点是运转中接合时有冲击或噪声，必须在两轴转速差较小或停车时进行接合或分离。

　　（2）摩擦式离合器。依靠主、从动半离合器接触表面间的摩擦力来传递转矩的离合器统称为摩擦式离合器。摩擦式离合器可分为单盘片、多盘片和圆盘 3 类，其中圆盘摩擦式离合器应用最广。图 6-3-2-8 所示为单盘片摩擦式离合器，在主动飞轮和从动轴上分别安装了摩擦盘，通过踏板带动压板控制摩擦盘的接触，从而产生摩擦力，将主动轴的转矩和运动传递给从动轴。

　　联轴器和离合器都可以用来实现两轴间的传动，二者的区别是：用联轴器连接的两轴只有当机器停车后拆开联轴器，才能使两轴分离；而用离合器连接的两轴则可在机器运转过程中随时使两轴分离和接合，满足机器空载启动，启动后又能随时接通、中断的要求，完成传动系统的换向、变速、调整、停止等工作。

　　在图 6-3-2-9 所示的卷扬机中，电动机的轴和减速器的输入轴是通过联轴器相连接的，减速器的输出轴是通过离合器与卷筒的轴相连接的。电动机通过传动系统驱动卷筒回转，若不安装离合器，要想使卷筒停止转动，则必须关闭电动机。

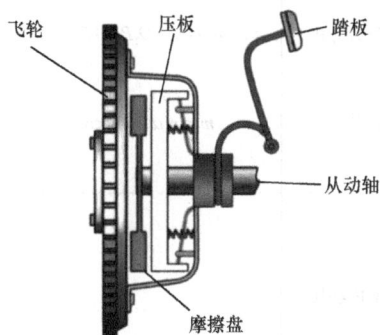

图 6-3-2-8　单盘片摩擦式离合器

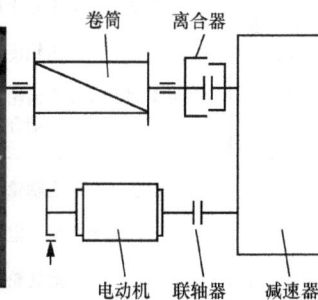

图 6-3-2-9　联轴器和离合器在卷扬机中的应用

任务实施

完成本任务车床主轴系统传动分析，具体实施过程见附带的《实训任务书》。

任务拓展

根据图 6-3-2-2 所示车床主轴传动系统，分析其主轴共具有多少级转速。

模块小结

　　机器的主要功能是进行能量转换或者传递运动，因此机器的核心是其传动装置，在设计一台机器时，首要的就是进行传动装置的设计。常用传动装置可以实现的传动方式如表 6-3-2-1 所示，每种各有其特点，如带传动的传动比不精确，但是可以过载保护、进行缓冲；齿轮传动平顺、精确，但是传动比范围不大；轮系传动的传动比范围较大，但是制造难度高。在具体的选用过程中，要充分考虑每种传动装置的特点，物尽其用。

表6-3-2-1　　　　　　　常用传动装置可以实现的传动方式

运动类型	带传动	齿轮传动	轮系传动
旋转-直线运动	√		
变速回转运动		√	√

本模块知识技能点梳理

任务	基本知识	拓展知识	主要公式
带传动认知 ⇩	带的类型 摩擦型带传动、啮合型带传动 普通V带的参数 V带基准长度、V带的截面尺寸 V带传动的特性 弹性滑动、传动化	摩擦型带传动的分类 V带轮的结构 带传动承载能力分析、链传动	$F_{\max}=2F_{o}\dfrac{e^{f\alpha}-1}{e^{f\alpha}+1}$ $i=\dfrac{n_1}{n_2}\approx\dfrac{d_{d2}}{d_{d1}}$
齿轮传动认知 ⇩	齿轮类型、渐开线直齿圆柱齿轮参数 齿轮分类、渐开线直齿圆柱齿轮参数 齿轮传动特性 一对齿轮的传动比、齿轮传动的重合度、齿轮传动啮合条件	齿轮传动的受力分析 齿轮传动的设计	$i_{12}=\omega_1/\omega_2=O_2P/O_1P=r_{b2}/r_{b1}$ $m_1\cos\alpha_1=m_2\cos\alpha_2$
轮系传动认知 ⇩	定轴轮系传动 轮系分类、定轴轮系传动比 周转轮系传动 周转轮系分类、周转轮系传动比 混合轮系传动 混合轮系的组成	空间定轴轮系传动比 混合轮系传动比	
车床主轴系统分析	轴的类型与结构 滚动轴承和滑动轴承 联轴器、离合器的作用	车床主轴系统中齿轮的作用 分路传动的传动比计算	

思考与练习

一、填空题

1. 渐开线齿廓形状取决于＿＿＿＿直径大小。

2. V带传动中，限制V带的根数 $z\leqslant z_{\max}$ 是为了保证＿＿＿＿。

3. 一个基本周转轮系中，行星轮可有多个，太阳轮的数量不少于＿＿＿＿个，行星架只能有＿＿＿＿个。

4. 滚动轴承的接触角是轴承的重要参数，按照承载方向分类，接触角为 30° 的滚动轴承属于_____轴承。

二、选择题

1. 一对齿轮要正确啮合，它们的（   ）必须相等。

A. 直径 　　　　　B. 宽度 　　　　　C. 模数 　　　　　D. 齿数

2. 齿条形刀具用展成法加工渐开线直齿圆柱齿轮，当（   ）时，将发生根切现象。

A. $z=17$ 　　　　　B. $z<17$ 　　　　　C. $z>17$ 　　　　　D. $z=14$

3. 带传动正常工作时不能保证准确的传动比是因为（   ）。

A. 带的材料不符合胡克定律 　　　　　B. 带容易变形

C. 带在带轮上打滑 　　　　　D. 带的弹性滑动

4. 带传动采用张紧装置的目的是（   ）。

A. 减少带的弹性滑动 　　　　　B. 延长带的使用寿命

C. 改变带的运动方向 　　　　　D. 调节带的初拉力

三、分析与计算题

1. 现有正常齿制的标准直齿圆柱齿轮，齿数 $z_1=20$，模数 $m=2mm$。若将该齿轮用作某传动的主动轮 1，现需配一从动轮 2，要求传动比 $i=3.5$，试计算从动轮 2 的几何尺寸及两轮的中心距。

2. 为什么普通车床的第一级传动采用带传动，而主轴与丝杠之间的传动链中不能采用带传动？

3. 已知 V 带传动所传递的实际功率 $P=7kW$，带速 $v=10m/s$，紧边拉力是松边拉力的 2 倍，试求有效圆周力 F_e 和紧边拉力 F_1 的大小。

模块 **7**

机械创新设计

模块导入

创新就是根据一定的目的，利用现有资源，运用新的知识或方法，创造出新颖的、有价值的、前所未有的事物，或者在已有事物的基础上，提出新的见解，做出某些改进。轨道交通业本身就是技术含量要求较高的产业，具有自主创新的能力是对该行业从业人员的重要要求，同时随着国家对"双创"教育的重视，职业院校的学生也会面临参加"双创"实践活动的现实要求。因此，学生只有掌握创新设计的方法和工具，才能够在当前的各类大赛以及未来的工作岗位中交出满意的答卷。

知识目标

了解机械创新设计的方法；了解常用的 CAD、CAM、CAE 工具；了解创新设计的典型案例。

能力目标

掌握 TRIZ 创新设计方法；掌握常用的 CAD 设计分析软件；掌握在给定使用功能的前提下，综合运用机械创新设计技法完成设计并撰写技术报告的方法。

素质目标

了解创新方法和常用设计工具，增强科技报国、创新为民的意识，学会系统思维的科学方法。

任务 7.1.1　机械创新设计方法

在各种产品的创新设计中，经常会涉及产品的机械部分。机械装置的工作功能通常通过各类传动装置和机构得以实现，这已在之前的模块中学习。

在设计过程中若能采用创新的方法，往往能打破常规，使得设计简洁、效率提高。例如，传统的车床主轴采用轮系传动来获得不同转速，而数控车床直接采用伺服电动机来直接控制主轴转速，这种设计大大简化了机床主轴系统的结构。

任务描述

现代城市中高楼林立，建筑物外窗玻璃等需要进行清洗。目前这种清洁工作需要工作人员在户外进行，如图 7-1-1-1 所示，这是一项高风险、高成本的工作，只有经过特殊训练和认证的"蜘蛛人"才能进行，试针对此问题结合本书所学知识提出你的创新设计。

图 7-1-1-1　建筑物外窗玻璃清洁

任务分析

尽管机器种类繁多，用途、结构和性能各不相同，但对其的基本设计要求大致相同，具体如下。

（1）使用功能要求。为了满足生产和生活上的需求，人们设计和制造出各类机器，因此，要求机器必须具有预定的使用功能。这主要依靠正确理解机器的工作原理，正确设计或选用原动机、传动机构和执行机构，以及合理配置辅助系统来得以保证。

（2）可靠性要求。可靠性要求是指在规定的使用时间（寿命）内和预定的环境条件下，机器能够正常工作的概率。

（3）制造工艺和经济性要求。在满足使用要求的前提下，还要使机器结构简单、加工容易、便于维护，即具有良好的加工工艺性和装配工艺性。

（4）通用性要求。即满足标准化、通用化、系统化的要求。

（5）其他特殊要求，如质量、便携性等要求。为了完成机器设计，我们需要了解机械设计的一般方法，尤其是创新设计方法。

知识链接

一、机械设计的方法

机械设计的方法可分为传统设计方法和创新设计方法。

1. 传统设计方法

传统设计方法有以下 3 种。

（1）理论设计

根据长期研究与实践总结出来的传统设计理论和实验数据所进行的设计称为理论设计。理论设计的计算过程又分为设计计算和校核计算。前者是指按照已知的载荷情况及零件的材料特性等，运用一定的理论公式设计零件尺寸和形状的计算过程，如齿轮强度的设计计算；后者是指先根据类比法、实验法及其他方法等初步定出零件的尺寸和形状，然后用理论公式进行精确校核的计算过程，如转轴强度的校核计算。由于理论设计可得到比较精确且可靠的结果，因此重要的零部件通常采用这种设计方法。

（2）经验设计

根据经验公式或设计者本人的经验，用类比法所进行的设计称为经验设计。对于一些次要零件，如受力不大的螺钉、螺栓等，或者对于一些理论上不够成熟，虽有理论但没有必要用复杂、高级的理论设计的零部件，如机架、箱体等，通常采用经验设计方法。

（3）模型实验设计

把初步设计的零部件或机器制成小模型或小尺寸样机，经过实验手段对其各方面的特性进行检验，再根据实验结果对原设计进行逐步修改，从而获得尽可能完善的设计结果，这样的设计称为模型实验设计。一些尺寸巨大、结构复杂又十分重要的零部件，如飞机的机身、新型舰船的船体等需采用这种设计方法。

2. 创新设计方法

创新设计方法是伴随着现代科学技术的发展、社会的进步、生产力的高速增长而产生的，在设计中吸收了当代各种先进的科学方法，逐渐形成了一个具有多元性的新兴交叉科学体系。与传统设计方法相比，它具有创造性、探究性、优化性、综合性等特点。它的形成使机械设计领域发生了突破性变革。目前创新设计方法较多，下面以较常用的 TRIZ 方法为例简要介绍。

（1）TRIZ 创新设计方法概述

TRIZ 是应用系统的观点进行机械产品设计的一种方法。一般传统设计只注重机械内部系统设计，且以改善零部件的特性为重点，对于各零部件之间、内部与外部系统之间的相互作用和影响考虑较少。TRIZ 理论的核心是技术系统进化理论，即将技术视为生物系统，认为其一直处于进化之中。技术之所以会不断进步，是因为矛盾不断被解决，技术进化的过程就是不断解决矛盾的过程，解决技术矛盾和冲突是进化的推动力，如数字化信息存储设备的更新、改造过程，如图 7-1-1-2 所示。TRIZ 理论认为，任何领域的技术产品都与生物系统一样，存在着产生、生长、成熟、衰老和灭亡的规律。如果掌握这些规律，人们就可以能动地进行产品的创新设计、开发并预测产品未来的发展趋势。

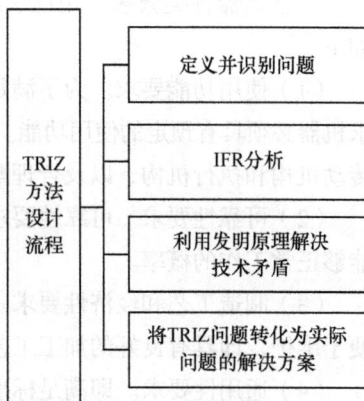

图 7-1-1-2　TRIZ 方法设计流程

（2）TRIZ 创新设计的流程

① 定义并识别问题。

首先根据工程实际问题，按照以下步骤转化为 TRIZ 中的标准问题。

a. 确定问题的目标。明确工程问题的目标是什么、希望达到什么样的结果。

b. 描述问题的现状。详细描述问题的现状，包括问题的性质、影响和限制等。

c. 分析问题的矛盾。通过分析问题，找出其中的矛盾点。矛盾是问题的核心，解决矛盾可以带来创新的解决方案。

② IFR 分析。

基于前述的 TRIZ 理论，本设计首先要进行 IFR（Ideal Final Result，理想解）分析。产品功能需要通过技术系统才能得以实现，同一种功能存在着多种实现的形式。在 TRIZ 理论中一般以式（7-1）表示系统的理想度。

$$I = \frac{\sum\limits_{i=1}^{\infty} U_i}{\left(\sum\limits_{j=1}^{\infty} C_j + \sum\limits_{k=1}^{\infty} H_k \right)} \qquad （7\text{-}1）$$

式中，I 为理想度；U 为技术系统的有用功能；C 为成本；H 为有害功能。

③ 利用发明原理解决技术矛盾。

创新的核心问题就是解决矛盾，技术矛盾是指技术系统改变一种参数时会同时导致有用及有害两个结果，TRIZ 理论把这种由一种参数的改变引起其他参数的恶化称为技术矛盾。例如，坦克的装甲厚度增加可以增加坦克的安全性，使其能够轻易突破敌方的阵地，但是坦克全重的增加会使其速度、机动性、耗油量等方面出现一系列问题，坦克的装甲厚度与坦克的行驶速度这两个参数就是一对技术矛盾。TRIZ 理论对技术矛盾给出了 48 个通用工程参数来描述，部分参数如表 7-1-1-1 所示。

表 7-1-1-1　　　　　　　　　　TRIZ 理论中的部分通用工程参数

编号	参数	定义
1	运动物体的质量	重力场中运动物体受到的力
2	静止物体的质量	重力场中静止物体受到的力
3	速度	物体的速度
12	形状	物体的轮廓或外观变化
32	可制造性	物体建构过程中的难易程度
38	自动化程度	系统无人操作时执行功能的能力

针对不同的技术矛盾，TRIZ 理论提出了 40 个常见发明原理使其得以解决，部分常用发明原理如表 7-1-1-2 所示。

表 7-1-1-2　　　　　　　　　　TRIZ 理论中的部分常用发明原理

编号	名称	定义
1	分离原理	将物体分割为可拆卸的部分或互相独立的部分
2	抽取原理	从物体中抽出负面属性或部分必要的属性
15	动态化原理	将物体分成彼此运动的部分，调整物体或外部环境的特性
18	机械振动原理	利用振动或振荡使物体产生规则和周期性变化
35	物理或化学参数改变原理	改变系统的物理或化学状态

消除矛盾的重要途径就是使用 40 个发明原理，但是哪种矛盾应用哪种原理？哪个原理是最有效的？TRIZ 理论总结出了技术矛盾矩阵，是指根据矛盾的编号，查阅解决此类矛盾的发明原理，并以矩阵形式列出。例如，1 号分离原理，战斗机为了增加航程，需要增大油箱体积，但是油箱体积过大会增加飞机的自重，同时影响其隐身性，利用分离原理，采用副油箱的设计，使战斗机在飞行中可以丢弃副油箱，从而使问题得到解决。

④ 将 TRIZ 问题转化为实际问题的解决方案。

根据实际需求，结合各类机构的特点，选用合适的机构完成设计，具体设计包括初步设计、试验、分析验证、加工生产等若干阶段。但随着科技的发展和效率的提高，人们越来越多地使用计算机作为辅助手段促进各阶段工作的开展，如计算机辅助设计（Computer Aided Design，CAD）、计算机辅助工程（Computer Aided Engineering，CAE）、计算机辅助制造（Computer Aided Manufacturing，CAM）、计算机辅助工艺过程设计（Computer Aided Process Planning，CAPP）等，如图 7-1-1-3 所示。受过一定训练的工程技术人员或学习者可以在不一定精通相关专业领域知识的基础上快速、高效地完成产品的设计和制造。例如，在产品设计过程中，借助 CAE 软件，技术人员可以利用内置的各类工具，对产品的结构、强度、刚度、屈曲稳定性快速完成近似的数值分析。因此，要完成机械产品的创新设计，技术人员必须掌握常见的 CAD、CAE 等辅助工具。

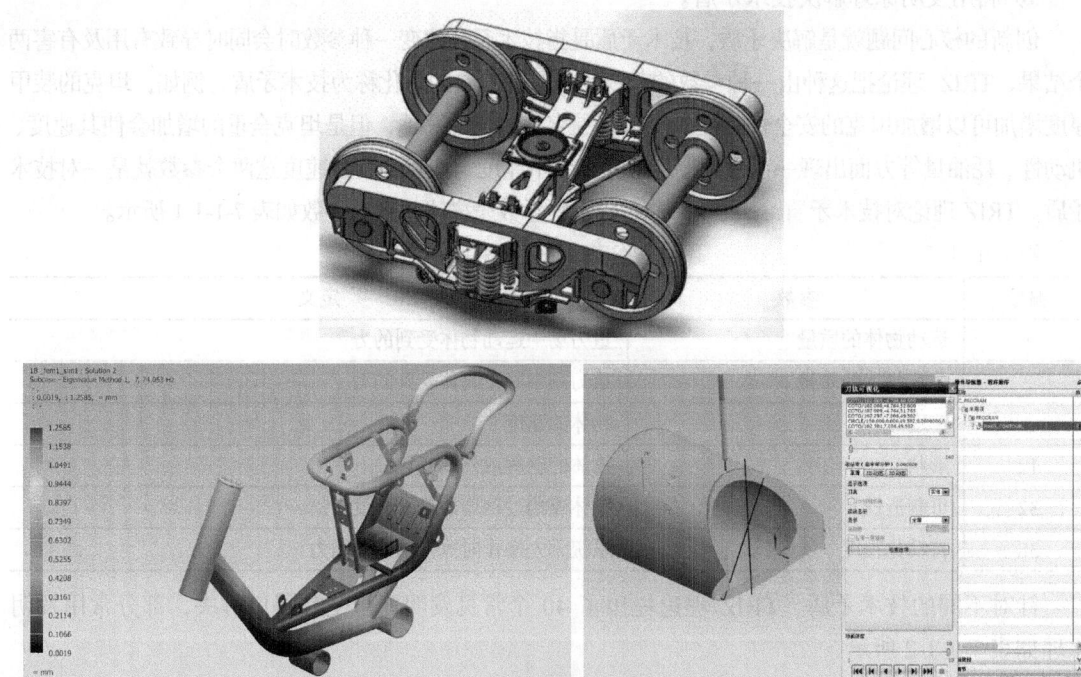

图 7-1-1-3　使用计算机作为辅助手段

二、机械设计的工具

1. CAD

CAD 是指工程技术人员以计算机为工具，运用自身的知识和经验，对产品或工程进行方案构思、总体设计、工程分析、图形编辑和技术文档整理等设计活动的总称。CAD 是一种新的设计方法，它采用计算机系统辅助设计人员完成设计的全过程，将计算机的海量数据存储和高速数据处理能力与人的创造性思维和综合分析能力有机地结合起来，充分发挥各自所长，使设计人员摆脱繁重的计算和绘图工作，从而达到最佳设计效果。CAD 对加速工程和产品的开发、缩短设计制造周期、提高质量、降低成本、增强企业创新能力等发挥着重要作用。CAD 系统应具有几何建模、工程分析、模拟仿真、工程绘图等主要功能。CAD 作业是在设计人员进行产品概念设计的基础上建模分析，完成产品几何模型的建立，然后抽取模型中的有关数据进行工程分析、计算和修改，最后编辑全部设计文档，输出工程图的过程。从 CAD 作业过程可以看出，CAD技术也是一项产品建模技术，它是将产品的物理模型转化为产品的数据模型，并把建立的数据模型存储在计算机内，供后续的计算机系统辅助技术所共享，驱动产品生命周期的全过程。目前主流的 CAD 软件，国外的主要有美国 Autodesk 公司的 AutoCAD 系列、美国 Unigraphics 公司的 UG 系列、美国参数公司的 Pro/ENGINEER、法国达索公司的 CATIA 等，国内的主要有CAXA、中望 CAD 等。

2. CAM

广义的 CAM 是指利用计算机辅助完成从生产准备工作到产品制造过程中的直接和间接的各种活动，主要包括工艺准备、生产作业计划、物流过程的运行控制、生产控制、质量控制等方面。其中工艺准备包括计算机辅助工艺过程设计、计算机辅助工装设计与制造、NC 编程、计算机辅助工时定额和材料定额的编制等内容；物流过程的运行控制包括物料的加工、装配、检验、输送、储存等生产活动。而狭义的 CAM 通常是指数控程序的编制，包括刀具路线的规划、刀位文件的生成、刀具轨迹仿真以及后置处理和 NC 代码生成等。

CAD/CAM 技术应用的实践证明：先进的技术可以转化为现实的生产力，应用 CAD/CAM 技术是制造企业的迫切需求，未来的制造是基于集成化和智能化的敏捷制造和"全球化""网络化"制造，未来的产品是基于信息和知识的产品。CAD/CAM 技术是当前科技领域的前沿课题，它的发展和应用使传统的产品设计方法与生产模式发生了深刻变化，从而带动制造业技术的快速发展，已经产生且必将继续产生巨大的社会效益和经济效益。

单纯从工作环境来看，CAD 和 CAM 有很多共同之处。它们都是以二维（2D）或三维（3D）图形（图纸）来进行工作的，并且都提高了生产效率，CAD 提高了设计效率，CAM 提高了加工效率。其中很重要的一点是 CAD 和 CAM 之间可以进行无纸化操作，所有数据通过 U 盘或数据线就可以进行传输。此外，并不是所有设计都要使用专业的 CAD 来实现的，许多 CAM 设备内置了 CAD 软件，如 Mastercam。同时很多专业 CAD 软件也集成了 CAM 功能，如 UG NX、SOLIDWORKS、CATIA 等。因此，想从事机械产品创新设计或准备参加包括机械创新设计大赛在内的各类比赛的学生，需要掌握至少一种常用的 CAD 软件使用方法。

任务实施

完成本任务机械创新设计方法，具体实施过程见附带的《实训任务书》。

任务拓展

通常完成产品的初步设计后，要根据用户需求进行继续优化，根据前述的 IFR 分析，分析你提出的方案的理想度。

任务 7.1.2　机械创新设计实践

任务描述

现有一组学生准备以智慧景观为主题参加中国大学生"互联网+"大赛，其基本构想为设计出一种智能花卉，当人靠近时，花瓣自动张开；当人远离时，花瓣自动闭合。结合前述的创新方法和设计工具完成此设计。

任务分析

在机械创新设计的过程中，设计者并不是根据给定的任务书直接构思出产品的全部结构和细节的，而是按照前述的理论，首先选择功能结构，确定机构组合，然后根据具体条件进行结构和细节设计，最终确定完整的产品机械结构。为了完成此次参赛作品，需要综合应用上述机械创新设计的理念、方法和工具等。

知识链接

当前国内城市景观建设主要存在以下问题：一是缺乏城市自身特点，盲目模仿其他城市的景观，城市景观相互雷同，千城一面；二是景观功能单一，鲜花景观、仿真花景观和灯光景观都有各自的优缺点，无法实现景观整体效应；三是无法实现人、物互动，民众参观传统人文景观，不能发挥主观能动性，很难融入主题当中。本设计的目的在于为静态景观赋予"生机"，在造型、灯光、运动、交互性 4 个方向上展现科技和艺术相结合之美。

花卉创新设计

一、创新设计的主要理念

1. 结构创新

结合市场上现有的产品和技术，本组学生经过头脑风暴，初选方案为通过 3D 打印花瓣或 3D 打印花瓣骨架两种方法来设计花朵的造型机构，在此基础上增加检测装置、机械运动装置、照明装置、辅助装置等实现前述基本功能。具体的工作原理为利用超声波传感器检测一定范围内是否有人或车辆经过，将检测信号输出到单片机控制核心，根据程序算法输出控制指令，控制灯光模块产生颜色、明暗变化，同时控制运动机构中的伺服电动机驱动整个机械结构产生运动，控制花瓣的开合，向游客输出景观的色彩、运动姿态变化，使游客获得参与式、交互式的观景体验。

按照前述的创新设计理论，在不考虑时间、成本、技术难度等实际情况下，为了实现人景的实时交互，本设计的理想解为"花"不会凋零，并且能够跟随人的行动随时开放、闭合。显然理想解不可能实现，因此考虑以各种方式逼近此理想解。产品创新的过程就是设计的不断迭代，理想化的水平不断从低级向高级演化，逐渐逼近理想解的过程。一个设计的理想解至少需要包含以下 4 个基本点。

（1）保持原系统的优点。

（2）消除原系统的不足。

（3）没有使原系统产生有害功能。

（4）没有附加新的不足。

确定理想解后，即可分析设计的技术矛盾。依据前述的 TRIZ 理论列出本设计的技术矛盾，具体如下。

机械创新设计创新
原理应用

（1）如果要让普通仿真花具备开花功能，则会破坏其原有形状、结构。

（2）如果要采取 3D 打印的方式制作花瓣结构，则会增加制造成本和难度。

（3）如果要让花卉景观与游客产生交互，则需要对整个系统的运行进行自动化控制。据此列出本设计的矛盾矩阵如表 7-1-2-1 所示，表中恶化参数形状（12）可制造性（32）中的 12 和 32 表示的是 TRIZ 理论中的 48 个通用工程参数代码，其下方单元格中的 35、15、18、34 表示的是前述的 40 个常用发明原理的代码。

表 7-1-2-1　　　　　　　　　　　　本设计的矛盾矩阵

改善参数	恶化参数	
	形状（12）	可制造性（32）
速度（9）	35, 15 18, 34	35, 13 8, 1
自动化程度（38）	28, 10	1, 26, 13

为了能够让仿真花产生开花的运动，比较容易想到的有两种解决方案，如图 7-1-2-1 所示，一是直接 3D 打印花瓣，再设计运动机构对花瓣进行装配，如图 7-1-2-1（a）所示；二是采用已有的仿真花，设法设计运动机构，如图 7-1-2-1（b）所示。根据矛盾矩阵推荐的发明原理能够快速合理地选择技术方案，如由表 7-1-2-1 中查到的 1 号分离原理，可将仿真花分割为花瓣和内部的骨架结构，利用自身的花瓣机构保持其美观，利用 3D 打印技术制造其内部的骨架结构来实现运动。再选择 15 号动态化原理，将物体分割为两个主要部分——凸轮机构和连杆机构，通过机构的组合实现由转动到移动再到转动的转换。

（a）

（b）

图 7-1-2-1　两种不同方案

2. 具体实施

机构实际上就是机械系统，包含原动机、传动部分、执行部分、控制系统等单元。因此，本设计以理想解为目标，遵循系统的完备性法则进行创新设计，利用系统进化法则不断优化。产品工作原理如图 7-1-2-2 所示。

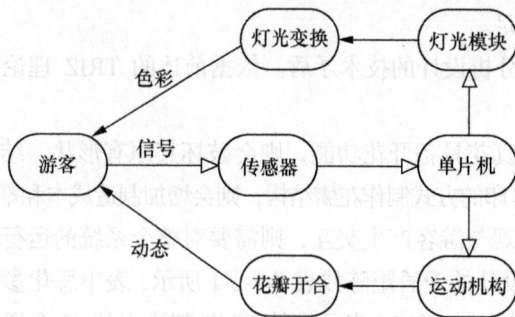

图 7-1-2-2　产品工作原理

首先要了解原动机运动形式的特点，其次通过执行部分要求输出的构件运动形式来选取可用的机构，最后进行机构的详细参数设计。常用原动机的运动形式及其性能与特点如表 7-1-2-2 所示，采用不同原动机实现各种执行运动的可选机构如表 7-1-2-3 所示。应用系统的完备性法则可以对机构的各部分进行协调设计。例如，花瓣的开合是间歇运动，如果在控制系统中采取措施来控制整个机构的间歇运动，则可以选择伺服电动机来实现。若需要在传动部分来实现这一功能，则应该选择能满足间歇运动的机构，如凸轮机构、棘轮机构等。本项目组的设计结构如图 7-1-2-3 所示，在造型结构的内部设计了照明装置，从而实现发光功能，下方设计了检测装置配合机械运动装置，实现"开花"的间歇运动。

表 7-1-2-2　　　　　　　　　　　常用原动机的运动形式及其性能与特点

序号	运动形式	原动机类型	性能与特点
1	连续运动	电动机、内燃机	结构简单、价格便宜、维修方便、单机容量大，机动性、灵活性好，但初始成本高
2	往复运动	直线电动机、活塞式液压缸或气缸	结构简单、维修方便、尺寸小、调速方便，但速度低、运转费用较高
3	往复运动	双向电动机、摆动活塞式液压缸或气缸	结构简单、维修方便、尺寸小、易调整，但速度低、运转费用较高

表 7-1-2-3　　　　　　　　　　采用不同原动机实现各种执行运动的可选机构

序号	原动机类型	执行构件运动形式	可采用的机构
1	电动机	连续转动	双曲柄机构、齿轮机构、转动导杆机构、万向联轴器等
2	电动机	往复摆动	曲柄摇杆机构、摆动导杆机构、摆动从动件凸轮机构、曲柄摇块机构等
3	电动机	往复摆动	曲柄滑块机构、直动从动件凸轮机构、齿轮齿条机构等
4	电动机	单向间歇转动	槽轮机构、曲柄摇杆机构与棘轮机构串联的组合机构、不完全齿轮机构等
5	摆动活塞式气缸	往复摆动	平行四边形机构、曲柄摇杆机构、双摇杆机构、双曲柄机构等
6	摆动活塞式气缸	单向间歇转动	棘轮机构、曲柄摇杆机构与槽轮机构的组合机构、曲柄摇杆机构与不完全齿轮机构的组合机构

机构设计应遵循提高理想度的法则，技术系统总是趋向理想化的方向，即简单、可靠、高效，

理想的机构是既不存在物质实体也不消耗任何资源，但是能够实现所有必要的功能。因此，应尽量使传动路线最短、尺寸适度、结构紧凑、容易制造，尽量减少构件数、运动副数。一般来说，低副构件结构简单、容易制造；高副构件可以减少运动副数，但是加工制造较难。在具体实施过程中应根据实际情况进行取舍。

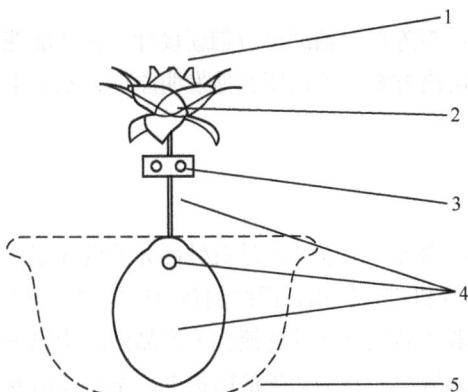

1—造型结构；2—照明装置；3—检测装置；4—机械运动装置；5—辅助装置

图 7-1-2-3　设计结构

二、创新设计的工具

在从设计到制造的过程中，最关键的环节是设计意图的表达。由于部分常用零部件（如螺栓、轴承等）都可以直接选用标准件，其余特殊部件要通过数控加工或 3D 打印的方式来制造。因此，各类计算机软件辅助产品的设计和制造是完成本设计的重要工具。

例如，为了快速完成花瓣开合机构的设计，项目组运用综合性 CAD 软件 CATIA 来进行建模并赋予各部件相应的物理材质。将建好的模型导入运动仿真模块中进行运动轨迹的仿真，从而快速找到其最优参数，然后进行 3D 打印和实际验证。通过计算机软件的辅助快速进行产品的不断优化和迭代。最终采用连杆机构 + 对心直动平底从动件盘形凸轮的组合机构实现预期功能，如图 7-1-2-4 所示。

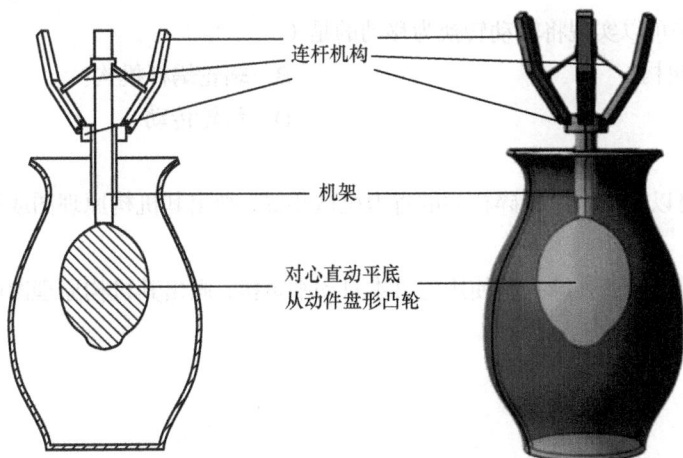

图 7-1-2-4　产品设计方案

任务实施

完成本任务机械创新设计实践，具体实施过程见附带的《实训任务书》。

任务拓展

利用 TRIZ 理论中的矛盾矩阵可以辅助进行创新设计，在智能花卉的设计过程中，项目组选用了分离原理和动态化原理解决方案，若运用其他发明原理，则方案可以怎样设计？

模块小结

各种产品创新设计的核心内容一般涉及产品机械部分的设计制作，同时目前各类技能大赛和"双创"类比赛中都要求制作样机进行展示，因此创新的思维和常用的工具是学生进行设计或参加大赛时必须掌握的内容。一般产品创新设计的流程为产品创意构思—资料查阅—可行性分析—产品制作。由此可见，在掌握机械产品基础知识的前提下，学生还需要掌握科学的思维方法和常用工具。随着我国走向高端产业和高端产业链，自主创新能力、核心零部件的国产化尤其重要，因此创新能力也是整个机械行业对从业者的必然要求。

思考与练习

一、填空题

1. TRIZ 理论中的最终理想解的简称是_____。

2. 技术矛盾是指技术系统改变一种参数时会同时导致_____结果。

二、选择题

1. 考虑一个设计方案的最终理想解时（　　）考虑产品的成本。

A. 需要　　　　　　　B. 不需要　　　　　　C. 必须　　　　　　D. 首先

2. 下列不属于常用的 CAD 软件的是（　　）。

A. AutoCAD　　　　　B. UG　　　　　　　C. Office　　　　　D. CATIA

3. 下列机构中可以实现将转动转换为移动的是（　　）。

A. 曲柄摇杆机构　　　　　　　　　　　B. 蜗轮蜗杆机构

C. 带传动　　　　　　　　　　　　　　D. 齿轮传动

三、分析题

1. 设计一种可以逐个快速夹碎核桃的省力机械装置，画出其机构原理图或示意图，并简要说明其工作原理。

2. 设计一种可以用于残障人士使用的书本自动翻页机，画出其机构原理图或示意图，并简要说明其工作原理。

目 录

模块 1 机械工程材料成型工艺

项目 1.1 金属材料的成型工艺

任务 1.1.1 金属材料力学性能测试

金属材料力学性能测试任务书 1-1-1

下表所示为某零部件检验卡，其中第 6 项和第 9 项为零部件的力学性能指标，工程技术人员应该能够对这些指标进行测定。

<table>
<tr><td rowspan="3">西安铁路职业技术学院</td><td colspan="6">零部件检验卡</td><td colspan="3">检验标准文件号</td><td>1.0 版</td></tr>
<tr><td colspan="2">系统</td><td>零部件名称</td><td>后半联轴器</td><td>零部件图号</td><td>G302.25—05</td><td>关键特性项数</td><td>17</td><td>是否交底</td><td>是</td></tr>
<tr><td>项目</td><td>序号</td><td>重要度</td><td>检验标准要求</td><td>引用输入文件</td><td>检验手段</td><td>检验频次</td><td colspan="3">技术要求</td></tr>
<tr><td rowspan="13">任务内容</td></tr>
<tr><td>标识</td><td>1</td><td>A</td><td>供应商代码、零部件标识清晰</td><td>Q/LWZB114—2010</td><td>目测</td><td>全检</td><td colspan="3" rowspan="12">1. 不允许有裂纹、砂眼、缩松等铸造缺陷；
2. 去除尖角毛刺，R2、R3 允许用锉刀修圆；
3. 调质处理硬度 24 ~ 28HRC；
4. 发蓝处理</td></tr>
<tr><td rowspan="4">外观</td><td>2</td><td>B</td><td>不允许有裂纹、砂眼、缩松等铸造缺陷</td><td>图纸技术要求</td><td>目测</td><td rowspan="4">按 GB/T 2828.1—2012 执行</td></tr>
<tr><td>3</td><td>B</td><td>去除毛刺，R2、R3 允许用锉刀修圆</td><td>图纸技术要求</td><td>目测</td></tr>
<tr><td>4</td><td>B</td><td>发蓝膜不得出现红色氧化斑点</td><td>GB/T 15519—2002</td><td>目测</td></tr>
<tr><td>5</td><td>B</td><td>发蓝膜属于优质膜</td><td></td><td>草酸实验</td></tr>
<tr><td rowspan="4">材质</td><td>6</td><td>A</td><td>材质 ZG310-570 抗拉强度 $R_m \geq$ 570MPa</td><td>JB/T 5939—2018</td><td>光谱分析仪、液压万能试验机</td><td rowspan="4">1 件/批</td></tr>
<tr><td>7</td><td>A</td><td>金相组织：回火索氏体</td><td>GB/T 13320—2007</td><td>全相显微镜</td></tr>
<tr><td>8</td><td>A</td><td>延伸率 $\delta \geq 15\%$</td><td>JB/T 5939—2018</td><td>液压万能试验机</td></tr>
<tr><td>9</td><td>A</td><td>调质处理硬度 24 ~ 28HRC</td><td>图纸技术要求</td><td>洛氏硬度计</td></tr>
<tr><td rowspan="2">尺寸及技术要求</td><td>10</td><td>C</td><td>外径（170±0.5）mm</td><td>GB/T 1804—2000</td><td>0 ~ 300mm 游标卡尺</td><td rowspan="2">按 GB/T 2828.1—2012 执行</td></tr>
<tr><td>11</td><td>C</td><td>内径（107±0.3）mm</td><td>GB/T 1804—2000</td><td>0 ~ 150mm 游标卡尺</td></tr>
</table>

任务目标	1. 了解质检员的工作内容； 2. 了解金属材料的力学性能指标； 3. 掌握低碳钢和铸铁的拉伸试验方法； 4. 能全面、仔细地完成资料查阅，能有效进行团队分工协作； 5. 熟悉材料力学性能的其他指标		
方法步骤	1. 提出问题	（1）ZG310-570 属于什么材料？其力学性能有哪些指标？	
		（2）了解金属材料力学性能指标的测定方法，除拉伸试验外还有哪些？	
	2. 查阅资料		资料来源
	3. 分析问题	（1）其中的抗拉强度和硬度分别代表材料的什么能力？	
		（2）若要对零件进行拉伸试验，其试验步骤有哪些？	
		（3）经试验后测量得到该组零件的压痕深度 h=0.15mm，判断该批次零件产品是否合格	合格□　不合格□ 计算过程：
		（4）经测量得到该组零件试验数据如下：初始直径 d_0=9.8mm，拉伸曲线最高点的载荷值 F_m=43kN，判断该批次产品是否合格	合格□　不合格□ 计算过程：
	4. 小组讨论（讨论内容记录）		团队分工

学习过程评价表

班级		姓名		组名		日期	
序号	自我评价（20%）			小组评价（20%）		教师评价（60%）	
	评价项目						
1	能看懂检验卡检验要求（5分）（　　） 能看懂检验卡全部要求□			乐于合作（10分） （　　）		学习效率（10分） （　　）	
2	了解材料力学性能5个指标的含义（25分） （　　） 强度□　　硬度□　　塑性□ 冲击韧性□　　疲劳强度□			合作讨论（30分） （　　）		学习过程（30分） （　　）	
3	掌握强度和硬度指标的测量方法（30分） （　　） 试件制作方法□ 主要实验设备□ 数据处理□						
4	团队合作能力（10分）（　　） 分工协作□ 有效沟通□			展示交流（45分） （　　）		学习效果（45分） （　　）	
5	规范地完成任务（20分）（　　） 掌握不同载荷下各项力学性能指标的意义□ 规范和完整地完成任务书□						
6	及时归纳和总结（10分）（　　） 完成任务书并进行学习总结□			学习纪律（15分） （　　）		拓展提高（15分） （　　）	
项目得分							
总评成绩					教师（签名）：		

注：后文中的学习过程评价表均可参考此表中项目打分，以下不再重复。

评分参考

班级		姓名		组名		日期	
序号	自我评价（20%）		小组评价（20%）			教师评价（60%）	
	评价项目						
1	按照知识和技能点完成情况打分		服从组长安排（10分）			学习效率（10分） 小组排名（排名前30%计10分，30%~60%计8分，60%以后计6分，未完成不计分）	
2	按照知识和技能点完成情况打分		合作讨论（每完成一项可以加5分，逐项累加，上限不超过30分）			学习过程（30分） 积极参与发言计10分 发言质量较高计10分 帮助其他组员计10分	
3	按照知识和技能点完成情况打分		积极发言1次计5分 发言引起其他同学赞同或者启发他人1次计5分 帮助组员答疑1次计5分				
4	分工合理，不参与配合1次扣3分 未能按时完成任务扣5分		展示交流（45分） 有实际学习成果计15分 主动展示学习成果计15分 解决其他小组质疑15分			学习效果（45分） 有实际学习成果计15分 主动展示学习成果计15分 解决其他小组质疑15分	
5	按照知识和技能点完成情况打分						
6	完成任务书全部内容计5分 有书面总结计5分		学习纪律（15分） 有违纪行为1次扣3分 不参与小组协作1次扣3分			拓展提高（15分） 有创新点或提出新问题计5分 完成任务拓展计10分	
项目得分							
总评成绩						教师（签名）：	

任务 1.1.2 零件成型工艺分析

零件成型工艺分析任务书 1-1-2

任务内容	大多数金属制件是经过熔化、冶炼和浇注的铸造工艺而获得的。现在某企业要铸造一批 Cu-Ni 合金铸件，在铸造过程中，在不添加其他合金元素的情况下，如何提高这一批铸件的强度、塑性和韧性指标			
任务目标	1. 了解铸造工艺员的工作内容； 2. 了解金属材料的结晶过程； 3. 掌握金属材料性能强化的途径； 4. 能树立质量安全意识、环保意识			
方法步骤	1. 提出问题	（1）金属材料毛坯件是如何制备的？		
		（2）纯金属的结晶过程是怎样进行的？		
		（3）合金的结晶过程是怎样进行的？		
	2. 查阅资料		资料来源	
	3. 分析问题	（1）如何利用相图分析 Cu-Ni 合金的结晶过程？		
		（2）合金性能强化的手段有哪些？		
		（3）若该合金系的组元不变，通过调整配比来控制性能，则含铜量为 20%、50%、95%的三种合金哪种的性能更优？		
	4. 小组讨论（讨论内容记录）		团队分工	

学习过程评价表

班级		姓名		组名		日期	
序号	自我评价（20%）			小组评价（20%）		教师评价（60%）	
	评价项目						
1	能根据工作内容提出问题（5分）（ ）			乐于合作（10分）（ ）		学习效率（10分）（ ）	
2	全面查阅材料以了解结晶的条件和过程（30分）（ ） 纯金属晶体结构□ 纯金属结晶条件□ 纯金属结晶过程□			合作讨论（30分）（ ）		学习过程（30分）（ ）	
3	掌握常用金属材料的合金相图（25分）（ ） 相图种类□　　　相图分析□						
4	团队合作能力（10分）（ ） 合理分工□ 有效沟通□			展示交流（45分）（ ）		学习效果（45分）（ ）	
5	能够互相配合，使用专业术语进行交流，规范地完成任务（20分）（ ） 掌握根据相图制定铸造工艺的方法□ 规范和完整地完成任务书□						
6	及时归纳和总结（10分）（ ） 完成任务书并进行学习总结□			学习纪律（15分）（ ）		拓展提高（15分）（ ）	
项目得分							
总评成绩					教师（签名）：		

任务 1.1.3 零件工艺路线分析

零件工艺路线分析任务书 1-1-3

任务内容	现有某种型号的钢制链轮，其工艺路线如下图所示，即在进入精车前需要进行一次热处理，请合理制定其热处理工艺。

产品零部件工艺路线明细表

序号	零部件图号	零部件名称	材料	单量/kg	数量	铸造	锻造	冲压	下料	钳工	电焊	粗车	热处理	精车	铣床	划线	插床	铣床	钻床	表面处理	装配
1	PJS3D	机材立体停车设备			1																60
2	PJS3D—YM—00	地基预埋件	组件		1					0.4	0.2									喷涂	
3		预埋侧板	Q235	11.3	8				0.4							0.2		0.3		喷涂	
4	PJS3D—02—00	提升系统	组焊件	161.09	1																48
5	PJS3D—02—01	提升链轮	45	12.57	2	●			●			●	●		●				发黑	
6	PJS3D—02—02	轴套一	Q235	0.29	2				0.15				0.3					喷涂	
7	PJS3D—02—03	轴套二	Q235	0.26	1				0.15				0.3					喷涂	
8	PJS3D—02—04	从动链轮	45	26.55	1	●			●			●	●		●			发黑	
9	PJS3D—02—05	提升轴端挡板	Q235	0.24	2				0.15		0.3							喷涂	
10	PJS3D 02 06	电机轴端挡板	Q235	0.21	1				0.15		0.3							喷涂	
11	PJS3D 02 07	主动链轮	45	9.66	1	●			●			●	●		●			发黑	
12	PJS3D—02—08	提升轴	45	94.77	1	●			●			●	●		0.5		1	0.5	喷涂	
13	PJS3D 02 09	平衡链钢节螺栓	Q235	0.86	4				0.1		0.85				0.2		0.25	0.2	发黑	

产品型号 PJS3D
产品名称 机械立体停车设备 共 页

任务目标	1. 了解热处理工艺员的工作内容； 2. 了解金属材料的热处理原理； 3. 掌握金属材料整体热处理的方式； 4. 能树立质量安全意识、环保意识

方法步骤	1. 提出问题	（1）什么是热处理？为什么要进行热处理？	
		（2）钢材进行整体热处理的原理是什么？	
	2. 查阅资料		资料来源
	3. 分析问题	（1）铁碳合金相图的哪几条线是热处理中的组织转变线？	
		（2）整体热处理的方式有哪些？	
		（3）由工艺路线中的工序可以看出，精车后再无热处理工序安排，为保证零件性能，此工序应该选择哪种热处理方式？	
	4. 小组讨论（讨论内容记录）		团队分工

学习过程评价表

班级		姓名		组名		日期	
序号	自我评价（20%）			小组评价（20%）		教师评价（60%）	
	评价项目						
1	能根据工作内容提出问题（8分） （　　）			乐于合作（10分） （　　）		学习效率（10分） （　　）	
2	全面查阅材料以看懂铁碳合金相图（30分） （　　） 相图中的关键点□ 相图中的关键线□ 5种基本组织□			合作讨论（30分） （　　）		学习过程（30分） （　　）	
3	掌握常用金属材料的常规热处理方法（25分） （　　） "四火"□ 表面热处理□						
4	团队合作能力（10分）（　　） 合理分工□ 有效沟通□			展示交流（45分） （　　）		学习效果（45分） （　　）	
5	能互相配合，使用专业术语进行交流，规范地完成任务（20分）（　　） 掌握根据相图制定热处理工艺的方法□ 规范和完整地完成任务书□						
6	及时归纳和总结（10分）（　　） 完成任务书并进行学习总结□			学习纪律（15分） （　　）		拓展提高（15分） （　　）	
项目得分							
总评成绩				教师（签名）：			

项目 1.2 车床主轴箱齿轮零件的选材

任务 1.2.1 车床主轴箱齿轮零件材料的选材

车床主轴箱齿轮零件材料的选材任务书 1-2-1

任务内容	现有某种型号的车床其主轴箱内部结构如下图所示，其中齿轮的主要作用为改变运动速度或方向，运行平稳无强烈冲击、载荷不大、转速中等。要求该齿轮具备一定的表面硬度和心部韧性，请你从现有的 Q255、HT250、45、20CrMnTi 四种材料中进行合理选择。 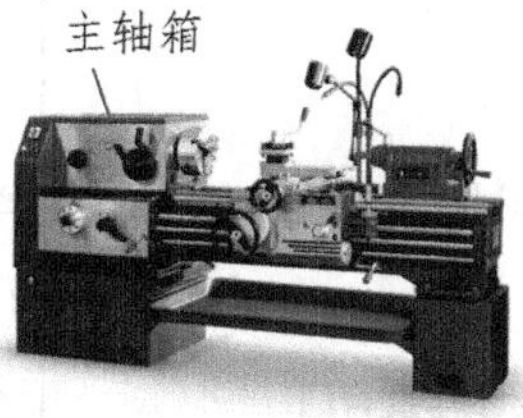 
	主轴箱
任务目标	1. 了解金属材料的牌号及其含义； 2. 了解金属零件的选材原则； 3. 掌握金属材料性能强化的手段； 4. 能树立物尽其用，崇尚节约的意识

方法步骤	1. 提出问题	（1）Q255、HT250、45、20CrMnTi 分别属于哪种类型的铁碳合金？		
		（2）各牌号的具体含义是什么？		
	2. 查阅资料		资料来源	
	3. 分析问题	（1）依据车床主轴中的齿轮工况分析对所需材料的强度、硬度、韧性等力学性能有何要求？		
		（2）分析上述材料的性能特点，判断通过选材是否能满足上述工作要求	□能满足	□不能满足
		（3）若性能不能完全满足要求，可以通过哪些方法强化材料性能？		
	4. 小组讨论（讨论内容记录）		团队分工	

学习过程评价表

班级		姓名		组名		日期	
序号	自我自评（20%）		小组评价（20%）		教师评价（60%）		
	评价项目						
1	能根据工作内容提出问题（10分）（　　）（　　）		乐于合作（10分）（　　） 服从组长安排□		学习效率（10分）（　　） 小组排名□		
2	全面查阅材料了解铁碳合金的分类（30分）（　　） 碳钢的分类□ 合金钢的分类□ 铸铁的分类□		合作讨论（30分）（　　） 积极参与发言□ 发言质量较高□ 帮助其他组员□		学习过程（30分）（　　） 全员全程参与□ 积极讨论气氛活跃□ 组员互帮互助□		
3	掌握常用金属材料的牌号及命名规则（30分）（　　） 碳钢的牌号□ 合金钢的牌号□ 铸铁的牌号□						
4	团队合作能力（10）（　　） 合理分工□ 有效沟通□		展示交流（45分）（　　） 有实际学习成果□ 主动展示学习成果□ 解决其他小组质疑□		学习效果（45分）（　　） 有实际学习成果□ 主动展示学习成果□ 解决其他小组质疑□		
5	能互相配合，使用专业术语交流，规范完成任务（10分）（　　） 掌握依据工况合理选择零件材料的原则□ 规范完整地完成任务书内容□						
6	及时归纳总结（10分）（　　） 完成任务书内容、有学习总结□		学习纪律（15分） 无违纪行为□ 参与度高□		拓展提高（15分）（　　） 有创新点或提出新问题□ 完成拓展任务□		
项目得分							
总评成绩：				教师（签名）：			

模块 2　零部件受力分析计算

项目 2.1　零部件受力分析

任务 2.1.1　三铰拱桥受力分析图绘制

三铰拱桥受力分析图绘制任务书 2-1-1

任务内容	如下图所示的三铰拱桥由左、右两拱铰接而成。设各拱自重不计，在拱 AC 上作用载荷 P，试分析拱 AC 和拱 CB 受到的力，并分别画出其受力分析图。 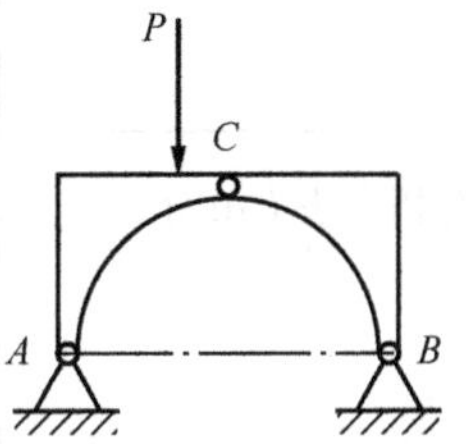 		
任务目标	1. 了解力系的分类； 2. 了解约束和约束力； 3. 掌握受力分析方法； 4. 培养科技报国的精神		
方法步骤	1. 提出问题	（1）什么是刚体？什么是平衡状态？	
		（2）该三铰拱桥处于什么状态？	
	2. 查阅资料		资料来源
	3. 分析问题	（1）主动力有哪些？	
		（2）约束力有哪些？	
		（3）上述约束的作用位置和受力方向	
	4. 小组讨论（讨论内容记录）		团队分工

学习过程评价表

班级			姓名		组名		日期	
序号	自我评价（20%）				小组评价（20%）		教师评价（60%）	
	评价项目							
1	能根据工作内容提出力学模型（5分） （　　）				乐于合作（10分） （　　）		学习效率（10分） （　　）	
2	全面查阅材料以了解静力学的基本概念（15分）（　　） 刚体□ 力学公理□				合作讨论（30分） （　　）		学习过程（30分） （　　）	
3	掌握常用构件的受力分析方法（10分） （　　） 分析主动力□ 分析约束力□							
4	团队合作能力（10分）（　　） 合理分工□ 有效沟通□				展示交流（45分） （　　）		学习效果（45分） （　　）	
5	能互相配合，使用专业术语进行交流，规范地完成任务（50分）（　　） 掌握根据规定步骤进行受力分析的方法□ 规范和完整地完成任务书□							
6	及时归纳和总结（10分）（　　） 完成任务书并进行学习总结□				学习纪律（15分） （　　）		拓展提高（15分） （　　）	
项目得分								
总评成绩						教师（签名）：		

任务 2.1.2　钻床夹具受力分析

钻床夹具受力分析任务书 2-1-2

任务内容	如下图所示，某企业运用多轴钻床同时加工工件上的 4 个孔，钻孔时，每个钻头产生的主切削力组成一对力偶 m，其力偶矩为 15N·m，试求出加工时 2 个固定螺钉 A 和 B 受到的力。 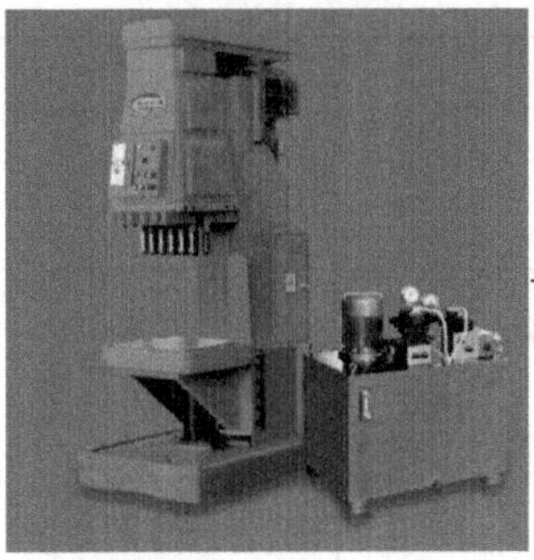 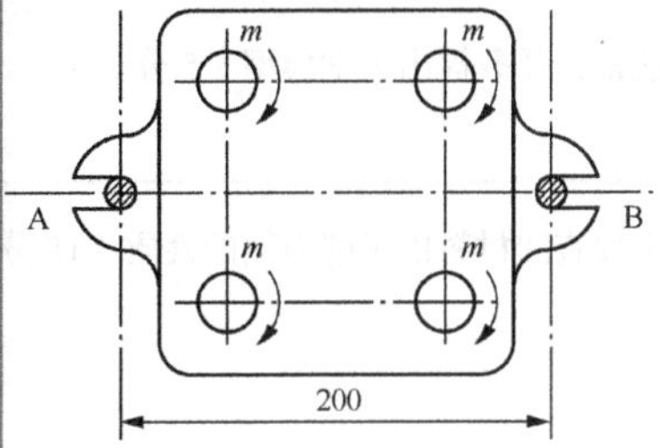
任务目标	1. 掌握力矩和力偶的特性； 2. 掌握平面平行力系的平衡条件； 3. 培养科学思维和质量意识

方法步骤	1. 提出问题	（1）钻床加工时为什么需要固定零件？	
		（2）零件受到钻头和固定螺钉的力作用后处于什么状态？	
	2. 查阅资料		资料来源
	3. 分析问题	（1）确定研究对象，取分离体，画出受力分析图	
		（2）作用在零件上的作用力构成什么力系	平面汇交力系□ 平面平行力系□ 平面任意力系□
		（3）分析该力系的平衡条件是什么	
		（4）列出平衡方程并计算	计算过程：
	4. 小组讨论（讨论内容记录）		团队分工

学习过程评价表

班级			姓名			组名		日期	
序号	自我评价（20%）					小组评价（20%）		教师评价（60%）	
	评价项目								
1	能根据任务提出力学模型（5分）（　　）					乐于合作（10分） （　　）		学习效率（10分） （　　）	
2	全面查阅材料以了解力偶的性质（15分） （　　） 力矩□ 力偶□					合作讨论（30分） （　　）		学习过程（30分） （　　）	
3	掌握常用平面平行力系的平衡条件（10分） （　　） 合力偶□ 合力偶矩□								
4	团队合作能力（10分）（　　） 合理分工□ 有效沟通□					展示交流（45分） （　　）		学习效果（45分） （　　）	
5	能互相配合，使用专业术语进行交流，规范地完成任务（50分）（　　） 掌握根据规定步骤进行受力分析的方法□ 规范和完整地完成任务书□								
6	遵守纪律，虚心接受他人意见并及时改正（10分） （　　）					学习纪律（15分） （　　）		拓展提高（15分） （　　）	
项目得分									
总评成绩							教师（签名）：		

项目 2.2 刚体的平衡条件分析

任务 2.2.1 钢管托架平衡条件分析

钢管托架平衡条件分析任务书 2-2-1

任务内容	如下图所示，某厂房中的钢管托架上存放着两根钢管，管重 $F_{G1}=F_{G2}$，A、B、C 这 3 处均为铰链连接，托架自重不计，试求出 A 处承受的约束力及支撑杆 BC 受到的力。 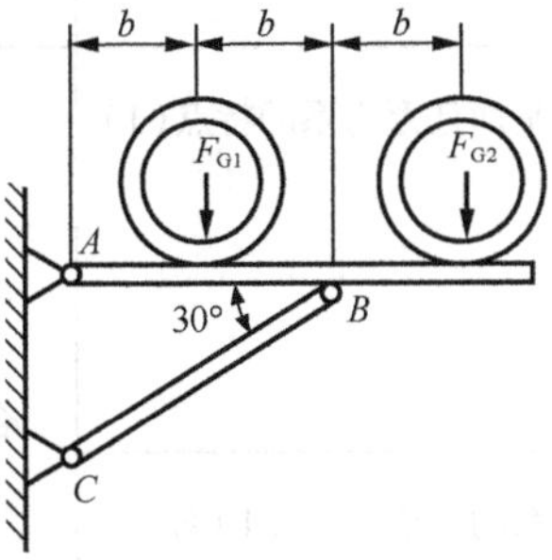		
任务目标	1. 掌握力在直角坐标系中的投影； 2. 掌握平面汇交力系和平面任意力系的平衡条件； 3. 培养担当意识和创新思维		
方法步骤	1. 提出问题	（1）钢管存放在托架上如何保持固定？	
		（2）钢管托架受到哪些外力的作用？	
	2. 查阅资料		资料来源
	3. 分析问题	（1）确定研究对象，取分离体，画出受力分析图	
		（2）分析钢管托架上的作用力构成什么力系	平面汇交力系□ 平面平行力系□ 平面任意力系□
		（3）分析该力系的平衡条件是什么	
		（4）列出平衡方程并计算	计算过程：
	4. 小组讨论（讨论内容记录）		团队分工

学习过程评价表

班级		姓名		组名		日期	
序号	自我评价（20%）			小组评价（20%）		教师评价（60%）	
	评价项目						
1	能根据任务提出力学模型（5分）（　　）			乐于合作（10分） （　　）		学习效率（10分） （　　）	
2	全面查阅材料以了解平面任意力系的特点（15分）（　　） 平面汇交力系□ 平面任意力系□			合作讨论（30分） （　　）		学习过程（30分） （　　）	
3	掌握常用平面任意力系的平衡条件（10分） （　　） 主矢□ 主矩□						
4	团队合作能力（10分）（　　） 合理分工□ 有效沟通□			展示交流（45分） （　　）		学习效果（45分） （　　）	
5	能互相配合，使用专业术语进行交流，规范地完成任务（50分）（　　） 掌握根据规定步骤分析任意力系的方法□ 规范和完整地完成任务书□						
6	遵守纪律，虚心接受他人意见并及时改正（10分）（　　）			学习纪律（15分） （　　）		拓展提高（15分） （　　）	
项目得分							
总评成绩						教师（签名）：	

模块 3　零部件承载能力分析

项目 3.1　构件拉压和剪切变形

任务 3.1.1　活塞杆承载能力分析

活塞杆承载能力分析任务书 3-1-1

<table>
<tr>
<td rowspan="2">任务内容</td>
<td colspan="3">数控加工中需要使用气动夹具将工件夹紧,气缸机构是将压缩气体的压力能转换为卡爪机械能的气动执行元件,其结构如下图所示。已知气缸内径 D=140mm,缸内气压 p=0.6MPa,活塞杆材料为 20 钢,$[\sigma]$=80 MPa,试设计活塞杆直径 d。 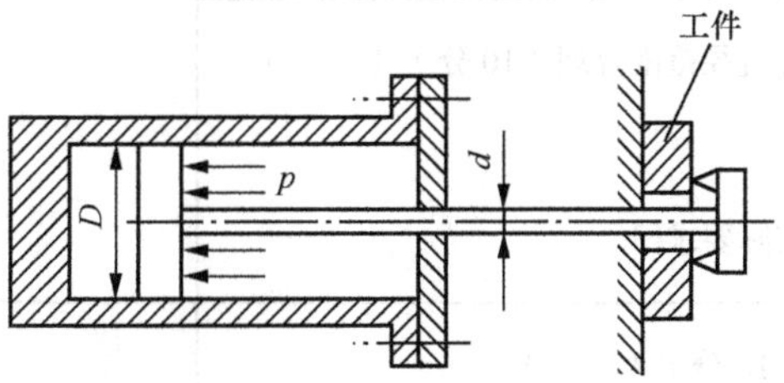</td>
</tr>
<tr>
<td colspan="3"></td>
</tr>
<tr>
<td>任务目标</td>
<td colspan="3">1. 掌握杆件轴向拉伸和压缩的变形特点和受力特点;
2. 掌握杆件强度校核的方法;
3. 增强诚实守信、安全第一的意识</td>
</tr>
<tr>
<td rowspan="10">方法步骤</td>
<td rowspan="2">1. 提出问题</td>
<td colspan="2">(1)活塞杆受到哪些力的作用?</td>
</tr>
<tr>
<td colspan="2">(2)在上述力的作用下,活塞杆会如何变形?</td>
</tr>
<tr>
<td>2. 查阅资料</td>
<td></td>
<td>资料来源</td>
</tr>
<tr>
<td rowspan="5">3. 分析问题</td>
<td colspan="2">(1)绘制活塞杆受力图</td>
</tr>
<tr>
<td>(2)计算活塞杆承受的内力</td>
<td>① "切" □
② "留" □
③ "平" □</td>
</tr>
<tr>
<td colspan="2">(3)分析该活塞杆的失效原因</td>
</tr>
<tr>
<td>(4)依据拉压杆强度校核公式计算</td>
<td>计算过程:</td>
</tr>
<tr>
<td colspan="2"></td>
</tr>
<tr>
<td>4. 小组讨论(讨论内容记录)</td>
<td></td>
<td>团队分工</td>
</tr>
</table>

学习过程评价表

班级			姓名		组名		日期	
序号	自我评价（20%）				小组评价（20%）		教师评价（60%）	
	评价项目							
1	活塞杆受力图绘制正确（10分）（　　）				乐于合作（10分）		学习效率（10分）	
2	活塞杆轴力计算正确（30分）（　　） 轴力□ 轴力图□				合作讨论（30分） （　　）		学习过程（30分） （　　）	
3	设计活塞杆直径范围合理（10分）（　　） 计算正确□ 符合工程实际要求□							
4	团队合作（10分）（　　） 合理分工□ 有效沟通□				展示交流（45分） （　　）		学习效果（45分） （　　）	
5	能互相配合，使用专业术语进行交流，规范地完成任务（30分）（　　） 掌握根据规定步骤进行拉压杆强度校核的方法□ 规范和完整地完成任务书□							
6	及时归纳和总结（10分）　　（　　） 完成任务书并进行学习总结□				学习纪律（15分） （　　）		拓展提高（15分） （　　）	
项目得分								
总评成绩							教师（签名）：	

任务 3.1.2　销钉承载能力分析

销钉承载能力分析任务书 3-1-2

任务内容	下图所示为某种拖车挂钩使用的销钉连接，已知挂钩部分钢板壁厚 t=8mm，销钉的材料为 20 钢，许用挤压应力$[\sigma_{jy}]$=100MPa，许用切应力$[\tau]$=60MPa，拖车的拉力为 15kN，试设计销钉直径 d。  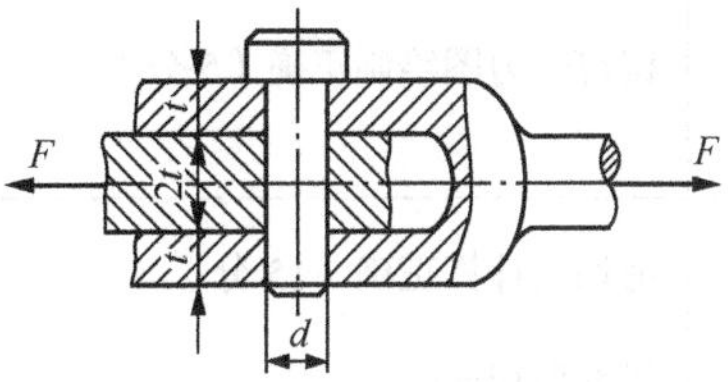 		
任务目标	1. 掌握杆件剪切和挤压的变形特点和受力特点； 2. 掌握杆件剪切强度和挤压强度校核的方法； 3. 增强遵守规则、安全第一的意识		
方法步骤	1. 提出问题	（1）拖车挂钩销钉受到哪些力的作用？	
		（2）在上述力的作用下，拖车挂钩销钉会如何变形？	
	2. 查阅资料		资料来源
	3. 分析问题	（1）绘制拖车挂钩销钉受力图	
		（2）计算活塞杆承受的内力	① "切" □ ② "留" □ ③ "平" □
		（3）分析该销钉失效的原因	
		（4）依据剪切强度和挤压强度校核公式计算	计算过程： ① 剪切强度校核 □ ② 挤压强度校核 □
	4. 小组讨论（讨论内容记录）		团队分工

学习过程评价表

班级			姓名		组名		日期	
序号	自我评价（20%）				小组评价（20%）		教师评价（60%）	
	评价项目							
1	销钉受力图绘制正确（5分）（　　）				乐于合作（10分）（　　）		学习效率（10分）（　　）	
2	剪切力计算正确（15分）（　　） 找准剪切面□ 确定剪切力□				合作讨论（30分）（　　）		学习过程（30分）（　　）	
3	根据剪切强度校核确定销钉直径范围正确（20分）（　　） 计算正确□ 符合工程实际要求□							
4	挤压面无误（15分）（　　） 找准挤压面□ 挤压面积计算正确□				展示交流（45分）（　　）		学习效果（45分）（　　）	
5	根据挤压强度校核公式合理确定销钉直径范围（35分）（　　） 掌握根据规定步骤进行剪切与挤压强度校核的方法□ 规范和完整地完成任务书□							
6	销钉直径确定无误（10分）（　　）				学习纪律（15分）（　　）		拓展提高（15分）（　　）	
项目得分								
总评成绩						教师（签名）：		

项目 3.2 构件扭转和弯曲变形

任务 3.2.1 轴的承载能力分析

轴的承载能力分析任务书 3-2-1

任务内容	某阶梯圆轴如下图所示，轴上受到外力 M_1=6kN·m，M_2=4kN·m，M_3=2kN·m，轴材料的许用切应力[τ]=60 MPa，试校核此轴的强度。 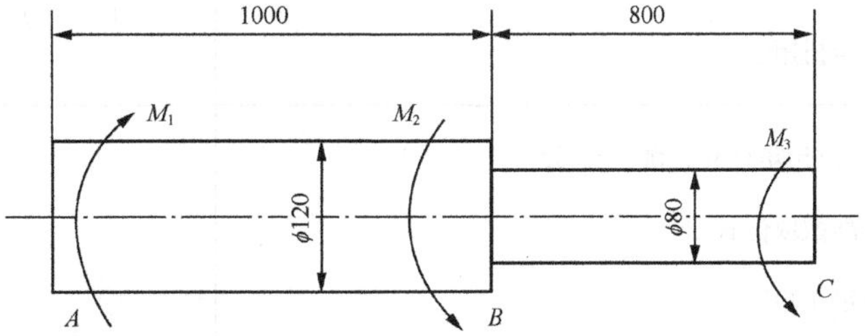 （图：阶梯圆轴，左段长1000，直径ϕ120，右段长800，直径ϕ80，各段受力偶 M_1、M_2、M_3 作用，标注点 A、B、C）
任务目标	1. 掌握圆轴扭转的变形和受力特点； 2. 掌握扭转零件的强度条件和刚度条件； 3. 增强质量安全意识、创新意识

方法步骤	1. 提出问题	（1）阶梯圆轴受到哪些力偶或力矩的作用？		
		（2）在上述力偶或力矩的作用下，阶梯圆轴会如何变形？		
	2. 查阅资料		资料来源	
	3. 分析问题	（1）运用截面法求出轴上各段的扭矩	① AB 段 ② BC 段	
		（2）绘制阶梯圆轴的扭矩图		
		（3）分析该轴的危险截面可能出现在哪些位置	① AB 段 ② BC 段	
		（4）依据圆轴扭转强度校核公式计算	计算过程： ① 抗扭截面系数选取 □ ② 扭转强度校核 □	
		（5）依据计算结果判断强度是否符合要求		
	4. 小组讨论（讨论内容记录）		团队分工	

学习过程评价表

班级		姓名		组名		日期	
序号	自我评价（20%）			小组评价（20%）		教师评价（60%）	
	评价项目						
1	AB 段扭矩计算正确（15分）（　　） 找准截取位置□ 确定扭矩□			乐于合作（10分）（　　）		学习效率（10分）（　　）	
2	BC 段扭矩计算正确（15分）（　　） 找准截取位置□ 确定扭矩□						
3	扭矩图绘制正确（20分）（　　） 计算准确□ 图例符合要求□			合作讨论（30分）（　　）		学习过程（30分）（　　）	
4	AB 段强度校核无误（20分）（　　） 公式运用正确□ 计算符合规范□						
5	BC 段强度校核无误（20分）（　　） 公式运用正确□ 计算符合规范□			展示交流（45分）（　　）		学习效果（45分）（　　）	
6	结论正确，过程规范（10分）（　　）			学习纪律（15分）（　　）		拓展提高（15分）（　　）	
项目得分							
总评成绩						教师（签名）：	

任务 3.2.2　直梁的承载能力分析

直梁的承载能力分析任务书 3-2-2

<table>
<tr>
<td rowspan="2">任务内容</td>
<td colspan="3">如下图所示，某车间的吊车大梁由 45 号工字钢制成，其跨度 L=10.5m，电动葫芦处于梁的中间位置，许用应力[σ]=140MPa，现需要起吊重物 G=90kN，在暂不考虑梁自重的情况下，试校核梁的强度。若强度不足而无法起吊，请设计起吊方案，完成起吊任务。  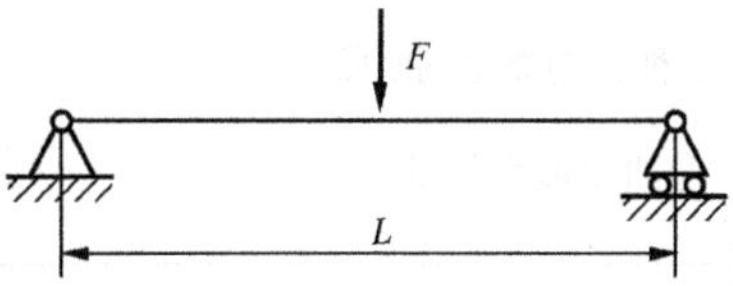</td>
</tr>
<tr>
<td colspan="3"></td>
</tr>
<tr>
<td>任务目标</td>
<td colspan="3">1. 掌握直梁弯曲的变形和受力特点；
2. 掌握直梁弯曲变形的强度和刚度条件；
3. 培养无规矩不成方圆的质量规则意识</td>
</tr>
<tr>
<td rowspan="12">方法步骤</td>
<td rowspan="2">1. 提出问题</td>
<td colspan="2">（1）该吊车大梁受到哪些力或力偶的作用？</td>
</tr>
<tr>
<td colspan="2">（2）在上述力或力偶的作用下，吊车大梁会如何变形？</td>
</tr>
<tr>
<td>2. 查阅资料</td>
<td></td>
<td>资料来源</td>
</tr>
<tr>
<td rowspan="8">3. 分析问题</td>
<td>（1）判断该吊车大梁属于哪种类型的梁？</td>
<td>① 简支梁 □
② 外伸梁 □
③ 悬臂梁 □</td>
</tr>
<tr>
<td>（2）依据该吊车大梁的受力分析图分析各支座的约束力 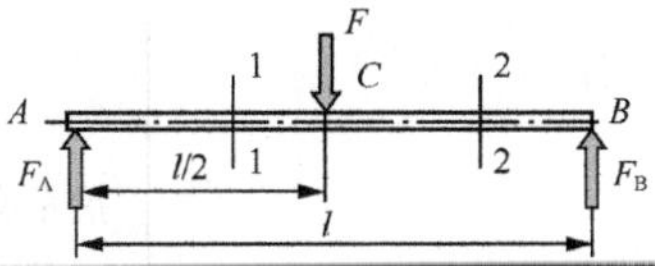
</td>
<td>① A 支座 □
② B 支座 □</td>
</tr>
<tr>
<td>（3）分析该吊车大梁 1-1 截面和 2-2 截面上的内力</td>
<td>① 1-1 截面 □
② 2-2 截面 □</td>
</tr>
<tr>
<td>（4）绘制剪力图和弯矩图</td>
<td>① 绘制剪力图 □
② 绘制弯矩图 □</td>
</tr>
<tr>
<td>（5）依据计算结果确定最大弯矩 M_{max}</td>
<td>求最大弯矩
M_{max}=</td>
</tr>
<tr>
<td>（6）等截面梁弯曲时的强度条件：$\sigma_{max}=\dfrac{M_{max}}{W_z}$
45 号工字钢 W_z=1430cm³
依据该强度校核公式计算吊车大梁的最大弯曲正应力，判断该梁能否吊起重物</td>
<td>求最大弯曲应力
σ_{max}=</td>
</tr>
<tr>
<td>（7）若该梁不能吊起重物，则在不改变梁的尺寸和物体重量的情况下，重新设计起吊方案</td>
<td></td>
</tr>
<tr>
<td>4. 小组讨论（讨论内容记录）</td>
<td></td>
<td>团队分工</td>
</tr>
</table>

学习过程评价表

班级		姓名		组名		日期	
序号	自我评价（20%）			小组评价（20%）		教师评价（60%）	
	评价项目						
1	梁的类型判断正确（5分）（ ） 3 种梁的类型判断□ 弯曲变形判断□			乐于合作（10分） （ ）		学习效率（10分） （ ）	
2	梁内力方程无误，内力图绘制正确（25分）（ ） 找准截取位置□ 确定内力□			合作讨论（30分） （ ）		学习过程（30分） （ ）	
3	梁的最大弯曲正应力计算正确（15分）（ ） 计算准确□ 图例符合要求□						
4	方案设计合理，强度满足要求（35分）（ ） 弯矩合理□ 剪力合理□			展示交流（45分） （ ）		学习效果（45分） （ ）	
5	计算正确，符合规范（10分）（ ） 公式运用正确□ 计算符合规范□						
6	遵守纪律，虚心接受意见并及时改正（10分） （ ）			学习纪律（15分） （ ）		拓展提高（15分） （ ）	
项目得分							
总评成绩				教师（签名）：			

模块 4　零部件的装配与拆卸

项目 **4.1**　**装配技术要求认知**

任务 4.1.1　装配体尺寸公差分析

装配体尺寸公差分析任务书 4-1-1

<table>
<tr>
<td rowspan="2">任务内容</td>
<td colspan="4">转向架是轨道交通车辆走行部位的重要零部件，其作用是支承车体，传递运动和力，提供良好的动力性能和稳定性。齿轮箱是转向架上的重要零件，如下图所示。某齿轮箱中轴的尺寸为ϕ180m7，齿轮孔的尺寸为ϕ180K6，其装配工艺要求如下：①将齿轮加热至 170℃±5℃，保温 4h。②使用起吊装置将齿轮固定在专用夹具上，使轴向下插入齿轮内孔，直至轴肩定位端面与安装夹具基准面充分贴合，试分析该装配工艺是否合理</td>
</tr>
<tr>
<td colspan="4"></td>
</tr>
<tr>
<td rowspan="5">任务目标</td>
<td colspan="4">1. 理解标准化和互换性的意义；</td>
</tr>
<tr>
<td colspan="4">2. 掌握公差与配合的基本概念；</td>
</tr>
<tr>
<td colspan="4">3. 能够绘制公差带图，并判断配合方式；</td>
</tr>
<tr>
<td colspan="4">4. 能自行完成资料收集，并有效进行团队分工协作；</td>
</tr>
<tr>
<td colspan="4">5. 能规范进行工作总结</td>
</tr>
<tr>
<td rowspan="11">方法步骤</td>
<td rowspan="2">1. 提出问题</td>
<td colspan="3">（1）为什么要对产品进行标准化？什么是互换性？</td>
</tr>
<tr>
<td colspan="3">（2）根据齿轮箱中轴和齿轮的尺寸，判定其能否有效装配并做出解释</td>
</tr>
<tr>
<td colspan="2">2. 查阅资料</td>
<td colspan="2">资料来源</td>
</tr>
<tr>
<td rowspan="7">3. 分析问题</td>
<td></td>
<td>轴ϕ180m7</td>
<td>齿轮孔ϕ180K6</td>
</tr>
<tr>
<td>零件的基本尺寸</td>
<td></td>
<td></td>
</tr>
<tr>
<td>零件的实际尺寸</td>
<td></td>
<td></td>
</tr>
<tr>
<td>零件的上偏差</td>
<td></td>
<td></td>
</tr>
<tr>
<td>零件的下偏差</td>
<td></td>
<td></td>
</tr>
<tr>
<td>零件的公差</td>
<td></td>
<td></td>
</tr>
<tr>
<td>查阅公差带图</td>
<td></td>
<td></td>
</tr>
<tr>
<td colspan="2">4. 小组讨论（讨论内容记录）</td>
<td>团队分工</td>
<td></td>
</tr>
</table>

学习过程评价表

班级			姓名		组名		日期	
序号	自我评价（20%）				小组评价（20%）		教师评价（60%）	
	评价项目							
1	能根据任务书提出问题（5分）（　　） 公差□ 配合□				乐于合作（10分） （　　）		学习效率（10分） （　　）	
2	能根据问题全面查阅资料（15分）（　　） 基本尺寸□ 尺寸偏差□				合作讨论（30分） （　　）		学习过程（30分） （　　）	
3	能根据资料筛选有用信息（30分）（　　） 上、下偏差□ 公差带□							
4	团队合作能力（10分）（　　）							
5	能互相配合，使用专业术语进行交流，高效地完成任务（35分）（　　） 读懂公差带□ 能依据公差制定装配工艺□				展示交流（45分） （　　）		学习效果（45分） （　　）	
6	遵守纪律，及时归纳（5分）（　　）				学习纪律（15分） （　　）		拓展提高（15分） （　　）	
项目得分								
总评成绩						教师（签名）：		

任务 4.1.2　装配体几何公差、表面粗糙度分析

装配体几何公差、表面粗糙度分析任务书 4-1-2

任务内容	现有一个圆柱齿轮减速器中使用的阶梯轴需要进行装配，要求安装时检验其同轴度，齿轮安装前必须在配合面上涂抹机油，试读懂工艺卡中几何公差和表面粗糙度的符号及其含义，如下图所示。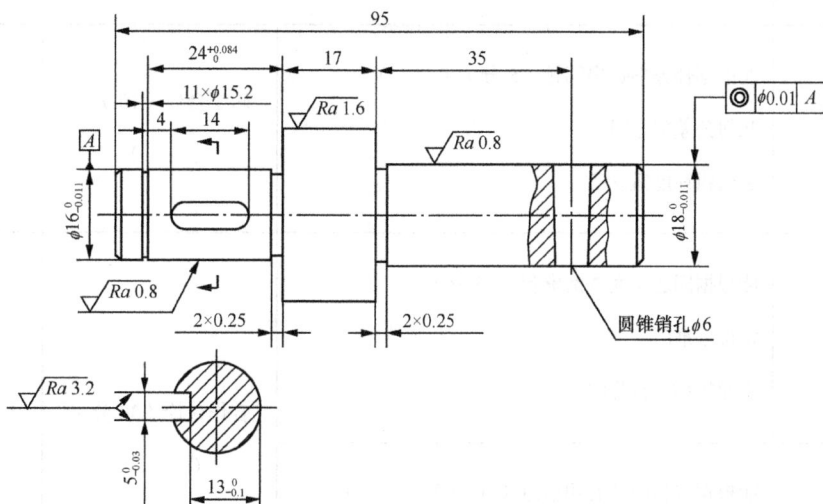
任务目标	1. 了解几何公差； 2. 了解润滑的基本方法； 3. 掌握表面粗糙度的概念及其表示方法； 4. 能有效进行团队分工协作，并自行完成资料收集； 5. 能规范进行工作总结

方法步骤	1. 提出问题	（1）几何公差与尺寸公差的区别是什么？		
		（2）表面粗糙度对机械零部件有什么影响？		
	2. 查阅资料		资料来源	
	3. 分析问题	几何公差	几何公差可以分为哪几类	
			哪些几何公差与基准有关	
			简述端面跳动和径向跳动的含义	
		表面粗糙度	高度评定参数	
			表面结构图形符号	基本图形符号
				用去除材料方法获得的表面符号
				用不去除材料方法获得的表面符号
	4. 小组讨论（讨论内容记录）		团队分工	

学习过程评价表

班级			姓名		组名		日期	
序号	自我评价（20%）				小组评价（20%）		教师评价（60%）	
	评价项目							
1	能根据任务书提出问题（5分）（　　） 几何公差概念□ 表面粗糙度概念□				乐于合作（10分） （　　）		学习效率（10分） （　　）	
2	能根据问题全面查阅资料（15分）（　　） 定位基准□ 表面粗糙度符号□				合作讨论（30分） （　　）		学习过程（30分） （　　）	
3	能根据资料筛选有用信息（30分）（　　） 几何公差分类□ 几何公差符号□							
4	团队合作能力（10分）（　　）							
5	能互相配合，使用专业术语进行交流，高效地完成任务（35分）（　　） 了解标注方法□ 规范和完整地完成任务书□				展示交流（45分） （　　）		学习效果（45分） （　　）	
6	遵守纪律，虚心接受他人意见并及时改正（5分） （　　）				学习纪律（15分） （　　）		拓展提高（15分） （　　）	
项目得分								
总评成绩						教师（签名）：		

项目 4.2 常用联接和计量器具认知

任务 4.2.1 装配体联接选用分析

装配体联接选用分析任务书 4-2-1

任务内容	如下图所示，现有某一级圆柱齿轮减速器，为了保证其可靠联接和固定，装配工艺中对螺纹联接和键联接要求如下： 1. 箱盖与箱座联接螺栓，规格为 M10。 2. 轴承旁联接螺栓，选择 4 个，规格为 M14。 3. 轴承端盖螺钉，规格为 M8。螺栓布置应该使各螺栓受力均匀；同一组螺栓紧固件的形状、尺寸、材料等均应相同，以便于加工和装配；轴承旁联接螺栓的距离应尽量靠近，以互不干涉为准。 4. 轴上齿轮周向固定选用 25×80 平键，以铜锤打入键槽内。 为了完成此装配任务，试读懂工艺卡中螺纹联接和键联接的含义 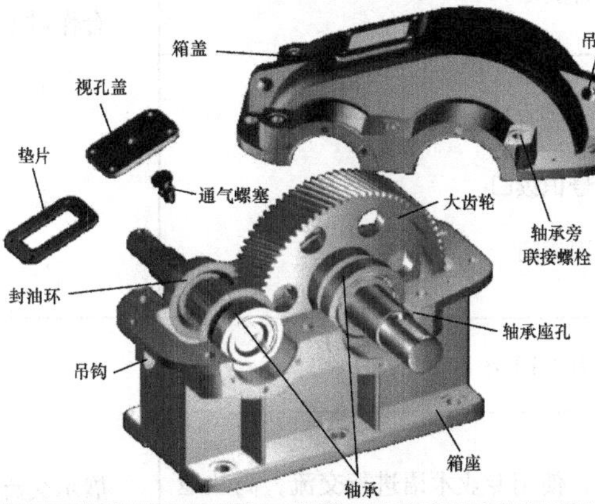
任务目标	1. 了解螺纹连接； 2. 了解键连接； 3. 能有效进行团队分工协作，并自行完成资料收集； 4. 能规范进行工作总结

方法步骤	1. 提出问题	（1）螺栓联接为什么要进行预紧？		
		（2）键联接在机械装配中的作用是什么？		
	2. 查阅资料		资料来源	
	3. 分析问题	螺纹联接	螺纹的基本要素有哪些	
			螺纹的特征代号	
			解释 M24-5g-S 的含义	
			解释 Tr32×2-3 的含义	
		键联接	键联接有哪些类型	
			举出两种生活中的键联接实例	
	4. 小组讨论（讨论内容记录）		团队分工	

学习过程评价表

班级		姓名		组名		日期	
序号	自我评价（20%）			小组评价（20%）		教师评价（60%）	
	评价项目						
1	能根据任务书提出问题（5分）（　　） 常用联接类型□			乐于合作（10分）（　　）		学习效率（10分）（　　）	
2	能根据问题全面查阅资料（15分）（　　） 螺纹联接的作用□ 螺纹联接的种类□			合作讨论（30分）（　　）		学习过程（30分）（　　）	
3	能根据资料筛选有用信息（30分）（　　） 螺纹联接符号识读□ 键联接符号识读□						
4	团队合作能力（10分）（　　）						
5	能互相配合，使用专业术语进行交流，高效地完成任务（35分）（　　） 能识别螺纹联接和键联接□ 规范和完整地完成任务书□			展示交流（45分）（　　）		学习效果（45分）（　　）	
6	遵守纪律，虚心接受他人意见并及时改正（5分）（　　）			学习纪律（15分）（　　）		拓展提高（15分）（　　）	
项目得分							
总评成绩					教师（签名）：		

任务 4.2.2　常用计量器具的使用

常用计量器具的使用任务书 4-2-2

任务内容	在完成任务 4.2.1 中减速器各部件的装配工序后，按照现代企业"人人把好质量关，人人都是质检员"的理念，需要对组装好的产品进行检验，主要检验内容是产品装配精度的各种几何量测量。例如，某型号减速器箱体上有两个孔，现需要检验其两孔的中心距，如下图所示。此外，减速器装配完毕后还需要加入润滑油并完成密封，试分析我们该如何完成上述两项工作。 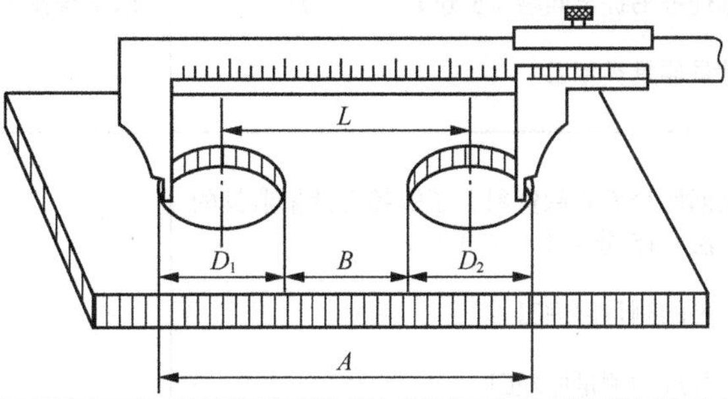
任务目标	1. 了解计量器具的类型及使用方法； 2. 了解润滑及密封方式； 3. 能有效进行团队分工协作，并自行完成资料收集； 4. 能规范进行工作总结

方法步骤	1. 提出问题	（1）机械加工及装配过程中，常用的计量器具有哪些？ （2）针对不同的机械零部件，如何选择润滑及密封方式？	
	2. 查阅资料		资料来源
	3. 分析问题	计量器具｜游标卡尺读数 读数：_____mm	
		润滑｜以减速器为例说明它的润滑方式	
		密封｜以减速器为例说明它的密封方式	
	4. 小组讨论（讨论内容记录）		团队分工

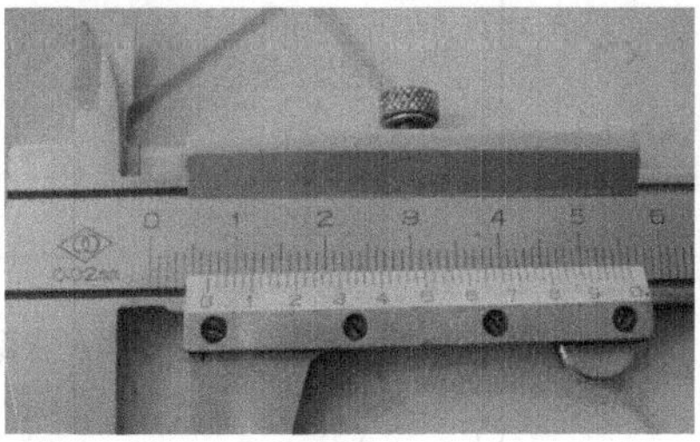

31

学习过程评价表

班级			姓名		组名		日期	
序号	自我评价（20%）				小组评价（20%）		教师评价（60%）	
	评价项目							
1	能根据任务书提出问题（5分）（ ） 常用计量器具类型□				乐于合作（10分）（ ）		学习效率（10分）（ ）	
2	能根据问题全面查阅资料，了解各类计量器具的使用方法（15分）（ ） 游标卡尺的测量原理□ 外径千分尺的测量原理□				合作讨论（30分）（ ）		学习过程（30分）（ ）	
3	能根据资料筛选有用信息，弄懂游标卡尺的测量原理（30分）（ ） 游标卡尺的读数要领□ 读游标卡尺□							
4	团队合作能力（10分）							
5	能互相配合，使用专业术语进行交流，高效地完成任务（35分）（ ） 了解常用计量器具□ 规范和完整地完成任务书□				展示交流（45分）（ ）		学习效果（45分）（ ）	
6	遵守纪律，虚心接受他人意见并及时改正（5分）（ ）				学习纪律（15分）（ ）		拓展提高（15分）（ ）	
项目得分								
总评成绩						教师（签名）：		

模块 5　典型机构认知及设计

项目 5.1　机构结构分析

任务 5.1.1　绘制机构运动简图

绘制机构运动简图任务书 5-1-1

任务内容	下图所示为某铁路建设中用于破碎岩土、矿石的颚式破碎机，试绘制其运动简图。  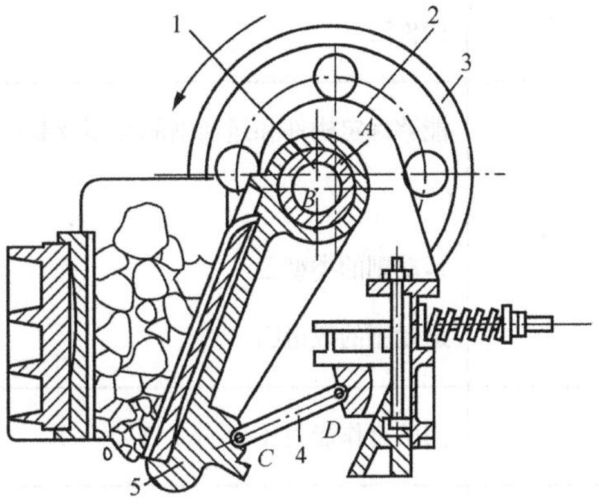 1—偏心轴；2—机架；3—带轮；4—肘板；5—动颚板		
任务目标	1. 了解运动副的概念和类型； 2. 掌握运动副和构件的表达方法； 3. 能够严谨、细致按照规范正确绘制平面机构运动简图； 4. 能全面、仔细完成资料查阅，有效进行团队分工协作		
方法步骤	1. 提出问题	（1）该颚式破碎机由哪几个构件组成？哪个是机架？哪些是原动件？哪些是从动件？	
		（2）组成颚式破碎机的各构件间是通过哪种运动副相连接的？	
	2. 查阅资料		资料来源
	3. 分析问题	（1）如何确定构件的类型和数目？	
		（2）如何确定运动副的类型和数目？	
		（3）机构运动简图的绘制步骤	
	4. 小组讨论（讨论内容记录）		团队分工

学习过程评价表

班级			姓名		组名		日期	
序号	自我评价（20%）				小组评价（20%）		教师评价（60%）	
	评价项目							
1	能根据任务书提出问题（5分）（　　） 机构运动简图□				乐于合作（10分）		学习效率（10分） （　　）	
2	能根据问题全面查阅资料（15分）（　　） 运动副□ 构件□				合作讨论（30分） （　　）		学习过程（30分） （　　）	
3	能够确定构件和运动副的类型及数量（30分） （　　） 运动副的类型□ 运动副的数量□							
4	团队合作能力（10分）（　　）							
5	能互相配合，使用专业术语进行交流，完成颚式破碎机运动简图绘制（35分）（　　） 了解运动简图的绘制方法□ 规范和完整地完成任务书□				展示交流（45分） （　　）		学习效果（45分） （　　）	
6	遵守纪律，虚心接受他人意见并及时改正（5分） （　　）				学习纪律（15分） （　　）		拓展提高（15分） （　　）	
项目得分								
总评成绩						教师（签名）：		

任务 5.1.2　机构具有确定运动的判断

机构具有确定运动的判断任务书 5-1-2

任务内容	下图所示为某种型号的大筛机构运动简图，试判断其开机工作后，是否具有确定的运动。 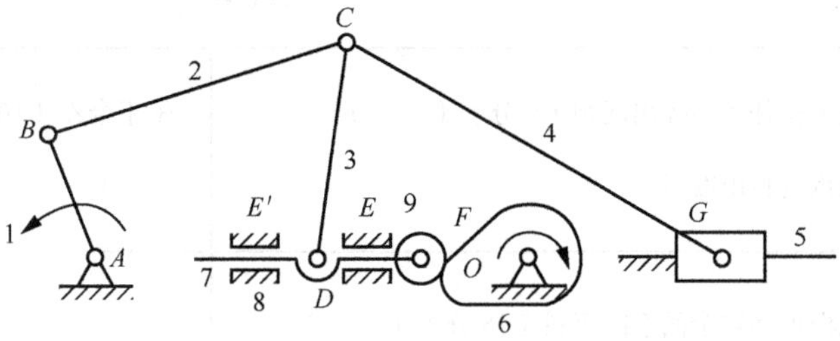
任务目标	1. 了解自由度和约束的定义； 2. 能够正确计算机构自由度； 3. 能够判断机构是否具有确定运动； 4. 能够严谨、细致地完成任务

方法步骤			
	1. 提出问题	（1）计算平面内机构自由度的注意事项有哪些？	
		（2）如何通过自由度判断机构是否具有确定运动？	
	2. 查阅资料		资料来源
	3. 分析问题	（1）该大筛机构有哪几个自由构件？	
		（2）是否存在复合铰链、局部自由度、虚约束等特殊情况？	
		（3）该机构自由度是多少？是否具有确定运动？	
	4. 小组讨论（讨论内容记录）		团队分工

学习过程评价表

班级		姓名		组名		日期	
序号	自我评价（20%）				小组评价（20%）	教师评价（60%）	
	评价项目						
1	能根据任务书提出问题（5分）（　　　） 机构的自由度□				乐于合作（10分） （　　　）	学习效率（10分） （　　　）	
2	能根据问题全面查阅资料（15分）（　　　） 自由度概念□ 构件的自由度□						
3	能够正确分析机构中复合铰链、局部自由度、虚约束的存在情况（30分）（　　　） 复合铰链□ 局部自由度□ 虚约束□				合作讨论（30分） （　　　）	学习过程（30分） （　　　）	
4	团队合作能力（10分）（　　　）						
5	完成大筛机构自由度计算和确定运动判断（35分） （　　　） 掌握自由度计算公式□ 规范和完整地完成任务书□				展示交流（45分） （　　　）	学习效果（45分） （　　　）	
6	遵守纪律，虚心接受他人意见并及时改正（5分） （　　　）				学习纪律（15分） （　　　）	拓展提高（15分） （　　　）	
项目得分							
总评成绩					教师（签名）：		

项目 5.2 典型低副机构认知

任务 5.2.1 铰链四杆机构特性认知

铰链四杆机构特性认知任务书 5-2-1

任务内容	架桥机就是将预制好的梁片放置到预制好的桥墩上的设备，属于起重机范畴，常用于架设公路桥、常规铁路桥以及客专铁路桥等。下图所示是我国"昆仑号"架桥机，在其前支腿的机构运动简图中杆 1 长为 3500mm，杆 2 长为 5950mm，杆 3 长为 1700mm，杆 4 长为 5203mm，请判断其前支腿属于哪种铰链四杆机构。  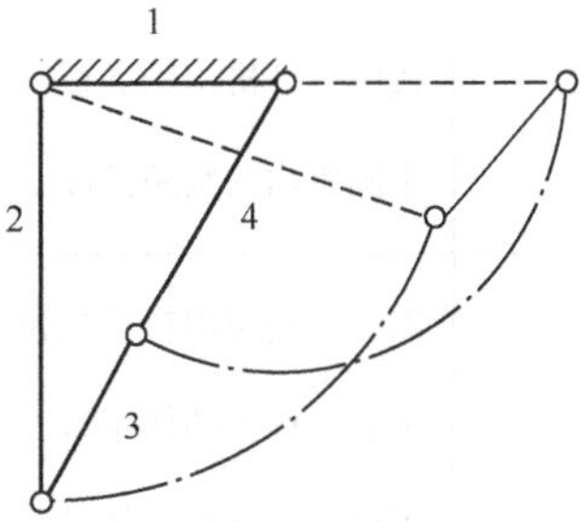 		
任务目标	1. 掌握铰链四杆机构的概念； 2. 掌握杆长之和条件； 3. 能够正确判断铰链四杆机构类型； 4. 能认真、仔细完成任务，进行团队分工协作		
方法步骤	1. 提出问题	（1）铰链四杆机构杆长之和条件是什么？	
		（2）如何判断铰链四杆机构的类型？	
	2. 查阅资料		资料来源
	3. 分析问题	（1）铰链四杆机构存在曲柄的条件是什么？	
		（2）在满足杆长之和的条件下，最短杆的类型与铰链四杆机构类型有什么关联？	
	4. 小组讨论（讨论内容记录）		团队分工

学习过程评价表

班级		姓名		组名		日期	
序号	自我评价（20%）			小组评价（20%）		教师评价（60%）	
	评价项目						
1	能根据任务书提出问题（5分）（　　） 铰链四杆机构□			乐于合作（10分）（　　）		学习效率（10分）（　　）	
2	能根据问题全面查阅资料（15分）（　　） 铰链四杆机构的类型□ 不同机构的判断条件□			合作讨论（30分）（　　）		学习过程（30分）（　　）	
3	能够正确应用杆长之和条件（30分）（　　） 了解各杆件的作用□ 了解杆长之和条件□						
4	团队合作能力（10分）（　　）						
5	能互相配合，使用专业术语进行交流，完成架桥机前支腿铰链四杆机构类型判断（35）（　　） 掌握铰链四杆机构存在曲柄的条件准则□ 规范和完整地完成任务书□			展示交流（45分）（　　）		学习效果（45分）（　　）	
6	遵守纪律，虚心接受他人意见并及时改正（5分）（　　）			学习纪律（15分）（　　）		拓展提高（15分）（　　）	
项目得分							
总评成绩					教师（签名）：		

任务 5.2.2 铰链四杆机构设计

铰链四杆机构设计任务书 5-2-2

任务内容	已知某型号的架桥机前支腿为铰链四杆机构，如下图所示，其中连杆 BC 的长度为 3200mm，长度比例 μ_1=80，同时已知其收起和落下的两个位置 B_1C_1 和 B_2C_2，试设计此机构。 1 D ——— A ——— B_1 2　　　4 B_2　　C_1 3 C_2
任务目标	1. 掌握按照给定点的轨迹设计四杆机构的方法； 2. 能认真、严谨、规范地设计四杆机构； 3. 培养科学思维和创新意识，了解科技创新在行业中的重要作用

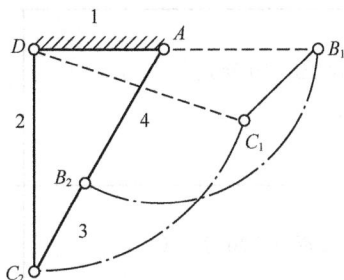

方法步骤	1. 提出问题	（1）根据给定运动条件设计四杆机构的方法有哪两种？		
		（2）按给定的连杆位置设计四杆机构的步骤是什么？		
	2. 查阅资料		资料来源	
	3. 分析问题	如何确定铰链 A、D 的位置？		
	4. 小组讨论（讨论内容记录）		团队分工	

学习过程评价表

班级			姓名		组名		日期	
序号	自我评价（20%）				小组评价（20%）		教师评价（60%）	
	评价项目							
1	能根据任务书提出问题（10分）（　　） 3类机构设计问题□				乐于合作（10分） （　　）		学习效率（10分） （　　）	
2	能根据问题全面查阅资料（20分）（　　） 铰链四杆机构的类型□ 图解法设计的过程□				合作讨论（30分） （　　）		学习过程（30分） （　　）	
3	能够根据已知条件确定铰链 A、D 的位置，完成前支腿设计（55分）（　　） 了解图解法设计的原理□ 掌握图解法设计的步骤□							
4	团队合作能力（10分）（　　）				展示交流（45分） （　　）		学习效果（45分） （　　）	
5	遵守纪律，虚心接受他人意见并及时改正（5分） （　　）				学习纪律（15分） （　　）		拓展提高（15分） （　　）	
项目得分								
总评成绩						教师（签名）：		

项目 5.3 典型高副机构认知

任务 5.3.1 凸轮轮廓曲线设计

凸轮轮廓曲线设计任务书 5-3-1

任务内容	地铁配件输送装置在需要上下货物处配置凸轮机构。要求采用对心直动尖顶从动件盘形凸轮机构，其基圆半径为 r_b=30mm，从动件位移 s-φ图如下图所示，试设计该凸轮机构的轮廓曲线。  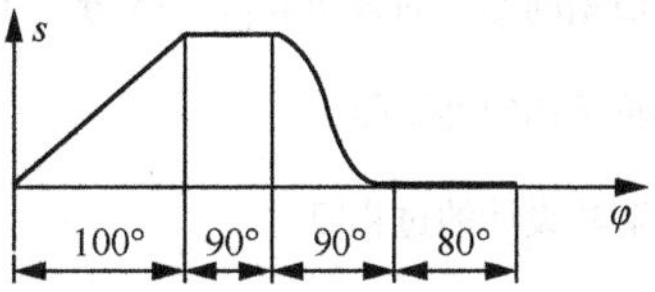
任务目标	1. 掌握凸轮机构运动过程； 2. 掌握凸轮机构从动件运动规律； 3. 能够利用反转法正确绘制凸轮轮廓曲线

方法步骤			
	1. 提出问题	（1）凸轮机构运动过程分为哪几个阶段？	
		（2）用反转法绘制凸轮轮廓曲线的步骤是什么？	
	2. 查阅资料		资料来源
	3. 分析问题	（1）凸轮机构运动过程与从动件位移 s-φ图有怎样的关系？	
		（2）用反转法设计凸轮轮廓曲线，从动件尖顶走过的轨迹与凸轮轮廓曲线有怎样的关系？	
		（3）在曲线上等分取点，绘制轮廓曲线图	
	4. 小组讨论（讨论内容记录）		团队分工

学习过程评价表

班级			姓名			组名		日期	
序号	自我评价（20%）					小组评价（20%）		教师评价（60%）	
	评价项目								
1	能根据任务书提出问题（5分）（　　） 凸轮机构的工作原理□					乐于合作（10分） （　　）		学习效率（10分） （　　）	
2	能根据问题全面查阅资料（15分）（　　） 凸轮机构的类型□ 图解法设计的过程□					合作讨论（30分） （　　）		学习过程（30分） （　　）	
3	能够根据从动件位移 s-φ 图划分基圆角度（30分） （　　） 了解反转法设计的原理□ 掌握反转法设计的步骤□								
4	团队合作能力（10分）（　　）								
5	能互相配合，使用专业术语进行交流，完成凸轮轮廓曲线设计（35分）（　　） 作图规范、图面整洁□ 完整和规范地完成任务书□					展示交流（45分） （　　）		学习效果（45分） （　　）	
6	遵守纪律，虚心接受他人意见并及时改正（5分） （　　）					学习纪律（15分） （　　）		拓展提高（15分） （　　）	
项目得分									
总评成绩							教师（签名）：		

任务 5.3.2　槽轮和棘轮机构认知

槽轮和棘轮机构认知任务书 5-3-2

任务内容	判断教材图 5-3-2-1～图 5-3-2-3 中的 3 种机构属于哪类机构，简要介绍它们的工作原理			
任务目标	1. 掌握棘轮机构的类型和运动原理； 2. 掌握槽轮机构的类型和运动原理； 3. 能够有效收集资料			
方法步骤	1. 提出问题	（1）什么是棘轮机构？		
		（2）什么是槽轮机构？		
	2. 查阅资料		资料来源	
	3. 分析问题	（1）棘轮机构具有怎样的运动规律？		
		（2）槽轮机构具有怎样的运动规律？		
	4. 小组讨论（讨论内容记录）		团队分工	

学习过程评价表

班级			姓名			组名		日期	
序号	自我评价（20%）					小组评价（20%）		教师评价（60%）	
	评价项目								
1	能根据任务书提出问题（5分）（　　） 棘轮机构的工作原理□ 槽轮机构的工作原理□					乐于合作（10分） （　　）		学习效率（10分） （　　）	
2	能根据问题全面查阅资料（15分）（　　） 棘轮机构的组成□ 槽轮机构的组成□					合作讨论（30分） （　　）		学习过程（30分） （　　）	
3	能够正确区分机构类型（30分）（　　） 棘轮机构的类型□ 槽轮机构的类型□								
4	团队合作能力（10分）（　　）								
5	能互相配合，使用专业术语进行交流，完成机构工作原理描述（35分）（　　） 掌握棘轮机构和槽轮机构的工作原理□ 完整和规范地完成任务书□					展示交流（45分） （　　）		学习效果（45分） （　　）	
6	遵守纪律，虚心接受他人意见并及时改正（5分） （　　）					学习纪律（15分） （　　）		拓展提高（15分） （　　）	
项目得分									
总评成绩							教师（签名）：		

模块 6　典型传动装置认知及设计

项目 6.1　带传动与齿轮传动认知

任务 6.1.1　带传动认知

带传动认知任务书 6-1-1

任务内容	下图所示为带式输送机，已知输送机驱动卷筒的圆周力（有效拉力）$F = 6000$N，运输带速度 $v = 0.5$m/s，卷筒直径 $D = 300$mm。输送机在常温下长期连续单向运转，工作时载荷平稳，小批量生产，使用期限为 10 年，单班制工作。要求对该带式输送机的传动装置进行总体设计。 			
任务目标	1. 了解带传动的设计准则； 2. 掌握带传动的设计步骤； 3. 认真严谨、书写规范、严格按照要求完成设计			
方法步骤	确定计算功率			
	选择带型			
	确定带轮直径（初选）	小带轮	大带轮	是否满足带轮基准直径系列
				□ 满足 □ 不满足
	验算带速			是否满足带速适宜范围
				□ 满足 □ 不满足
	确定中心距			可调节范围
	确定带的基准长度			是否满足带的基准长度系列
				□ 满足 □ 不满足
	验算小带轮包角			是否达到最低要求（≥120°）
				□ 达到 □ 未达到
	确定带的根数			是否满足要求（2~5 根）
				□ 满足 □ 不满足
	确定压轴力			
	小组讨论（讨论内容记录）		团队分工情况	

学习过程评价表

班级		姓名		组名		日期	
序号	自我评价（20%）			小组评价（20%）		教师评价（60%）	
	评价项目						
1	能看懂设计要求（10分）（　　）			乐于合作（10分）（　　）		学习效率（10分）（　　）	
2	全面查阅资料，掌握带传动的设计准则（25分）（　　） 设计功率□ 疲劳强度□			合作讨论（30分）（　　）		学习过程（30分）（　　）	
3	掌握带传动设计的主要步骤（30分）（　　） 带型选择□ 带轮选择□ 中心距确定□ 根数选取□						
4	团队合作能力（10分）（　　） 合理分工□ 有效沟通□			展示交流（45分）（　　）		学习效果（45分）（　　）	
5	能互相配合，使用专业术语进行交流，规范地完成任务（20分）（　　） 掌握查阅机械设计手册和各类规范的方法□ 规范和完整地完成任务书□						
6	遵守纪律，及时归纳和总结（5分）（　　）			学习纪律（15分）（　　）		拓展提高（15分）（　　）	
项目得分							
总评成绩					教师（签名）：		

任务 6.1.2 齿轮传动认知

齿轮传动认知任务书 6-1-2

任务内容	某车间中使用的一级圆柱齿轮减速器如下图所示，已知其中心距为 144mm，传动比为 2，请从下面的组合中选取一对合适的渐开线直齿圆柱齿轮。 齿轮参数表

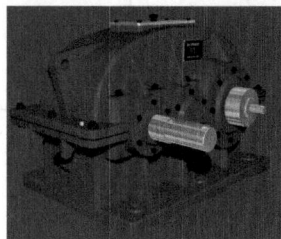

齿轮序号	齿数 z	全齿高 h/mm	齿顶圆直径 d_a/mm
1	24	9	104
2	47	9	196
3	48	11.25	250
4	48	9	200

任务目标	1. 了解齿轮传动的特点； 2. 掌握齿轮传动的参数及计算； 3. 能认真、严谨地进行计算，树立质量安全意识		
方法步骤	1. 提出问题	（1）什么是齿轮传动？齿轮传动具有什么特点？	
		（2）一对齿轮传动正确啮合的条件是什么？	
	2. 查阅资料		资料来源
	3. 分析问题	（1）齿轮的基本参数有哪些？	
		（2）如何由基本参数推导出其他参数？	
		（3）齿顶圆直径、齿数的测量方法	
	4. 小组讨论（讨论内容记录）		团队分工

学习过程评价表

班级			姓名		组名		日期	
序号	自我评价（20%）				小组评价（20%）		教师评价（60%）	
	评价项目							
1	能看懂任务书要求（10分）（　　）				乐于合作（10分） （　　）		学习效率（10分） （　　）	
2	全面查阅资料，掌握齿轮的各部分名称和符号（25分）（　　） 分度圆□ 齿距□ 中心距□				合作讨论（30分） （　　）		学习过程（30分） （　　）	
3	掌握齿轮的基本参数（30分）（　　） 模数□ 齿数□ 压力角□ 齿顶高系数□							
4	团队合作能力（10分）（　　） 合理分工□ 有效沟通□				展示交流（45分） （　　）		学习效果（45分） （　　）	
5	能互相配合，使用专业术语进行交流，规范地完成任务（20分）（　　） 掌握查阅机械设计手册和各类规范的方法□ 规范和完整地完成任务书□							
6	遵守纪律，及时归纳和总结（5分）（　　）				学习纪律（15分） （　　）		拓展提高（15分） （　　）	
项目得分								
总评成绩						教师（签名）：		

任务 6.1.3　齿轮传动设计

齿轮传动设计任务书 6-1-3

任务内容	现有一带式输送机减速器的高速级齿轮传动，均由 45 钢制造。已知传递的功率 P_1=5kW，小齿轮转速为 960r/min，齿数比 u=4.8。该机器每日工作两班，每班 8h，工作寿命为 15 年，每年工作 300 天。带式输送机工作平稳，转向不变，试分析该齿轮工作过程中是否会失效		
任务目标	1. 了解齿轮的失效； 2. 了解齿轮的受力分析； 3. 掌握齿轮的承载能力分析； 4. 能认真、严谨、规范地按照设计准则进行齿轮设计		
方法步骤	1. 提出问题	（1）齿轮在使用过程中会发生哪些失效？	
		（2）以直齿圆柱齿轮为例，齿轮工作时承受哪些力？	
	2. 查阅资料		资料来源
	3. 分析问题	（1）如何进行齿轮的承载能力分析与计算？	
		（2）如何选择齿轮材料并确定其接触应力？	
		（3）按照疲劳强度设计的流程是什么？	
		（4）按照弯曲强度校核的流程是什么？	
		（5）如何确定齿轮的几何尺寸？	
	4. 小组讨论（讨论内容记录）		团队分工

学习过程评价表

班级			姓名		组名		日期	
序号	自我评价（20%）				小组评价（20%）		教师评价（60%）	
	评价项目							
1	能看懂任务书要求（10分）（　　） 齿轮传动的失效形式□				乐于合作（10分） （　　）		学习效率（10分） （　　）	
2	全面查阅资料，掌握齿轮的受力分析（25分） （　　） 齿轮受力分析□				合作讨论（30分） （　　）		学习过程（30分） （　　）	
3	掌握齿轮的强度计算（30分）（　　） 齿轮接触疲劳强度计算□ 齿轮疲劳强度计算□							
4	团队合作能力（10分）（　　） 合理分工□ 有效沟通□				展示交流（45分） （　　）		学习效果（45分） （　　）	
5	能互相配合，使用专业术语进行交流，规范地完成任务（20分）（　　） 掌握查阅机械设计手册和各类规范的方法□ 规范和完整地完成任务书□							
6	遵守纪律，及时归纳和总结（5分）（　　）				学习纪律（15分） （　　）		拓展提高（15分） （　　）	
项目得分								
总评成绩						教师（签名）：		

项目 6.2　轮系传动认知

任务 6.2.1　定轴轮系传动比分析

定轴轮系传动比分析任务书 6-2-1

任务内容	如下图所示，现有某型号的减速器正在进行检修，拆开后发现内有若干对齿轮，请根据实际情况，分析该减速器由输入轴到输出轴的传动比和转向。已知大齿轮齿数 z_1=50、中二轴齿数 z_2=20、中间齿轮齿数 $z_{2'}$=40、中一轴齿数 z_3=18、大锥齿轮齿数 $z_{3'}$=36、小锥齿轮齿数 z_4=25。 
任务目标	1. 了解轮系的种类； 2. 了解轮系的传动比； 3. 掌握轮系的传动比计算； 4. 能全面、仔细地完成资料查阅，计算时认真、严谨

方法步骤	1. 提出问题	（1）减速器的作用是什么？		
		（2）以本任务书减速器为例，说明其传动路线。		
	2. 查阅资料		资料来源	
	3. 分析问题	（1）如何判别轮系的种类？		
		（2）定轴轮系的传动比计算方法是什么？	计算过程：	
		（3）如何确定其输出轴的旋转方向？		
	4. 小组讨论（讨论内容记录）		团队分工	

学习过程评价表

班级		姓名		组名		日期	
序号	自我评价（20%）				小组评价（20%）	教师评价（60%）	
	评价项目						
1	能看懂任务书要求（10分）（　　） 能看懂轮系运动简图□				乐于合作（10分） （　　）	学习效率（10分） （　　）	
2	全面查阅资料，掌握定轴轮系传动比计算公式（25分）（　　） 定轴轮系的传动路线□ 定轴轮系传动比计算公式□				合作讨论（30分） （　　）	学习过程（30分） （　　）	
3	掌握定轴轮系的各种类型和转向判定方法（30分）（　　） 能正确辨析轮系类型□ 能正确判断轮系中各轮的转向□						
4	团队合作能力（10分）（　　） 合理分工□ 有效沟通□				展示交流（45分） （　　）	学习效果（45分） （　　）	
5	能互相配合，使用专业术语进行交流，规范地完成任务（20分）（　　） 掌握查阅机械设计手册和各类规范的方法□ 规范和完整地完成任务书□						
6	遵守纪律，及时归纳和总结（5分）（　　）				学习纪律（15分） （　　）	拓展提高（15分） （　　）	
项目得分							
总评成绩					教师（签名）：		

任务 6.2.2 周转及混合轮系传动认知

任务内容	现有某型号的汽车差速器，其结构如下图所示，试分析转弯半径为 4m，汽车轮距为 1.6m，发动机转速为 2800r/min 时左、右轮的转速，并分析周转轮系在此过程中起到什么作用。 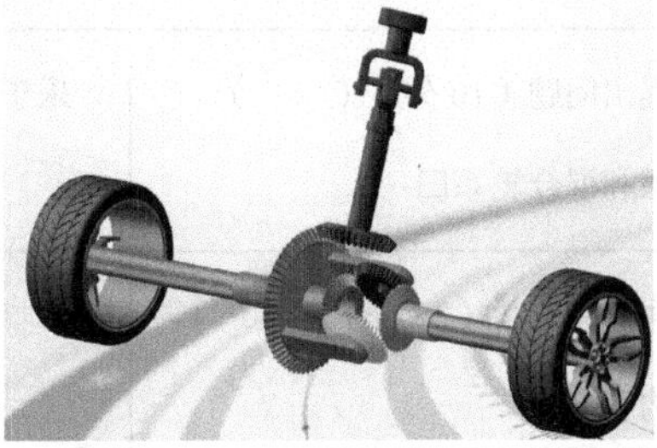 		
任务目标	1. 了解周转轮系、混合轮系的概念、作用； 2. 了解周转轮系的基本组成； 3. 掌握轮系中太阳轮、行星轮、行星架的辨别方法； 4. 能有效进行团队分工协作，透过现象看本质，识别构件的作用； 5. 能认真、严谨地计算给定轮系的传动比		
方法步骤	1. 提出问题	（1）什么是周转轮系和混合轮系？	
		（2）以行星轮系为例，了解周转轮系中各个构件的作用是什么	
	2. 查阅资料		资料来源
	3. 分析问题	（1）哪些齿轮只有自转而无公转？	
		（2）哪些齿轮既有公转又有自转？	
		（3）哪个构件可以起到带动行星轮的作用？	
	4. 小组讨论（讨论内容记录）		团队分工

学习过程评价表

班级			姓名		组名		日期	
序号	自我评价（20分）				小组评价（20分）		教师评价（60分）	
	评价项目							
1	能根据任务书提出问题（10分）（　　） 能区分周转轮系和混合轮系□				乐于合作（10分） （　　）		学习效率（10分） （　　）	
2	能根据问题全面查阅资料（25分）（　　） 周转轮系的结构□ 混合轮系的结构□				合作讨论（30分） （　　）		学习过程（30分） （　　）	
3	能根据资料筛选有用信息（30分）（　　） 能正确辨析轮系类型□ 能正确判断轮系各个构件的作用□							
4	团队合作能力（10分）（　　） 合理分工□ 有效沟通□				展示交流（45分） （　　）		学习效果（45分） （　　）	
5	能互相配合，使用专业术语进行交流，高效地完成任务（20分）（　　） 掌握周转轮系传动比计算方法□ 完整和规范地完成任务书□							
6	遵守纪律，及时归纳和总结（5分）（　　）				学习纪律（15分） （　　）		拓展提高（15分） （　　）	
项目得分								
总评成绩						教师（签名）：		

项目 6.3 车床主轴系统分析

任务 6.3.1 轴系传动零部件认知

轴系传动零部件认知任务书 6-3-1

任务内容	下图所示为某种型号减速器，正在进行齿轮和轴的装配，其输出轴的装配方案有两种，如下图（a）（b）所示，试分析哪种方案更合理。轴安装完毕后需在两端加装代号为 6208 的轴承，这一代号有何含义？ 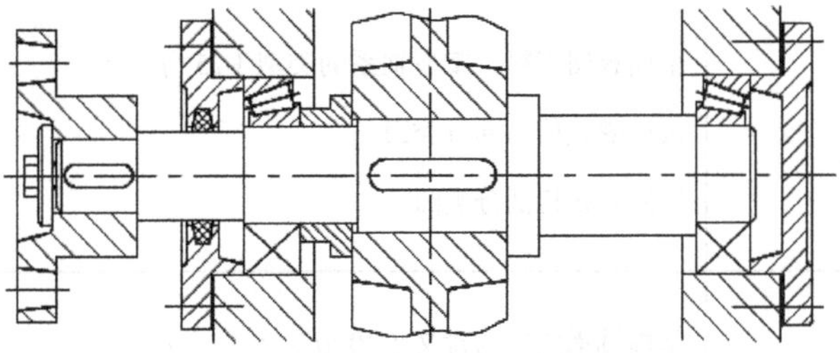 （a） 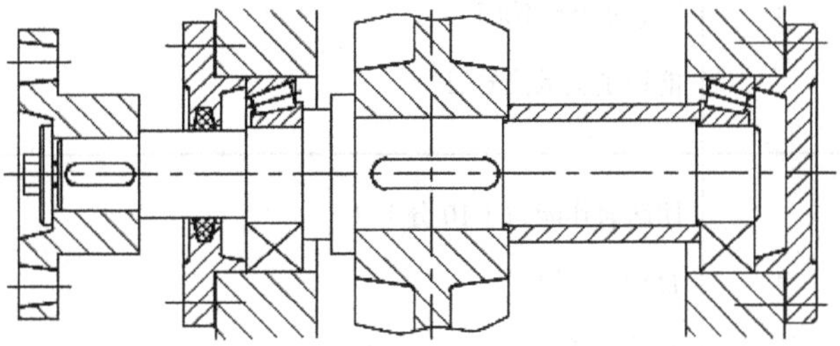  （b）			
任务目标	1. 了解轴系的概念、作用； 2. 了解轴上零件的定位方式； 3. 掌握轴承代号的含义； 4. 能有效进行团队分工协作，透过现象看本质，认识构件的作用			
方法步骤	1. 提出问题	（1）什么是轴系？		
		（2）轴上零件如何进行可靠的定位？		
	2. 查阅资料		资料来源	
	3. 分析问题	（1）轴承的定位形式有哪些？		
		（2）两种方案分别属于哪种定位方式？		
		（3）减速器适合用哪种定位方式？		
	4. 小组讨论（讨论内容记录）		团队分工	

学习过程评价表

班级			姓名		组名		日期	
序号	自我评价（20%）				小组评价（20%）		教师评价（60%）	
	评价项目							
1	能根据任务书提出问题（5分）（　　） 了解轴和轴承的作用□				乐于合作（10分） （　　）		学习效率（10分） （　　）	
2	全面查阅资料，掌握轴系的类型（25分）（　　） 按照受载荷不同分类□ 按照轴线特征分类□				合作讨论（30分） （　　）		学习过程（30分） （　　）	
3	掌握轴承代号的含义（30分）（　　） 了解轴承结构□ 能识别轴承代号□							
4	团队合作能力（10分）（　　） 合理分工□ 有效沟通□				展示交流（45分） （　　）		学习效果（45分） （　　）	
5	能互相配合，使用专业术语进行交流，高效地完成任务（25分）（　　） 掌握轴和轴承的选用准则□ 完整和规范地完成任务书□							
6	遵守纪律，虚心接受他人意见并及时改正（5分） （　　）				学习纪律（15分） （　　）		拓展提高（15分） （　　）	
项目得分								
总评成绩							教师（签名）：	

任务 6.3.2 车床主轴系统传动分析

车床主轴系统传动分析任务书 6-3-2

任务内容	根据下图所示的传动路线，计算车床主轴传动系统中主轴箱内双向摩擦式离合器 M_1 打到左端且牙嵌式离合器 M_2 处于断开状态时，主轴箱传动路线中 I 轴到 VI 轴的传动比。 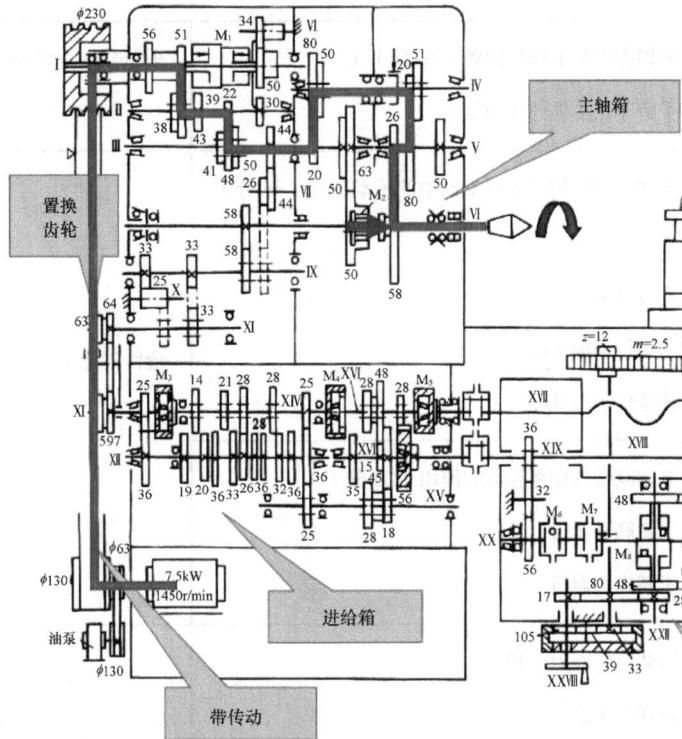
任务目标	1. 了解轮系传动比； 2. 了解主轴的传动路线； 3. 掌握离合器和联轴器的作用； 4. 能全面、仔细地完成资料查阅，有效进行团队分工协作； 5. 能认真严谨、按照公式准确计算传动比

方法步骤	1. 提出问题	（1）车床的主轴中包含哪些传动部件？		
		（2）主轴的传动路线是怎样的？		
	2. 查阅资料		资料来源	
	3. 分析问题	（1）如何计算带传动的传动比？		
		（2）如何计算轮系的传动比？		
	4. 小组讨论（讨论内容记录）		团队分工	

学习过程评价表

班级		姓名		组名		日期	
序号	自我评价（20%）			小组评价（20%）		教师评价（60%）	
	评价项目						
1	能根据任务书提出问题（10分）（　　） 了解车床主轴的作用□			乐于合作（10分） （　　）		学习效率（10分） （　　）	
2	全面查阅资料以了解主轴中的传动部件（35分） （　　） 带传动部件□ 轮系传动部件□ 轴系传动部件□			合作讨论（30分） （　　）		学习过程（30分） （　　）	
3	掌握联轴器和离合器的作用（20分）（　　） 了解联轴器□ 了解离合器□						
4	团队合作能力（10分）（　　） 合理分工□ 有效沟通□			展示交流（45分） （　　）		学习效果（45分） （　　）	
5	能互相配合，使用专业术语进行交流，高效地完成 任务（20分）（　　） 掌握车床主轴的传动路线□ 完整和规范地完成任务书□						
6	遵守纪律，虚心接受他人意见并及时改正（5分） （　　）			学习纪律（15分） （　　）		拓展提高（15分） （　　）	
项目得分							
总评成绩					教师（签名）：		

模块 7　机械创新设计

任务 7.1.1　机械创新设计方法

机械创新设计方法任务书 7-1-1

任务内容	为了解决建筑物外窗玻璃的清洁问题，通过本书的学习，提出可行的解决方案		
任务目标	1. 了解 TRIZ 理论； 2. 了解 TRIZ 的设计流程； 3. 能全面、仔细地完成资料查阅，有效进行团队分工协作； 4. 能创新地思考问题		
方法步骤	1. 提出问题	（1）本设计的理想解是什么？	
		（2）达成理想解需要设计哪种机械装置，同时会产生哪些障碍？	
	2. 查阅资料		资料来源
	3. 分析问题	（1）设计方案有哪些优点？	
		（2）设计方案会产生哪些有害作用？	
		（3）可以用哪些原理来解决技术矛盾？	
	4. 小组讨论（讨论内容记录）		团队分工

学习过程评价表

班级			姓名		组名		日期	
序号	自我评价（20%）				小组评价（20%）		教师评价（60%）	
	评价项目							
1	能根据任务书提出问题（10分）（　　） 了解 TRIZ 创新方法□				乐于合作（10分） （　　）		学习效率（10分） （　　）	
2	全面查阅资料以了解 TRIZ 创新方法的设计步骤（35分）（　　） 设定理想解□ 寻找技术矛盾□ 解决技术矛盾□				合作讨论（30分） （　　）		学习过程（30分） （　　）	
3	掌握技术矛盾解决原理（10分）（　　） 技术矛盾的种类□ 解决技术矛盾的原理□							
4	团队合作能力（10分）（　　）							
5	能互相配合，使用专业术语进行交流，高效地完成任务（25分）（　　） 了解 TRIZ 理论□ 完整和规范地完成任务书□				展示交流（45分） （　　）		学习效果（45分） （　　）	
6	遵守纪律，虚心接受他人意见并及时改正（10分） （　　）				学习纪律（15分） （　　）		拓展提高（15分） （　　）	
项目得分								
总评成绩						教师（签名）：		

任务 7.1.2　机械创新设计实践

机械创新设计实践任务书 7-1-2

<table>
<tr><td>任务内容</td><td colspan="4">现有一组学生以智慧景观为主题参加中国大学生"互联网+"大赛，其基本构想为设计出一种智能花卉，当人靠近时，花瓣自动张开，当人远离时，花瓣自动闭合。结合前述的创新方法和设计工具完成此设计。</td></tr>
<tr><td>任务目标</td><td colspan="4">1. 了解 TRIZ 理论；
2. 了解 TRIZ 的设计流程；
3. 能从实际出发，创新地思考问题</td></tr>
<tr><td rowspan="7">方法步骤</td><td rowspan="2">1. 提出问题</td><td colspan="3">（1）本设计的理想解是什么？</td></tr>
<tr><td colspan="3">（2）达成理想解需要克服哪些障碍？</td></tr>
<tr><td>2. 查阅资料</td><td></td><td>资料来源</td><td></td></tr>
<tr><td rowspan="3">3. 分析问题</td><td>（1）你的设计方案有哪些优点？</td><td colspan="2"></td></tr>
<tr><td>（2）你的设计方案会产生哪些有害作用？</td><td colspan="2"></td></tr>
<tr><td>（3）可以用哪些原理来解决技术矛盾？</td><td colspan="2"></td></tr>
<tr><td>4. 小组讨论（讨论内容记录）</td><td></td><td>团队分工</td><td></td></tr>
</table>

学习过程评价表

班级			姓名		组名		日期	
序号	自我评价（20%）				小组评价（20%）		教师评价（60%）	
	评价项目							
1	了解参赛要求（5分）（　　） 读懂参赛要求□				乐于合作（10分） （　　）		学习效率（10分） （　　）	
2	全面查阅资料以了解创新设计项目的完成过程 （25分）（　　） 如何选题□ 如何设计□				合作讨论（30分） （　　）		学习过程（30分） （　　）	
3	利用TRIZ方法分析设计过程（30分）（　　） 掌握TRIZ方法□ 展示分析结果□							
4	团队合作能力（10分）（　　）				展示交流（45分） （　　）		学习效果（45分） （　　）	
5	能互相配合，使用专业术语进行交流，高效地完成任务（20分）（　　） 完成初步设计方案□ 完整和规范地完成任务书□							
6	遵守纪律，虚心接受他人意见并及时改正（10分） （　　）				学习纪律（15分） （　　）		拓展提高（15分） （　　）	
项目得分								
总评成绩						教师（签名）：		

实训任务书

主　编　邹俊俊

副主编　冯岩　张佩

主　审　张秀红

人民邮电出版社

北京